K 圖會作品集-B

建築師考試–都市設計及敷地計畫題解

編著者／陳運賢

引言

PART 1

建築師專技高考 - 敷地 ／P14

PART 2

建築師檢覆 - 敷地 ／P196

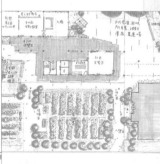

「K圖會」是什麼？

　　K圖會，源自於K書一詞，K書，代表很認真的在念書，而其他科系是K書，而我們建築系要認真盡力K圖，故名K圖會。成立於2014年，當初由十多位志同道合的朋友成的K圖小組，大家擠在一間小小的事務所內練圖，共同目標是考上建築師，雛形就是一個考建築師的讀書會。大家每週定時團體練圖及互相討論，大家每月定期探訪微旅行看建築，從好案例中探索、從生活中學習建築，並定時找已考上建築師考試等業界前輩，來現場分享建築及指導評圖。

　　在長期抗戰中透過這樣的模式，初始成員陸陸續續考上建築師，但K圖會仍然陸續有新的朋友加入，漸漸的，就慢慢轉型成為一個輔導後輩考建築師考試的一個循環方法，由近期內考上的建築師回來分享提攜，再由正在考試的人組成一個互動互助的學習團體，戰友們手牽手，考試及人生的里程碑才能走得更長久。

　　最後，K圖會由四位設計主導講師共同創辦，我們是四位有共同理念，對設計有共同想法的年輕建築師們，在工作之餘，也致力於教書，固定每週日抽空出來，把人生所學習到的建築精神，透過課程，帶給後輩還在學習的朋友，我們所教導的，不單單只是為了因應考試，更多的是，一個真正的設計方法跟觀念，對真實建築的認知跟理解，以及延續各大專院校所的設計教學。K圖會也延續當初讀書會的運作，每週都會邀請近年內考上的建築師來現場客評，分享建築及評圖指導，許多來分享的建築師們，也有高達八成都曾經是幾年前台下的學員，大家都秉持著考上回饋的精神，無不卯足全力提攜仍在水深火熱的朋友，截至今年2020，K圖會的後勤客評建築師們已多達132位之多，都是學有專精及在各不同領域（建設、營造、事務所、公家單位、顧問公司……）有一定成就的朋友，著實是K圖會之寶，未來透過時間不斷的累積上榜人數，也會有越來越多K圖會新講師的加入，相信不久的將來，K圖會將匯集成為一股不可思議的力量。

K 圖會成立的另一宗旨，是一個建築產業界的交流分享、互動合作的平台，交流平台集結產業界、政府官方、學術單位等，平台的建立透過 FaceBook、各種 LINE 群組、APP 教學軟體及許多現場不定時活動來聯繫感情，除了是一個共同準備建築師考試的社團、共患難且互相扶持，並且不定期舉辦午茶會、聚餐、競圖成果會、建築微旅遊、名片交換 Party。最重要的是，本社團不分男女老少，只要品行端正，大家均一視同仁，沒有神格化講師、沒有英雄式的成員，就是一個手牽手的社團，期待不斷的運作之後，能夠對參與的朋友們能有對建築真實的認知跟理解，以及更正面樂觀的人生思考。

撰文／ K 圖會創辦人　陳建賢 建築師

更多 K 圖會的詳細訊息以及資料分享平台，都可以透過 FaceBook 加入「K 圖會」社團，也可以下載 APP「K 圖會」，有部分線上課程可以收看。

創辦 Ḱ 圖會
幫助考生更快掌握關鍵核心

　　本書的編著者，成立 K 圖會（FB 可搜尋），並於 K 圖會多年教導建築設計及建築計畫，本書是這幾年的教學精華之縮影。書的內容為在這幾年來曾經於 K 圖會學習的學員並考上建築師之作品（約八成），主要收錄內容為針對建築師考試的設計及敷地為主的解題大圖，都是學員在經歷考建築師的天堂路中嘔心瀝血之作，收集成冊，對於考建築師的術科答題標準參考，相當具有意義及指標性。

　　K 圖會在教導建築師考試的術科考試上，與其他坊間術科班特別不一樣的，是特別重視建築計畫一環，到底建築設計跟建築計畫的差別是什麼，可能要先了解建築是什麼？建築，為一種融合基地環境了解、歷史人文傳承、空間美感落實、人類行為需求、工程理性實務等的課題，相互搓合中的創作品，其過程不一而足，見仁見智，其結果也沒有絕對標準的答案，沒有唯一解只有更好解，所以實務上也常常說設計是磨出來的。

　　而要有好的創作品落成，需要有良好的前置計畫企畫能力，以及後續的空間設計執行力。計畫就是前置作業，是尋找課題及分析的思考過程，設計則是計畫擬定好後的空間創造執行力，需在有限的資源條件下搓合出最棒的空間的落實，這就是建築設計及建築計畫很不一樣的地方。乍聽之下很抽象，在實務上多數人也無法分辨。建築考試亦分為計畫及設計兩範疇，近幾年的建築師考試中，建築計畫分數占比也多落在30%~40%，在 K 圖會對於計畫有八字箴言：課題＞內涵（分析）＞對策（CONCEPT）＞願景（空間落實），故如何學習從計畫的議題探討到設計面的落實手法，著實有一段模糊的路要探索，這也是本書編著者在這多年教學中一直努力的教學方向，並將作品集建立，期待能夠給予在考試中的朋友更直接的幫助，特別是對於設計考試老手們，本書是「計畫為何？該如何表達在圖面上？」的精彩範本。

再更仔細說明，建築計畫的主要課題是建構人與空間的關係。但決定空間品質的並不只是建築師或營造廠，還有後續的使用者、營運者及業主，而建築計畫最主要的參數，就是上述這些不同立場的人之間的討論問題點。空間，不像建築物般輪廓清晰，無法直接進行物理操作，而且空間據以多參數，也不能以感覺直接判斷優劣，因此建築和空間相關的研究是建築計畫者必須思考的。

最後，我想再次表達，設計這條路，不分快速設計及長時間的設計，建築師考試的設計核心理念，也都可以是實務競圖設計思考流程，其實核心理念是相通的，能達到才是真本事真功夫，在了解建築計畫的過程後，建築是可以哲學般的思辯論證，也可以是天馬行空的尋找創意，亦可以是經過縝密資訊的收集及分析，理性構築一件作品，踏實而完整。

K 圖會創辦人 陳運賢 建築師

陳運賢建築師 簡介

◎ 學歷
- 國立成功大學建築系畢業
- 國立成功大學建築研究所結構組畢業
- 大學畢業設計：天空之城──青年住宅新理念
- 研究所論文：高架地板耐震行為研究──結構動力學分析
- 國立台灣大學法律學分班結業
- 文化大學不動產估價學分班結業
- 東吳大學法律系碩士在職班法律專業組

◎ 經歷
- 中華民國專門職業技術人員建築師考試及格
- 建築物室內裝修專業技術人員登記證
- 台北市室內設計裝修商業同業公會理事
- 中華民國危老重建協會第一屆理事
- 墨上建築師事務所專案建築師
- 墨桓空間設計負責人
- K 圖會─建築師考試家教班創辦人

◎ 聯絡資訊
- LINE ID：ian0402
- EMAIL：ian730402@gmail.com
- FB：Ian Chen

這是「邊臨摹、邊觀察、邊思考」
三者同進的最佳範本

「建築計畫與設計」及「敷地計畫與都市設計」都是畫圖的科目，理論上雖然相通，但在考試表達上仍然有些差異，不論擅長敷地或是設計，應該還是要針對科目性質加以準備；另就考試趨勢來看，周邊環境的整合已成為一種顯學，如何擬好事宜的建築計畫已成為一個重要的課題。

「建築計畫與設計」通常包含兩個部分，「建築計畫」強調問題的釐清與界定，課題的分析與構想，具有綜整人造環境之行為，設定條件之回應。「建築設計」則是利用設計理論與方法，將建築需求以適當的方式表現，以滿足建築計畫的指導。是以，計畫在上位，設計在下位；計畫是尋找課題，設計是解決課題，計畫與設計具有上下位階關係。在考試上，設計的整體呈現是秒殺的主軸，而計畫可算是重要的第二道防線。

一般同學在設計上比較能夠掌握，反而計畫只有拖著下巴仰望星空，不然就囫圇吞棗塞滿格子就算了，就相當可惜。所以在計畫上應特別重視系統性的構架思考，用以激發考試題旨的關聯性，本人期望自研的「三向度建築計畫思考」當作拋磚引玉，鼓勵同學也建立屬於自己的系統架構，善用方法論的啟發，讓自己的思考泉源有如長江之水滔滔不絕；至於「敷地計畫與都市設計」之觀念亦同前面所言。

本圖冊是「K圖會」創設以來，彙集許多優秀考生的練習圖，能夠被挑選出來的圖都是有其可學習之處，每一張圖都是考生練習過程中，經歷著苦思、猶豫、掙扎所呈現出來的結果，這種「過程」是學習中最重要的。對於初期練習的同學，大量臨摹是一種快速成長的好方法，但也應能拿起筆、動手畫，達到「眼到手到都要到」的自我鞭策，才有立竿見影的效果。只看不畫的人，常有呆坐發楞、不知從何下手之感；只畫不看的人，畫得很爽而無法了解自身盲點，這都相當可惜。另外在吸收別人優點的同時，也應多培養閱讀的好習慣，畢竟臨摹是一種由外而內的進程，閱讀則是由內而外的體現，如能內功外功同修，方能達到內外兼具、相輔相成的加倍效果。

最後，如果您是今年準備考試的同學，本書絕對是一本跨入考試的最佳工具書，提供「邊臨摹、邊觀察、邊思考」三者同進的好範本，這樣的過程絕對是有幫助的。

「要是放棄的話，比賽就等於結束了……」安西教練
加油！！與考生共勉之。

K圖會責任講師 莊 巍 建築師

莊　巍建築師 簡介

◎ 學歷
• 國立成功大學建築研究所規劃組碩士

◎ 經歷
• 國家考試建築特種考試地方政府公務人員及格（榜首）
• 國家考試公務人員建築高等考試及格
• 中華民國專門職業技術人員建築師考試及格
• 中華民國專門職業技術人員都市計畫技師考試及格
• 中華民國景觀學會　景觀師
• 建築師事務所　建築師

打開設計思維黑箱
提供考生耳目一新的觀點

建築術科考試，依現行考試制度下的檢核方式，需在短時間中無其他輔助資料參考下獨立提出適切方案；因此考驗著每一位建築人如何將過往所累積的知識與經驗，並需要以手繪的方式展現於圖紙之上。Le Corbusier 曾說「我愛繪畫勝於談話，畫畫不僅比較快，而且讓人沒機會說謊。」考試中，如何妥善利用 A1 圖紙上的方寸之地見真章，呈現專業的設計能力，並與閱卷老師對話，展現對環境的洞見、規畫的願景、設計的意圖以及建築師的決策力等等，將成為獲得青睞的關鍵。

現今考試型態與方式與過往不同，從早期著重建築內部機能處理，到近年整合環境周邊的型態，目前更趨向對當今社會議題的回應提出見解。敝人將事務所實務競圖模式以及專案歷練經驗融入教學之中，課程中將把大圖分項拆解，逐一深入研討，讓每張小圖都可以站上得點圈，也透過課程培養正確的解題觀念與設計策略，期許讓學員能從生活上、工作中轉化設計養分，並建立自己的創意資料庫。

本書集結了敝人在 K 圖會歷年教學中優秀學員的練習圖面，再次細讀亦可看出設計者對於周邊環境的解讀、空間願景的想像、規畫設計的策略以及設計過程中的取捨；建議可將本書以工具書的方式來善加利用，對剛開始準備考試的考生來說，可做為設計入手的引導以及臨摹學習之用，對準備多年的考生可作為思路印證的參考亦或是超越精進的最低標準。

期待本書的出版，能夠提供準備考試的各位有一個探索設計思維黑箱的機會，從線索觀察到規畫策略、設計手法以及整體呈現等，給予大家耳目一新的觀點。

公羽山松建築師事務所　主持建築師

K 圖會責任講師　

翁崧豪建築師 簡介

◎ 學歷
- 成功大學建築所設計組　碩士
- 銘傳大學建築系　學士

◎ 經歷
- 銘傳大學建築系　兼任講師
- 銘傳建築系系學會　監事
- 2019 銘傳大學　傑出校友
- 危老重建協會　榮譽顧問
- 大壯聯合建築師事務所　建築師
- 啟達聯合建築師事務所　建築師
- 現任公羽山松建築師事務所　主持建築師

◎ 專業證書
- 台北市建築師開業證書
- 建築師證書
- 建築物室內裝修專業技術人員登記證
- 採購專業人員基礎訓練及格證書
- 教育部講師證書
- 建築物設置無障礙設施勘檢人員結業證書
- 建築物耐震能力評估與補強結訓證明
- 建築概算估價管理專業人員結訓證書
- 公共工程經費電腦估價系統訓練班 PCCES 證書工程會
- 建築 BIM 建模師職能課程
- 台北市社區建築師證書
- 台北市危老重建推動師聘書

透過吸取前輩經驗反覆練習
是最好的提升方式

　　準備建築師考試，建築設計與敷地計畫是為最難準備的科目，因為這些科目沒有所謂的標準答案或標準講解，究竟如何準備？這問題也讓我摸索很久。準備考試的時候，必須隨時讓自己重新審視過去準備的內容，為什麼沒有通過？是圖的內容、文字表達、設計手法或表現方式……等等問題嗎？畢竟這都是大家所認為的評分重點，但我最先思考的是考試的意義。

　　所謂「建築設計與敷地計畫」，我認為是架構於都市層級與都市紋理，透過都市設計與基地環境相互呼應，並藉由社區營造手法與使用者特性，透過設計手法，進行土地規畫並表達其設計結果；提出具環境友善並符合題旨與使用的方案。但考試因其時間短，很多學員將時間分配於表現法，企圖透過具美感的圖通過該科目（因為這是在考試過程中最容易受到讚美的方式），卻忽視需表達回答考試內容與思考建築的邏輯架構。

　　路易斯・康說過一句名言："Even a brick wants to be something."「即使是一塊磚，也希望有所作為。」這句話放在各種領域都是很有道理的一句話，尤其是考試；資訊時代的爆炸，也造就現在資訊流通的快速性，每一年教學下來，有很深的感覺，大家針對考試思考的深度是每年疊加上去，學員會透過過往前輩回來分享，了解各類題目的解讀、推導、解題等方式，之後會在這基礎上再加上自己的想法，完成該次的練習。

　　這事情代表的是，如果你還認為為了讓圖更美更精緻，卻放上圖文不符的圖或說明，那我想你在起跑點就輸了很大的一步，各類的說明必須有邏輯性，有推導性的演練，透過這樣的說明，導出你認為在這基地上，需思考的事情，需尊重的事情，需表達的事情，需完成的任務……等等，回歸設計者對於基地的意念與表達，才是測驗出設計者實力的依據。

　　這是一本過往學員朋友們的圖說集結成冊的建築考試用專書，每一張圖都有其優點，可提供正在準備考試的朋友們作為參考，但相對也有些圖可以讓自己用來練習將之提升轉化得更好，也就是經驗的疊加；吸取前輩的經驗與表達方式，透過自己吸收、解讀、推導，再次產生自我的答案，當你可以獨自完成這樣的練習的時候，相信你踏進及格的大門已經不遠了。期待每個看過這圖冊的朋友們都有所感受，進而提升自己的能力。

火圖會責任講師 林祐新 建築師

林祐新建築師 簡介

◎ 學歷
- 台南藝術大學 - 建築藝術研究所碩士

◎ 經歷
- 中華民國專門職業技術人員建築師考試及格
- 中華民國開業建築師
- 中國文化大學建築及都市設計學系兼任講

本書簡介－都市設計及敷地計畫題解

　　本書為 K 圖會建築師考試家教班，歷經多年教學的建築設計及建築計畫之中，為教學之精華縮影，本作品及主要收錄內容，為針對建築師術科考試的建築設計及敷地計畫的模擬解題大圖，作品都是各講師或學員在成為建築師的過程中嘔心瀝血之作，收集成冊，對於考建築師的術科答題標準參考，具有意義及指標。

　　究竟進考場，四個小時的都市敷地時間內，圖說應該要設計到什麼程度？排版到什麼程度？要有什麼樣的表現法？甚至應該要有什麼樣的建築計畫？考選部從來不公開，也沒有一定標準答案，準備的考生也從來無法得知，造成許多考生常常因建築設計一科名落孫山，而考場及格圖說的內容也只能透過口耳相傳，或坊間許多補習班的資料中拼拼湊湊，無法一窺全貌。本書歷經七年教學及兩年的蒐集製作過程，繪製了近十年的各種大大小小考試答題作品，經過與許多建築師講師溝通，也有將其進考場的復原圖或於當年考上準備期間尾聲之練習圖蒐集成冊，一次公開，正所謂十年磨一劍，究竟這把劍該長什麼樣子，本作品集一次完整揭露諸多建築師考前的練習圖或復原圖，內容所選絕對是精華重點，茲以作為建築師考試術科答題的參考。

　　特別值得一提的是敷地計畫的觀念，雖與建築計畫有前段部分是重疊的，但是敷地計畫著重的與建築設計著重的，絕對不一樣，圖說上的說明表達方向也不一樣，再加上，敷地問答申論分數比重多落在 30%~40%，問答該如何輕鬆的回應也會是重點。在 K 圖會對於敷地計畫有八字箴言：分 > 分區 > 動線 > 序列，故如何在基地上配置合理的的空間？各空間大小比例拿捏？各動線表達是否明確？各機能分區是否適當？實虛空間的圍封情塑？以及空間之間的順序是否正確？K 圖會重視的配置機能隨形也一併展示，上述是本書編著者在這多年教學中一直努力的教學重點，期待透過本作品集，能夠給予在考試中的朋友更了解敷地計畫是什麼？此書是敷地計畫觀念小圖應用於建築師考試表達在圖面的精彩範本！

　　本書總共收錄的建築師，需要特別感謝林星岳建築師、南榮華建築師、李柏毅建築師、陳軒緯建築師、吳明家建築師、林文凱建築師、施秀娥建築師、張勝朝建築師、陳偉志建築師、詹和昇建築師、廖文瑜建築師、劉家佑建築師、羅央新建築師、譚之琳建築師、林惠儀建築師、李偉甄建築師、王志揚建築師、林冠宇建築師、陳宗佑建築師、周英哲建築師、陳又伊建築師、李政瑩建築師、林詩恬建築師、許哲瑋建築師、張育愷建築師、陳永益建築師、謝文魁建築師、黃俊毅建築師、郭子文建築師、陳俊霖建築師、莊雲竹建築師、張繼賢建築師、陳玠妤建築師、王裕程建築師、黃國華建築師、潘駿銘建築師、賴宏亮建築師、林彥興建築師、曾逸仙建築師、陳禹秀建築師共 40 位建築師們，感謝大家熱情參與這項盛事，無私公開作品給仍在準備考試的朋友們，作為一個指標性的引導。

撰文／K 圖會創辦人　陳達賢　建築師

建築師專技高考 - 敷地

都 市　　計 畫　　敷 地

PART

代號：80150
頁次：3-1

107年專門職業及技術人員高等考試
建築師、技師、第二次食品技師考試暨
普通考試不動產經紀人、記帳士考試試題

等　　別：高等考試
類　　科：建築師
科　　目：敷地計畫與都市設計
考試時間：4 小時　　　　　　　　　　　　　座號：＿＿＿＿＿＿＿＿

※注意：㈠可以使用電子計算器。
　　　　㈡不必抄題，作答時請將試題題號及答案依照順序寫在試卷上，於本試題上作答者，不予計分。
　　　　㈢本科目除專門名詞或數理公式外，應使用本國文字作答。

一、申論題：（30 分）
　　㈠說明你對都市或城鄉廣場的定義及種類？描繪一處臺灣都市或城鄉的廣場，說明其廣場空間形成的原因及變遷、廣場與周遭涵構的互動、不同時間活動與空間關係、空間型態與視野。
　　㈡繪製這個廣場的配置示意圖、剖面示意圖，表達空間構成、空間型態與尺度，並說明廣場成功的因素及未來的期待。

二、設計題：（70 分）
　　㈠題目：都市中的文創園區
　　　　住商混合的都市環境，擬開發為文創園區，以期帶來都市活力、創造新產業。
　　㈡基地概況：
　　　　基地周邊為住商混合區，基地旁有一歷史建物（一層樓三合院），基地內有既有樹木。建蔽率40%、容積率200%，須留 3.6 m 無遮簷人行道。
　　㈢設計內容：
　　　　1. 文創工作坊（共同工作室 300 m^2 ×2 間，個人工作室 40 m^2 ×5 間）
　　　　2. 文創辦公室 90 m^2
　　　　3. 展示空間 200 m^2
　　　　4. 多功能使用演講廳 250 m^2
　　　　5. 會議室 60 m^2
　　　　6. 餐廳區 300 m^2、開放式廚房 60 m^2
　　　　7. 咖啡廳 200 m^2
　　　　8. 公共服務空間自訂
　　　　9. 地下停車位 120 輛（含 1 輛裝卸貨車位），機車 25 輛
　　　　10. 地面公共腳踏車 10 輛
　　　　11. 室外多功能廣場 600 m^2（不定期供短期臨時展場使用）
　　　　12. 既有樹木可保留或於基地內移植

㈣圖面要求：

1. 規劃設計說明：需含敷地量體配置、動線計畫、室內外活動交流構想、景觀設計

2. 配置圖：應含景觀設計、周邊街廓，比例自訂

3. 剖面圖比例自訂

4. 空間透視圖

5. 地下室需點出其範圍，並標示停車場地面人行出入口

代號：80150
頁次：3-3

(五)基地附圖

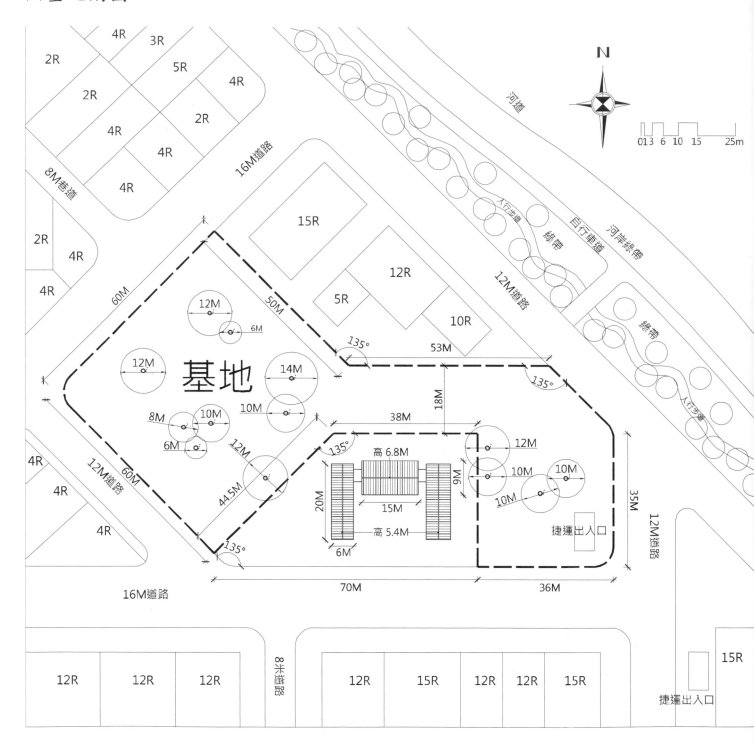

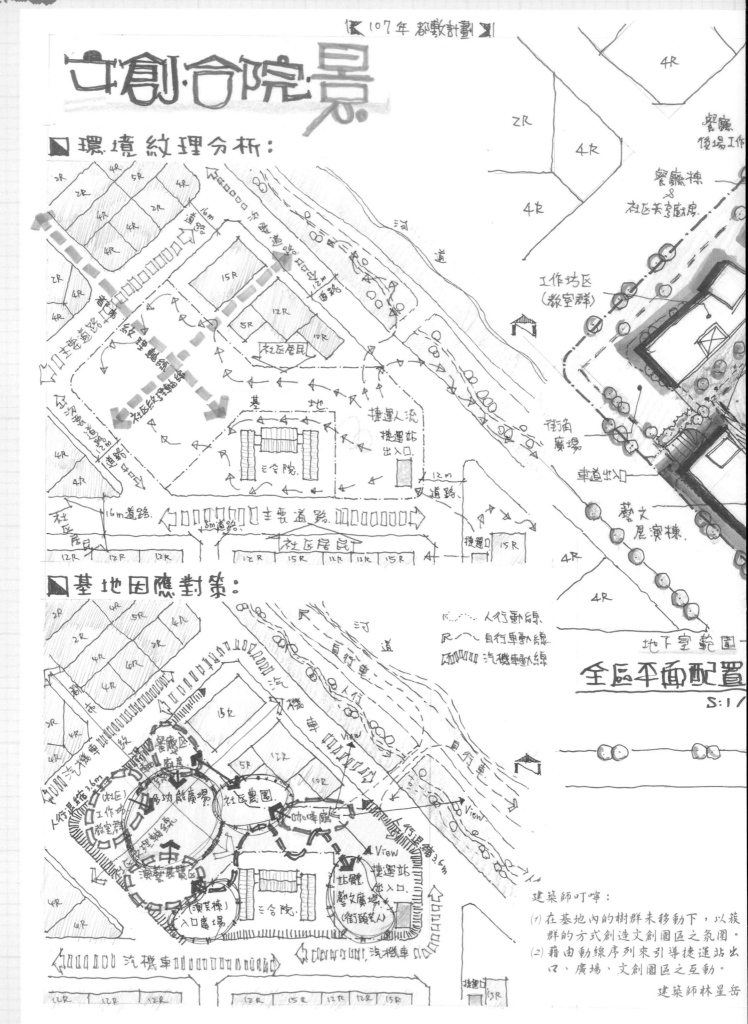

文創·合院·景

環境紋理分析：

基地因應對策：

建築師叮嚀：

(1) 在基地內的樹群未移動下，以族群的方式創造文創園區之氣圍。

(2) 藉由動線序列來引導捷運站出口、廣場、文創園區之互動。

建築師林星岳

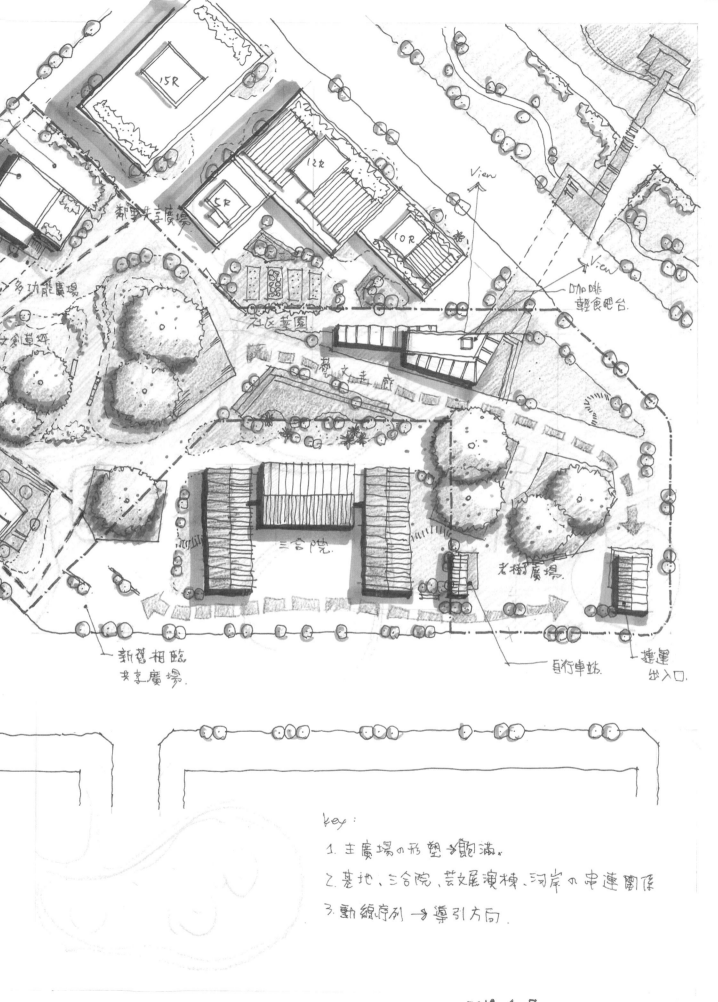

key:
1. 主廣場の形塑 → 圓滿。
2. 基地、三合院、藝文展演棟、河岸の串連關係
3. 動線序列 → 導引方向。

2019.4.7

105年專門職業及技術人員高等考試建築師、
技師、第二次食品技師考試暨普通　代號：80150　全七頁
考試不動產經紀人、記帳士考試試題　　　　　　第一頁

等　　別：高等考試
類　　科：建築師
科　　目：敷地計畫與都市設計
考試時間：4小時　　　　　　　　　　座號：＿＿＿＿＿＿＿＿

※注意：㈠可以使用電子計算器。
　　　　㈡不必抄題，作答時請將試題題號及答案依照順序寫在試卷上，於本試題上作答者，不予計分。

說明

　　臺灣的都市環境密度高，有其優勢，也有其問題。臺灣的自然環境地震多、炎熱多雨、颱風成災，尤其近年來極端氣候影響下，環境和防災議題更為嚴重。

　　你即將成為塑造臺灣實質環境的建築師，應對臺灣環境問題和都市生活有因應的觀念，請依你的觀念回答下列四個問題。

　　答題應是 1/1000 比例（如題目）之配置圖，剖面可放大，以清楚表達你的觀念和配置策略為主，不必做到建築設計的細度。請在圖上確實呈現你的想法，並加以標示和說明（如例題），說明應盡量精簡。圖應包含配置圖（第一題除外）和剖面圖（視說明的需要應不只一個）。未標示在圖上的文字敘述，或與圖無關的文字敘述，皆不予計分。配置圖不需設計建築平面，但應標示各部分之樓層數，以及交通出入口大致位置。答題時不必完全繪出題目底圖，但與觀念相關部分必須大致呈現。可配合簡圖（diagram）作為說明。請注意題目圖面已標示主要的尺寸。

一、魯班路及附近 A 至 F 街廓為新都市計畫區之住宅區，本區南北二側為山坡地保護區，山區大多是原生樹種，並監測到多種鳥類棲息。
　　該地區冬季北風較弱，夏季風向為南向。
　　魯班路寬 24 m，交通需求為四線道（3.5 m 車道×2，4.5 m 混合車道×2）。
　　請提出魯班路及街廓 A 至 F 的都市設計準則。本題不需繪製配置圖，請利用 1/200 剖面圖提出你撰擬的都市設計準則，並依例題方式在圖面上加以說明。（10 分）

二、魯班祠周邊商業區基地
　　基地位於魯班祠之西、北兩側，面積 7000 m² ，容積率 300%，建蔽率 70%。基地西側是 35 m 商業街，沿街有生意興旺的騎樓和店面；東側是 16 m 道路，有夜市。
　　魯班祠是法定古蹟，主殿屋脊高 24 m，偏殿屋脊高 12 m，魯班祠正前方是小公園。請完成配置方案，方案中必須有 2400 m² 以上、空間為內閉式之大賣場，形狀應為長方形，且因補貨方便性，不可置於地下。容積率必須設計至上限。請依例題方式繪製配置圖及剖面圖，並詳加說明，包含量體之計算式。（30 分）

三、魯班國中
　　魯班國中基地位於臺灣南部一處南向山坡地，近山脊線，基地北高南低，東半坡度為 10%，西半坡度為 6%。
　　東側有 20 m 道路，南側是 25 m 區域性公路；道路已有給排水、污水和電力、電信管路。

（請接第二頁）

105年專門職業及技術人員高等考試建築師、
技師、第二次食品技師考試暨普通 代號：80150
考試不動產經紀人、記帳士考試試題

等　　別：高等考試
類　　科：建築師
科　　目：敷地計畫與都市設計

該地區全年炎熱，日照充足，夏季有暴雨。基地冬季東北季風強勁，影響戶外活動，夏秋為西南風。

請依下列要求完成魯班國中的配置，並依例題之方式詳加說明。（30分）

1.魯班國中所有教學區，含行政辦公室、圖書館及特種教室，皆採用 9×9 m 之教室單元，以求最高之使用彈性，共需 30 單元。

2.單邊走廊寬 2.5 m，雙邊走廊寬 3 m。

3.教室每層高 3.6 m，不可超過三層高。

4.體育館長寬為 27×36 m，高 12 m。是封閉空間。

5.戶外活動空間主要包含了 200 m 跑道的運動場，運動場長寬為 100×45 m。

6.因基地是山坡地，學生的主動線應便捷、且避免太多坡度變化。

7.空間需求如下：

(1)建築

空間項目	單元數	淨面積合計（m^2）	備註
一般教室	15	9×9×15＝1215	
特種教室	8	9×9×8＝648	
行政辦公室	4	9×9×4＝324	
圖書館	3	9×9×3＝243	
體育館	-	27×36＝972	27×36 m 之平面長寬比例不可改，高度為 12 m
合　　計		3402	
走廊、廁所、樓電梯		3000	
總　　計		6402	

(2)運動場

運動場一座，不可改變 45×100 m 之長寬比例。

四、商業區基地

基地東西南三側是臺灣典型的高密度住商混合區，零售業發達，道路兩側有延續的沿街店面和騎樓。北側是沿 40 m 林蔭大道的純商業大樓，林蔭道旁有捷運車站出入口及公共汽車站。南側是一中型公園。北側 4 m 巷道是自東向西單行道。

該地區風向為夏季西南風、冬季東北風。

基地面積為 5875 m^2，容積率 500%，建蔽率 50%。

因移入容積（含在 500%之內），市府要求基地必須有 15%以上面積作為公共開放空間使用（但仍可計入容積計算）。

請完成本基地之配置，容積必須使用至上限。並請原則性的規劃公園步道的基本方向。請依例題之方式繪製配置圖及必要之剖面圖，詳加說明，並請列量體計算式。（30分）

（請接第三頁）

105年專門職業及技術人員高等考試建築師、
技師、第二次食品技師考試暨普通 代號：80150
考試不動產經紀人、記帳士考試試題

等　　別：高等考試
類　　科：建築師
科　　目：敷地計畫與都市設計

例題：基地面積：1800 ㎡
　　　建蔽率：　50%
　　　容積率：　200%

| 1 | 量體計算 | 總樓地板面積 (F) |

1～3F _____ ㎡ x 3 = _____ ㎡(f1)
4～6F _____ ㎡ x 3 = _____ ㎡(f2)
　　　　　合計 = _____ ㎡(F)

總樓地板面積 (F)=1800 ㎡ x 200% x 不計容積係數

| 2 | 配置圖 |

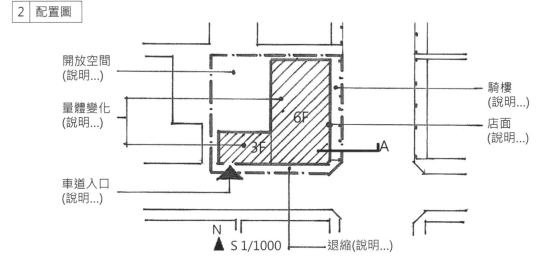

開放空間
(說明...)

量體變化
(說明...)

車道入口
(說明...)

騎樓
(說明...)

店面
(說明...)

N

▲ S 1/1000

退縮(說明...)

| 3 | 剖面圖A |

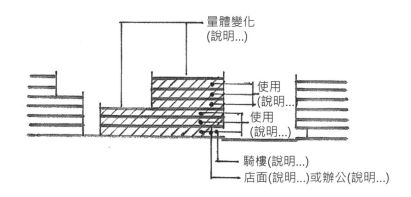

量體變化
(說明...)

使用
(說明...)

使用
(說明...)

騎樓(說明...)

店面(說明...)或辦公(說明...)

（請接第四頁）

105年專門職業及技術人員高等考試建築師、
技師、第二次食品技師考試暨普通　代號：80150
考試不動產經紀人、記帳士考試試題

等　　別：高等考試
類　　科：建築師
科　　目：敷地計畫與都市設計

題目一
附圖

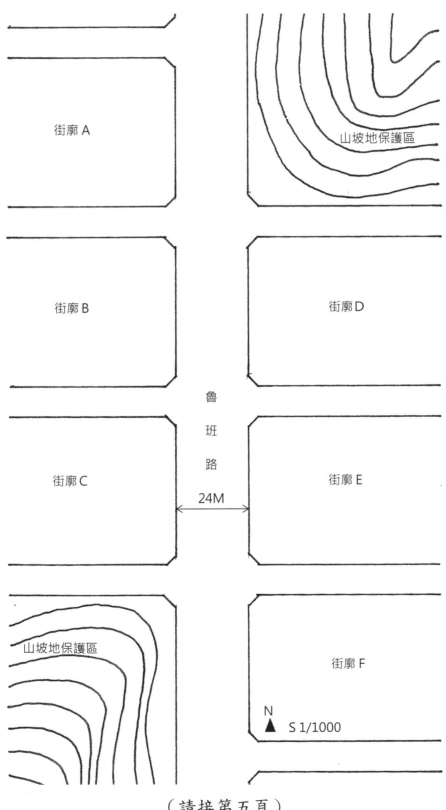

（請接第五頁）

105年專門職業及技術人員高等考試建築師、
技師、第二次食品技師考試暨普通　代號：80150
考試不動產經紀人、記帳士考試試題

等　　別：高等考試
類　　科：建築師
科　　目：敷地計畫與都市設計

題目二
附圖

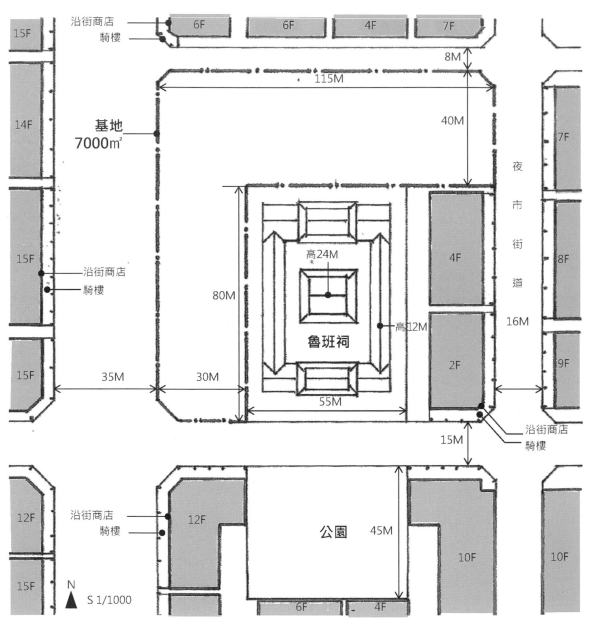

基地
7000m²

魯班祠

高24M

高12M

沿街商店
騎樓

沿街商店
騎樓

沿街商店
騎樓

沿街商店
騎樓

夜市街道

公園

8M
115M
40M
80M
55M
35M
30M
16M
15M
45M

N
S 1/1000

（請接第六頁）

105年專門職業及技術人員高等考試建築師、
技師、第二次食品技師考試暨普通　代號：80150
考試不動產經紀人、記帳士考試試題

等　　別：高等考試
類　　科：建築師
科　　目：敷地計畫與都市設計

題目三
附圖

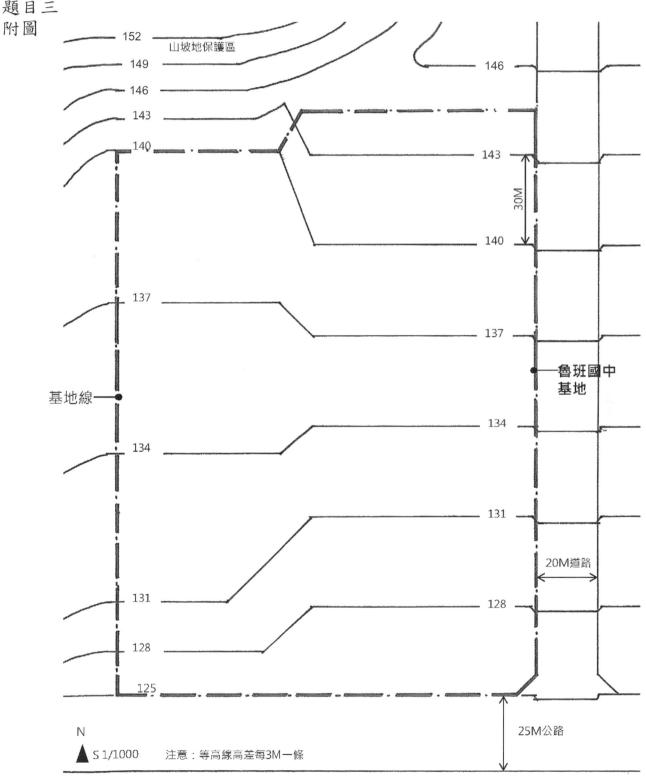

（請接第七頁）

105年專門職業及技術人員高等考試建築師、
技師、第二次食品技師考試暨普通　代號：80150
考試不動產經紀人、記帳士考試試題

等　　別：高等考試
類　　科：建築師
科　　目：敷地計畫與都市設計

題目四
附圖

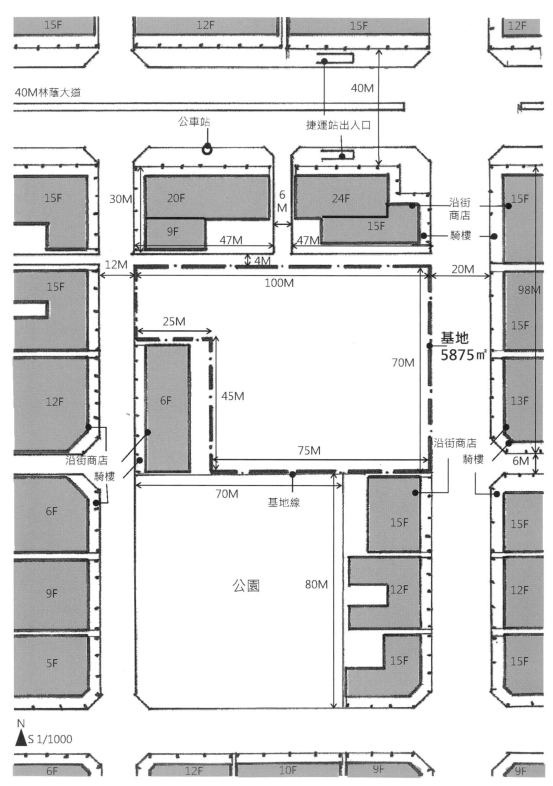

40M林蔭大道

公車站

捷運站出入口

40M

15F　　12F　　15F　　12F

30M　20F　24F

6 M

9F　47M　47M　15F

沿街商店

騎樓

15F

4M

12M　100M　20M

15F

98M

25M

15F

15F

基地
5875㎡

70M

45M

6F

12F

13F

沿街商店

騎樓

6M

沿街商店

75M

騎樓

70M

基地線

6F

15F

15F

9F

公園

80M

12F

12F

5F

15F

15F

N
S 1/1000

6F　　12F　　10F　　9F　　9F

105 年專門職業及技術人員高等考試建築師、 技師、第二次食品技師考試暨普通 考試不動產經紀人、記帳士考試試題

魯班路都市設計準則

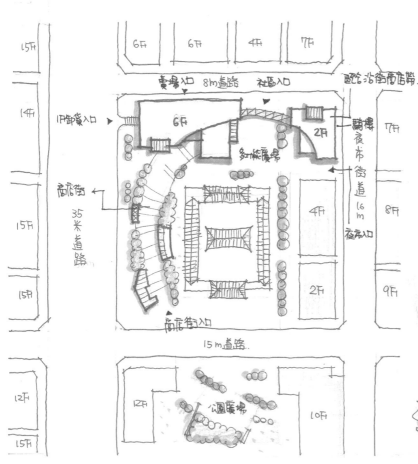

□剖面圖 S:1/

魯班祠周邊商業區

□量體計算:

裙樓地板面積 F ⇒ 1~2F:1600㎡×2=3200㎡(f1)
3~6F:1000㎡×4=4000㎡(f2)

合計:7200㎡

□全區配置圖 S:1/1000

魯班國中

□量體計算

一般教室:10×12m×2F=240㎡
10×18m×2F=360㎡ ÷1356㎡
12×21m×3F=756㎡

特種教室:9×1
行政辦公室:
圖書館:24
體育館:97

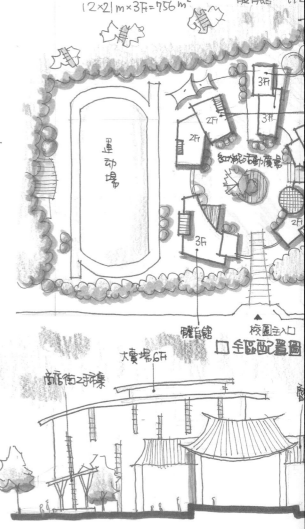

□全區配置圖

魯班商業區

口量體計算： 建蔽=50%≒2940m² 容積=500%≒29375m²
A棟 525 m²×12F =6300 m² C棟：800 m²×14F=11200m² 總樓地板面積=29225m²
B棟 800 m²×14F=11200 m² D棟：525 m²×1F=525 m²

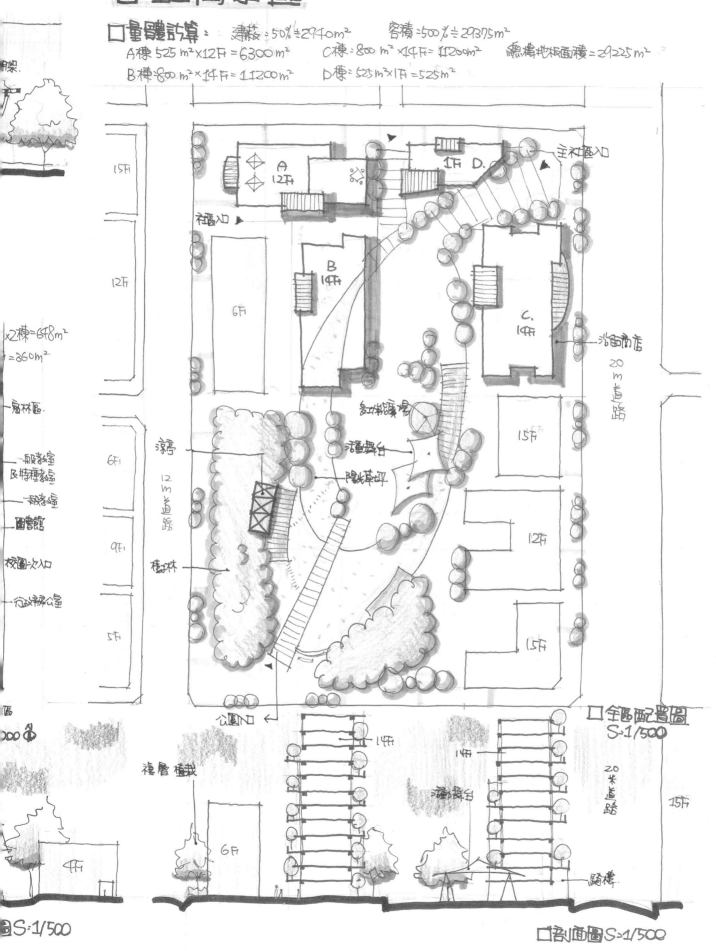

口全區配置圖 S=1/500

口剖面圖 S=1/500

作品提供／李偉甄建築師

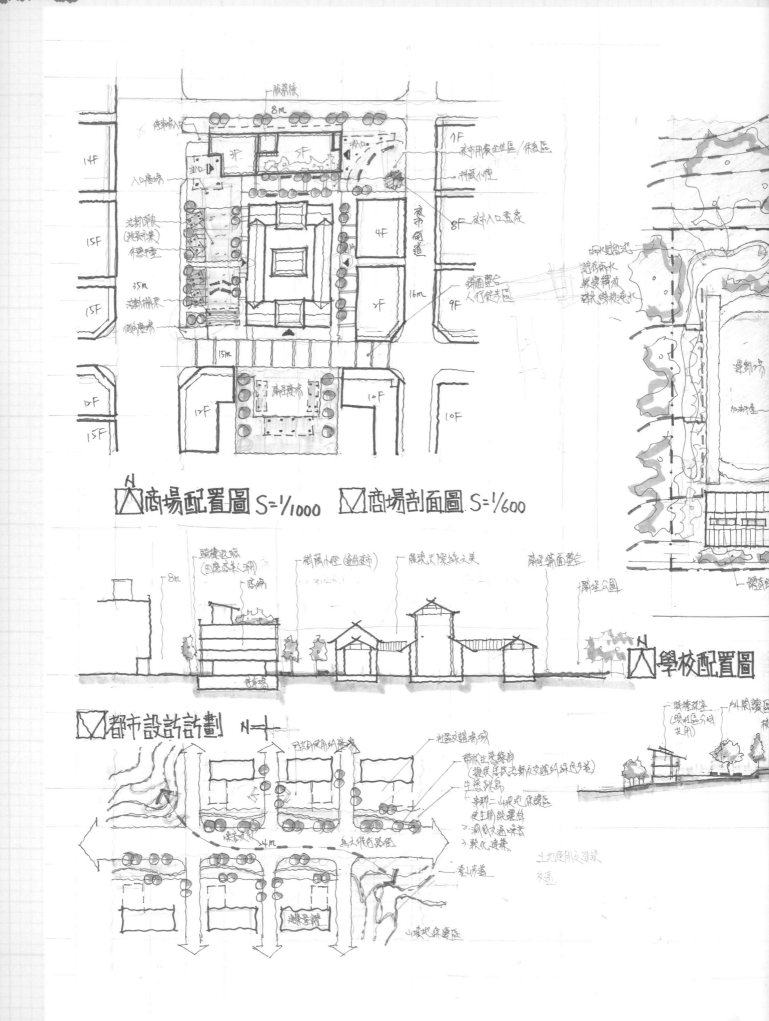

商場配置圖 S=1/1000   ## 商場剖面圖 S=1/600

學校配置圖

都市設計計劃

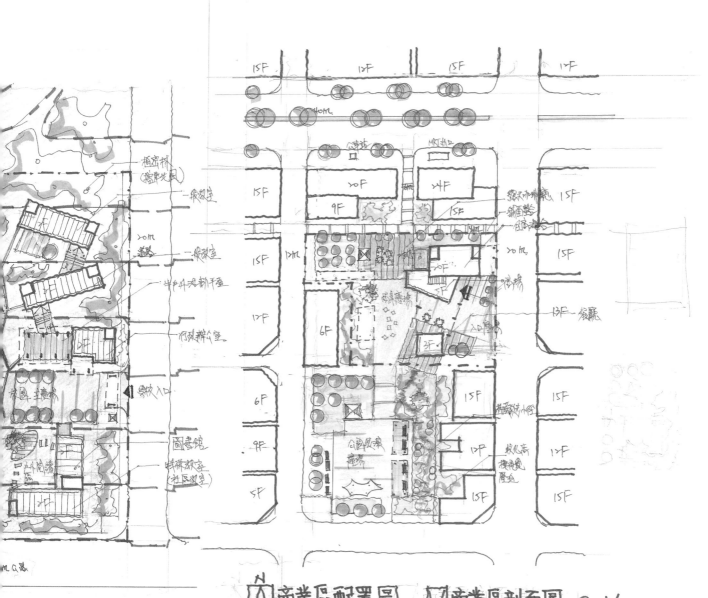

商業區配置圖　商業區剖面圖 S=1/1000

學校剖面圖 S=1/1000

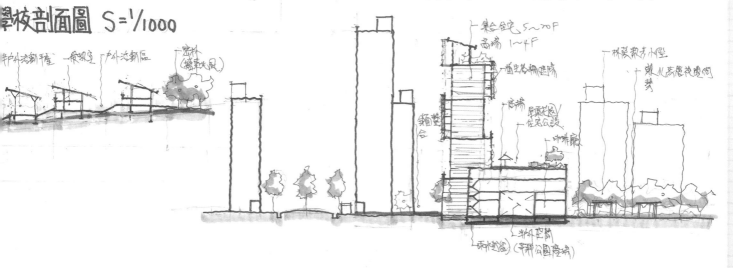

林冠宇

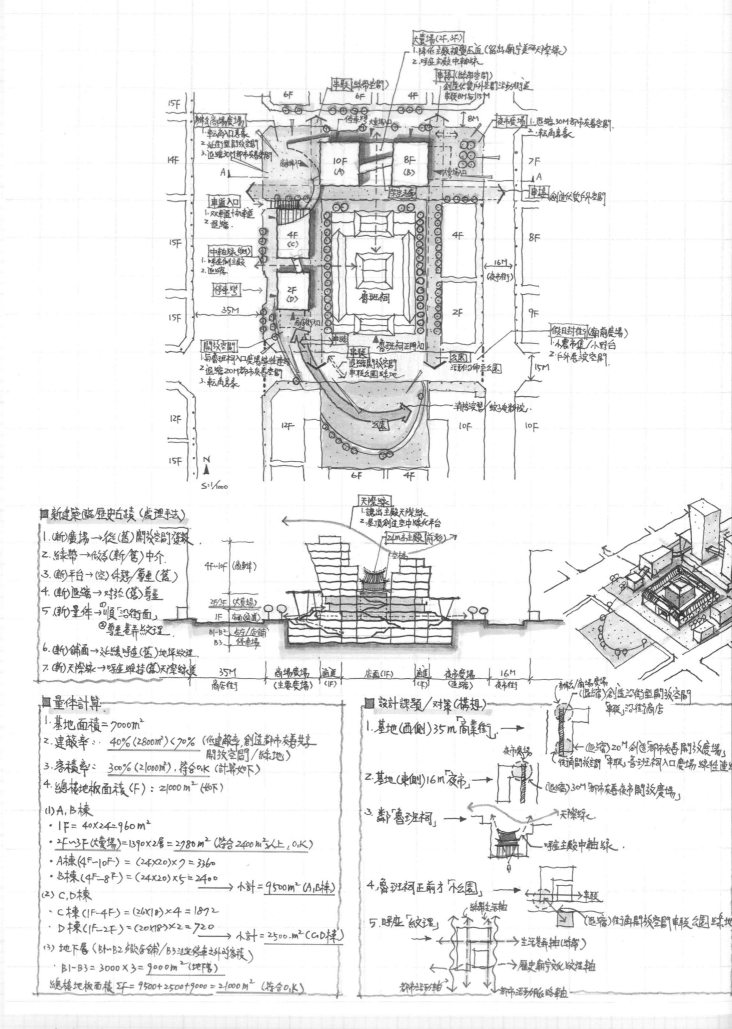

■新建築臨歷史古蹟(處理手法)

1. (新)廣場→從(舊)開放空間後移

2. 綠帶→做為(新/舊)中介。

3. (新)平台→(空)休憩/尊重(舊)

4. (新)退縮→對於(舊)尊重

5. (新)量体○順沿街面、
   ②尊重巷弄紋理

6. (新)舖面→延續呼應(舊)地坪紋理。

7. (新)天際線→呼應維持(舊)天際線美。

■量体計算

1. 基地面積=7000m²

2. 建蔽率= 40%(2800m²)<70% (低建蔽率,創造都市友善共享
   開放空間/綠地)

3. 容積率= 300%(21000m²), 符合O.K(計算如下)

4. 總樓地板面積(F): 21000 m² (以下)

(1) A,B棟
   · 1F= 40×24=960 m²
   · 2F~3F(大賣場)=1390×2層=2780 m² (符合2400m²以上,O.K)
   · A棟(4F~10F) = (24×20)×7 = 3360
   · B棟(4F~8F) = (24×20)×5 = 2400
   ────→ 小計= 9500 m² (A,B棟)

(2) C,D棟
   · C棟(1F-4F)=(26×18)×4 = 1872
   · D棟(1F~2F)=(20×18)×2 = 720
   ────→ 小計= 2500. m² (C,D棟)

(3) 地下層(B1~B2做店舖/B3法定停車外的容積)
   · B1~B3= 3000×3 = 9000 m²(地層)

總樓地板面積 ΣF= 9500+2500+9000 = 21000 m² (符合O.K)

■設計課題/對策(構想)

1. 基地(西側)35m「商業街」→

2. 基地(東側)16m「夜市」→

3. 鄰「魯班祠」→

4. 魯班祠正前才「下沉庭園」→

5. 呼應「紋理」→

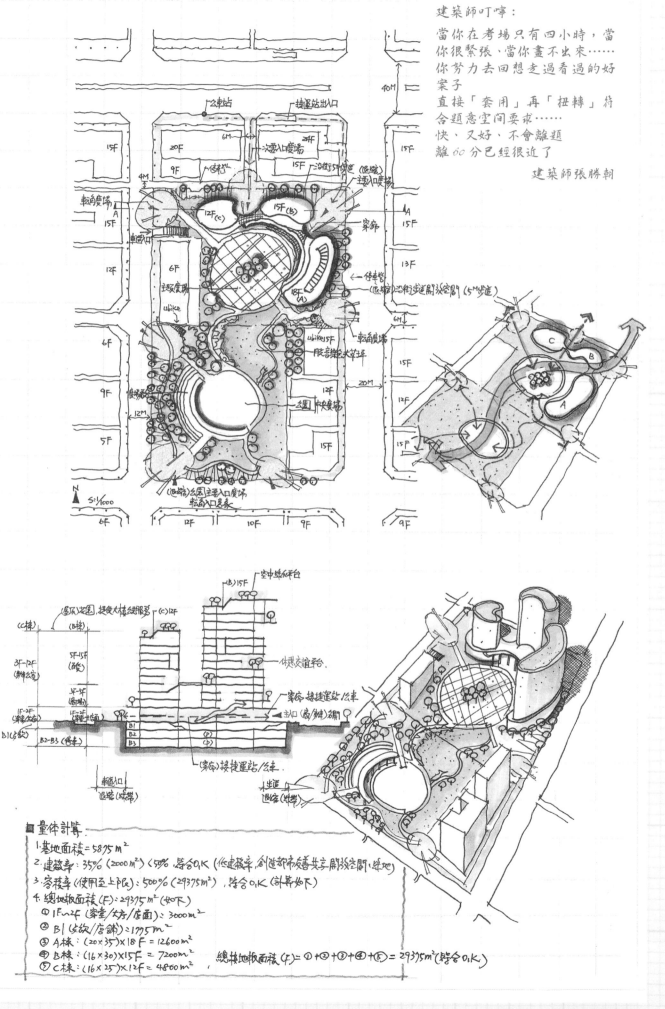

建築師叮嚀：

當你在考場只有四小時，當
你很緊張、當你畫不出來……
你努力去回想走過看過的好
案子
直接「套用」再「扭轉」符
合題意空間要求……
快、又好、不會離題
離60分已經很近了

　　建築師張勝朝

■ 量体計算：
1. 基地面積＝5875 m²
2. 建蔽率：35%（2000 m²）< 50%，符合 O.K（低建蔽率,創造都市友善共享開放空間、綠地）
3. 容積率（使用至上限）：500%（29375 m²），符合 O.K（計算如下）
4. 總樓地板面積（F）：29375 m²（如下）
   ① 1F~2F（容室/大廳/店面）＝3000 m²
   ② B1（公設/店鋪）＝1775 m²
   ③ A棟：（20×35）×18 F = 12600 m²
   ④ B棟：（16×30）×15 F = 7200 m²
   ⑤ C棟：（16×25）×12 F = 4800 m²
   總樓地板面積（F）= ①＋②＋③＋④＋⑤ = 29375 m²（符合 O.K）

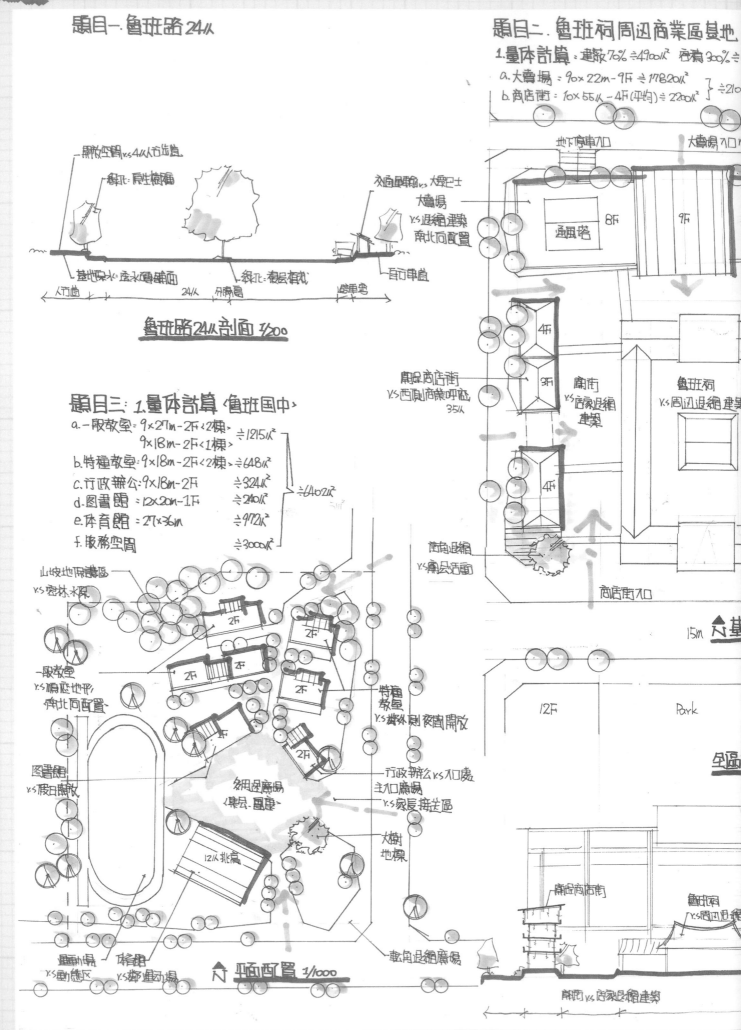

題目一. 魯班路24M

魯班路24M剖面 1/200

題目三. 1.量体計算〈魯班国中〉
a. 一般教室: 9×27m-2F〈2棟〉≒1215M²
　　　　　 9×18m-2F〈1棟〉
b. 特種教室: 9×18m-2F〈2棟〉≒648M²
c. 行政辦公: 9×18m-2F ≒324M²
d. 図書館: 12×20m-1F ≒240M²
e. 体育館: 27×36m ≒972M²
f. 服務空間 ≒3000M²

平面配置 1/1000

題目二. 魯班祠周辺商業區基地
1.量体計算: 建蔽70%≒4900M² 容積300%
a. 大賣場: 90×22m-9F ≒17820M²
b. 商店街: 10×55M-4F(平均)≒2200M²

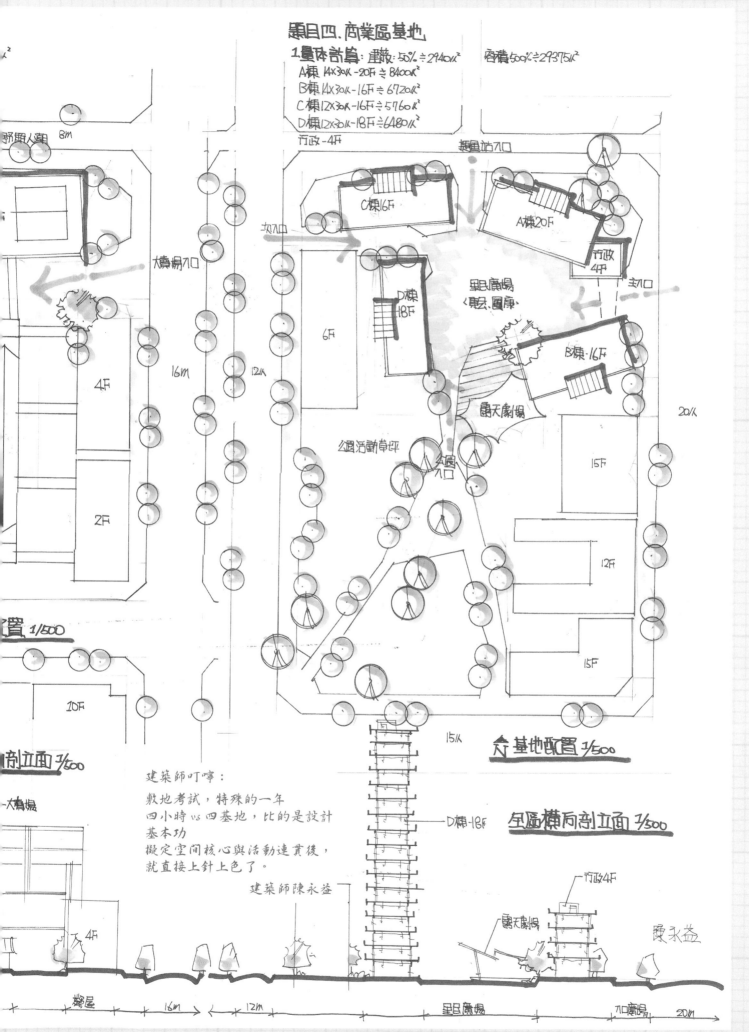

題目四. 商業區基地

1.量体計算：建蔽：50% ≒ 2940m² 容積：500% ≒ 29375m²
A棟 14x30m-20F ≒ 8400m²
B棟 14x30m-16F ≒ 6720m²
C棟 12x30m-16F ≒ 5760m²
D棟 12x30m-18F ≒ 6480m²
市政-4F

C棟16F
A棟20F
市政 4F
D棟 18F
6F
星民廣場
〈表演.圖庫〉
B棟·16F
露天劇場
公園活動草坪
公園入口
4F
2F
15F
10F
12F
15F
15F

↑基地配置 1/500

置 1/500

剖立面 1/500

-大廣場

4F

D棟-18F

全區橫向剖立面 1/500

市政4F

露天劇場

陳永益

建築師叮嚀：

敷地考試，特殊的一年
四小時 vs 四基地，比的是設計
基本功
擬定空間核心與活動連貫後，
就直接上針上色了。

建築師陳永益

槺屋 16m 12m 星民廣場 入口廣場 20m

作品提供／陳永益建築師

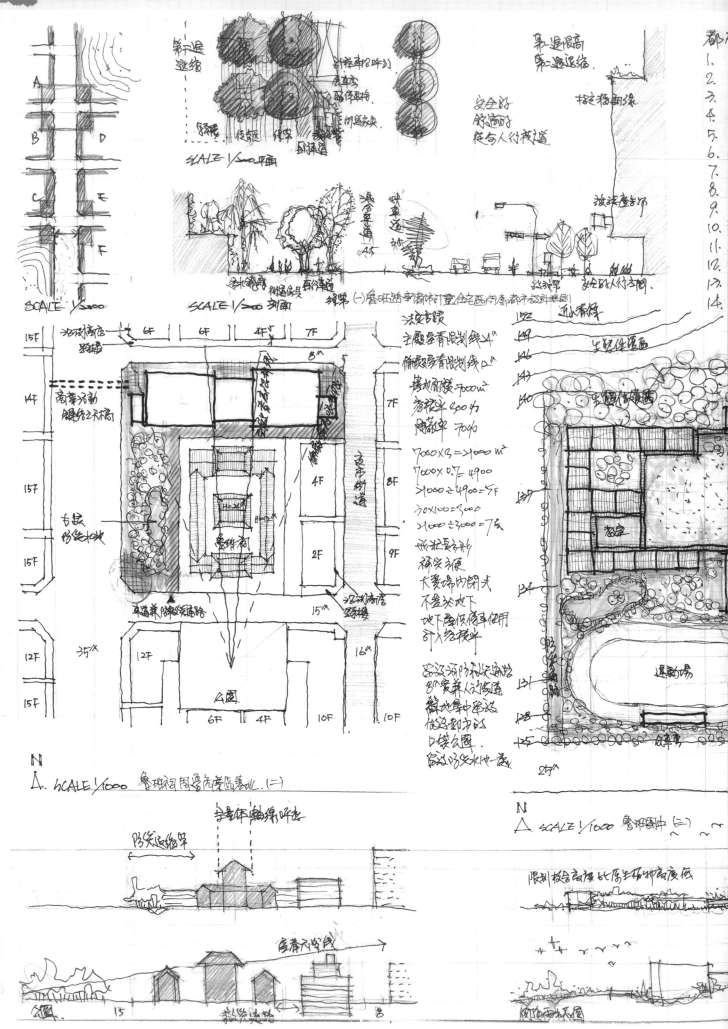

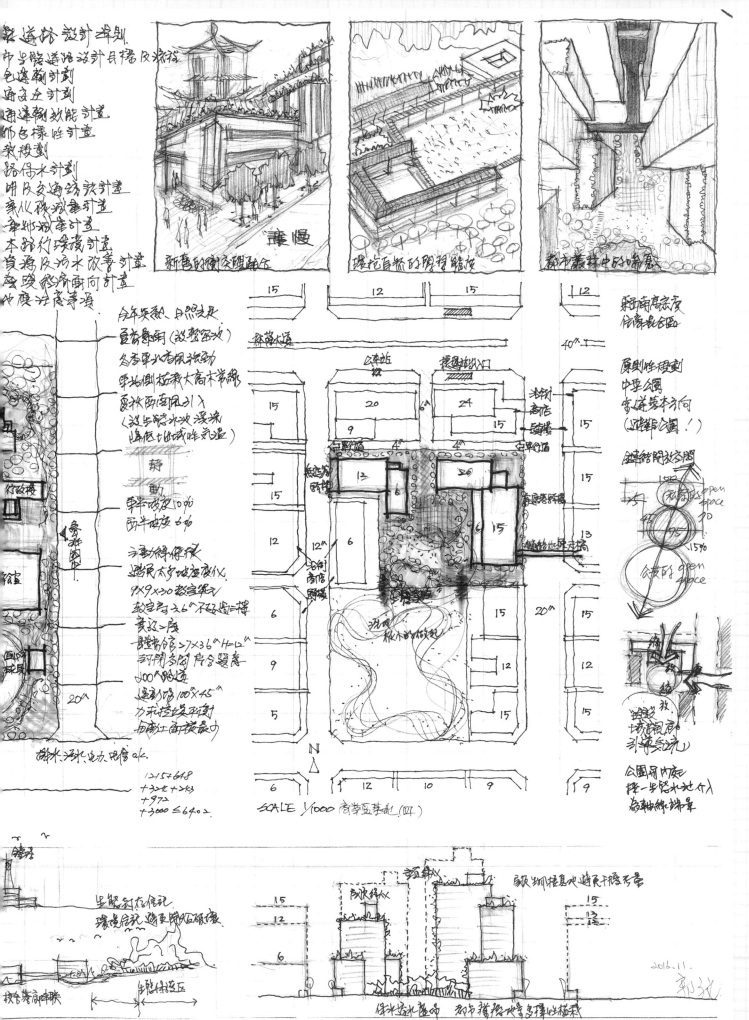

新舊的鏈接界面融合　環抱自然的陞階體驗　都市叢林中的探險

SCALE 1/1000 廣學區基地 (四)

2016.11.

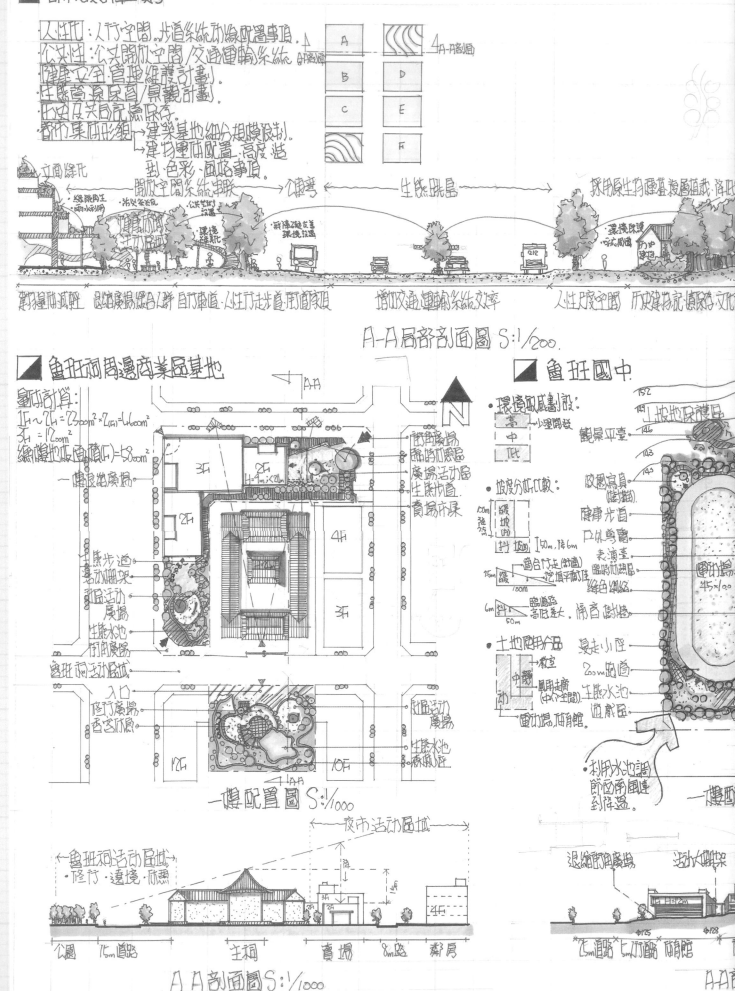

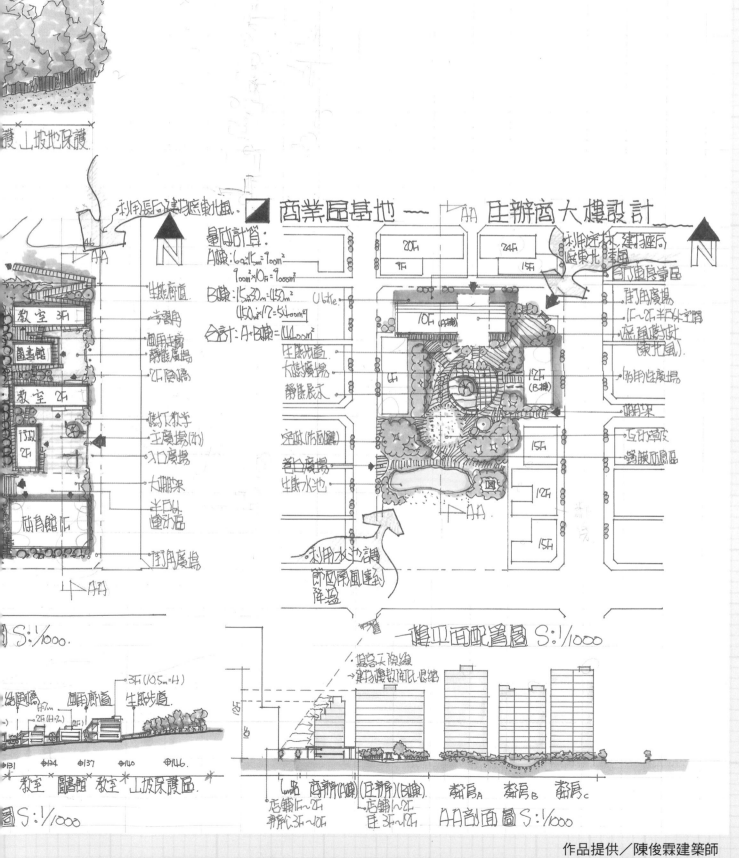

利用長向建物遮東北風. ◨ 商業區基地 — ▲AA 庄辦商大樓設計

量体計算:
A棟: 60x15=900m²
　　　900m²x10F=9000m²
B棟: 15x30=450m²
　　　(450m²x12=5400m²)
合計: A+B棟=1440m²

20F／9F　　24F／15F

利用庭林建物遮
庭東北車風

10F (A棟)

12F (B棟)

N　　　　N

生態廊道
号習角
風雨走廊
靜態廣場
2F陸橋
鳥托教学
主廣場(水)
入口廣場
大棚架
半戶外運動区
街角廣場

生態步道
大態廣場
靜態展示
塘地(防洪池)
草皮廣場
生態水池

利用水池調
節區原風達到
降溫

街角廣場
1F~2F半户外空間
庭原雨水
(東北風)
利用性廣場
遊来
互動噴泉
蹈膜瓜恩区
園

一樓平面配置圖 S:1/1000

S:1/1000

教室 3F
圖書館
教室 2F
行政 2F
柑角館1F

3F(10.5m=H)
風雨廊道　生態步道

提客天際線
建物樓設向低退縮

教室 圖書館 教室 上坡保護区

Φ131 Φ134 Φ137 Φ140 Φ146.

圖 S:1/1000

1F 商所(A棟)(庄辦所)(B棟)　奉房A 奉房B 奉房c
店铺1F~2F　店铺1F~2F
商所3F~10F　庄3F~1F
AA剖面圖 S:1/1000

104年專門職業及技術人員高等考試建築師、技師、第二次食品技師考試暨普通考試不動產經紀人、記帳士考試試題

代號：80150

全一張（正面）

等　　別：高等考試
類　　科：建築師
科　　目：敷地計畫與都市設計
考試時間：4 小時

座號：＿＿＿＿＿＿＿

※注意：㈠可以使用電子計算器。
　　　　㈡不必抄題，作答時請將試題題號及答案依照順序寫在試卷上，於本試題上作答者，不予計分。

一、申論題：（30 分）
　　㈠任何一有規模的開發方案必然會衝擊到原基地的現況，因此環境衝擊分析必須視為規劃設計的一部分，在規劃初期「基地分析」與「環境衝擊分析」兩者之核心資料必須同時蒐集。
　　　　請試述：針對基地最核心應蒐集的資料包含那些層面？針對前述應蒐集之資料，面對環境衝擊影響，其最典型基本要問的問題為何？
　　㈡都市設計概念中有「設計都市而非設計建築物」，請試述要滿足此概念，需透過那些策略方法才能完成？

二、設計題：（70 分）
　　㈠題目：國際青年文化村
　　　　某私人企業為促進國際青年彼此間的交流，決定在臺灣中部都會近郊建造一國際青年文化村，定期舉辦活動，培養青年的視野以增進彼此間的互動及了解。
　　㈡基地概況：（如圖所示）
　　　　1. 基地位於中部都會近郊風景優美之坡地上。
　　　　2. 基地建蔽率 35%，容積率 120%。
　　　　3. 基地夏季西南季風，冬季東北季風。
　　㈢規劃內容：
　　　　1. 教學
　　　　　　(1) 行政空間　　　　　　　　　　120m²
　　　　　　(2) 教室
　　　　　　　　小教室 6 間　　　　　　　　360m²
　　　　　　　　中教室 2 間　　　　　　　　200m²
　　　　　　(3) 多用途空間　　　　　　　　1200m²
　　　　　　　　體育館兼禮堂以及其他活動
　　　　2. 住宿
　　　　　　(1) 學生 120 人，2 人/間　　　1680m²
　　　　　　(2) 教職員 20 人，1 人/間　　　480m²
　　　　3. 餐廳交誼空間（含廚房）　　　　300m²
　　　　4. 戶外活動設施
　　　　　　(1) 籃排兩用球場 1 座
　　　　　　(2) 網球場 1 座
　　　　　　(3) 活動大草坪一處

（請接背面）

104年專門職業及技術人員高等考試建築師、技師、第二次食品技師考試暨普通考試不動產經紀人、記帳士考試試題　　代號：80150　全一張（背面）

等　　別：高等考試
類　　科：建築師
科　　目：敷地計畫與都市設計

　5. 停車（地面停車）
　　(1) 大型遊覽車 4 輛
　　(2) 小汽車 10 輛
㈣圖說需求：
　1. 規劃說明：
　　用文字或圖解表達規劃概念、機能活動組織關係、開放空間系統、動線系統等。
　2. 全區配置圖（含全區景觀）。1/400
　3. 局部重點剖立面圖，至少二向。1/200
　4. 小透視圖，至少 3 處，重點表現戶外空間的特性。
㈤注意事項：
　1. 本規劃題目為假想題，考生只需依所提供的條件從事規劃，無障礙校園環境是考生必須要考慮並滿足的。
　2. 建築物以三層為限且須有一定比例之斜屋頂。
　3. 以上所提供之面積未包括公共面積，公共面積以 35% 為上限。
㈥基地附圖：比例 1/2000

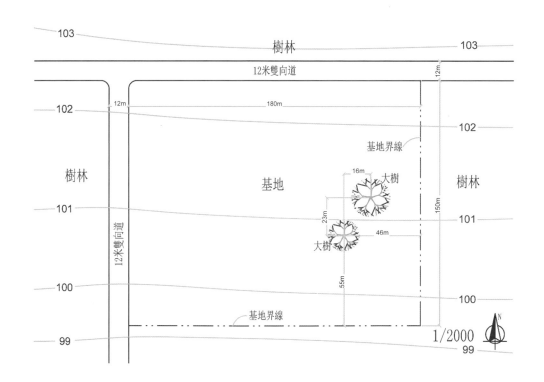

築回自然 — 國際青年文化

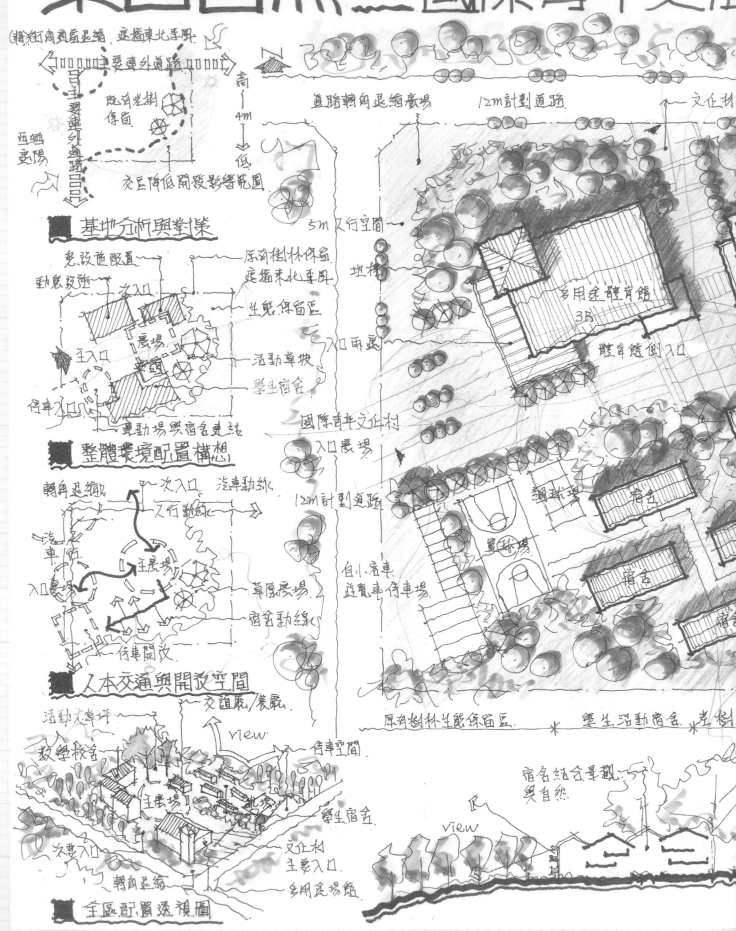

基地分析與對策

整體環境配置構想

人本交通與開放空間

全區配置透視圖

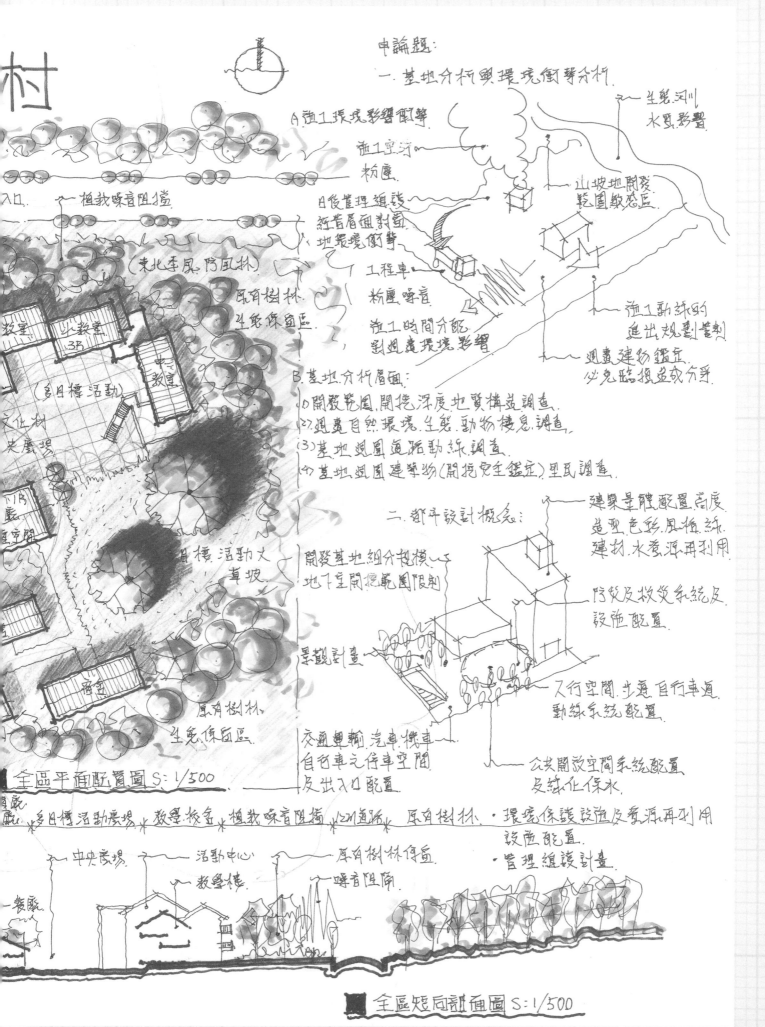

申論題：

一、基地分析與環境衝擊分析．

A 施工環境影響衝擊

施工空污
粉塵．

日後營理組織設
經營層面對當
地環境衝擊．

工程車．
粉塵．噪音
施工時間分配
對週邊環境影響．

生態河川
水質影響

山坡地開發
範圍數態區

施工動線的
進出規劃營制．

週邊建物鑑定
必免臨損並或分爭．

B 基地分析層面：

(1)開發範圍開挖深度地質構造調查．
(2)週邊自然環境生態動物棲息調查．
(3)基地週圍道路動線調查．
(4)基地週圍建築物(開挖安全鑑定)里瓦調查．

二、都市設計概念：

開發基地細介規模
地下室開挖範圍限制

景觀刻畫

交通車輸汽車機車
自色車之停車空間
及出入口配置

建築量體配置高度
造型色彩風格綠
建材水資源再利用

防災及救災系統及
設施配置

人行空間步道自行車道
動綠系統配置

公共開放空間系統配置
及綠化保水

·環境保護設施及資源再利用
設施配置
·管理組織計畫

入口
植栽噪音阻擋

(東北季風防風林)

原有樹林
生態保育區

教室 教室3R

(多目標活動)
教室

文化村
表廣場

目標活動大
草坡

原有樹林
生態保育區

全區平面配置圖 S：1/500

餐廳 多目標活動廣場 教學校舍 植栽噪音阻擋 川通路 原有樹林

中央廣場 活動中心 原有樹林存區
教學樓 噪音阻隔

餐廳

全區短向剖面圖 S：1/500

作品提供／吳明家建築師

基地環境分析

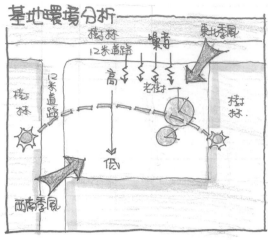

分區配置計劃

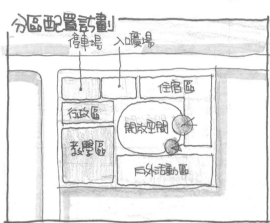

都市防救災動線

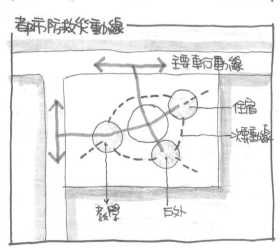

開放空間綠地規劃

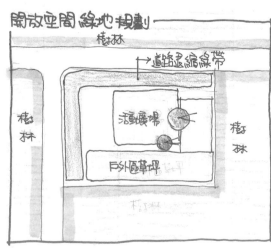

國際青年

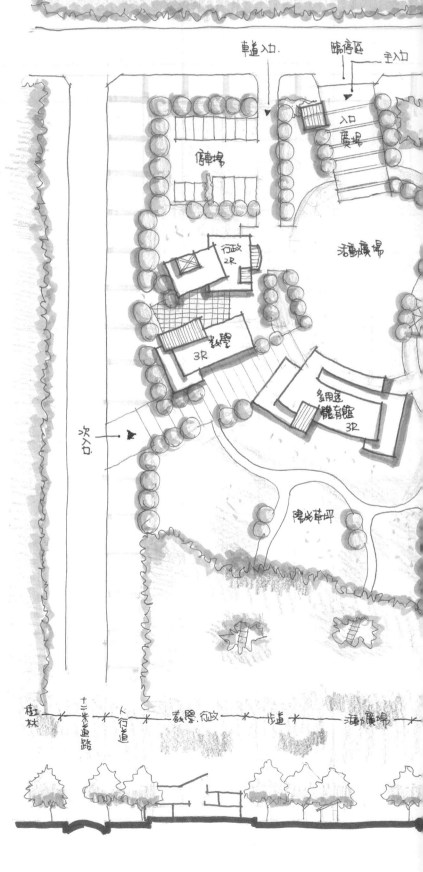

F文化村

申論題

一、

（一）基地分析方法：
1. 環境容受力
2. 土地適宜性
3. 環境敏感地
4. 環境影響評估

（二）環境保育計劃
1. 保育計劃擬定
2. 基礎調查
3. 開發限制區劃定
4. 環評計劃
5. 開發計劃
6. 配合承續規劃設計

二、

都市設計操作內容
→建築物量體／造型／色彩
→廣告招牌 & 附屬設施
→街道家俱
→指定牆面線

→都市公共藝術計劃
→都市植栽計劃
→鋪面計劃 → 鋪面
→指定退縮空間

① 土地使用分區
② 紋理設計
③ 交通動線系統
④ 開放空間
⑤ 建物型態設計

⑥ 植栽設計
⑦ 夜間照明
⑧ 街道家俱
⑨ 無障礙環境
⑩ 公共藝術

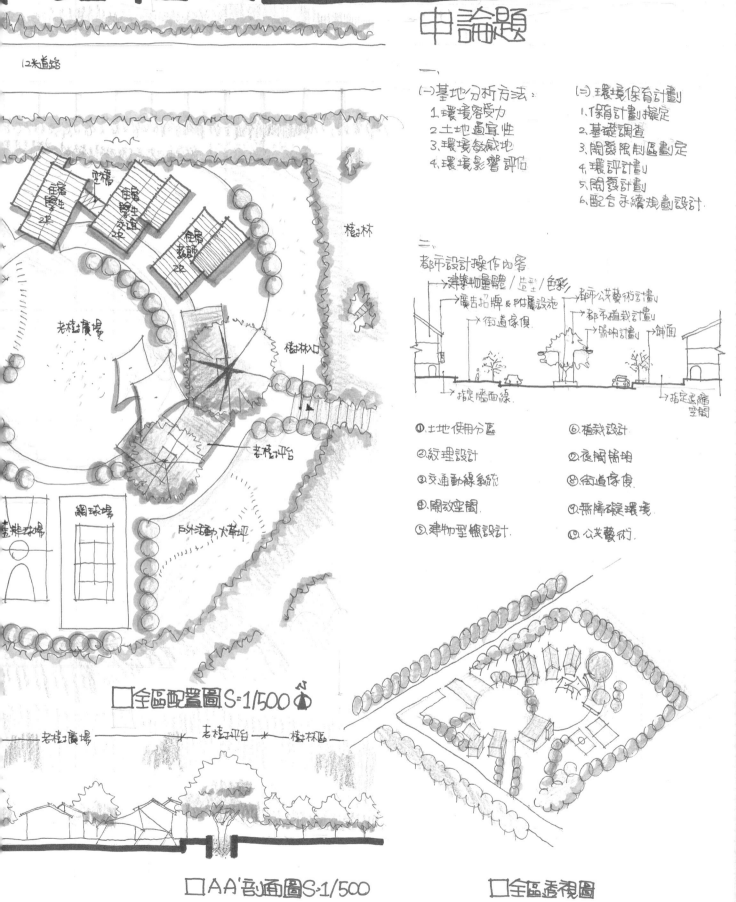

12米道路

樹林

老樹廣場

樹林入口

老樹坪台

網球場

戶外活動大草坪

□全區配置圖 S=1/500

┣老樹廣場┫ ┣老樹坪台┫ ┣樹林區┫

□AA'剖面圖 S=1/500　　□全區透視圖

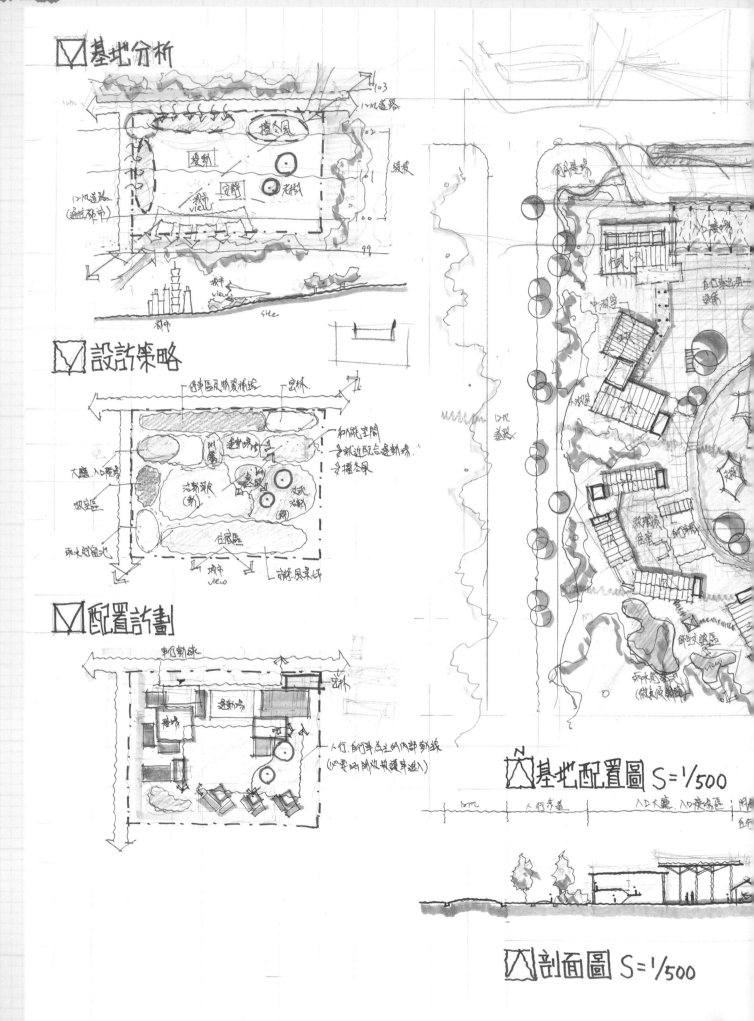

☑基地分析

☑設計策略

☑配置計畫

基地配置圖 S=1/500

剖面圖 S=1/500

☑申論

林冠宇

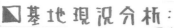

《104年 都教計劃》

◤基地現況分析：

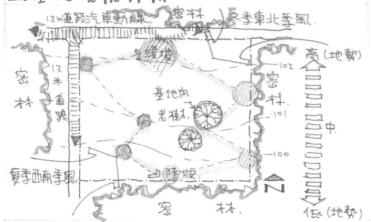

◤環境策略探討：

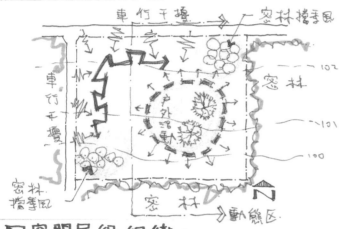

◤空間層級組織：

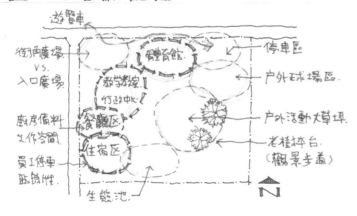

◤建築量體 & 開放空間：

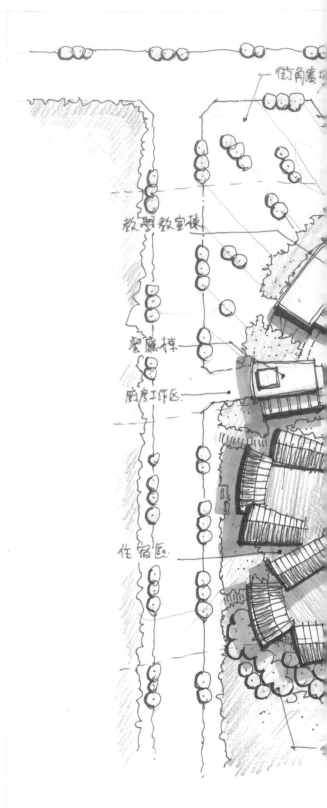

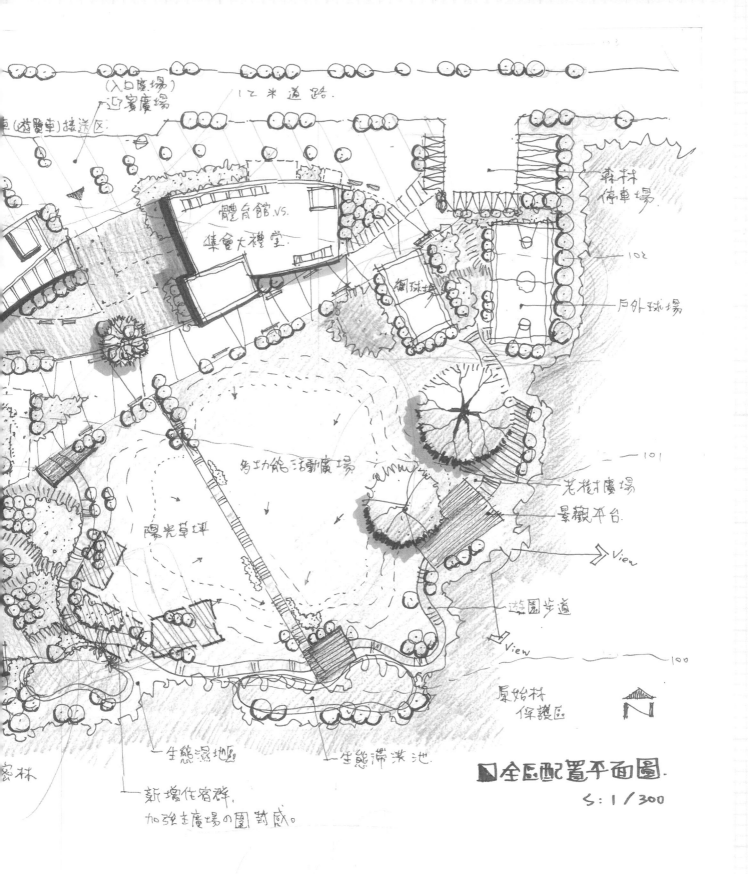

（入口廣場）
迎賓廣場

（遊覽車）接送區

12 米 道路.

體育館 VS.

集會大禮堂.

網球場

森林停車場

102

戶外球場

多功能活動廣場

老榕樹廣場

景觀平台.

View

陽光草坪

101

遊園步道

View

100

原始林
保護區

N

密林

生態濕地

生態滯洪池.

新增住宿群,
加強主廣場的圍封感.

N 全區配置平面圖.

S : 1 / 300

建築師叮嚀：

(1) 大基地應好好發揮 大圖繪 的箴言（分群分區，動線序列）。

(2) 當基地環境屬不同層級時，利用生態活動（復育、觀察）
呼應題意。

(3) 敷地類型題目應反映土地開發容受力，減少對環境之傷害。

建築師林星岳

2019. 4. 14.

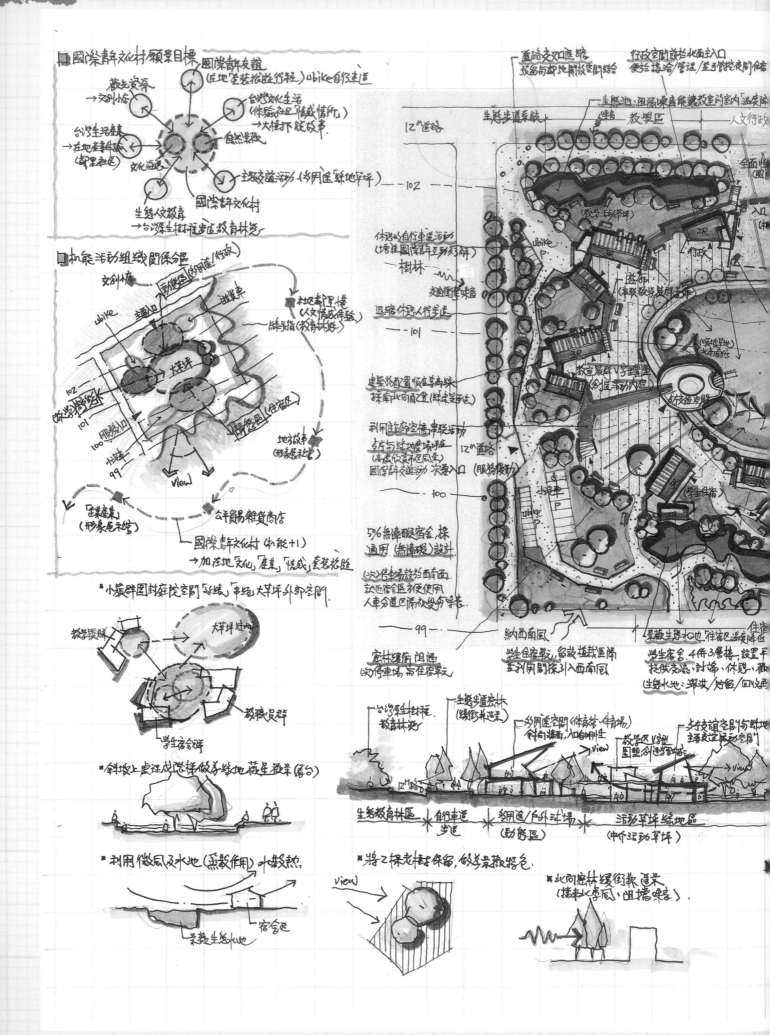

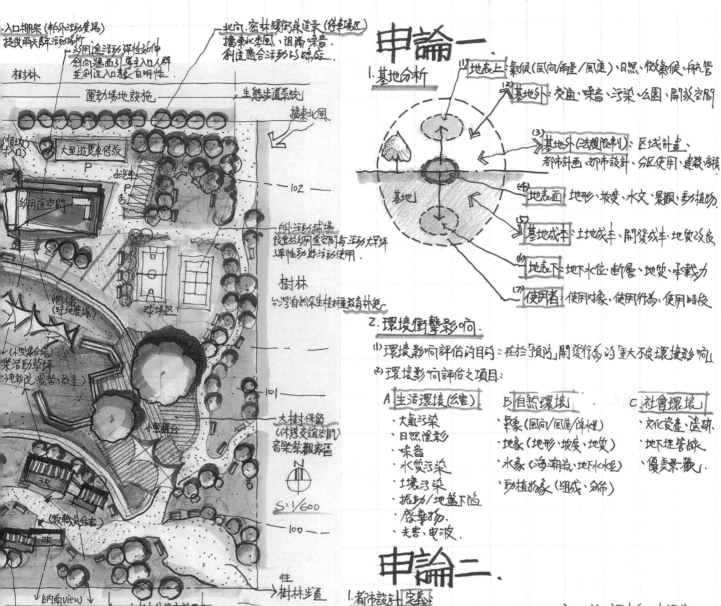

入口地景 (對外活動廣場)
提供兩大辦活動場所

多用途活形彈性空間
斜向牆面引導學生入口人群
並創造入口意象之自明性

桂林

運動場地設施

生態步道系統

擋東北風

(順坡) 大型遊覽車停放

多用途空間

對外活動場場
設於鄰近園區周的活動大草坪
彈性動靜活動使用.

球場區

樹林
台灣自然保育植種教育林景

(體育集合場)
集活動草坪
遊影院,需要座椅

大樹保留
(休憩交通空間)
音樂景觀眾區

3R

(教職員住宿)

小型舞台

2R

住
→ 樹林步道

納南 view

大樹休憩交誼區 (多功能活動草坪)

住宿區設置於寧靜區域南面.
建築面北座向,順座坡地坡向
教師宿舍 雙併2R、3R 獨立內院、交流

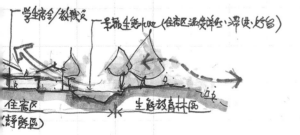

學生宿舍/教職員

導景生態水池 (住宿區溫度降低、滯洪、好台)

住宿區
(靜謐區)

生態教育林區

縱向剖面圖 1/600 (剖面高程差3M)

S:1/600

102
101
100
99

106

申論一.

1. 基地分析

(1) 地表上:氣候 (風向/兩量/風速)、日照、微氣候、航管.

(2) 基地外:交通、噪音、污染、公園、開放空間.

(3) 基地外 (法規限制):區域計畫、都市計畫、都市設計、分區使用、建築容積.

(4) 地表面:地形、坡度、水文、景觀、動植物.

(5) 基地成本:土地成本、開發成本、地質改良.

(6) 地表下:地下水位、斷層、地炎、承載力.

(7) 使用者:使用對象、使用行為、使用時段.

2. 環境衝擊影响.

(1) 環境影响評估的目的:在於「預防」開發行為对「重大不良環境影响」.

(2) 環境影响評估之項目:

A 生活環境 (公害)	B 自然環境	C 社會環境
・大氣污染	・氣象 (風向/風速/降雨)	・文化資產、遺跡、
・日照陰影	・地象 (地形、坡度、地炎)	・地下埋管線
・噪音	・水象 (海潮流、地下水位)	・優美景觀
・水質污染	・動植物象 (組成、分佈)	
・環境污染		
・振動/地盤下陷		
・廢棄物.		
・光害、電波.		

申論二.

1. 都市設計 定義

就一定地區內,有關開放空間、人行步道、交通運輸、建築基地、建築量体/高度/造型/色彩/風格景觀、環境保護、管理維護等事項予以規劃設計,以塑造都市風格,与提升「生活品質」

2. 都市設計 目的/功能:

(1) 連接 → 「都市計畫」与「建築管理」之落差.

(2) 塑造 → 都市風格与「地標意象」.

(3) 保存 → 具有「歷史人文價值」之場所.

(4) 保障 → 「地區房地產」之價值.

都市計畫	A. 新區建設
	B. 舊市區更新
都市設計	A. 都市設計準則
	B. 都市設計審議
建築管理	A. 建築許可
	B. 施工管證
	C. 使用管證
	D. 拆除管證

3. 都市設計,主要的兩項 管制工具

(1) 都市設計準則 → 建築師,設計的準則 (空間的基礎管制)

(2) 都市設計審議 → 都審報,審議的標準 (開發的協商諮詢)

4. 都市設計 公共策略

(1) 民眾参與,舉辦 說明会/公听会/公開展覽

(2) 都市設計準則擬定,應該多預留「彈性空間」,以免抑殺更多發展的可能性

(3) 都市計畫通盤檢討,應該「不定期舉辦」,以順應都市環境变遷

(4) 整合鄰近都市,「水資源」、「綠色資源」,共批共享.

☒ 設計目標有願景

- 文化交流与環境共生。
- 文化、教育、永續、生態的文化村。
- 無障礙環境校園。
- 校園緣生態延伸有串聯。(綠網絡系統)。

☒ 設計策略

人 → 人材培育 / 活動溢布 / 亞中學精神
文 → 在地自明性 / 地方認同感 / 文化維護
地 → 宜居環境 / 校園自學力 / 校園復興。
產 → 跨校園產業連結 / 產業在地化
景 → 永續維護 / 經緯區 / 老時保留再利用

☒ 環境影响分析

環境容受力   環境敏感度   土地使用分區(校園)   緩衝分區

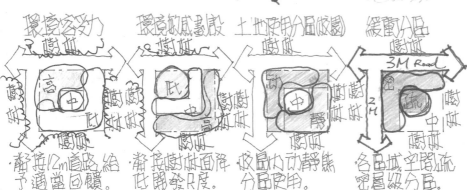

銜接12m道路給   銜接樹林面降   校園內動靜態   各區域空間疏
予適當回饋。   低開發尺度。   分區使用。   密層級分區。

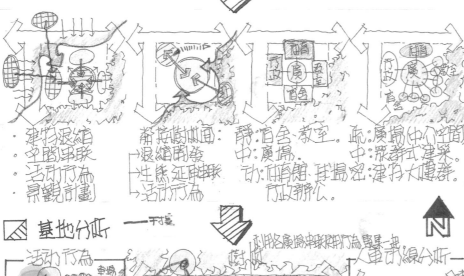

- 建物退縮   銜接樹林面: 靜:官舍、教室。   疏:廣場(中介空間)
- 空間串聯   →退縮開發   中:廣場   中:眾動式建築
- 活動行為   →生態延伸串聯   动:体育館、球場   密:建物大建群。
- 景觀計劃   →活動行為   行政辦公。

☒ 基地分析 ──干涉

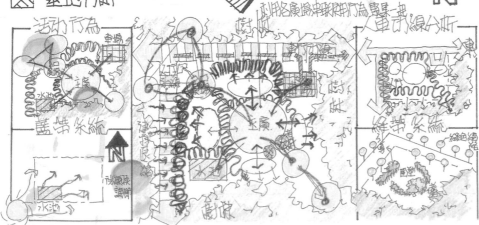

☒ 平面配置圖 S:1/600

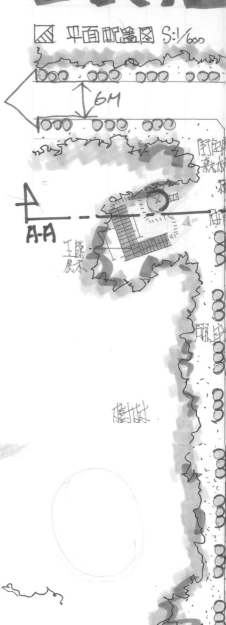

6M

A-A

☒ A-A剖立面圖 S:1/600

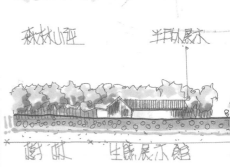

森林山陵   半月形展木

樹林   生態展示館

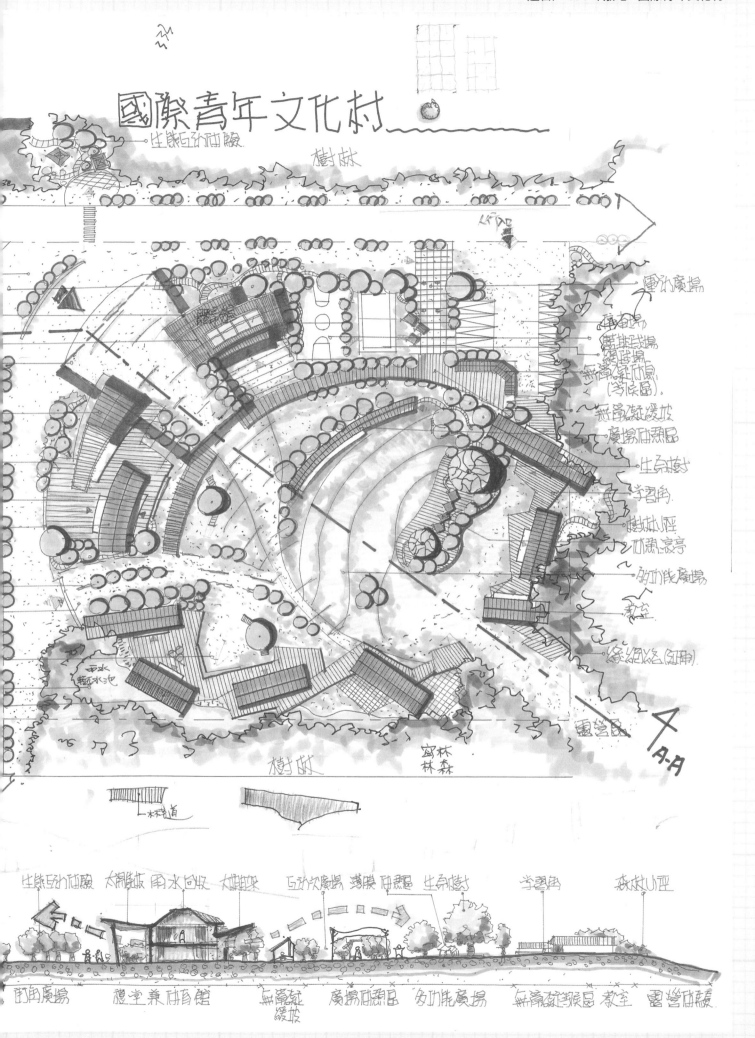

作品提供／陳俊霖建築師

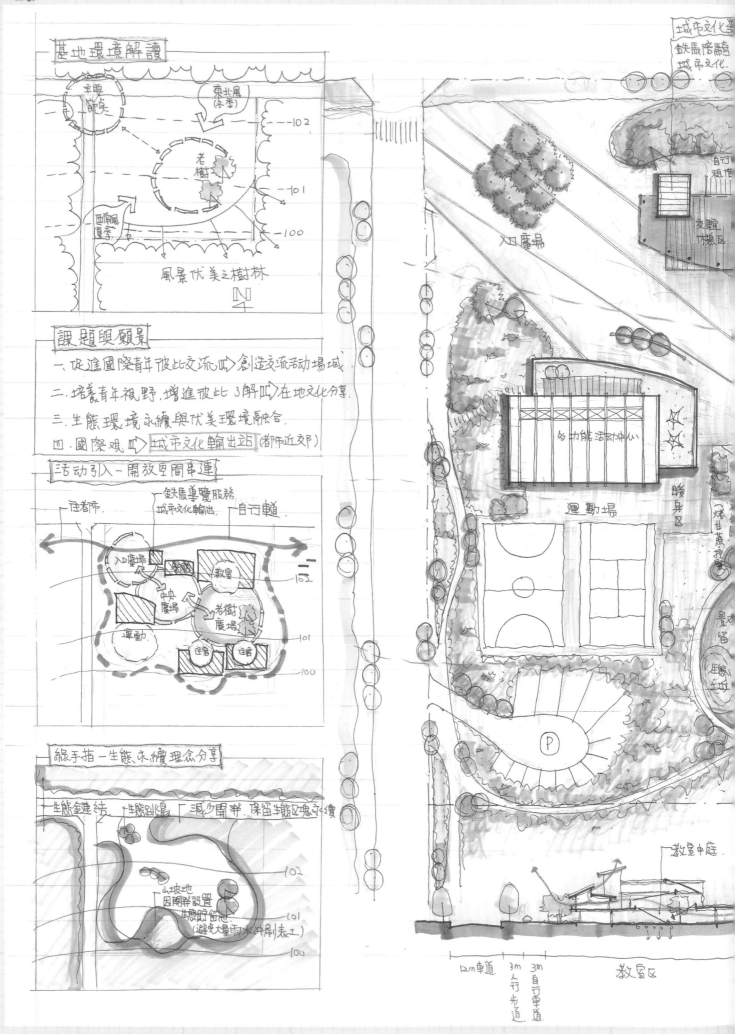

基地環境解讀

東北風 (冬季)

老樹

西南風 (夏季)

─102
─101
─100

風景优美之樹林

N↗

課題與願景

一. 促進國際青年彼此交流 ⟹ 創造交流活動場域

二. 培養青年視野. 增進彼此了解 ⟹ 在地文化分享

三. 生態環境永續與优美環境融合.

四. 國際觀 ⟹ 城市文化輸出站 (都市近郊)

活動引入 — 開放空間串連

住宿群
鐵馬導覽服務 城市文化輸出
自行車道
入口廣場
教室
中央廣場
老樹廣場
運動
住宿 住宿

102
101
100

綠手指 — 生態永續理念分享

生態鏈結 生態創造 減少圍牆 保留塲區塊永續

山坡地 因應事設置 生態貯留池 (避免大量雨水冲刷表土)

102
101
100

城市文化
鐵馬陪騎 城市文化.
自行租借
交通樞區

入口廣場

多功能活動中心

運動場

暖身區

P

教室中庭

12m車道 3m人行步道 3m自行車道

教室區

城市文化
輸出站

▷ 国際交流
▷ 視野拓展
▷ 城市行銷

自行車道 (串連城市自行車網)

人行步道

準備區

厨房

餐廳

舞台

行政

教室區

大教室

半戶外活動区

休憩区

林蔭小徑

102

帳棚表演 (劇場)
文化祭表演

交誼走廊

活动草坪 (戶外教室)

交誼廳

交流廣場

宿舍区

101

橋下交誼

文化交流

無障礙宿舍区

宿舘

大樹廣場

拜生態体験区

休憩座椅

自行車道

照明

靈水平坦鋪或戶外休憩

屋頂花園 (生態跳島)

交流廣場

宿舍中庭

老樹教室

交流活动区

住宿区

生態区

作品提供／譚之琳建築師

代號：80150
頁次：4-1

103年專門職業及技術人員高等考試建築師、技師、第二次食品技師考試暨普通考試不動產經紀人、記帳士考試試題

等　　別：高等考試
類　　科：建築師
科　　目：敷地計畫與都市設計
考試時間：4 小時　　　　　　　　　　　　　　　　座號：＿＿＿＿＿＿＿

※注意：㈠可以使用電子計算器。
　　　　㈡不必抄題，作答時請將試題題號及答案依照順序寫在試卷上，於本試題上作答者，不予計分。

一、申論題：

　㈠當建築師受委託在都市中做一個住宅社區開發案，其基地位處住宅區，南邊鄰接河川與公園綠帶，東側步行 10 分鐘有一小學，再往東則為商業區，小學附近有商場、公車站以及郵局。基地西側步行 10 分鐘有一中學，基地南方 1 公里處有捷運站。在上述條件下，請說明建築師如何進行「環境分析」？又因應「都市設計審議」之重點為何？（15 分）

　㈡在少子高齡化的趨勢下，「三代同堂」的住宅設計有必要做進一步的探討。請就「三代同堂」的集合住宅規劃，從「社區」與「單元」兩方面說明該考量的事項與設計原則。（15 分）

二、設計題：（70 分）

　臺灣已邁入老年化社會，現在年輕人不容易自助購宅，多半依賴父母資助，某建設公司有鑑於此，想在某都市興建三代同堂之高層住宅，經公司評估後擬定下列幾項設計原則。

　㈠以三代同堂高層住宅為主同時規劃都市計畫區內之**綠地 B**，並提出綠地 A 及綠地 C 之構想（如㈤基地位置圖及都市計畫圖）。

　㈡三代同堂高層住宅有多種類型，設計者可自行選擇：

　　1.同層不同門廳型：老人與成年子女居住相鄰兩個單元，但兩者間有共同的介面空間可相互連通（如老人居住單元比子女小，可退縮為陽台或露台成為介面空間又可將其綠化）。

　　2.上下區分型：老年人享有較為獨立的生活空間，利用老人單元退縮形成的陽台或露台以樓梯連通成為空中庭院。

　　3.門廳分離型：單元間設一扇門連絡雙世代。

　　4.同門廳型：將傳統公寓分為兩個居住單元，利用餐廳或走廊相互連通。

　　5.自行構想三代同堂的方式。

　㈢條件說明：

　　1.本案建蔽率為 35%。

　　2.本案需採用開放空間獎勵，開放空間之面積原則上以不小於基地面積 30%為限。

　　3.經各種容積獎勵後，希望容積率能達到 350%至 300%之間。

　　4.法令要求對都市之回饋，建設公司願意認養 32 公尺道路前之 4 公尺人行道及基地南方**綠地 B** 之都市開放空間。

　　5.綠地 A 及綠地 C 建設公司願意以簡易之整修及養護方法來維護。

若您是本案的委託建築師，請問您如何規劃設計本棟建築，方能使本案對都市及投資者均有益，進而創造都市、投資者及建築師三贏的局面。

(一)題目：三代同堂高層住宅及**綠地 B** 規劃設計。

(二)基地概況：

1.基地位於都會區邊緣（如(五)基地位置圖及都市計畫圖、(六)基地圖）。

2.南向有自東向西流之 5 公尺寬河川。

3.基地南面沿著 32 公尺道路可到達捷運站。

4.本區域地勢北高南低，但每逢大雨常有淹水的情況發生。

5.基地夏季多吹南南西風，冬季多吹北北東風。

6.基地面積為 2,888 平方公尺，西向為 32 公尺計劃道路，東南方為一狹長型綠帶。

7.東向有商場、小學、機關，西向有中學及大型公園。

8.東面有一既成巷道，西面有一 18 公尺計劃道路。

9.在 32 公尺道路兩側多為 6 至 10 樓之高層建築，內街多為 3 至 4 樓之獨立低矮建築。

(三)規劃設計內容：

1.三代同堂的平面設計。

2.一樓及屋頂之公共設施與戶外私有庭院規劃設計，考量景觀、休憩、綠能。

3.基地內的開放空間及都市計畫**綠地 B** 規劃設計，考量植栽、景觀、生態、都市家俱、公共藝術、水保、微氣候、冷熱島效應、綠能…等。

(四)圖說需求：

1.設計構想及概念圖（含人行步道系統、車道系統、建築配置、開放空間、綠地計畫、生態景觀、防救災系統、垃圾清運…等）。

2.全區總配置圖包括**綠地 B**（比例 1：300）。

3.三代同堂標準平面圖（比例 1：300）。

4.剖立面圖（表達空間關係與垂直綠化，比例 1：300）。

(五)基地位置圖及都市計畫圖

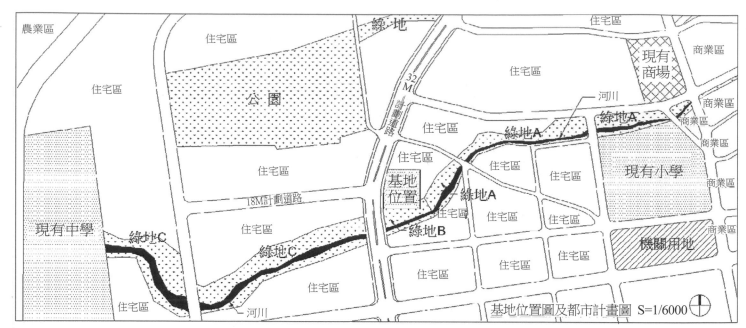

基地位置圖及都市計畫圖 S=1/6000

註：1.基地地形北高南低。
　　2.河川流向由東向西。
　　3.捷運車站位於本基地
　　　南側約1公里。

㈥基地圖

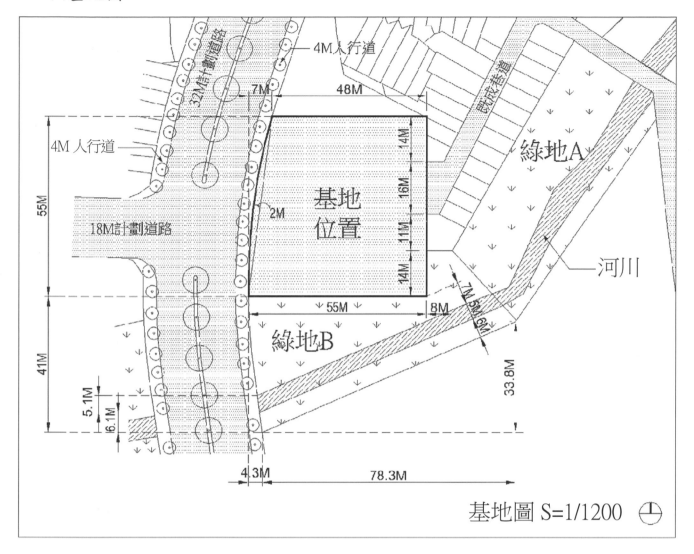

基地圖 S=1/1200

三代同樂 綠遊生活 通學巷文計

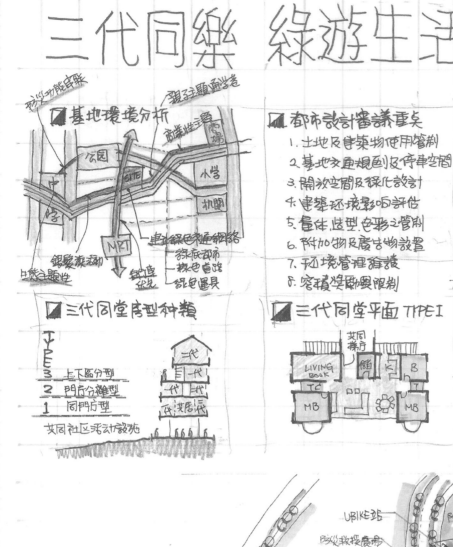

基地環境分析

防災功能串聯
親子主題通學巷
商業性主題商圈
公園
中學
小學
機關
SITE
MRT
銀髮族活動
生態多樣性
建立綠色交通網絡
綠底都市
綠色道路
綠色景具
單車路線

三代同堂房型种类

TYPES
3 上下區分型
2 門戶分離型
1 同門戶型

共同社區活動設施

都市設計審議重点

1. 土地及建築物使用管制
2. 基地交通規劃及停車空間
3. 開放空間及綠化設計
4. 建築環境影响評估
5. 量体造型色形之管制
6. 附加物及廣告物設置
7. 环境管理維護
8. 容積獎勵與限制

三代同堂平面 TIPEI

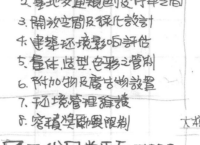

共同樣庁
储
LIVING BOOK
TC
KT B
T
MB
MB

大樹下街角小憩处

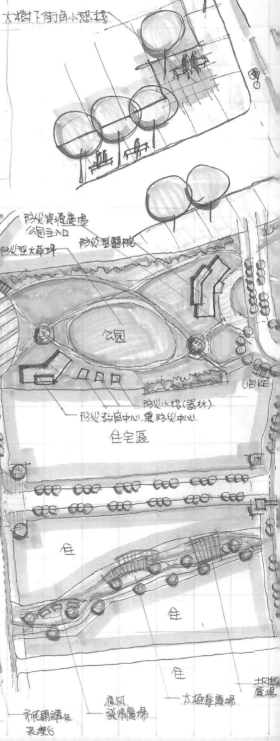

防災資源廣場 公園主入口
UBIKE站
防災型大草坪
防災救援廣場 公園主入口
防災型醫院
社区通學巷
逐序改造計劃(疏散路巷)
防災功能串聯
公園
中学専門教室
社区大学区
中学圖書館
中学行政管理
社区生態池教学与配
中学教室棟
住宅区
住宅区
UBIKE
街角小憩
UBIKE站
長椅樹下教天座集
防災小栈(密林)
防災教育中心兼防災中心
住宅区
住
住
住
青少年体適能訓練
市民開達及花埔6
花園歌情廣場
太极拳廣場
土地面廣場

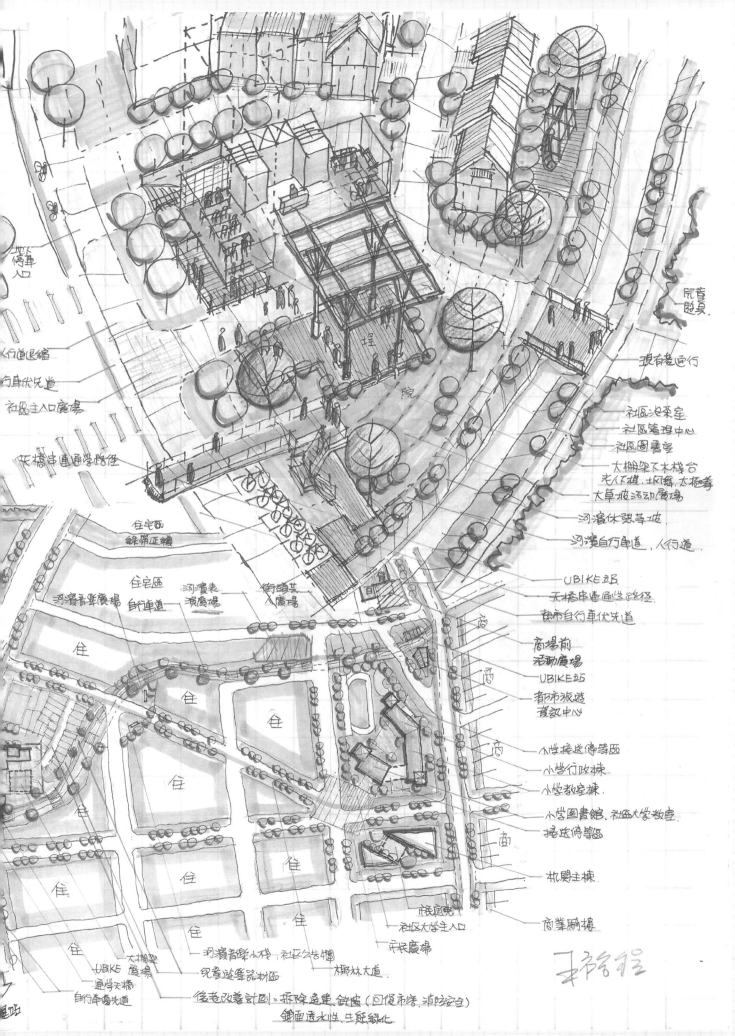

停車入口

人行道退縮

行自行先道

社區主入口廣場

天橋串連通學路徑

住宅區
綠帶延續

住宅區
河濱表
自行車道　演廣場

河濱音樂廣場

街頭共
演廣場

住

住

住

住

住

住

住

住

住

住

住

住

大棚架
UBIKE 廣場
通學天橋
自行車優先道

河濱音樂小棧　社區公告欄
兒童遊戲器材區　椰林大道

後巷改善計劃：拆除違建、鐵窗（回復市容、消防安全）
鋪面透水性、生態綠化

現有巷通行

社區洗衣室
社區管理中心
社區圖書室
大棚架下木棧台
老人下棋、土風舞、太極拳等
大草坡活動廣場
河濱休憩草坡
河濱自行車道、人行道

UBIKE 站
天橋串連區性路徑
都市自行車代先道

商場前
活動廣場
UBIKE 站
都市旅遊
資訊中心

小學接送停等區
小學行政棟
小學教室棟
小學圖書館、社區大學教室
接送停等區

機關主棟

社區大學主入口
市民廣場
商業騎樓

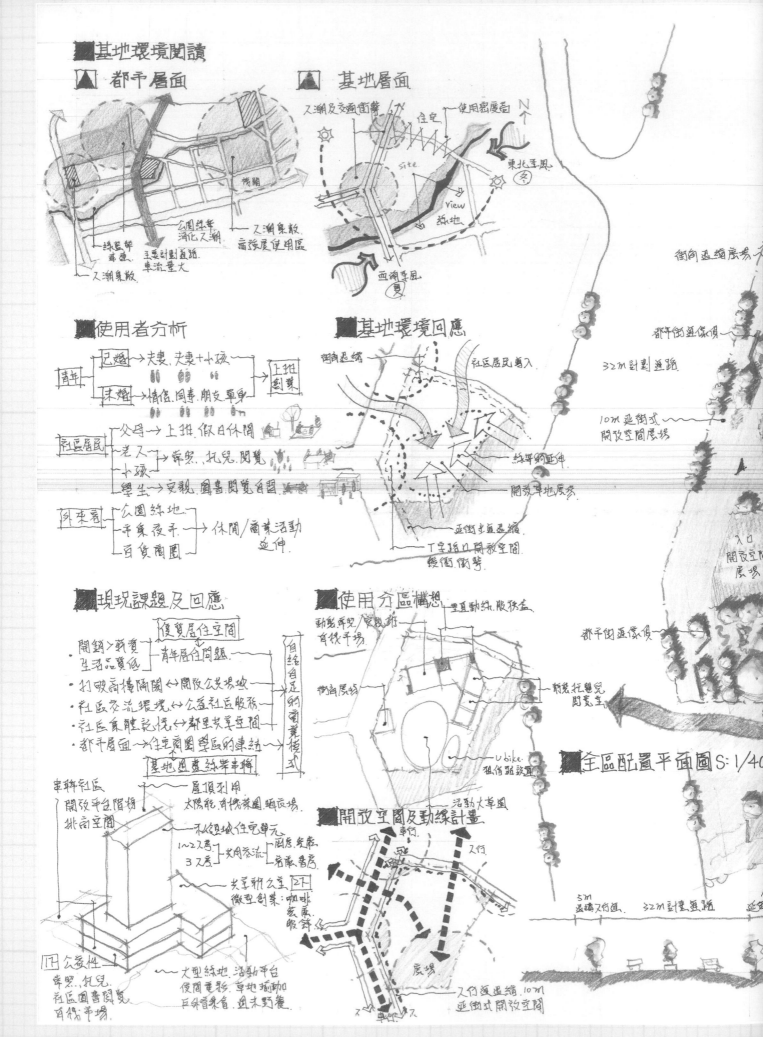

■基地環境閱讀

▲都市層面

公園綠帶
綠化人潮

主要計劃道路
車流量大

人潮集散

■基地層面

人潮及交通衝擊
住宅
使用密度高
site
view
綠地
東北季風 冬
西南季風 夏

■使用者分析

青年
- 已婚 → 夫妻. 夫妻+小孩 → 上班創業
- 未婚 → 情侶. 同事. 朋友. 單身

社區居民
- 父母 → 上班. 假日休閒
- 老人 → 榮聚. 托兒. 閱覽
- 小孩
- 學生 → 交誼. 圖書閱覽自習

外來客
- 公園綠地
- 市集夜市
- 百貨商圈
→ 休閒/商業活動延伸

■基地環境回應

街角退縮
社區居民導入
綠草的延伸
開放草地展演
沿街廊道退縮
T字路口開放空間
緩衝街弄

■現況課題及回應

[優質居住空間]
- 開銷>戰費 生活品質低 → 青年居住問題
- 打破商樓隔閣 ↔ 開放公共場地
- 社區交流環境 ↔ 公益社區服務
- 社區集體記憶 ↔ 鄰里共享空間
- 都市層面 → 住宅商圈學區的連結

[基地迎接綠帶串聯]

自給自足的商業模式

車輛社區
開放平台階梯
排商空間

屋頂利用
太陽能.有機菜園.曬衣場

不受退縮住宅單元
1~2房
3房
共用交流
廚房.客廳
客廳.書房

共享辦公室 2F
微型創業: 咖啡
家廊
服飾

公益性
榮聚.托兒.
社區圖書閱覽
百貨市場

大型綠地. 活動平台
休閒電影. 草地瑜珈
巨星音樂會. 過末野餐

■使用分區構想

垂直動線. 服務盒
動態榮聚/交誼所
有機牧場
沿街展銷
精緻托嬰兒閱覽室
U-bike. 租借點設置

■開放空間及動線計畫

活動大草園
車行
人行
人行
廊場
人行退縮10m
沿街式開放空間

都市街區像貌
32M計劃道路
10M沿街式開放空間展場
都市街區像貌
入口開放空間展場

■全區配置平面圖 S:1/4○

5M退縮人行道 32M計劃道路

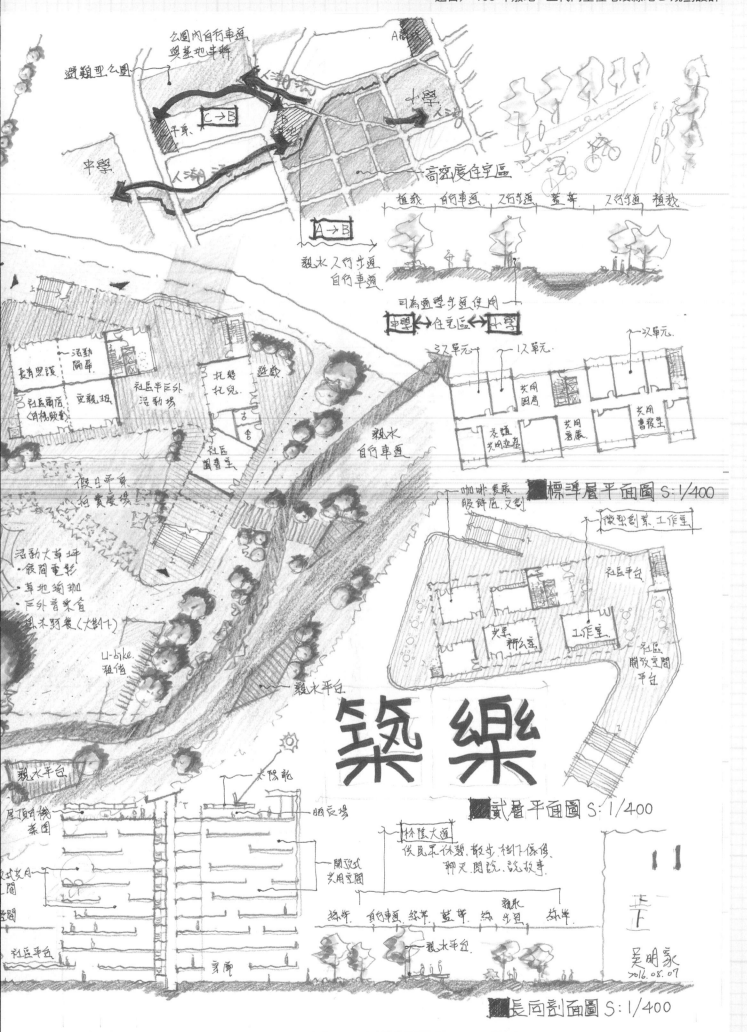

築樂

標準層平面圖 S:1/400

貳層平面圖 S:1/400

長向剖面圖 S:1/400

吳明家
2016.08.07

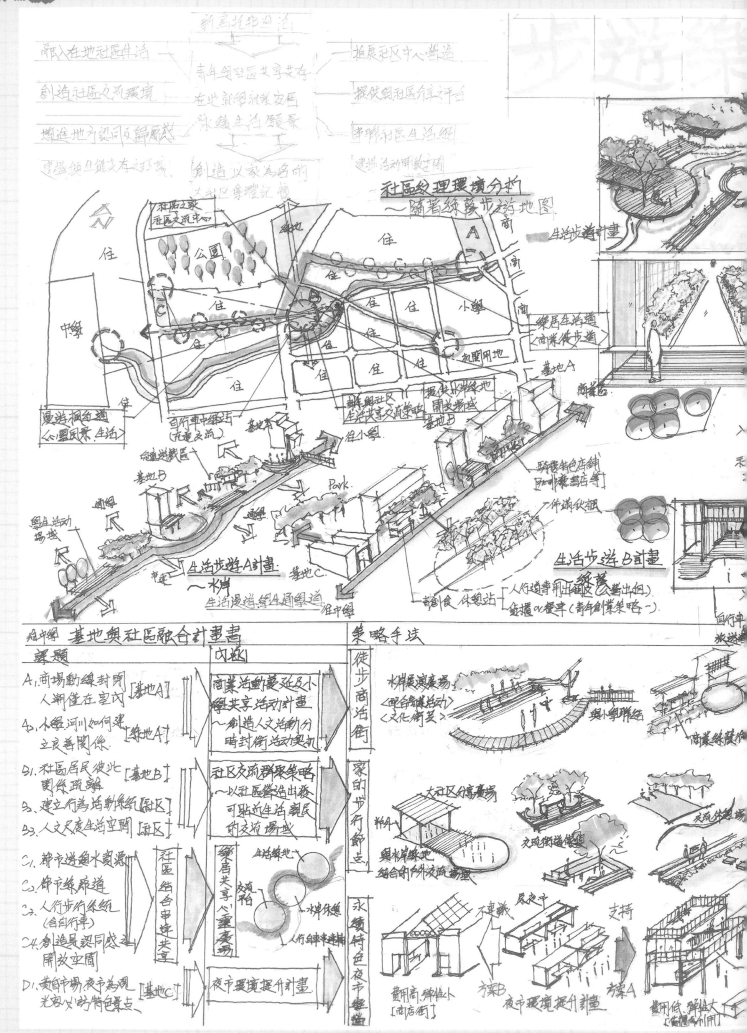

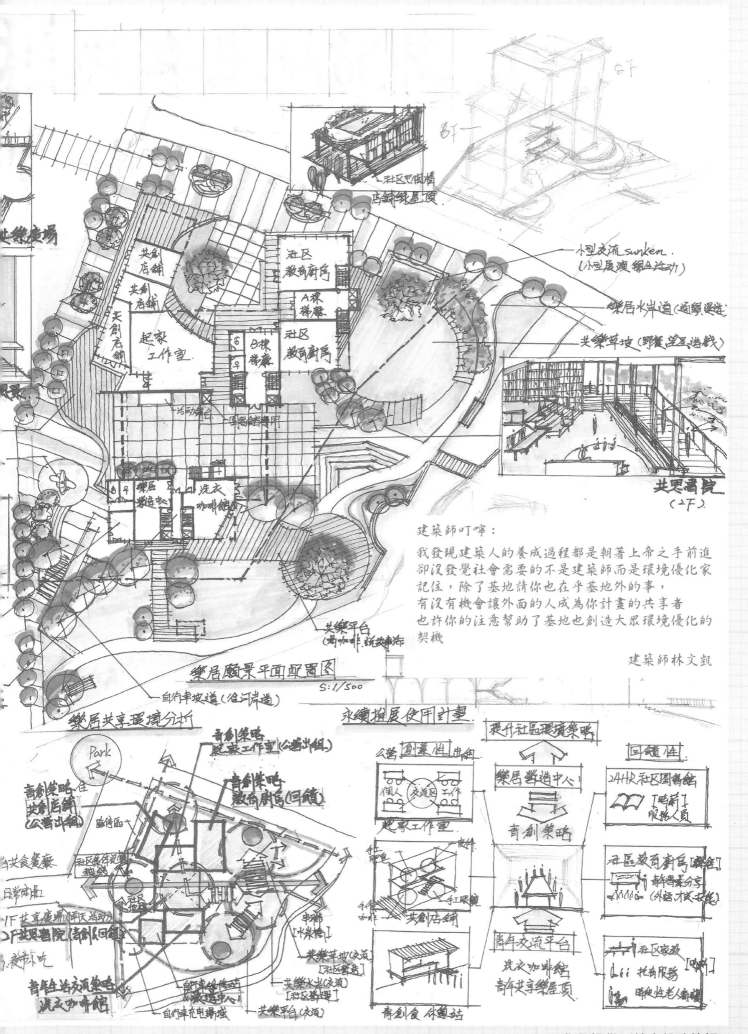

樂居願景平面配置圖
S:1/500

建築師叮嚀：
我發現建築人的養成過程都是朝著上帝之手前進
卻沒發覺社會需要的不是建築師而是環境優化家
記位，除了基地請你也在乎基地外的事，
有沒有機會讓外面的人成為你計畫的共享者
也許你的注意幫助了基地也創造大眾環境優化的
契機

建築師林文凱

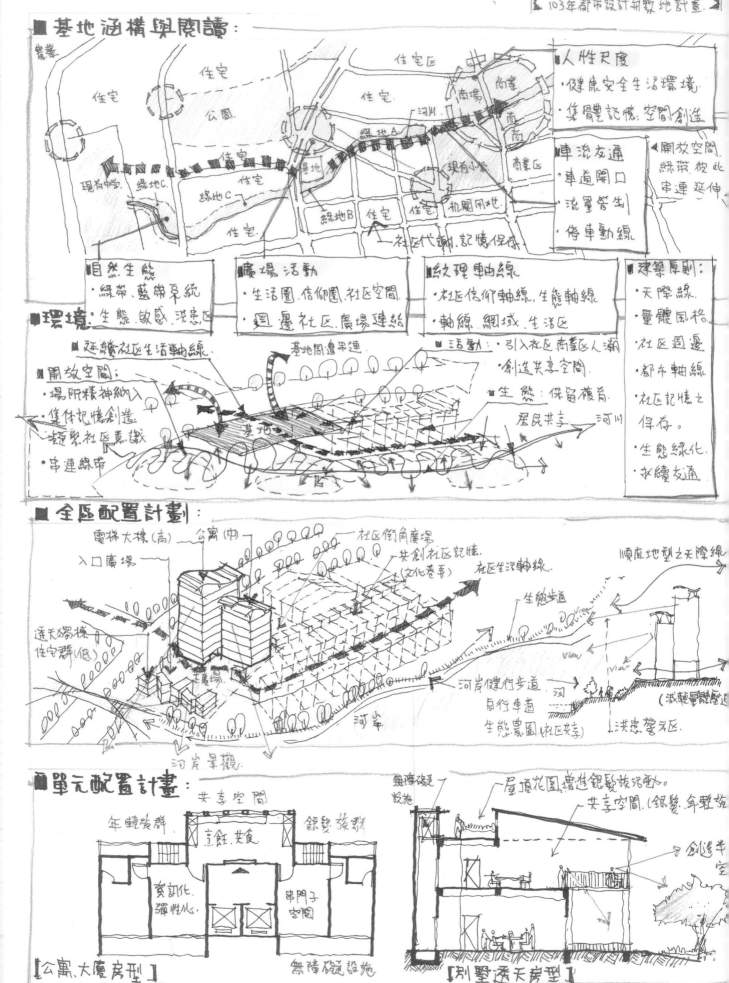

■ 基地涵構與閱讀：

103年都市設計與敷地計畫

農業　住宅　住宅區　人性尺度
住宅　公園　住宅　商業　・健康安全生活環境
綠帶　・集體記憶 空間創造
現有中學　綠地C　綠地A　現有小學　商業區
綠地C　住宅　・開放空間
綠地B 住宅　住宅　機關用地　綠帶彼此
住宅　串連延伸
社區代謝 記憶保存

車流交通
・車道開口
・流量管制
・停車動線

■自然生態　■廣場活動　■紋理軸線　■建築原則：
・綠帶、藍帶系統　・生活圈、信仰圈、社區空間　・社區信仰軸線、生態軸線　・天際線
■環境：生態、敏感、洪患區　・週邊社區 廣場連結　・軸線、網域、生活區　・量體風格
・社區週邊
■延續社區生活軸線　■基地周遭串連　■活動：引入社區商業區人潮　・都市軸線
■開放空間：　・創造共享空間　・社區記憶之
・場所精神納入　　　　　　　　保存。
・集體記憶創造　　　　・生態：保留復育　・生態綠化
・提聚社區意識　　　基地　居民共享　河川　・永續交通
・串連綠帶

■ 全區配置計劃：

電梯大樓(高)　公寓(中)　社區街角廣場
入口廣場　共創社區記憶　順應地型之天際線
(文化廣事)
社區生活軸線
生態步道
透天羅棟　View
住宅群(低)　view　view
廣場　河岸健行步道　(減輕量體壓迫)
自行車道
河岸　生態農園(社區共享)　洪患警示區
河岸景觀

■ 單元配置計畫：

無障礙　屋頂花園增進銀髮族活動。
設施
共享空間　共享空間(銀髮、年輕族)
年輕族群　銀髮族群
亨飪、共食　創造半
資訊化　空
彈性化　串門子
空間
【公寓、大廈房型】　無障礙設施　【別墅透天房型】

2019.5.26

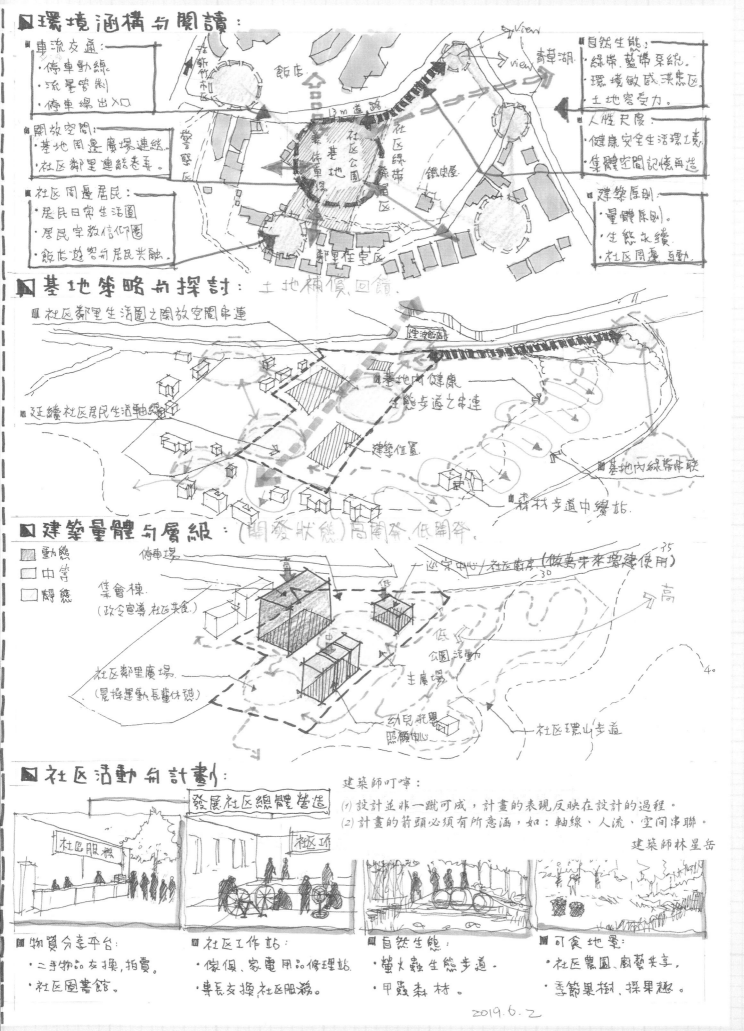

▣ 環境涵構句閱讀：

▣ 車流交通：
- ·停車動線。
- ·流量管制。
- ·停車場出入口。

▢ 開放空間：
- ·基地周邊廣場連續。
- ·社區鄰里連續巷弄。

▢ 社區周邊居民：
- ·居民日常生活圈。
- ·居民宗教信仰圈。
- ·飯店遊客句居民共融。

▣ 自然生態：
- ·綠帶.藍帶系統。
- ·環境敏感洪患區。
- ·土地容受力。

▢ 人性尺度：
- ·健康安全生活環境。
- ·集體空間記憶再造。

▣ 建築原則：
- ·量體原則。
- ·生態永續。
- ·社區周邊互動。

▣ 基地策略句探討： 土地補償.回饋.

- ▣ 社區鄰里生活圈之開放空間串連
- ▢ 延續社區居民生活軸線
- ▢ 基地內健康生態步道之串連
- ▢ 建築位置.
- ▢ 森林步道中繼站.
- ▢ 基地內綠帶串聯

▣ 建築量體句層級：(開發狀態) 高闊葉.低闊葉.

- ■ 動態
- ▢ 中等
- ▢ 靜態

集會棟.
(政令宣導.社區共食.)

社區鄰里廣場.
(晨操運動.長輩休憩.)

巡守中心/社區廚房 (做為未來增建使用)

公園活動
主廣場.

幼兒托嬰照顧中心

社區環山步道

▣ 社區活動句計劃：

建築師叮嚀：

(1) 設計並非一蹴可成，計畫的表現反映在設計的過程。

(2) 計畫的箭頭必須有所意涵，如：軸線、人流、空間串聯。

建築師林星岳

發展社區總體營造

社區服務

▣ 物質分享平台：
- ·二手物品交換.拍賣。
- ·社區圖書館。

▢ 社區工作站：
- ·傢俱、家電用品修理站.
- ·專長交換社區服務。

▢ 自然生態：
- ·螢火蟲生態步道.
- ·甲蟲森林。

▢ 可食地景：
- ·社區農園.廚藝共享.
- ·季節果樹.採果趣。

2019.6.2

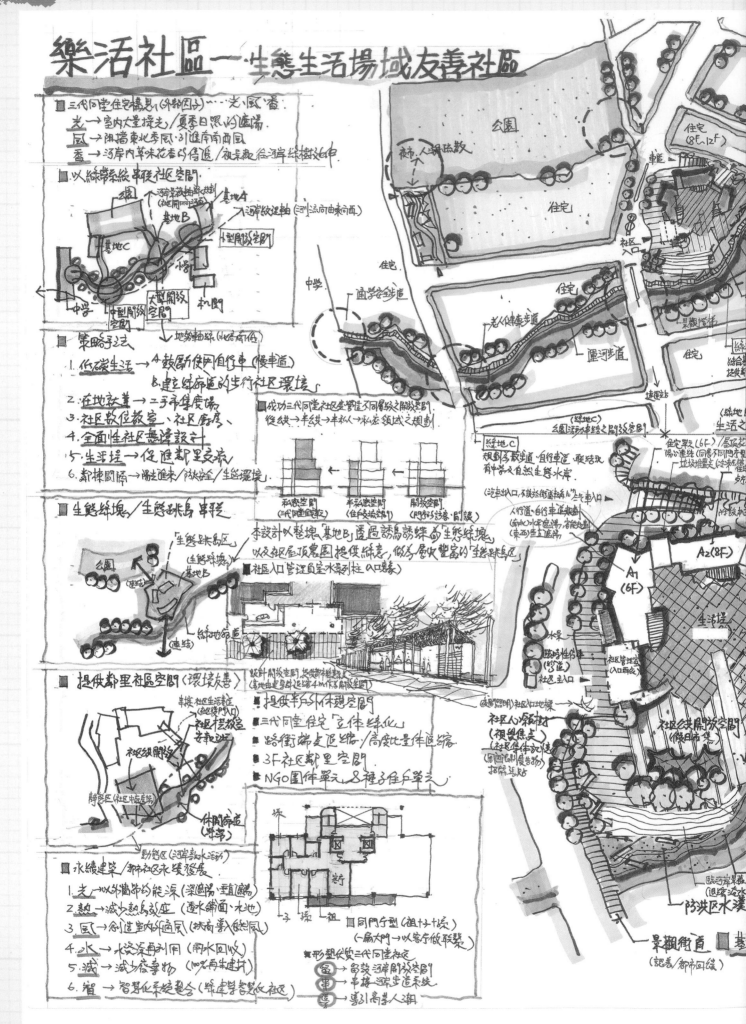

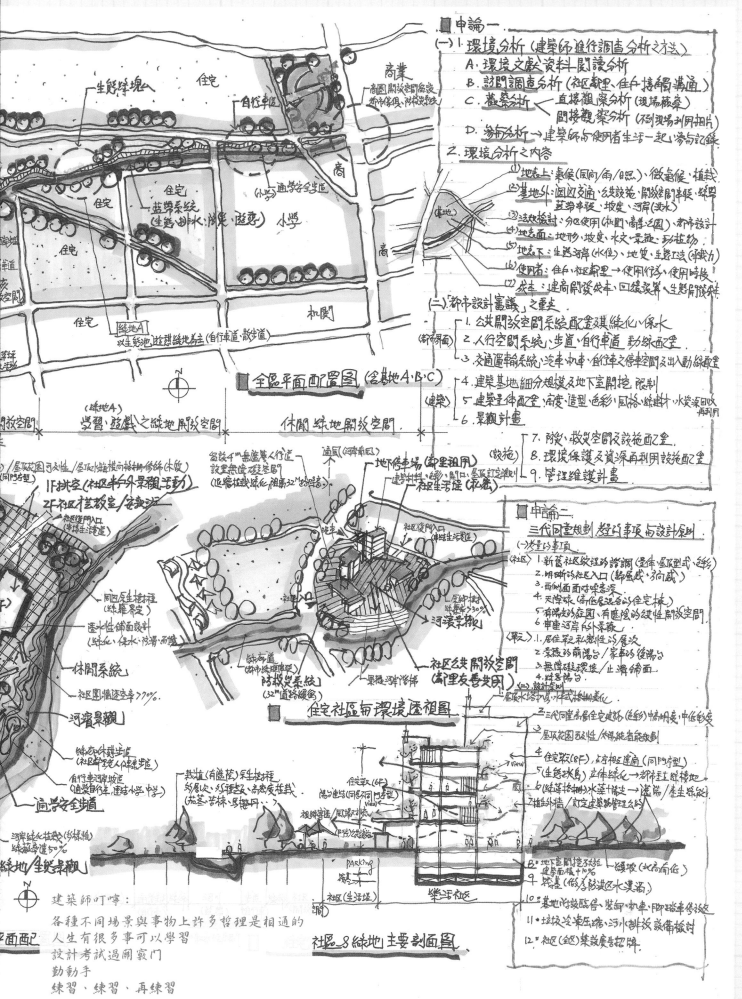

全區平面配置圖 (含基地 A、B、C)

住宅社區與環境區視圖

社區、綠地主要剖面圖

■ 申論一.

(一) 1. 環境分析 (建築師進行調查分析之技法)

A. 環境文獻資料閱讀分析
B. 訪問調查分析 (社區鄰里、住戶接觸溝通)
C. 蒐集分析 — 直接觀察分析 (現場觀察)
間接觀察分析 (側錄場影與拍片)
D. 參與分析 — 建築師與使用者生活一起、參與記錄

2. 環境分析之內容

(1) 地表上：景觀 (風向/雨/日照)、微氣候、植栽
(2) 基地外：周圍交通、公共設施、開放空間串聯、綠帶藍帶串聯、坡度、河岸 (洪水)
(3) 法規檢討：分區使用 (機關、商業之園)、都市設計
(4) 地表面：地形、坡度、水文、景觀、珍貴物
(5) 地表下：生態河岸 (水位)、地質、生態工法 (承載力)
(6) 使用者：住戶、社區鄰里 → 使用行為、使用時段
(7) 成本：建商開發成本、回饋設算、生態開發等

(二)「都市設計審議」之重點

(都設面) 1. 公共開放空間系統配置其綠化、保水
2. 人行空間系統、步道、自行車道 動線配置
3. 交通運輸系統、汽車、機車、自行車之停車空間及出入動線配置
(建築) 4. 建築基地細分規模及地下室開挖 限制
5. 建築量體配置、高度、造型、色彩、風格、綠建材、水資源回收再利用
6. 景觀計畫
(設施) 7. 防災、救災空間及設施配置
8. 環境保護及資源再利用設施配置
9. 管理維護計畫

■ 申論二.

三代同堂規劃 經討事項與設計原則

(一) 景觀的層面
(社區) 1. 新舊社區紋理的諧調 (量體、屋頂型式、色彩)
2. 明晰的社區入口 (辨識感、方向感)
3. 西側面面對噪音源
4. 天際線 (高低屋設合的住宅棟)
5. 有場所的庭園、有層陰的線性開放空間
6. 車道河岸的景觀
(戶) 1. 居住單元私密性的層次
2. 家族的前場與家庭的後場的
3. 無障礙環境、止滑鋪面
4. 緩衝陽台

(二) 設計原則
1. 屋頂水塔、水箱垂直綠化美化
2. 三代同堂高層住宅建物 (色彩) 鮮明度、中低彩度
3. 屋頂花園可利性 (太陽能省能源切割)
4. 住宅棟 (8F)、左右相互連通 (同門型式)
5. 生態水島、立體綠化 → 都市生態緑棲地
6. (綠建指標) 水資源利用 → 滞洪池、產生態設計
7. 植栽外牆／訂定建築物管理規約
8. 地下室開挖不超3層、建築面積+10%
9. 緩坡 (北高南低)
10. 基地內設臨停、裝卸、租車、腳踏車停放處
11. 垃圾收集站、污水排放設備檢討
12. 社區 (鄰) 集設廣告招牌

(綠地A)
學習、遊戲之綠地開放空間

休閒綠地開放空間.

建築師叮嚀：
各種不同場景與事物上許多哲理是相通的
人生有很多事可以學習
設計考試過關竅門
動動手
練習、練習、再練習

建築師張勝朝

里民/多功能廣場
- 鮮魚蔬果市集
- 黃昏市場
- 假日交換市集

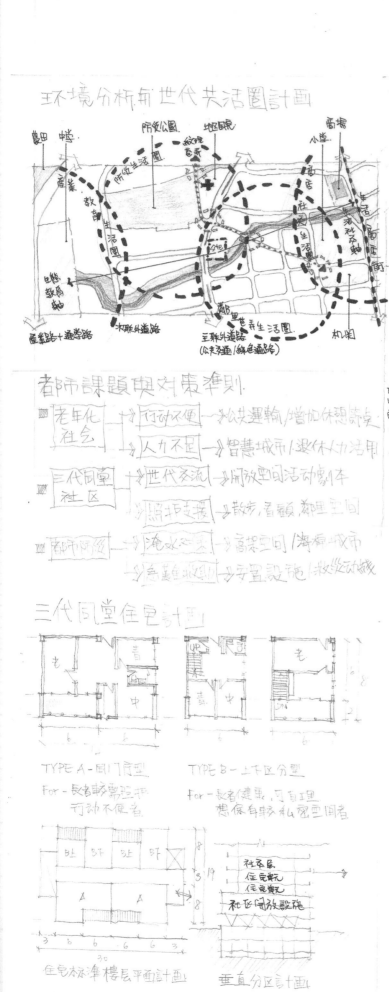

环境分析與世代共活圈計画

都市課題與對策準則.

- 老年化社会 → 行动不便 → 公共運輸/增加休憩設貨
  → 人力不足 → 智慧城市/退休人力活用
- 三代同堂社区 → 世代交流 → 開放里間活动劇本
  → 照拂支援 → 散步,看顧,鄰里空間
- 都市防災 → 淹水災害 → 高架空間/海綿城市
  → 避難収容 → 安置設施/救災功能

三代同堂住宅計画

TYPE A - 同門戶型   TYPE B - 上下區分型

For - 長者較需照拂   For - 長者健康,可自理,
      可动不便者   想保有較私密空間者

住宅標準樓層平面計画   垂直分区計画

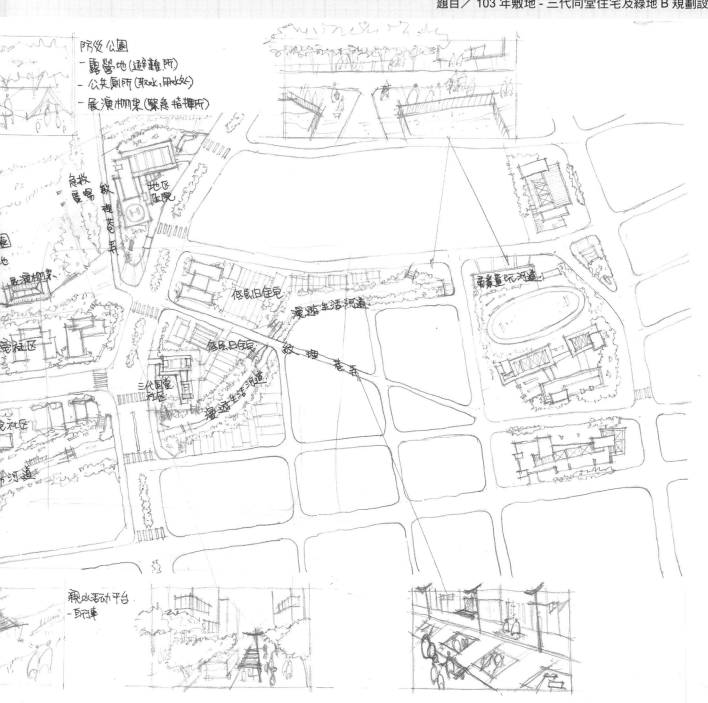

防災公園
- 露營地(避難所)
- 公共廁所(取水,用水处)
- 展演柳架(緊急指揮所)

急救医院
救援棲香用
地区医院

監演柳架

密社区

社区

於河道

低层旧住宅
漫遊生活河道

低层旧住宅
救援卷子

三代同堂社区
漫遊生活河道
漫遊生活河道

萌養童玩河道

親水活动平台
-自行車

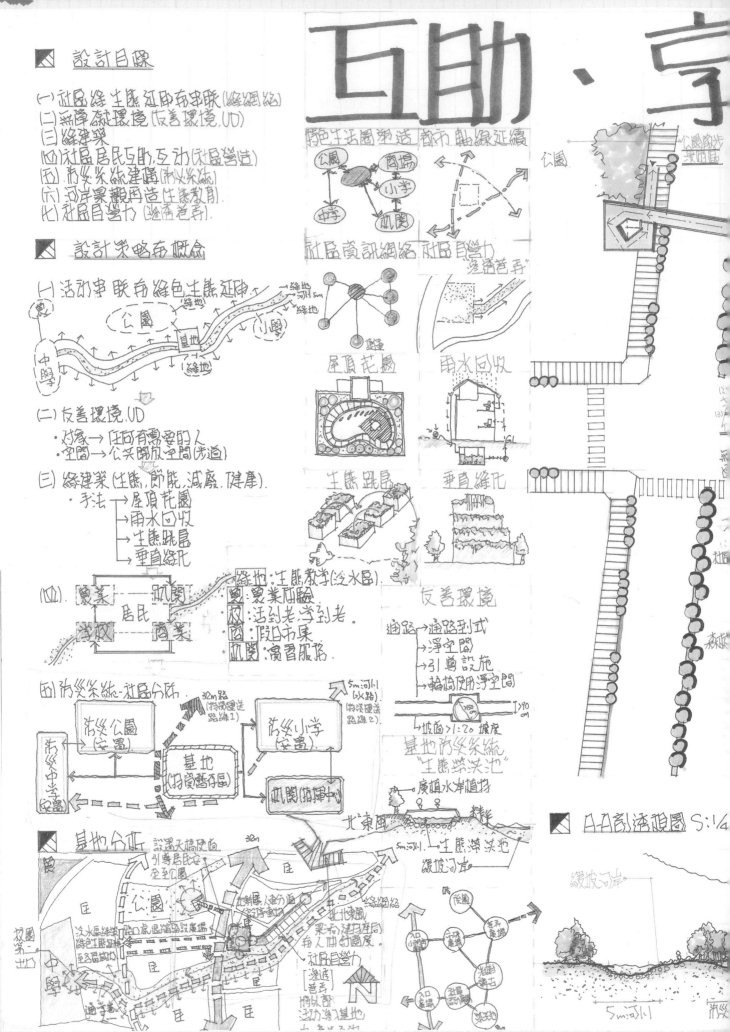

樂宅

三代同堂設計

平面配置圖 S:1/400

N

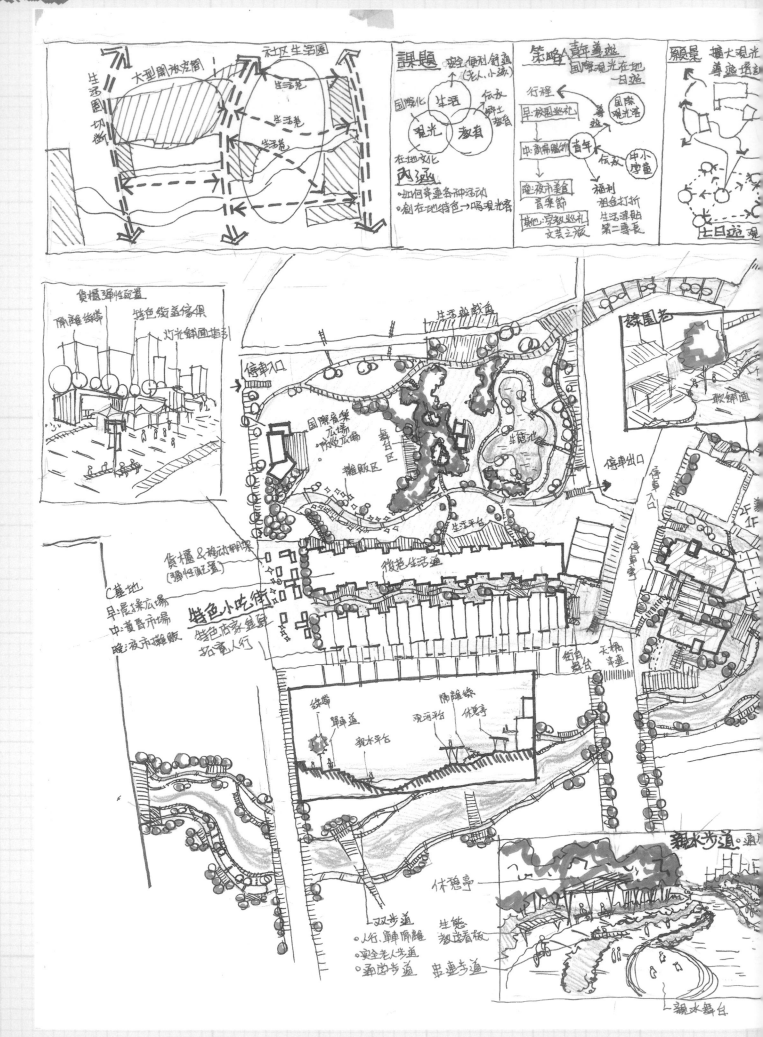

青年導遊計劃

- 國際交流平台 → 觀光
- 導覽在地文化 → 生活
- 在地精神伝承 → 教育

策略B
植入 生活角
常習角
文藝角

創造 特色巷弄 → 串連基地

文芸巷
文化巷
綠園巷
小吃街
→ 在地旅遊地圖

設計原則
人行&行為系統
- 創造特色節奌(文化広場,文芸舞台…)
- 節奌串連人行動線
- 人行動線區分(老人安全,單車漫遊,通道,灯光計劃)

社区特色營造
- 特色奌→串連→群眾共認 →群眾導展
- 人,文,地産景推広

文芸巷 ·社区塗鴉 ·社区氣圍營造
·社区展覧
·特色工坊·社区價值彰顯

文芸巷
作品展示
芸文広場
1F 活動広場

群眾或創造
社区公園(遊戲或展樂)
特色理想

淺水区
·戲水教育
·玩水空間
·戲水毛痕
深水区
·生物棲地
·儲水,降注流量

小廟

公共生活平台

文化巷
·在地特産
·策祖供品

百貨商場

青年公共住宅
·諮詢輔導
·才芸教室
·青年導遊討論
·洪閱覽
·眺望平台
·連結廊橋
·入口広場

VIEW

往溪流

文化巷 ·宗教特色彰顯
老樹裁聚 ·在地文化自明性
人群(集体記憶)
·屋頂呼應廟宇(造形色彩搭配)
·街道傢倶呼応
·鋪面伝統顏色形式(動線指引)
·在地特産店家

淺水区
採魚
·旅客休憩
·奉茶平台

14

詹和昇

102年專門職業及技術人員高等考試建築師、技師、第二次
食品技師考試暨普通考試不動產經紀人、記帳士考試試題

代號：80150　全一張（正面）

等　　別：高等考試
類　　科：建築師
科　　目：敷地計畫與都市設計
考試時間：4小時

座號：＿＿＿＿＿＿＿＿

※注意：(一)禁止使用電子計算器。
　　　　(二)不必抄題，作答時請將試題題號及答案依照順序寫在試卷上，於本試題上作答者，不予計分。

一、申論題：

(一)「整地」（grading）是敷地計畫中無論設計或工程實務上的核心專業知識，並與基地雨水處理、土方工程處理、道路/路徑定線等敷地工程息息相關。請就某一都市發展區內，供住宅使用（住三）之坡地地形基地為例，就建築設計基地現況分析、建築設計發展（design development）及建築設計工程發包執行（design implementation）等建築設計實務發展階段，說明「整地」程序應配合之工作準則內容及應注意事項。（20分）

(二)請就「位於住三區內，已興建超過40年之四層連棟步登公寓」之地區，在都市更新作業前提下，應/可採行之都市設計公共策略為何？（10分）

二、設計題：（70分）

(一)題目：賞鳥公園教育中心規劃設計
位於我國某主要河川出海口濕地保護區旁，有一公園用地，地方政府擬設置一賞鳥公園教育中心，提供國民一賞鳥踏青、環境教育、生態觀測之服務設施。

(二)基地概況：
1. 基地位於都會區邊緣，主要河川出海口濕地保護區旁公園用地；
2. 基地呈長方形，地勢緩坡如圖等高線所示，西向、北向視野佳；颱風時若遇大潮，可能增加2M高洪泛水位；
3. 基地面積40M×50M；西面、北面臨接濕地及紅樹林保護區，東側緊鄰6M自行車道（亦為服務道路），其東側道路對面為河濱綠帶。
4. 設施建蔽率15%；容積率30%。
5. 基地夏季多西南風，冬季以東北向風為主。

(三)規劃設計內容：
1. 教育中心本館：包含室內觀測室30坪、展示區30坪、教室10坪、多媒體室10坪、紀念品販售區10坪、休息區等空間各一；
2. 基地範圍內，設置多處戶外或半戶外賞鳥步道及濕地觀測平台，並作植栽景觀規劃；
3. 服務設施：廁所、儲藏、服務停車（遊客停車設於綠帶內停車場，本區不另設置）、茶水供應等，空間量自訂。
4. 自行車停車設施：提供至少100部自行車停放，並連結河濱自行車專用道。
5. 全區設施及活動，均需考量洪泛、環境擾動及動物侵擾之防止對策。

（請接背面）

102年專門職業及技術人員高等考試建築師、技師、第二次
食品技師考試暨普通考試不動產經紀人、記帳士考試試題

等　　別：高等考試
類　　科：建築師
科　　目：敷地計畫與都市設計

㈣圖說需求：（圖面比例尺自訂，但須標示清楚比例尺）
　　1.設計構想；（如：建物機能、步道、生態、視野、景觀、建築量體等）
　　2.全區量體配置圖；
　　3.各層平面圖；
　　4.二向剖立面圖；
㈤基地圖：

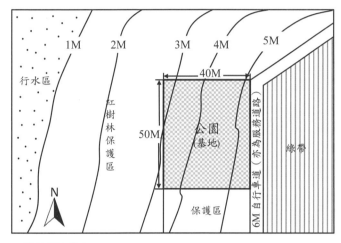

基地圖/ 單位: M

綠簷─賞鳥公園教育中心規

■ 基地分析與對策

■ 整體環境配置構想

■ 生態環境保育計畫

■ 全區透視圖

■ 全區配置平面圖 S:1/300

■ 全區長向剖面圖 S:1/300

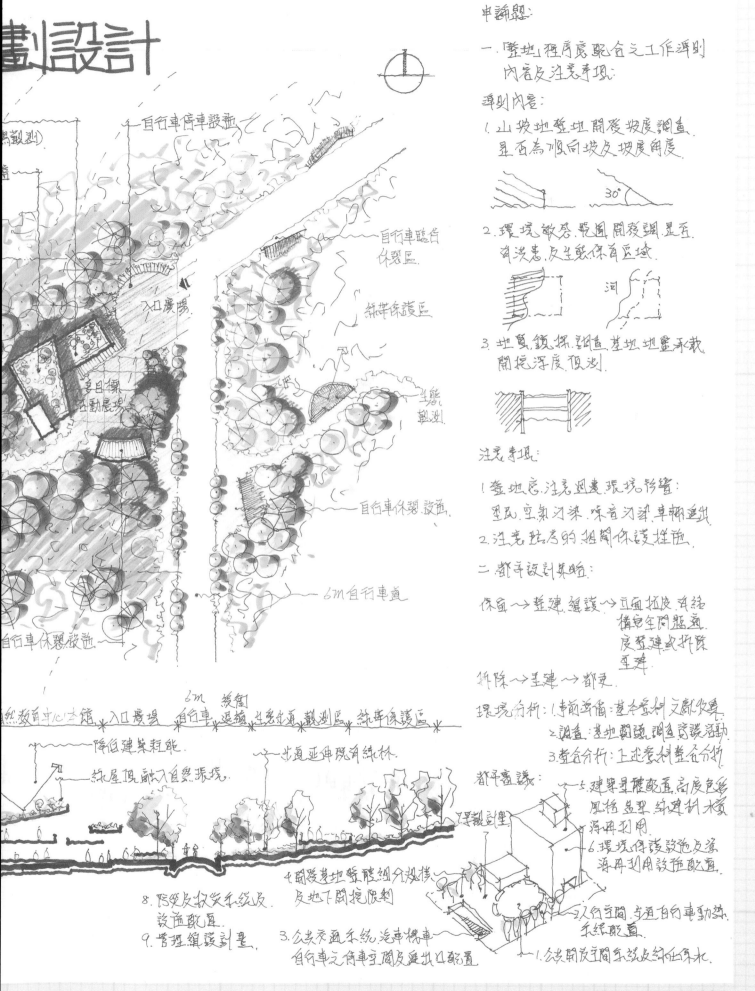

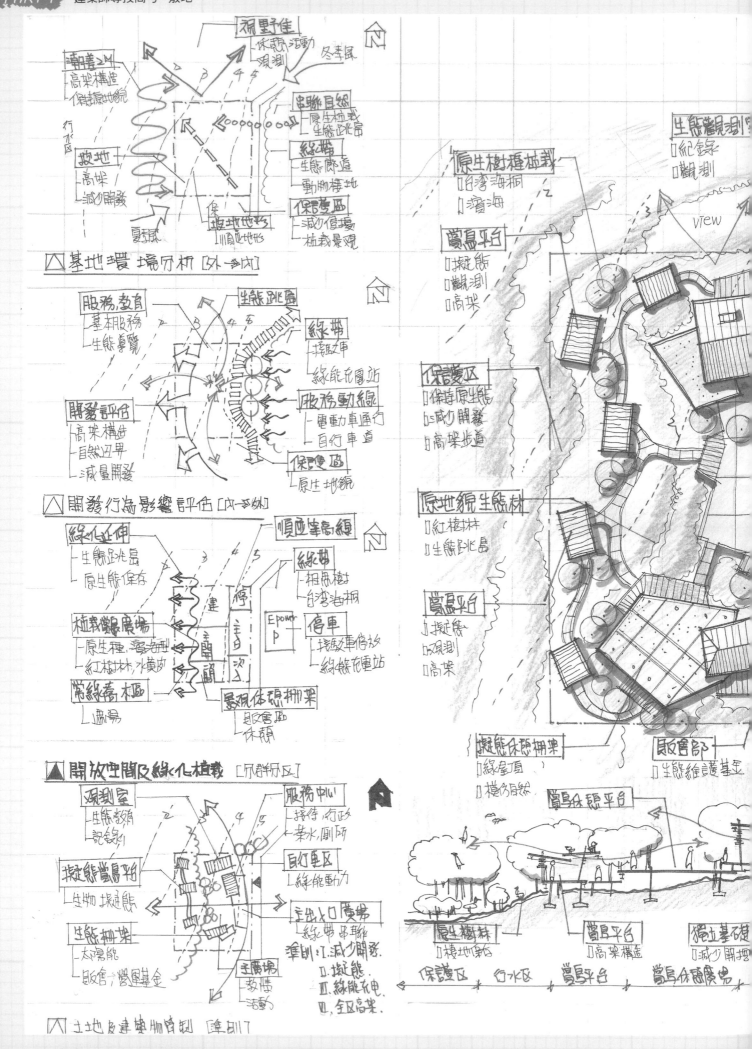

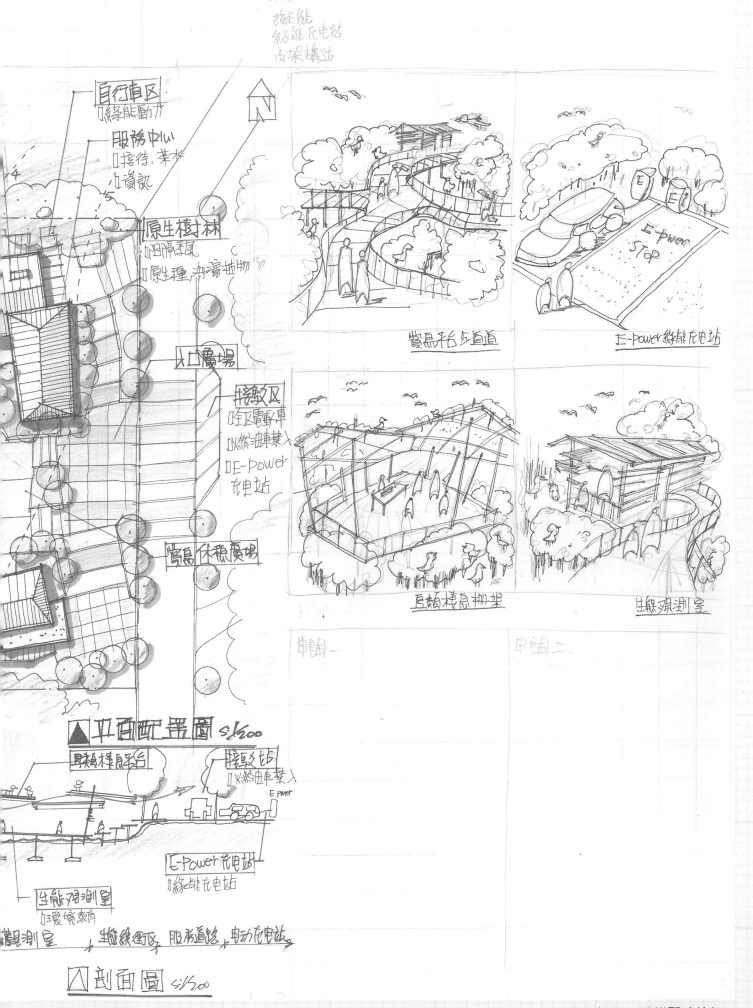

減少開發
擬態
綠能充電站
高架棧道

自行車區
  ‖綠能動力
服務中心
  ‖接待、業水
  ‖資訊
原生樹林
  ‖阻隔季風
  ‖原生種，防滑植物
入口廣場
轉乘區
  ‖限及電動車
  ‖燃油車禁入
  ‖E-power
  充電站
賞鳥休憩廣場

賞鳥平台步道道   E-power綠能充電站

鳥類棲息柵架   生態觀測室

申論一   申論二

▲平面配置圖 S:1/200

鳥類棲息平台   轉乘站
                    ‖燃油車禁入
                    E power

E-Power充電站
  ‖綠能充電站

生態觀測室
  ‖環境教育

觀測室   生態緩衝區 服務道路 電動充電站

◤剖面圖 S:1/200

申論一.

(一)整地挖方的計劃

[01] 工地施工前評估
　① 土壤地質鑽探
　② 水位監測觀察計劃
　③ 對鄰地影響
　④ 生態環境評估.

[02] 施工計劃研擬
　① 擋土支保形式選用
　② 棄土回填計劃
　③ 回填土養護
　④ 挖填方平衡策略
　⑤ 填土再造生態棲地

[03] 挖填方計劃原則
　① 減低營建廢棄物
　② 棄土不外運
　③ 填方生態護坡,廊道
　④ 生態棲地補償
　⑤ 生態工法,減少使用混凝土

[04] 使用維護管理.
　① 定期監測護坡,坡度,地下水位
　② 土石流,災害評估
　③ 依管植被影響,養護植被

申論二.

(一)都市更新的公共策略
[01] 開發相標評估,法令
　① 都市計劃主要計劃
　② 都市計劃細部計劃
　③ 都市設計審議原則

[02] 都市設計原則
　① 公共開放空間
　② 人行步行步道系統
　③ 交通影響評估報告
　④ 古蹟,老樹維護
　⑤ 建築造型,高度,量體
　⑥ 土方挖填規劃,挖入基地,挖出基地
　⑦ 景觀綠化計劃
　⑧ 使用管理規章

[03] 開放空間和步道系統
　① 行道傢俱
　② 廣告招牌
　③ 照明,夜間燈光計劃
　④ 鋪面,材質,地景藝術鋪續

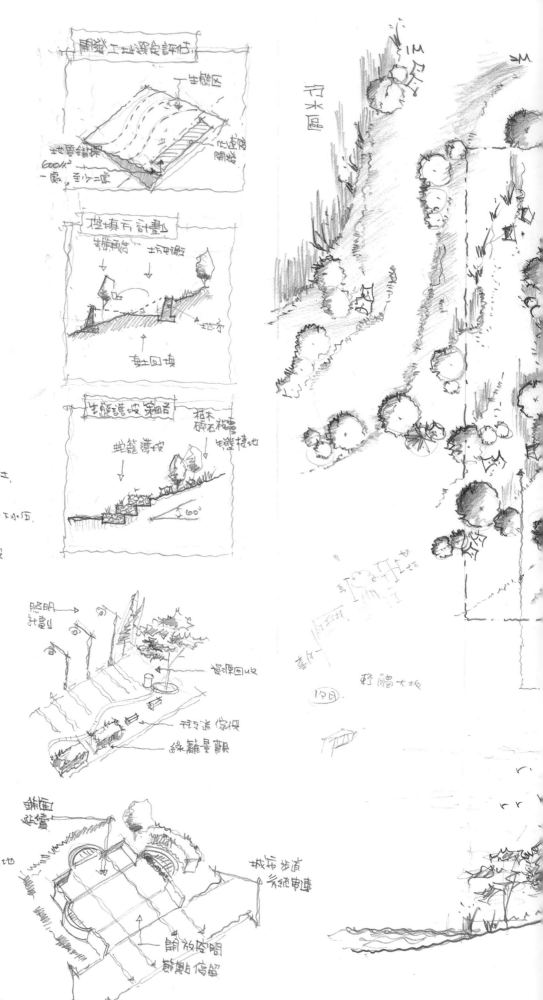

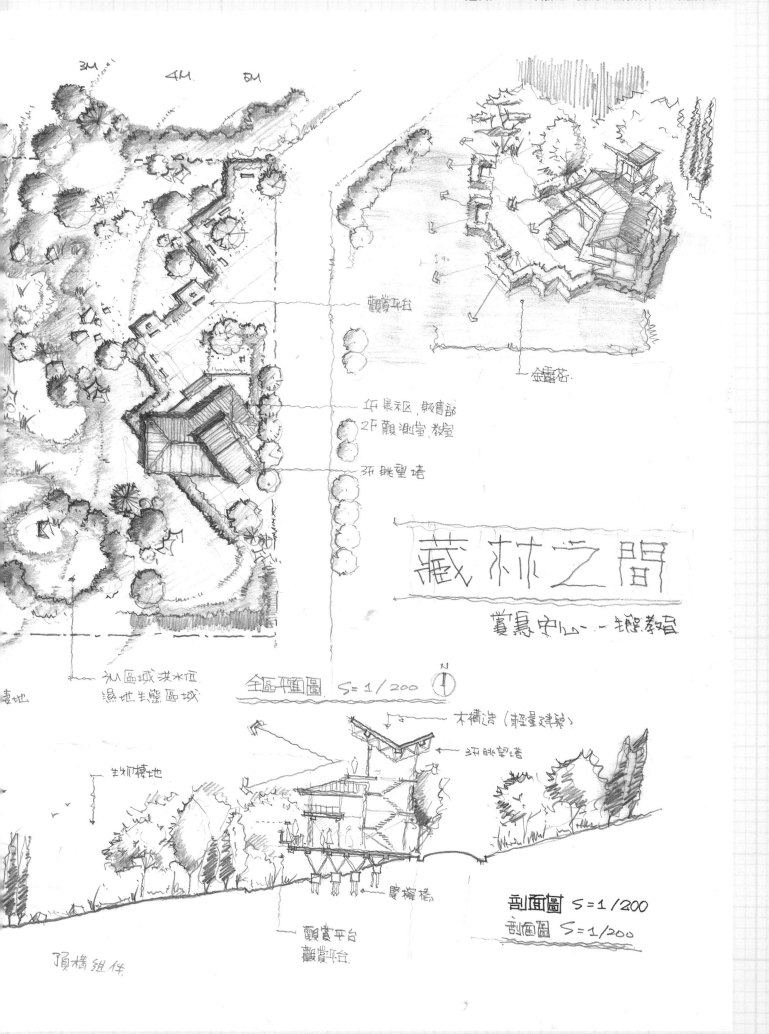

觀賞平台

金露花

1F展示區,販賣部
2F觀測室,教室

3F眺望塔

藏林之間

賞鳥中心---環境教育

孤區域洪水位
濕地生態區域

草地

全區平面圖 S = 1/200

木構造(輕量組裝)

3F眺望塔

生物棲地

寶橋橋

頂橋組件

觀賞平台
觀賞平台

觀賞平台
觀賞平台

剖面圖 S = 1/200
剖面圖 S = 1/200

柳暗花明又

主論一

建築師叮嚀：

為了自然生態及符合題目所規定
的建築機能，選擇降低建築量體，
採用單棟式主體建築，並結合建
築概念，發展出三種形式的賞鳥
小亭子，延伸隱藏於不同的樹林
之中，配置出來幾乎感覺不到建
築的存在，符合生態及富有教學
的教育場域。

建築師黃國華

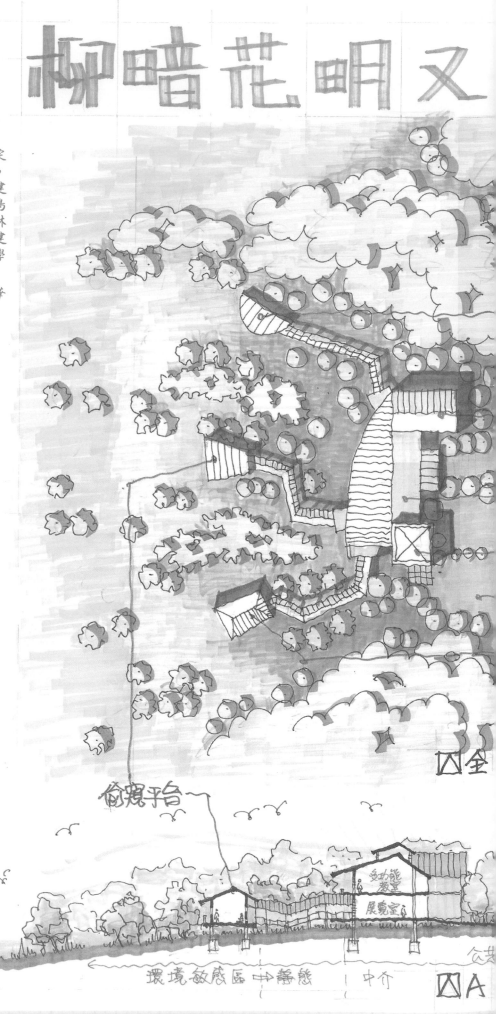

偷窺平台

⊠金

環境敏感區 生態 中介 ⊠A

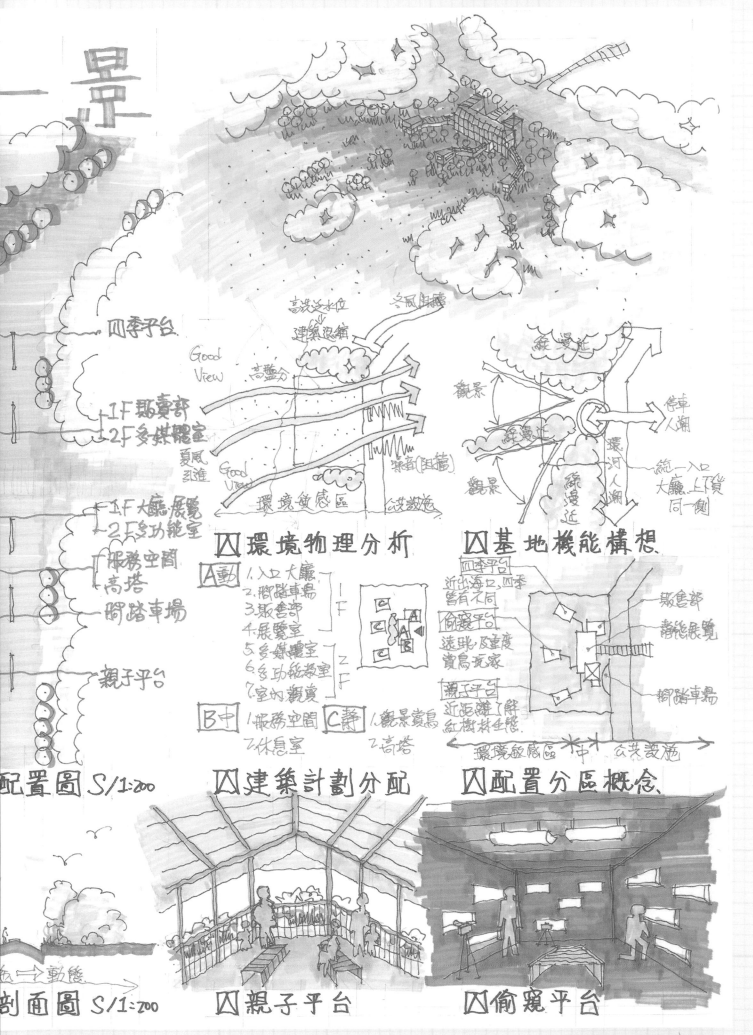

昌 一景

四季平台

1F 販賣部
2F 多媒體室

1F 大廳展覽
2F 多功能室

服務空間
高塔
腳踏車場

親子平台

高漲洪水位
建築退縮
冬風風檔
Good View
高盤分
Good View
夏風引進
環境敏感區
噪音(阻擋)
公共設施

綠漫延
觀景
觀景
環河人潮
綠漫延
停車人潮
統一入口
大廳上貨
同一側

四季平台
近出海口，四季
皆有不同
偷窺平台
遠眺，及重度
賞鳥玩家
親子平台
近距離了解
紅樹林生態

販賣部
靜態展覽
腳踏車場

X 環境物理分析
A 動
1.入口大廳
2.腳踏車場
3.販賣部
4.展覽室
5.多媒體室
6.多功能教室
7.室內觀賞
B 中
1.服務空間
2.休息室
C 靜
1.觀景賞鳥
2.高塔

X 基地機能構想

環境敏感區 公共設施

配置圖 S/1:200

X 建築計劃分配

剖面圖 S/1:200

X 親子平台

X 配置分區概念

X 偷窺平台

申論題:

(一)

■作業前:
- 環境觀查 → 週邊建物、設施管線、地上物
- 土壤調查 → 土質、深度、順向坡
- 机具及人力 → 机具選擇、人力分配、施工前計劃
- 工法選擇 → 擋土措施、排水

作業中
- 施工計劃 → 施工動線、試驗、工法、界面
- 安全考量、承載力、地下水、品管、勞安

規劃層面
- 法令檢討 → 敏感劃設、水保計劃、坡度檢討

主計劃發展
- 建立特色社區意象
- 融入週邊、延續歷史城鄉風貌
- 鼓勵民眾及各單位專家參與
-

細部計劃發展
- 擬定設計原則、針對意象風格 → 實質規劃
- 順應趨勢 → 通盤檢討會議
- 民眾自力營造 → 減少日後衝突、自我認同感提昇

圖 全區配置圖 S:1/300

圖 全區剖面圖 S:1/200

整体開發規劃構想

課題：・避免人与自然衝突 → 融合共生

目的：・增加國民生態保護意識
・濱海生態圈復育及延伸
・休閒、教育、環保之地方精神傳承

策略： 低開發　融入自然　網絡連横
生態據点
教育系統　休閒廊道

生態補償及工法計劃

關控坊
・肥沃土質補償週辺環境
引入潮汐生態圈
・生物多樣性
・作為住生態階段
連結週辺
・增加複層植栽量
・就地取材,自然工法
・生態浮橋、綠屋頂
・閣樓建築
・利用坡度工程
・增多孔隙棲息地
・逕流量控制

連接週邊既有生態網

生物移動
・生態廊道延續
・環境教育導覽動線
潮汐生態圈
・利於生態調查工作
・維護復育動植物
紅樹林生態圈
・濕地綠軸連續
・環境教育融会
濱海防風植物圈
・防風綠帶
・環境復育
・生態綠網延續

環境敏感開發限制計劃

自然環境帶
・還地於自然
・生態復育
減少人為景觀
人為開發帶
・低量開發
・再生材、生態工法
・低彩度,融合環境
濱海防風帶
・作為海岸線屏障
・保護濱海社区
・海岸線綠軸延續
共生過渡帶
・人与自然融合、互動
・作為緩衝区降低衝擊

人為開發帶
觀光木平台
工對林步道
低彩度,低開發,生態建材
生態教育廊延續
視覺穿透、輕量化
・減少巨大量体
・健康舒適氣圍營造
斜坡處理隱匿
避免人与自然衝突

視覺導引

端景
端景
特色步道軸線
海景觀賞
保育
防風休木
夕陽觀景
紅樹林

蜿蜒动線

・順応地形
減少衝擊,管制人数

量体計劃

植物被覆
立通融合環境
孔隙渠道
展積板
生態建材
基楚少量開挖

設計構想

- 遊
- 串
- 導
- 留
- 滲

生態紋理延構

多樣性生態圈 → 延續既有紋理 → 獨立環境
借景 → 環境互活動網絡 → 教育

策略手法

保留既有生態圈 基地跳島
紋理延續
生態綠塊延伸 多區

配置及量體

生態保留 觀察區 教學互動

遠景瞭望台

觀察互動平台

埤塘生態區
樹林保留區
布外海生態平台
圍塑利於觀察

多層次樹林
防風
生物多樣性

窺視觀察平台
隱密於林間
避免影響鳥類

布水鳥保持距離
避免影響現有環境

生態復育示範區
野鳥觀察平台
紅樹林遊道
海岸林區
潮溝生物互動區
步林步道
埤塘生態區
夕陽觀景台

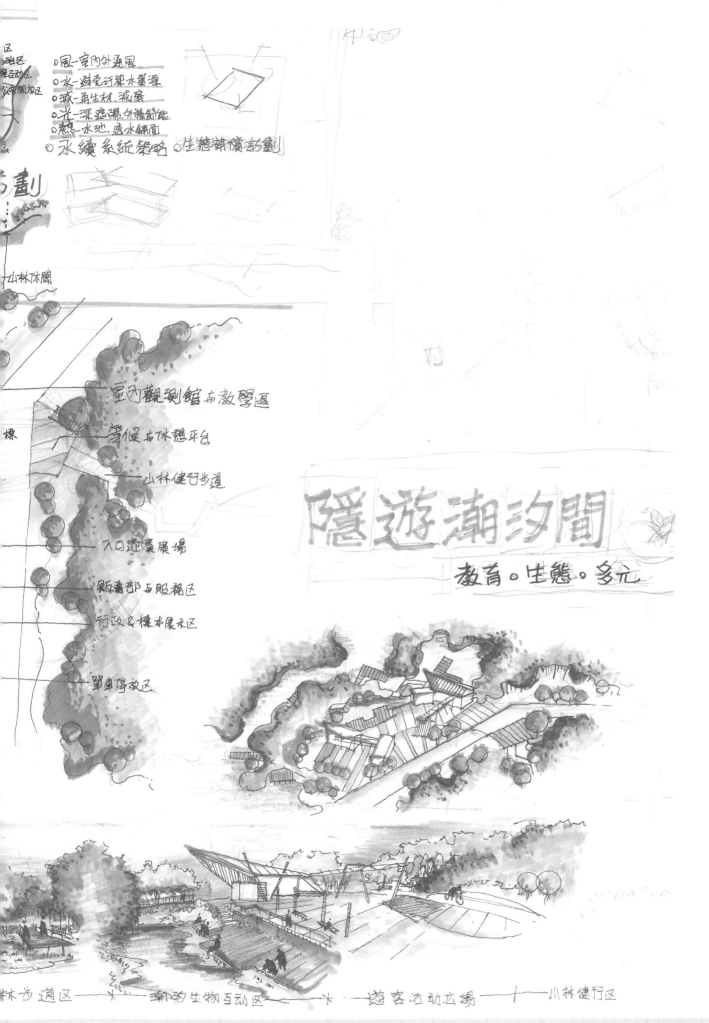

○風-室內外通風
○水-避免行架水資源
○減-再生材.減廢
○光-深遮陽.外牆節能
○熱-水地.透水鋪面
○永續系統策略 ○生態補償計劃

山林休閒

室內觀測館与教學區
等候与休憩平台
山林健行步道
入口迎賓廣場
販賣部与服務區
行政 & 標本展示區
單車停放區

隱遊潮汐間
教育。生態。多元

林步道區 —— 潮汐生物互動區 —— 水 —— 遊客活動広場 —— 山林健行區

水心

以愛護水資源的心，迎接鳥兒的到來

基地分析

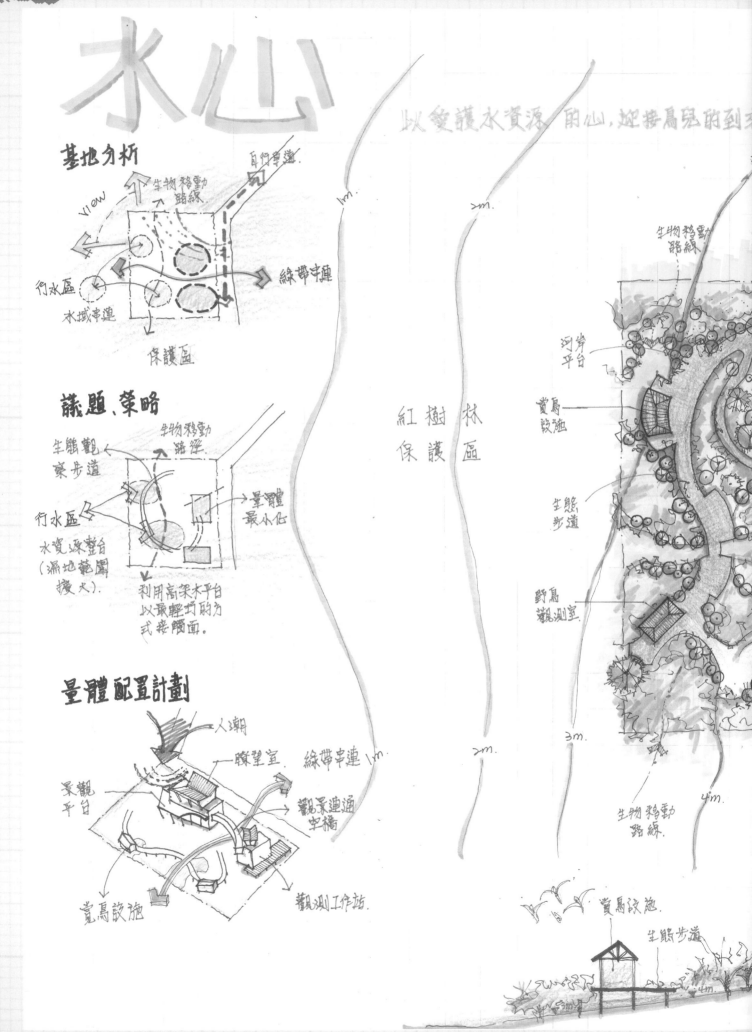

VIEW
生物移動路線
自行車道
行水區
水域串連
保護區
綠帶串連

議題、策略

生態觀察步道
生物移動路徑
行水區
水資源整合（漏地範圍擴大）
量體最小化
利用高架木平台以最輕巧的方式接觸地面。

紅樹林保護區

河岸平台
賞鳥設施
生態步道
野鳥觀測室
生物移動路線

量體配置計劃

人潮
瞭望室
景觀平台
賞鳥設施
綠帶串連
觀景連通空橋
觀測工作站

賞鳥設施
生態步道

作品提供／潘駿銘建築師

綠帶

潘駿銘.

入口休憩區

入口意象
碎花棋盤腳
〈防東北季風〉

入口廣場

休息區&
商品販售

當地回收自然建材
竹編屋頂 輕型鋼構

碎花棋盤腳
〈入口意象〉

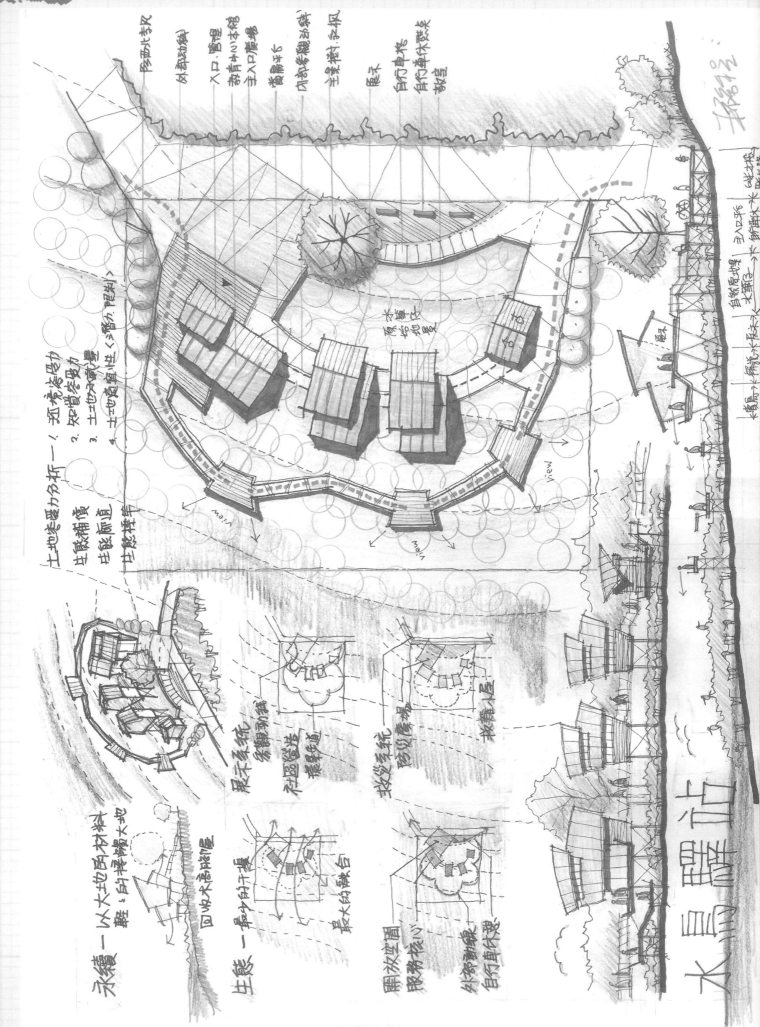

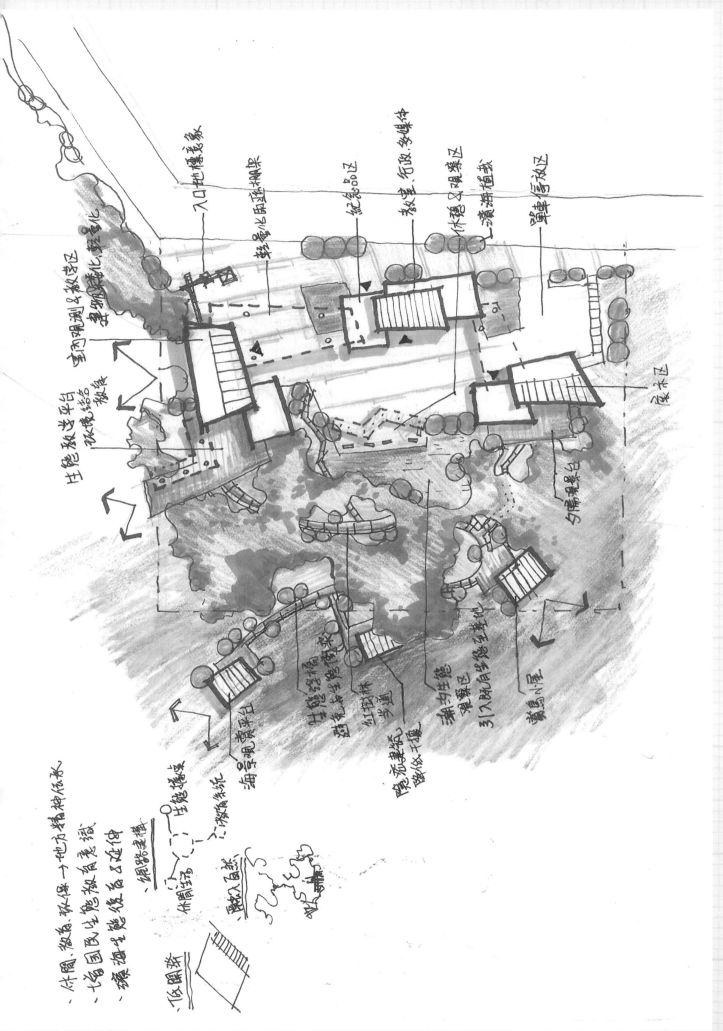

101年專門職業及技術人員高等考試建築師、技師、第2次
食品技師考試暨普通考試不動產經紀人、記帳士考試試題　代號：80150　全一張（正面）

等　　別：高等考試
類　　科：建築師
科　　目：敷地計畫與都市設計
考試時間：4 小時　　　　　　　　　座號：＿＿＿＿＿＿＿＿

※注意：㈠可以使用電子計算器。
　　　　㈡不必抄題，作答時請將試題題號及答案依照順序寫在試卷上，於本試題上作答者，不予計分。

一、申論題：
　㈠都市設計是針對城市內特定地區進行總體性規劃設計，以達到良好都市生活與居
　　住環境。試以都市設計審議制度在臺灣推動三十年之經驗與軌跡，論述推動都市
　　設計之各種面向。（15分）
　㈡試述容積移轉制度之主要目的、容積供應來源以及我國現行容積移轉制度之法源
　　依據，又容積移轉對現行都市計畫之可能衝擊為何？（15分）

二、設計題：
　㈠題目：住宅社區設計
　㈡基地概況：（詳基地圖）
　　1.基地呈長方形，三面臨道路，緩坡如圖示高程，東北視線佳，居高俯視遼闊視
　　　野；
　　2.西北面臨 7.5 公尺道路及綠化空間，未來將興建住宅群；
　　3.東北面臨 6 公尺道路，未來將興建住宅群；
　　4.西南面臨公有公園；
　　5.東南面臨 11 公尺道路及綠地，未來將開發為住宅群；
　　6.基地交通十分便利；
　　7.基地風向詳附風花圖。
　㈢設計原則：
　　1.基地建蔽率為40%。
　　2.容積率為80%。
　　3.每戶皆有綠化視野，儘量利用東北遼闊視野或西南公園綠地視野。
　　4.每戶夏日考慮自然通風設計，避免冬季季風入侵室內。
　　5.共用集中綠地需要日照要求。
　　6.基地配置需人車分道規劃。
　㈣住宅基本需求：
　　1.五戶兩層樓住宅群，各住宅兩層樓面積共 100 坪（含陽台）。
　　2.共用大廳及相關公共服務設施尤佳。
　　3.五戶共用集中綠地為原則。
　　4.至少五個室內小客車停車位，兩個訪客停車位（不拘戶內或戶外）。
　　5.共用垃圾分類集中放置場所，方便公共垃圾車清運位置。
　㈤圖說需求：
　　1.設計構想（含人行步道系統、車道系統、建築配置、綠地計畫等）。（20分）
　　2.全區量體配置圖（含景觀及地表排水設計），比例 1：200。（20分）
　　3.兩向剖立面圖，比例 1：200。（20分）
　　4.綠建築及健康建築規劃說明。（10分）

（請接背面）

101年專門職業及技術人員高等考試建築師、技師、第2次
食品技師考試暨普通考試不動產經紀人、記帳士考試試題　　代號：80150　全一張（背面）

等　　別：高等考試
類　　科：建築師
科　　目：敷地計畫與都市設計

㈥基地圖

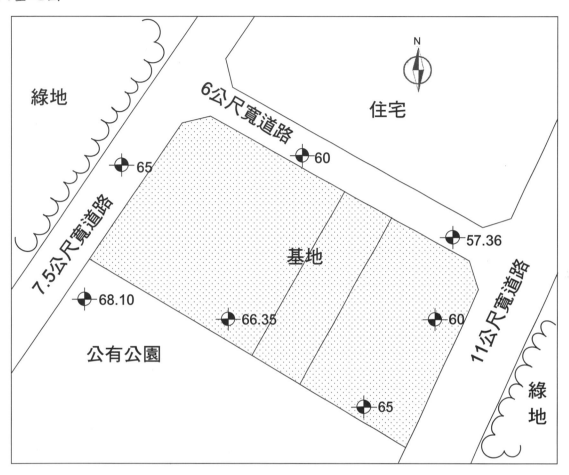

基地圖 1: 500　單位：公尺

附圖：

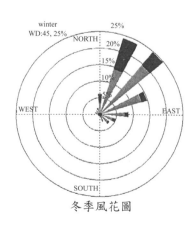

冬季風花圖

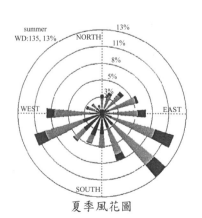

夏季風花圖

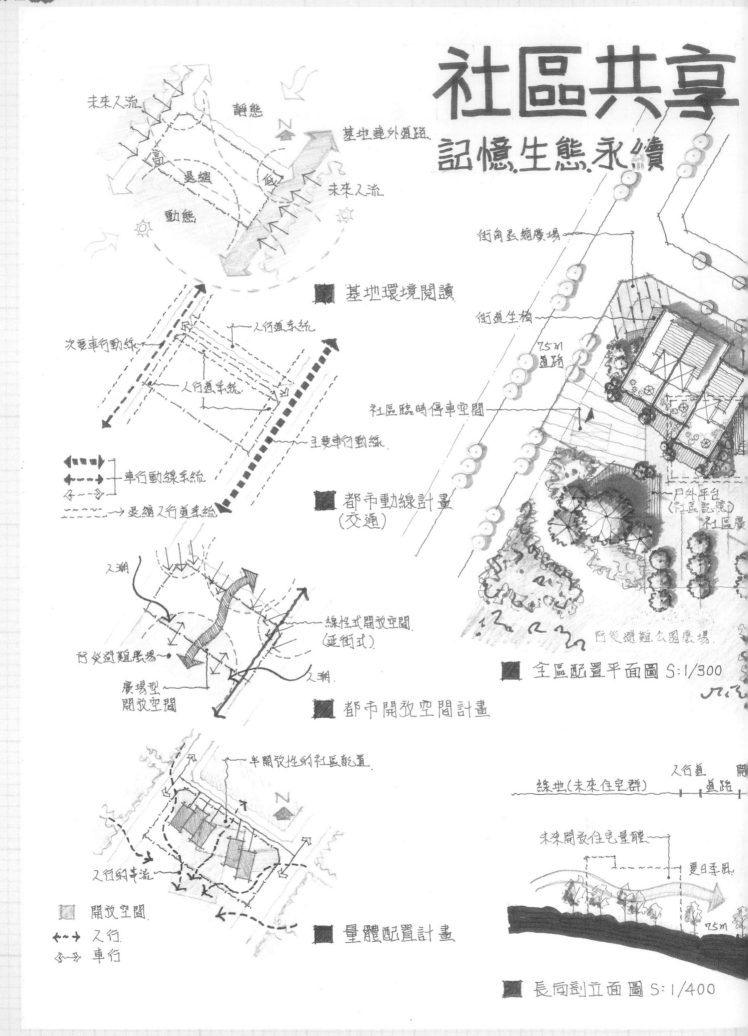

社區共享
記憶.生態.永續

未來人流
靜態
基地連外道路
未來人流
高
蜿蜒
低
動態
N

■ 基地環境閱讀

次要車行動線
人行道系統
人行道系統
主要車行動線

←‑‑→ 車行動線系統
←‑‑→
←‑‑→ 蜿蜒人行道系統

■ 都市動線計畫
　(交通)

人潮
線性式開放空間
(延街式)
防災避難廣場
人潮
廣場型
開放空間

■ 都市開放空間計畫

半開放性的社區配置
N
人行與車流

▨ 開放空間
←‑‑→ 人行
←‑‑→ 車行

■ 量體配置計畫

街角退縮廣場
街道生榕
7.5m道路
社區臨時停車空間
戶外平台
(社區記憶)
社區屋
防災避難公園廣場

■ 全區配置平面圖 S:1/300

人行道
綠地(未來住宅群)
道路
未來開放住宅量體
夏日季風
7.5m

■ 長向剖立面圖 S:1/400

■申論題

(一)都手設計內容：

一.公共開放空間系統配置及綠化保水。

二.人行空間.步道.自行車道系統動線配置。

三.交通車輛系統.汽車.機車與自行車之停車空間出入動線配置。

四.建築基地的細分規模及地下開挖限制。

五.建築量體配置及高度。

六.環境保護再利用設施及資源再利用設施。

七.景觀計畫。

八.防災及救災空間設施配置。

九.維護及管理計畫。

(二)容積轉移：

主要目的：1.公共設施保留地之取得。

2.具有紀念性或藝術價值之建築與歷史建築之保存維護及

3.公共開放空間之提供

法源依據都市計畫法第八十三條之一第二項規定訂定。

供應來源：

一.都市計畫表明應予保存或經直轄市.縣(市)主管機關認定有保存價值之建築所定著之土地。

二.為改善都市環境或景觀.提供作為公共開放空間使用之可建築土地。

三.私有都市計畫公共設施保留地.但不包括都市計畫規定應以區段徵收.市地重劃或其他方式整體開發取得者。

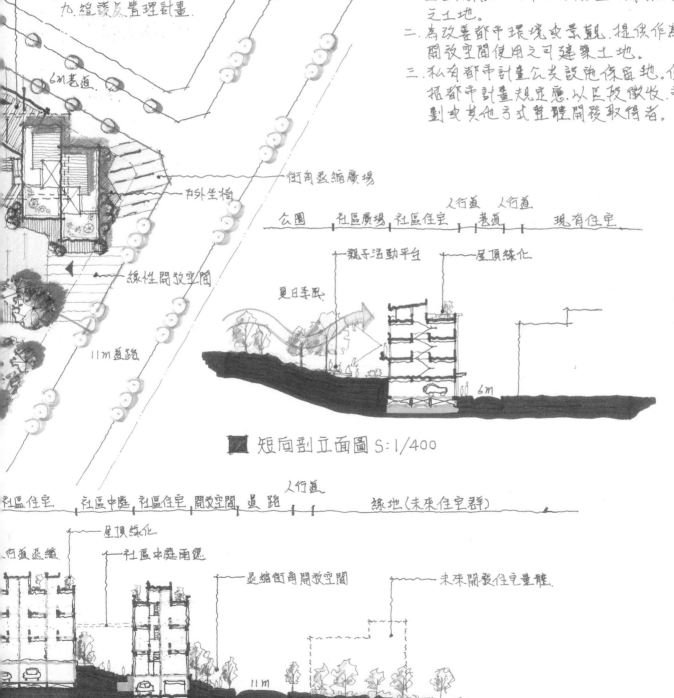

1廣場
雨遮
6M巷道
街角退縮廣場
戶外坐椅
綠性開放空間
11m道路

人行道 人行道
公園 │ 社區廣場 │ 社區住宅 │ 巷道 │ 現有住宅

親子活動平台 ── 屋頂綠化
夏日季風
6m

■ 短向剖立面圖 S:1/400

社區住宅 │ 社區中庭 │ 社區住宅 │ 開放空間 │ 道路 │ 人行道 │ 綠地(未來住宅群)

行道退縮
屋頂綠化
社區中庭雨遮
退縮街角開放空間
未來開發住宅量體
11m

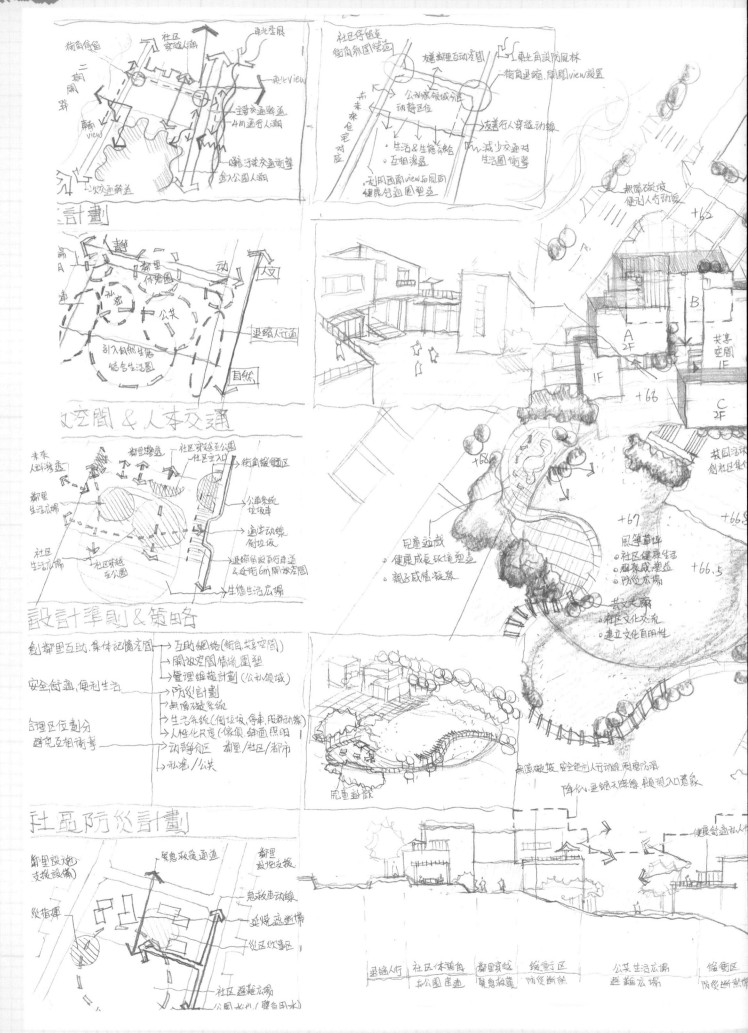

（一）
一、定義：都市中任何有關生活/交通/建物/開放空間/防災/景觀等，加以規劃整合之。
二、位階：在上承接 都市計劃 在下連結 建築管理
三、功能
環境 — 优良生活品質
　　　　 — 誘導都市紋理
　　　　 — 健全生活系統
　　　　 — 避免不當開發
社会 — 整合社会資源
　　　 — 人性化生活圈
　　　 — 未來願景建立
経濟 — 保存育價值
　　　 — 創觀光商机
四、

（二）
定義：指範圍內一宗基地之有效容積移移至另一宗基地
目的：o 都市資源 有效利用
　　　 o 環境整合，增進公共利益
　　　 o 改善都市景觀，增開放空間
法源：容積移轉實施辦法、都更條例、都市計劃法
課題：大型財團之土地炒作，論不當使用
　　　 o 不合理之天際線，都市景觀，環境破壞
　　　 o 不當徵收，与民衝突，文化記憶破壞

基地環境閱讀

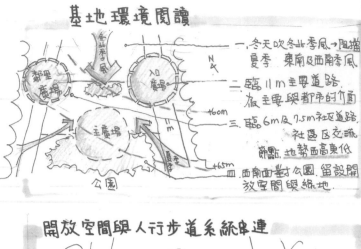

一、冬天吹冬北季風→阻擋
　　夏季　東南及西南季風

二、臨11m主要道路.
　　做主要與都市的介面

三、臨6m及7.5m社區道路.
　　社區區交流
　　特點.地勢西高東低

四、西南面對公園.留設開
　　放空間與綠地.

開放空間與人行步道系統串連

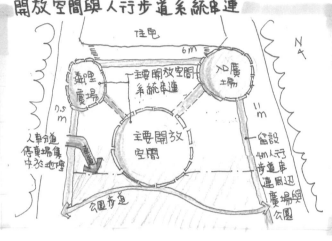

住宅
6m
鄰里廣場
主要開放空間系統串連
入口廣場主房
7.5m
人車道停車場集中於地壟
主要開放空間
留設4m人行步道串連鄰里廣場與公園
公園步道

建築配置與綠地計劃

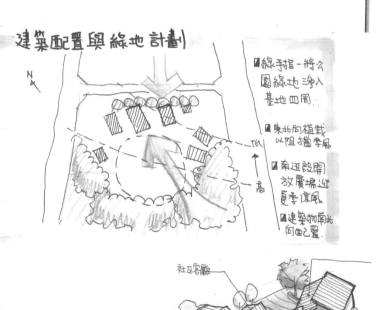

■綠手指-將公園綠地導入基地四周

■東北向植栽以阻擋季風

■南迎設開放廣場迎夏季涼風

■建築物南北向配置

社區客廳
鄰里廣場
社區交流
社區
·活动中心
·假日廚房
·課後輔導
中央廣場
入口廣場
都市介面
開放空間串連
公園入口
生態菜園
社區公園

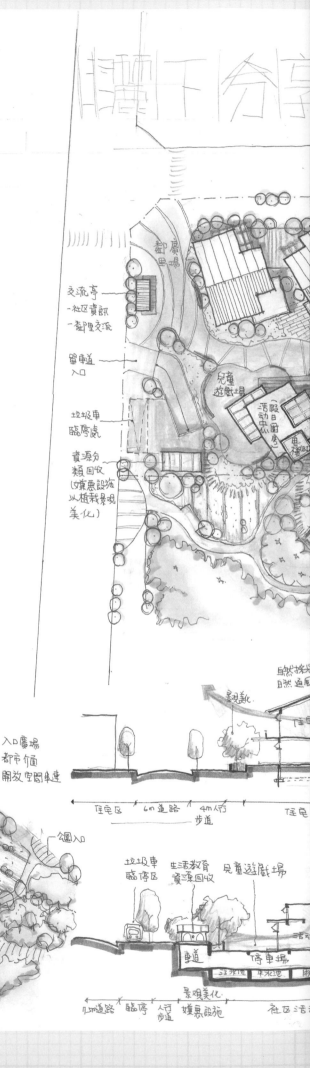

都里廣場
交流亭
-社区資訊
-鄰里交流
留車道入口
垃圾車臨停處
資源分類回收
(嫌惡設施以植栽景觀美化)
兒童遊戲場
活动中心
假日廚房

自然採光
自然通風

住宅區　6m道路　4m人行步道　住宅

垃圾車臨停區　生活教育資源回收　兒童遊戲場

車道　停車場

7.5m道路　臨停　人行步道　嫌惡設施　社區活动

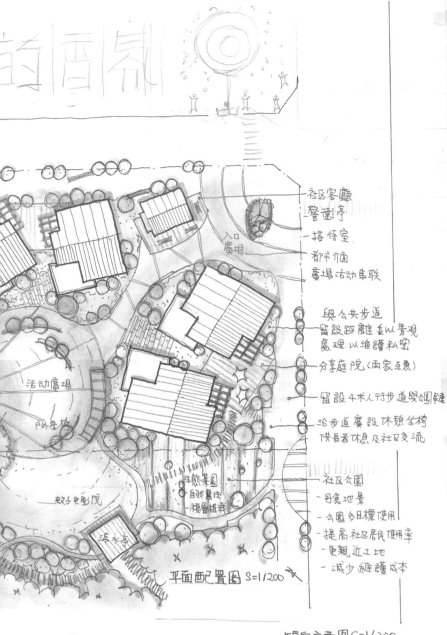

都市之聲

- 社區客廳
- 警衛亭
- 接待室
- 都市介面
- 廣場活動串聯

- 與公共步道
  留設距離並以景觀
  處理以維護私密
- 分享庭院(兩家互惠)

- 留設4米人行步道與鄰棟連
- 沿步道廣設休憩坐椅
  供長者休息及社區交流

- 社區公園
  - 母食地景
  - 公園多目標使用
  - 提高社區居民使用率
  - 更親近土地
  - 減少維護成本

- 活動廣場
- 戶外座椅

- 蚊子電影院

- 生態菜園
  自然農法
  複層植栽

- 親水亭

平面配置圖 S=1/200

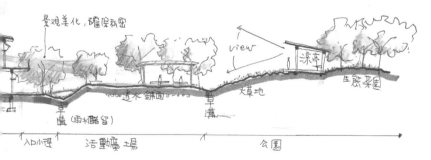

矢向立面圖 S=1/200

- 景觀美化,確保私密
- view
- 涼亭
- 生態菜園
- 大草地
- 草庫(雨水貯留)
- 透水鋪面
- 入口小潭
- 活動廣場
- 公園

長向立面圖 S=1/200

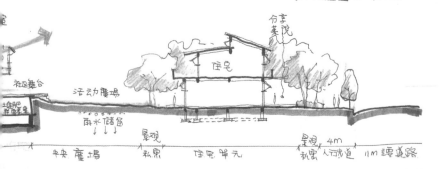

- 景觀
- 分享庭院
- 住宅
- 社區舞台
- 活動廣場
- 堆肥室
- 雨水儲留
- 景觀
- 中央廣場
- 私界
- 住宅單元
- 私密人行道
- 4m 景觀
- 11m 環道路

申論一

▶ 都市設計針對城市內特定區域有關都市
生活、交通動線、建築物及構造物、開放空間
及植栽景觀等,予以適當規劃設計,以塑造都
市風格提昇生活品質

▶ 都市設計審議其在台灣主要推動都市設
設的面向有

 ■ 人性化的都市空間

 ■ 開放空間的公共性

 ■ 健康安全的都市生活

 ■ 生態資源保育

 ■ 歷史及共同記憶保存

 ■ 都市集體風貌的形成

▶ 其審查內容包括
1. 土地使用管制   6. 古蹟文化景
2. 交通環境影響評估   7. 環境管理維護
3. 開放空間與周圍環境衝擊 8. 容積獎勵與限制
4. 建築物量體、造型、顏色與天際線 9. 都市防災
5. 景觀綠化評估

申論二

▶ 容積移轉之目的:
 1. 使具紀念性或藝術價值之建築物得
   以保存
 2. 公共設施保留地得以順利取得,提升
   都市環境品質,紓解財政負擔
 3. 促進基地有效利用
 4. 使受限發展土地地主權益獲得保
   障與補償

▶ 法源依據   供應來源
 - 文化資產保存法第35條第一項 ⇨ 古蹟文化保
                                          存地
 - 都市更新條例第45條   ⇨ 公共設施
                                          保留地
 - 都市計劃法83-1條   ⇨ 具有紀念性或藝術
   ⇨因法令變更不能使用   價值之建築與歷史
   之土地   建築之保存維護及
                                    其開放空間之提供

▶ 容積移轉對現行都市計劃之衝擊
 ■ 移入地區因人口增加而衍生公共設施之
   需求增加
 ■ 移入地區之交通與自然環境之衝擊
 ■ 土地使用分配不均
 ■ 現有學校、公園、市場等用地無法滿
   足服務
 ■ 公共上下水道系統之需求增加
 ■ 移出與移入之土地價值無法評估

入口意象
雕塑

音樂bar生活広場

動感舞蹈広場

廣台区

野草遊戲区

花草漫遊廊道

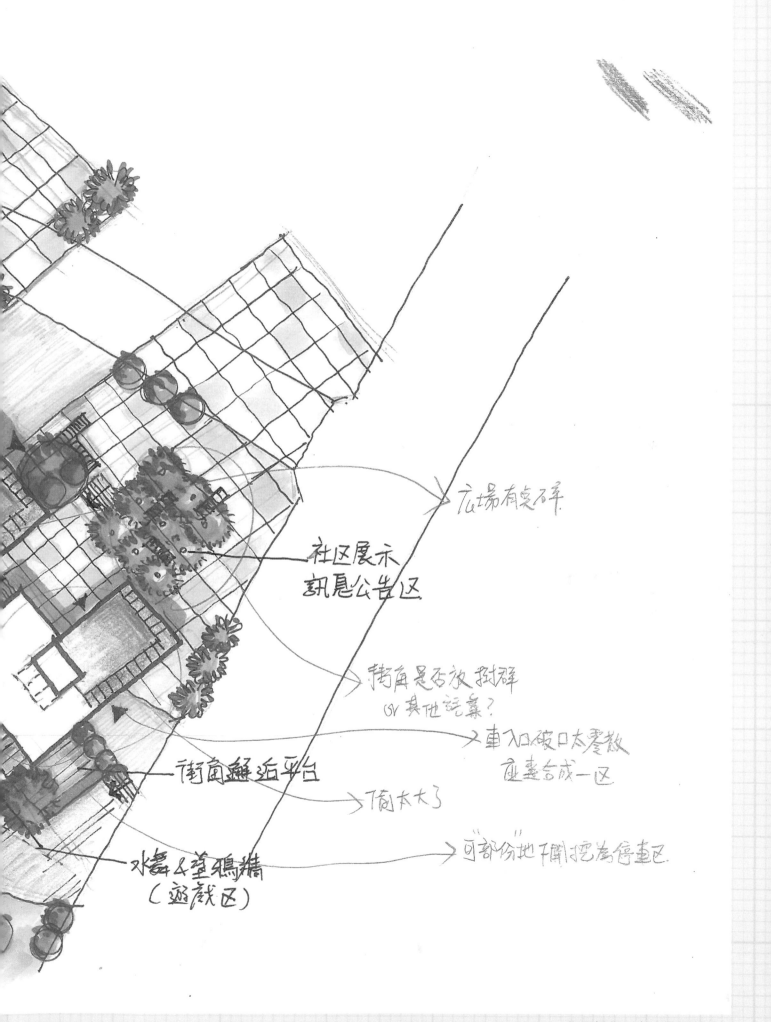

广場有桌碎

社区展示
訊息公告区

轉角是否放 拱群
or 其也元素？

車入破口太零散
应連合成一区

衝角臨近平台

商太大了

水岸&蜇鴉糈
（遊戲区）

可部份地下開挖為停車区.

100年專門職業及技術人員高等考試建築師、技師、第2次
食品技師考試暨普通考試不動產經紀人、記帳士考試試題

代號：80150

全一張（正面）

等　　別：高等考試
類　　科：建築師
科　　目：敷地計畫與都市設計
考試時間：4小時

座號：＿＿＿＿＿＿＿

※注意：㈠禁止使用電子計算器。
　　　　㈡不必抄題，作答時請將試題題號及答案依照順序寫在試卷上，於本試題上作答者，不予計分。

一、申論題：

㈠試說明「公共運輸導向開發」（Transit Oriented Development）的策略在臺灣都市發展條件下施行的優缺點。（15分）

㈡當你受委託在城市中做一個鄰近捷運站及市場（晚上會有夜市）的住宅社區開發設計案時，請說明你應如何進行「基地觀察與環境分析」及因應都市設計審議之重點。（15分）

二、設計題：（70分）

㈠主題：

在臺灣的都市中，雖然政府近年來在公共運輸建設推動上有所成就，然而停車問題仍為一嚴重的都市問題，故停車場的建設成為都市中必要的開放性公共設施之一。

㈡基地概況：

某市政府為解決該市市區內某一人口稠密及商業活動熱絡之住商區內嚴重之停車需求，擬將原為地面停車使用之停車場用地（如附基地示意圖）改建為一地下二層之停車場，以滿足當地住戶及外來停車之需求。但由於該地區目前並無任何可供居民使用之公園或廣場等公共空間，因此在某次居民參與的開發說明會及本案送請都市設計審議委員會初審會中，居民及委員會均一致做成初步決議，建議政府開發單位及建築師於本案規劃及設計上，應朝向「停車場及公園使用立體化」之開發構想為之，除提昇本案地下停車場之空間及環境品質外，因本開發原則而得以立體化空間使用的公園，亦解決了該地區因缺乏地面開放性廣場等公共設施用地的窘境，並使本案完工使用後，成為該市在都市發展上具公共性意義的指標案例。

㈢設計內容：

1.請依上述「停車場公園化」之規劃及設計原則，以文字（可配合繪製示意輔助圖）提出至少五項可具體表達本案執行「停車場及公園使用立體化」之建築設計構想所需之關鍵性都市設計準則。

2.試將上述構想和準則完整表現於平面配置及樓層平面（S:1/200）以及長、短向剖面各一之圖面（S:1/200），其餘圖面（如透視圖等）可視需要與否自行增加。

（請接背面）

100年專門職業及技術人員高等考試建築師、技師、第2次食品技師考試暨普通考試不動產經紀人、記帳士考試試題

代號：80150

全一張（背面）

等　　別：高等考試
類　　科：建築師
科　　目：敷地計畫與都市設計

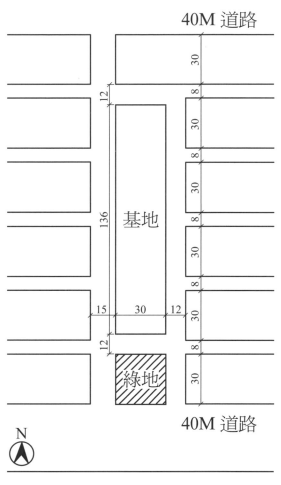

基地示意圖（單位：M）

綠意盎然 — 停車場公園立

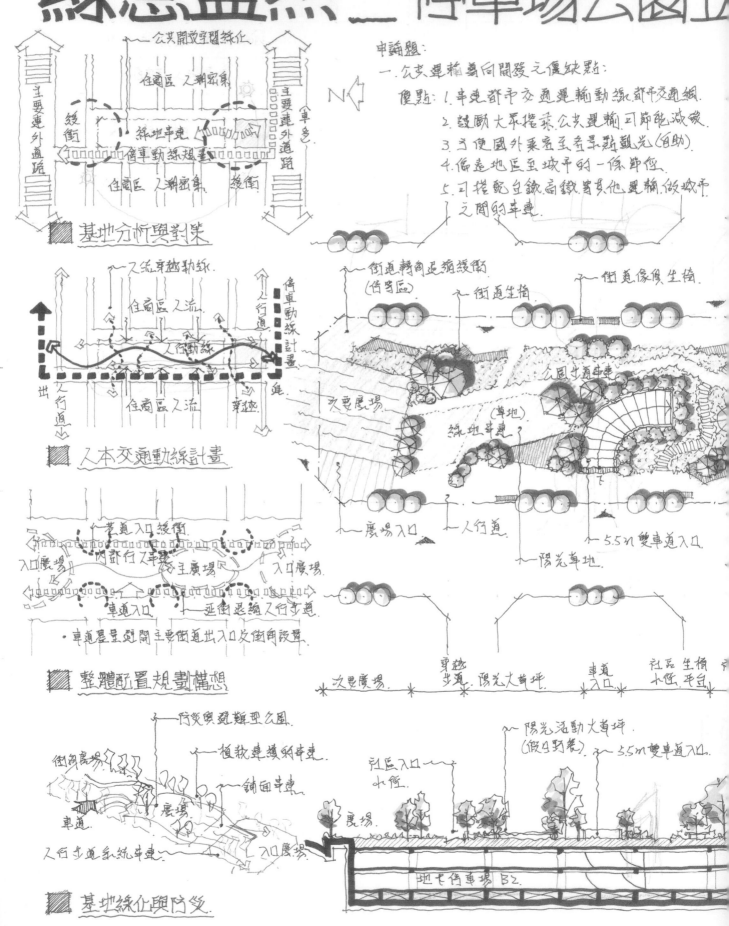

基地分析與對策

入本交通動線計畫

整體配置規劃構想

基地綠化與防災

申論題:

一、公共運輸導向開發之優缺點:

優點:1. 串連都市交通畢輸動線,都市交通網.
2. 鼓勵大眾搭乘公共運輸,可節能減碳.
3. 之便國外乘客至景點觀光(自助).
4. 偏遠地區至城市的一條捷徑.
5. 可搭配互鐵,高鐵與其他運輸做城市之間的串連.

體化設計

二. 開發案設計之「基地設計與環境分析」.
1. 環境分析 a.專業評估:基地資料.文獻收集.
         b.調查   :基地閱讀.調查.訪談.活動.
         c.整合分析:前述資料整合分析.
2. 都市審議.
   a.公共開放空間系統及綠化保水
   b.人行步道.自行車系統配置事項
   c.活.機車停車空間系統配置.車輛破口
   d.資源再利用.生態.保護設施系統配置.
   f.防災及救災系統.
   i.管理維護計畫.

- f.建築物外觀立面造型色彩及燈光照應設施系統.
- d.建築基地開發強度.細分規模開挖限制.
- g.景觀計畫.

: 1.公共運輸通常建設時間較長(黑暗期)
  2.必須花費很多經費.建案成本.
  3.須綿密.縝密與完整的系統規劃.
  4.公共汽車系統有時為交通錯亂之原因
  5.尖峰時刻人潮擁擠.需時間消化.

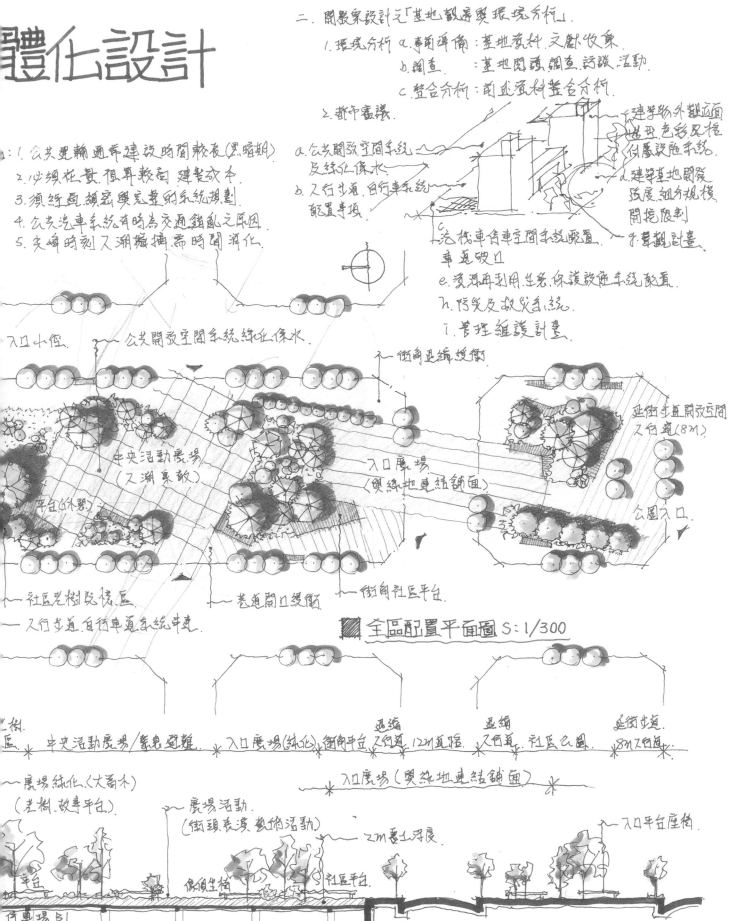

入口小徑.

公共開放空間系統綠化保水.

街角迅縮緩衝

中央活動廣場
(人潮集散)

入口廣場
(與綠地連結鋪面)

延街步道開放空間
人行寬(8m)

平台(休憩)

公園入口

社區老樹設綠區

巷道開口緩衝

街角社區平台.

人行步道.自行車道系統串連.

全區配置平面圖 S:1/300

中央活動廣場/集會遊憩. 入口廣場(綠化) 街角平台 人行道 12m道路 迅縮 人行道 社區公園 延街步道 8m人行道

廣場綠化.(大喬木)
(老樹.故事平台.)

廣場活動.
(街頭表演.藝術活動)

入口廣場 (與綠地連結鋪面)

2m覆土淨度

入口平台座椅

停車場B1

水基(雨水滯洪設施)

全區長向剖面圖 S:1/300

15m 路

12 m 路

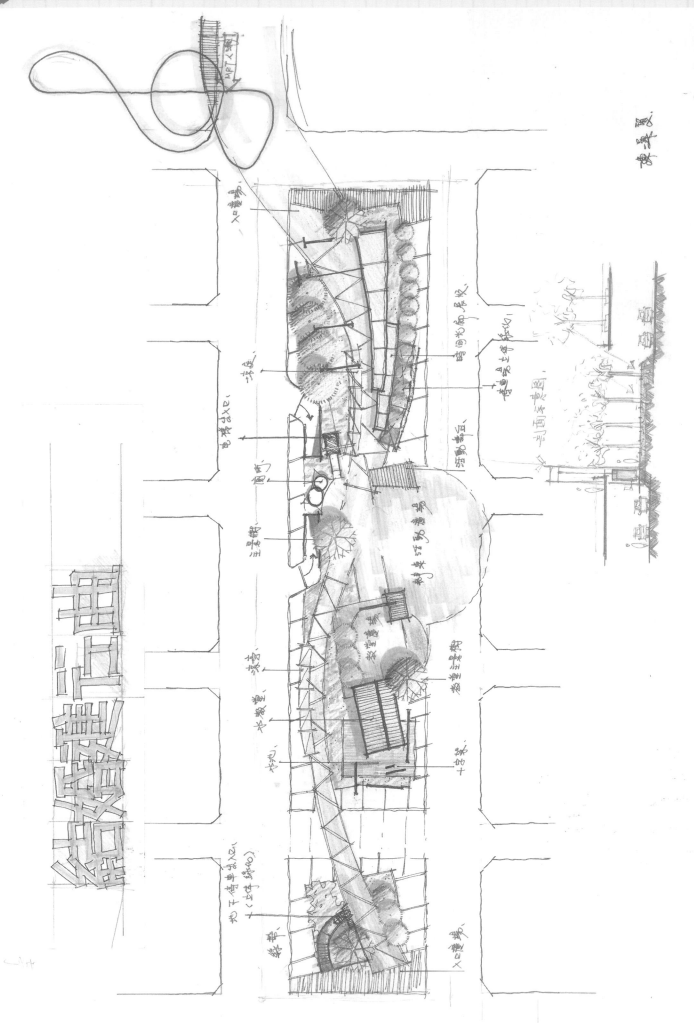

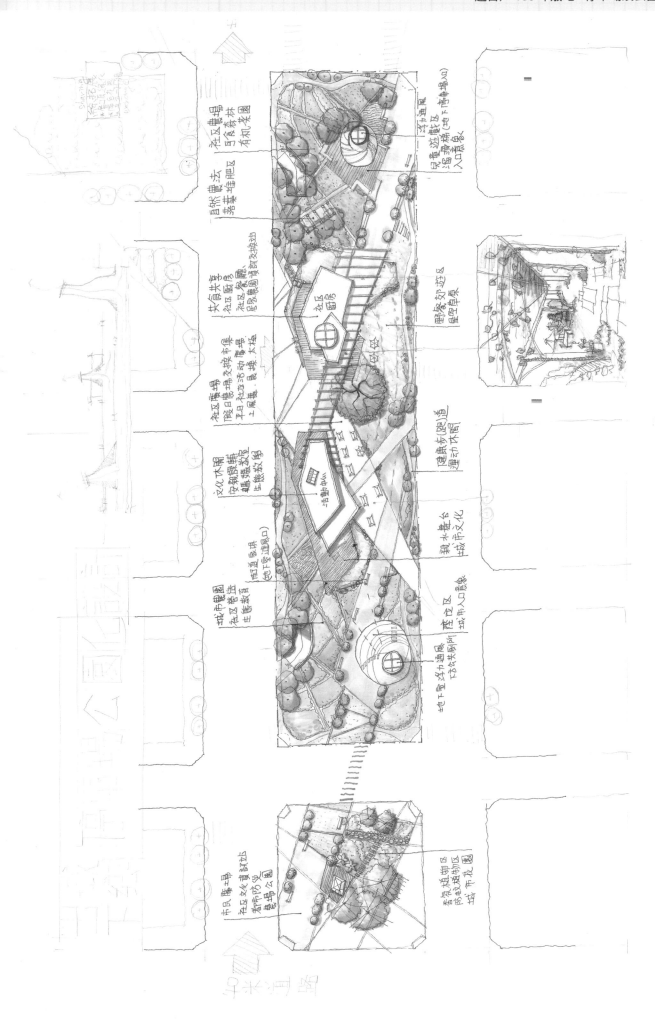

99年專門職業及技術人員高等考試建築師、技師
考試暨普通考試不動產經紀人、記帳士考試試題

代號：80150

全一張
（正面）

等　　別：高等考試
類　　科：建築師
科　　目：敷地計畫與都市設計
考試時間：4小時

座號：＿＿＿＿＿＿＿

※注意：㈠可以使用電子計算器。
　　　　㈡不必抄題，作答時請將試題題號及答案依照順序寫在試卷上，於本試題上作答者，不予計分。

一、申論題：
　　㈠都市計畫主要針對市鎮、鄉街、特定區等做全面之考量，建築法及其子法（如建築技術規則等）主要針對建築物之公共安全、公共衛生、公共交通等實施建築管理，試問都市設計在都市計畫與建築相關法規之間扮演的角色與功能，請以架構方式簡答之。（10分）

　　㈡大規模低層老舊社區（假設達 5,000 平方公尺以上），申請都市更新計畫與開發建設過程中，都市計畫與都市設計在其間之功能和作用，對都市整體發展的影響為何？（20分）

二、規劃題：（70分）
　　㈠主題：研究園區之國小校園、幼稚園、社區活動中心及公園規劃
　　　　　2010 世界博覽會以「城市，讓生活更美好」為主題，規劃團隊以「和諧城市（Harmony-City）」為主軸，以和諧、創新、生態為靈魂，塑造三個和諧：1.人與人的社會和諧；2.人與自然的環境和諧；3.歷史與未來的發展和諧，各國成功的演繹對未來城市的想像思維。身為建築環境規劃的專業人員應能解讀出三大和諧是永續發展所追求的目標，若就環境規劃專業而言，則以「永續性之友善環境規劃設計」為對應。

　　　　　中部地區有一大型舊有公部門辦公園區欲重生改造為研究園區，今為安置研究人員之子女就學問題及形塑研究園區內社區居民間的和諧關係，擬於區內新建一所國民小學、幼稚園、社區活動中心及公園，全區不設硬體圍牆，園區內行動以人行及自行車為主，今邀請具前瞻思維的建築環境規劃專業人員，以和諧城市的三個和諧概念進行規劃提案。

　　㈡基地概況：
　　　　　本基地位於都市近郊區，屬研究園區內，由於園區規劃尚處於先期研究階段，因此上述四項公共設施空間之區位期望由建築師提出規劃建議。
　　　　1.基地面積：長 200 公尺；寬 160 公尺；面積 32000 平方公尺（參考附圖示）。
　　　　2.基地條件：基地地勢由南向北緩升坡 5%；東、西向臨透天型低密度社區；南向臨無噪音之研究園區；北向臨穩定水位之河川，河川寬 20 公尺，河川兩岸因應極端氣候各設有 15 公尺之緩衝綠帶。

　　㈢規劃內容：
　　　　1.國民小學：每年級各 3 班，全校共 18 班，每班學生 30 人，教職員工共 42 人（約有 1/6 開車，餘以自行車為主，少量騎機車），專業教室 6 間，圖書室 1 間，園區內學校附近已有運動場，因此不考慮再設置運動場。

（請接背面）

99年專門職業及技術人員高等考試建築師、技師考試暨普通考試不動產經紀人、記帳士考試試題

代號：80150
全一張
（背面）

等　　別：高等考試
類　　科：建築師
科　　目：敷地計畫與都市設計

2.幼稚園：共2班，教職員工共8人，有一部小型娃娃車，附設少量托兒所。

3.社區活動中心：以促進社區融合與居民健康為主，需考慮老中青三代均有室內外活動設施使用，設施內容自訂。

4.公園：以生態、休閒、養生為主。

5.其他附屬設施。

(四)圖說要求：

1.敷地配置規劃構想圖說：須含規劃原則、土地使用分區（機能分區）、人本交通動線系統（含人行、汽機車、學童接送、停車場）、生態景觀綠地系統。

2.全區配置圖：比例 1/500；附規劃重點標示說明。

3.剖立面圖：比例 1/500；剖面須含河川綠帶（河川水岸處理需有放大示意圖）；附規劃重點標示說明。

(五)基地附圖：比例 1/2000

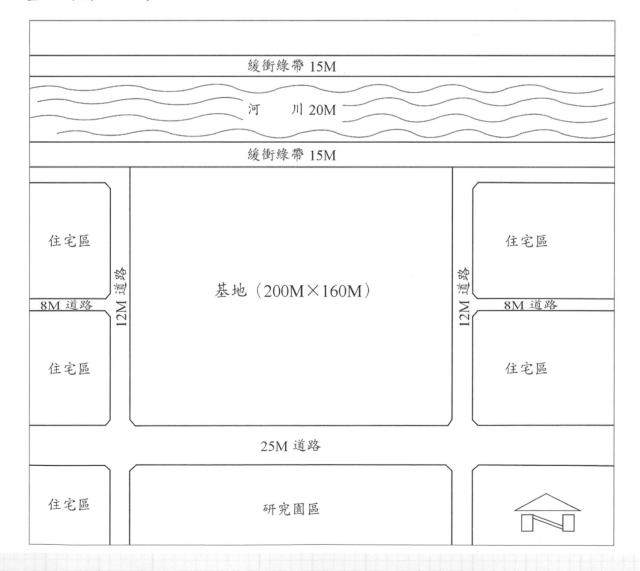

園心—研究園區之國小校園幼稚

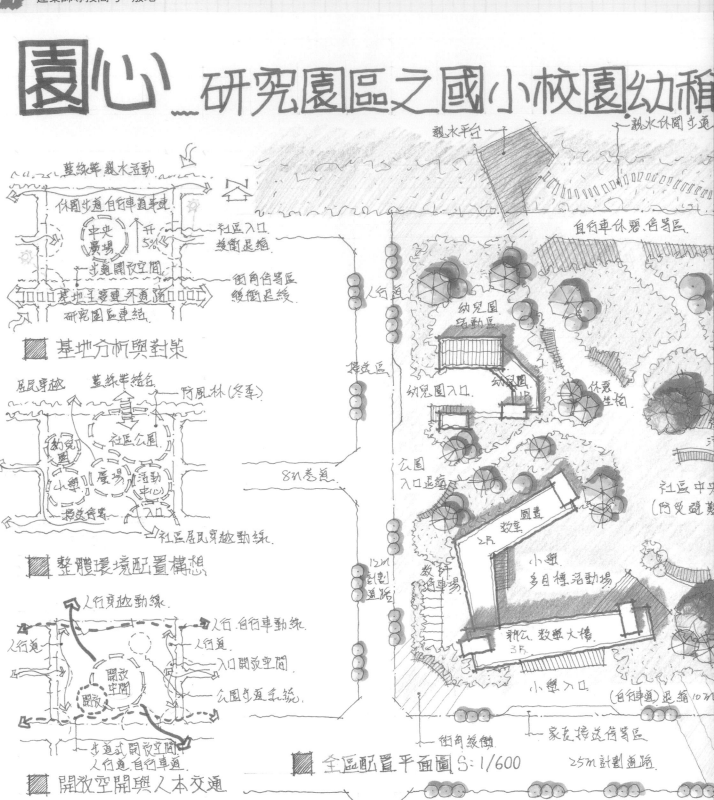

藍綠帶親水活動

休閒步道自行車直專車

中央廣場

開放5%

步通開放空間

基地主要連外道路

研究園區連結

社區入口
後街退縮

街角侯等區
後街退線

■ 基地分析與對策

居民穿越　藍綠帶結合

防風林(冬季)

幼兒園

社區公園

小學　廣場　活動中心

接送侯車　入口

社區居民穿越動線

■ 整體環境配置構想

人行穿越動線

人行道
人行道

開放空間

人行道

人行道　自行車動線

入口開放空間

公園步道系統

步道式開放空間
人行道 自行車道

■ 開放空間與人本交通

要急救護動線

防災疏難廣場

軍急救護動線

救護動線　醫療類/集中點類動線

■ 都市防災計畫

親水平台　　親水休閒步道

自行車休憩、侯等區

幼兒園
活動區

幼兒園入口　幼兒園 1F　休憩生態

公園入口退縮

8m巷道

社區中央
(防災疏難)

圖書

教室

12m 計劃道路　　2F

小學
多目標活動場

教職員停車場

新公、教學大樓 3F

小學入口

(自行車道)退縮10m

街角綠帶　家長接送侯等區

■ 全區配置平面圖 S:1/600

25m 計劃道路

15m　20m　15m　8m　幼兒園

藍街綠帶 河川 後衛綠帶 自行車 公園 活動區 社區幼兒

假日陽光草坡　　自行車休憩侯等區

公園

親水平台　　自行車道　活動區

■ 全區短向總剖面圖 S:1/600

園活動中心及公園

假日野餐午後陽光綠園弟弟

自行車道

社區道

人行道

12M 計劃道路

活動中心入口

社區里民
活動中心
3R

入口

入口廣場

街角綠街停等區

連結研究園區鋪面

教室 圖書室 組禮活動場 教學校 即多 巡道人行道 25M 退縮 計劃道路 人行道 教學研究園區

公園入口 小學活動廣場 校園入口廣場 家長接送停等區 後街綠車假日午後陽光野餐區親子朋友互動

申論題:

一. 都市計畫為建築相關法規之上位計畫.
(1) 公共開放空間系統與綠化保水.
a. 地方自治條例規定其基地及道路距離.
b. 建築技術規則綠化.保水.規定.
(2) 人行空間.步道.自行車系統配置.
a. 都市細部計畫設計審議.規範人行步道空間寬1.5m.以上綠化.
(3) 大眾運輸.汽車機車自行車動線系統與停車及出口配置.
a. 建築技術規則規範.汽車車道進出口距離相關都市計畫設施之距離.
(4) 都市計畫劃定使用區範圍分類使用區域.計劃道路之大小.主幹道與支幹別交通系統
(5) 建築相關法規.規範建築物類別之使用設計.制定相關防火及防距離.防火時效變更使用等法規.

二. 都市計畫主要目的:
改善居民生活環境.促進市.鎮.鄉街市計畫的均衡發展.
都市設計:
1. 公共開放空間系統配置及綠化保水.
建築高度限制
大眾運輸.汽車機車.自行車停車空間進出口配置
緊急.防災及交類系統配置管理維護計畫.

建築基地開發強度規模及開挖限制
建築外觀.造型色彩.其他設施物之審議
景觀計畫
人行空間.步道自行車系統配置
資源再利用設施.生態保護設施配置

後街綠車假日午後陽光野餐區親子朋友互動

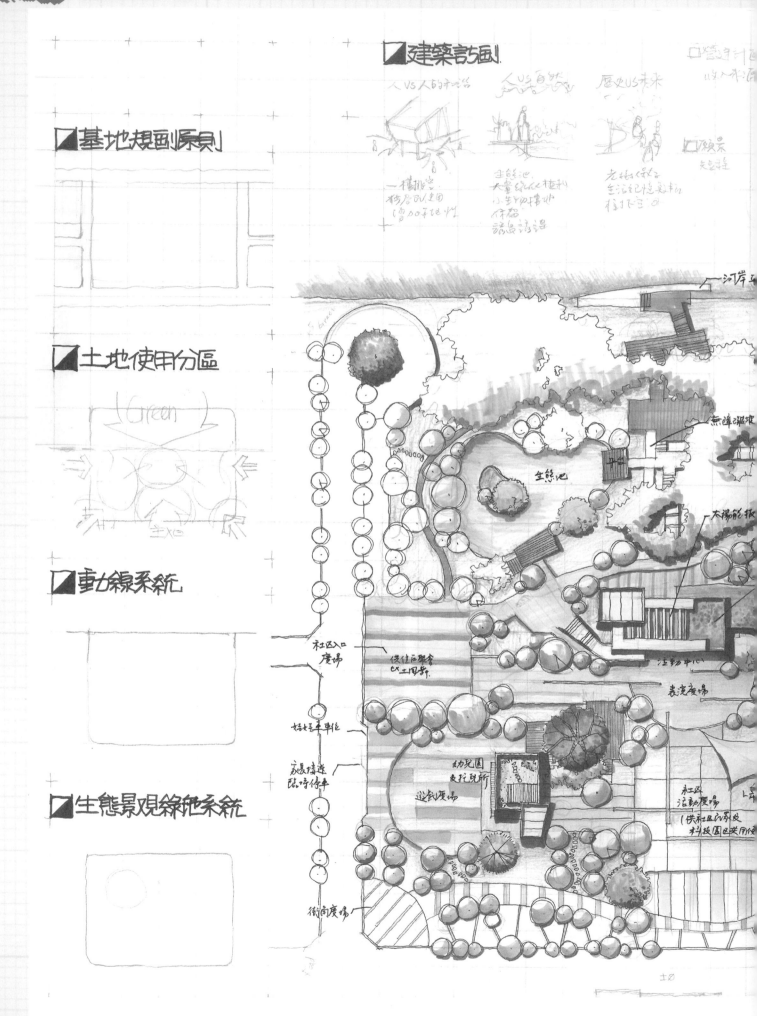

■建築計劃

人VS人的 對話　　天VS自然　　歷史VS未來

- 一樓挑空
- 複層的使用
- 增加半地性

- 生態池
- 大量綠化植栽
- 小動物棲地
- 休憩
- 誘魚誘鳥

- 老樹保存
- 生活記憶意象
- 休閒空間

■基地規劃原則

■土地使用分區

■動線系統

- 社區入口廣場
- 接送車輛
- 家長接送臨時停車
- 街角廣場

■生態景觀綠地系統

- 河岸
- 無邊際池
- 太陽能板
- 活動中心
- 表演廣場
- 幼兒園 安親班
- 遊戲廣場
- 社區活動廣場（供社區民眾皮科技園區共同使用）
- 生態池
- 供住戶聚會 及工團聚
- 社區入口廣場

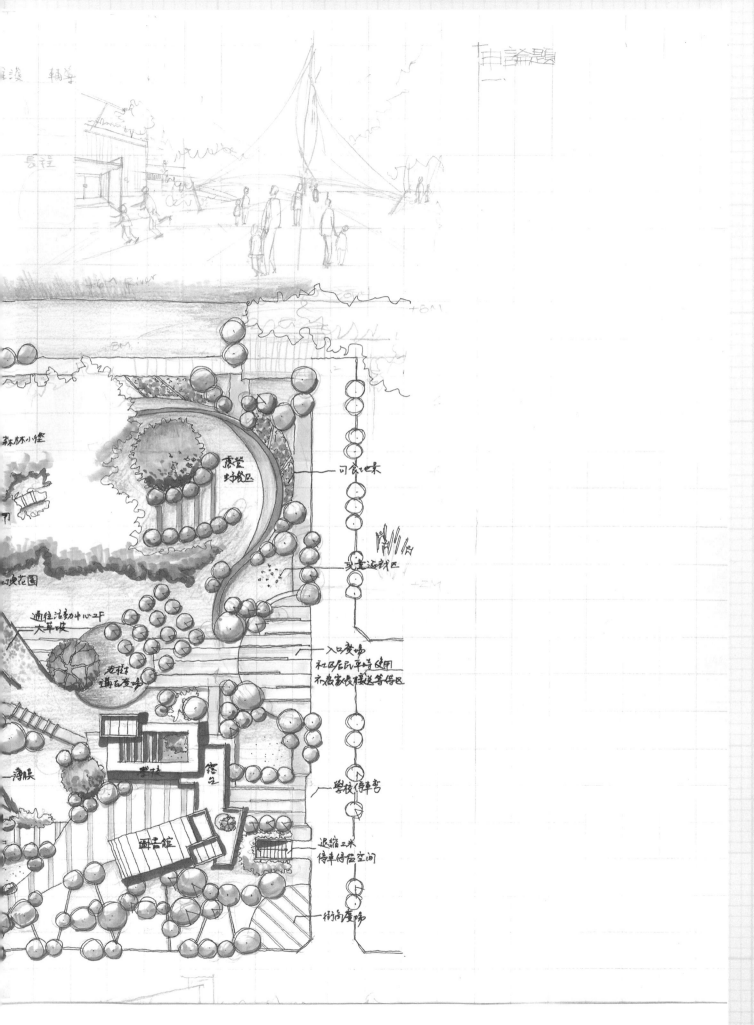

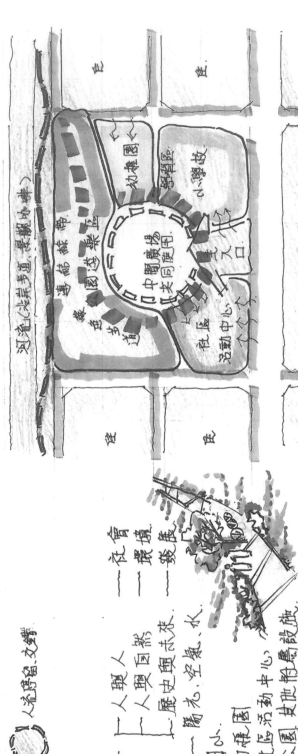

空間內部品質建構

- 藉著綠帶將建築與綠化讓設，把學校建築融入學區環境，可以導純鄉化。
- 森林冒險區與建築結合，營造出自然的空間。
- 把綠線連築的關念，可以導純鄉化。
- 基地是親子家庭劇場，透過學習的空間。
- 親子家庭劇場聯誼交流的所在。
- 解決停車場造成大家的情態。
- 應河加珠連結愜意盎然。
- 自行車、步道是建築的流動。

人文環境

- 森林冒險區
- 身體體現
- 親子家庭劇場
- 社區正義
- 聯誼交流的所在

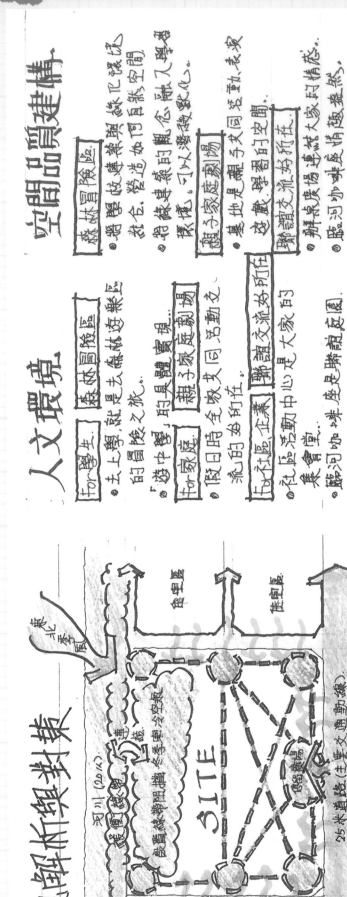

基地認識解構對策

SITE

- 河川 (20K)
- 研究園區
- 住宅區
- 停車區
- 25米道路 (主要交通動線)

- 汽機車為主
- 人、自行車為主
- 人流停留交錯

設計目標

- 永續性的友善環境
- 讓生活更美好
- 建能更諧的關係

─ 社會
─ 環境
─ 發展

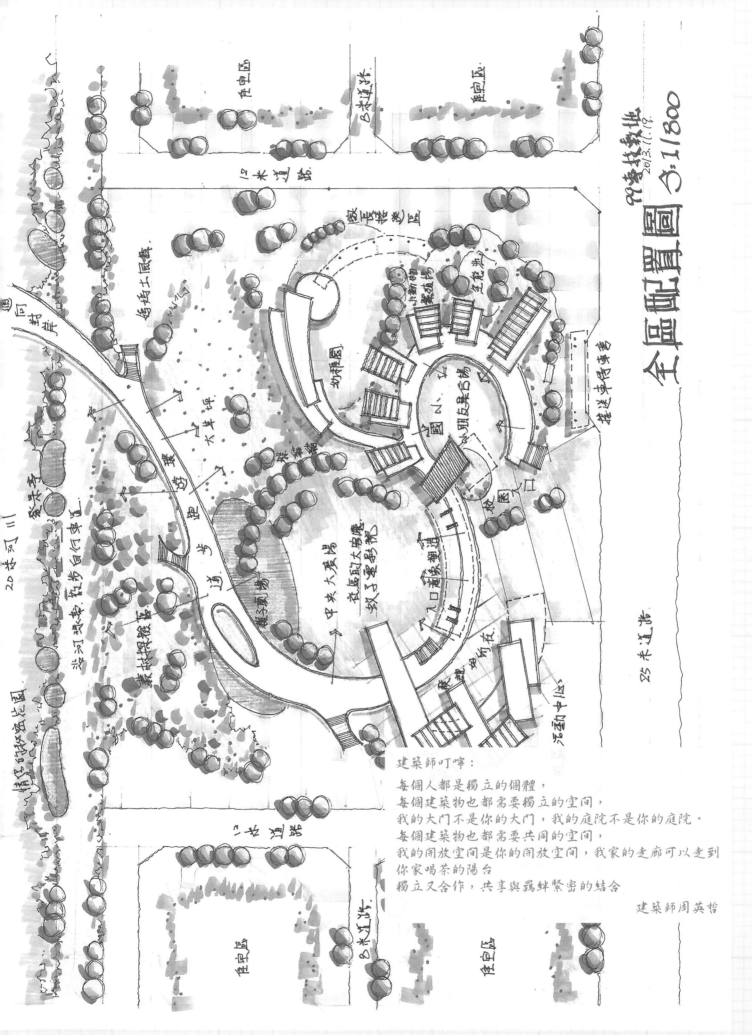

全區配置圖 S:1/800

建築師叮嚀：

每個人都是獨立的個體，
每個建築物也都需要獨立的空間，
我的大門不是你的大門，我的庭院不是你的庭院。
每個建築物也都需要共同的空間，
我的開放空間是你的開放空間，我家的走廊可以走到
你家喝茶的陽台
獨立又合作，共享與羈絆緊密的結合

建築師周英哲

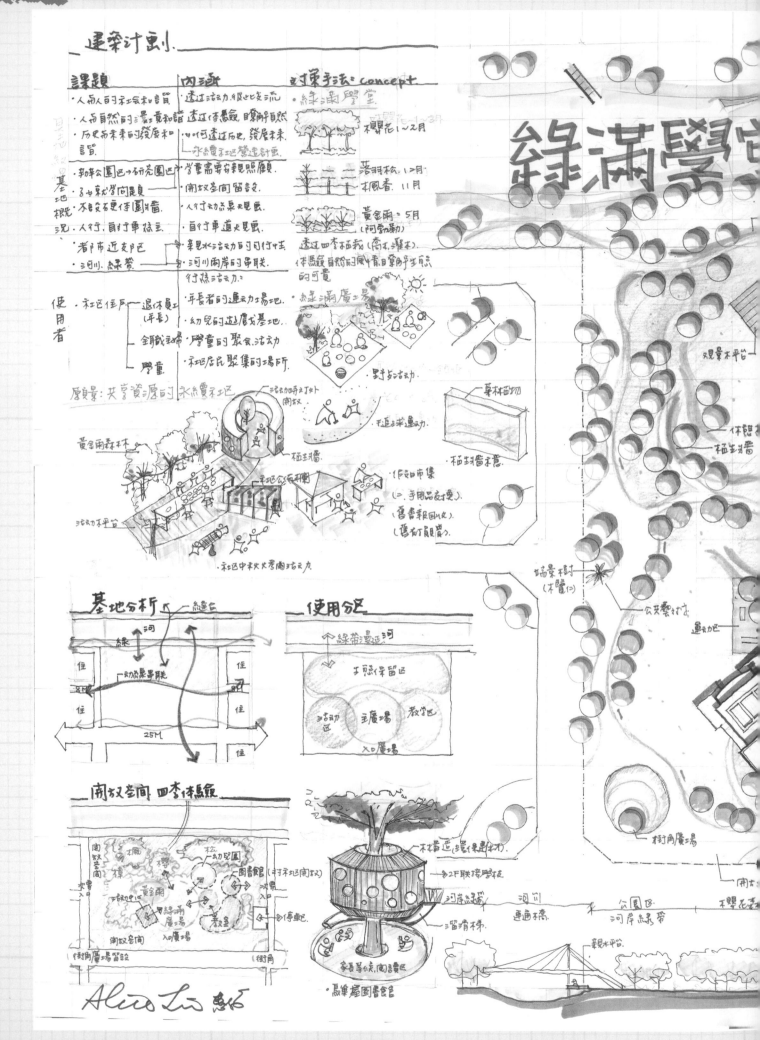

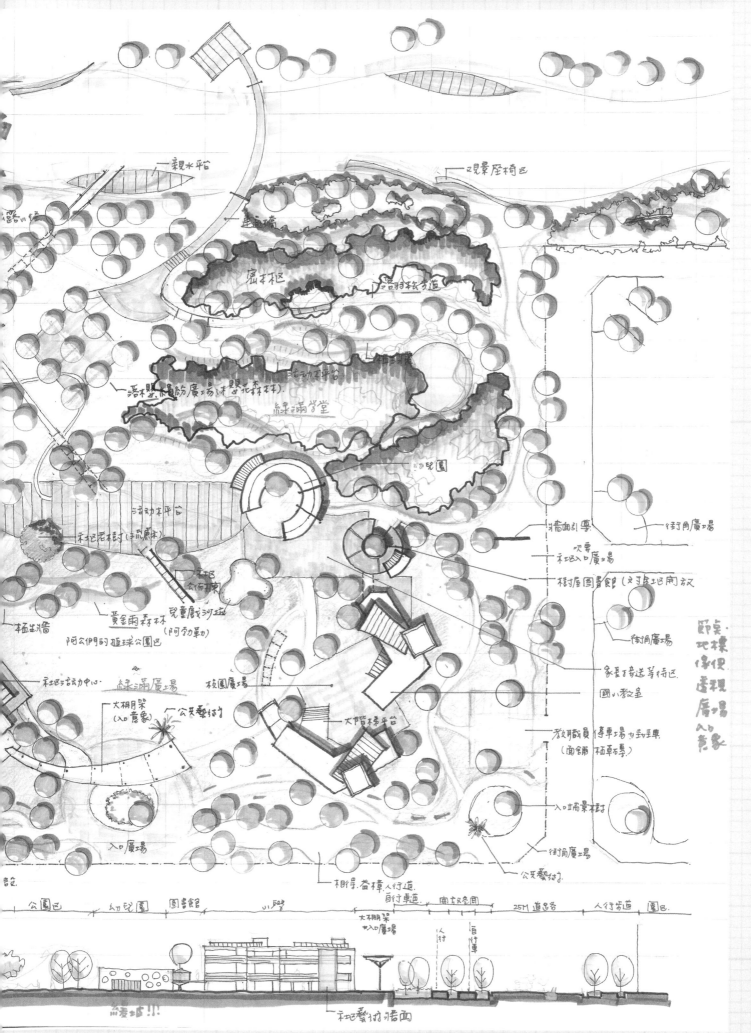

作品提供／林惠儀建築師

親水設施

自行車組修.休憩小站

親河 休憩亭

自行車道及人行道

密林

密林

密林

多功能活動

生態教材.小徑
是環教的最佳場所
兒童及社區居民的生態外教室

① 社區的共享廚房
共同廚房可以讓孩子提供營養
可為附近老人.提供送餐
② 社區教室 → 結合小學資源的資
提供多元學習.提升社區知識
③ 兒童烘焙教室.

透明亭

社區工坊

社區餐廳 & 社區展示場

社區賣場

說明

上學時:
家長泊車後.
孩子去學習
家長可至社區工坊等待
或參與社區活動
② 放學時:
孩子可至社區工坊
跟家長一起回家
或留下午參與社區活動

自行車

停車場

兒童學習商店

社區商店

街角休憩廣場
家長接送區

社區商店

不干擾的接送區
鄰社區餐飲房
及停車等候

兒童學習商店 & 社區商店
位於校門口.家長接送
使家長.社區居民.學童

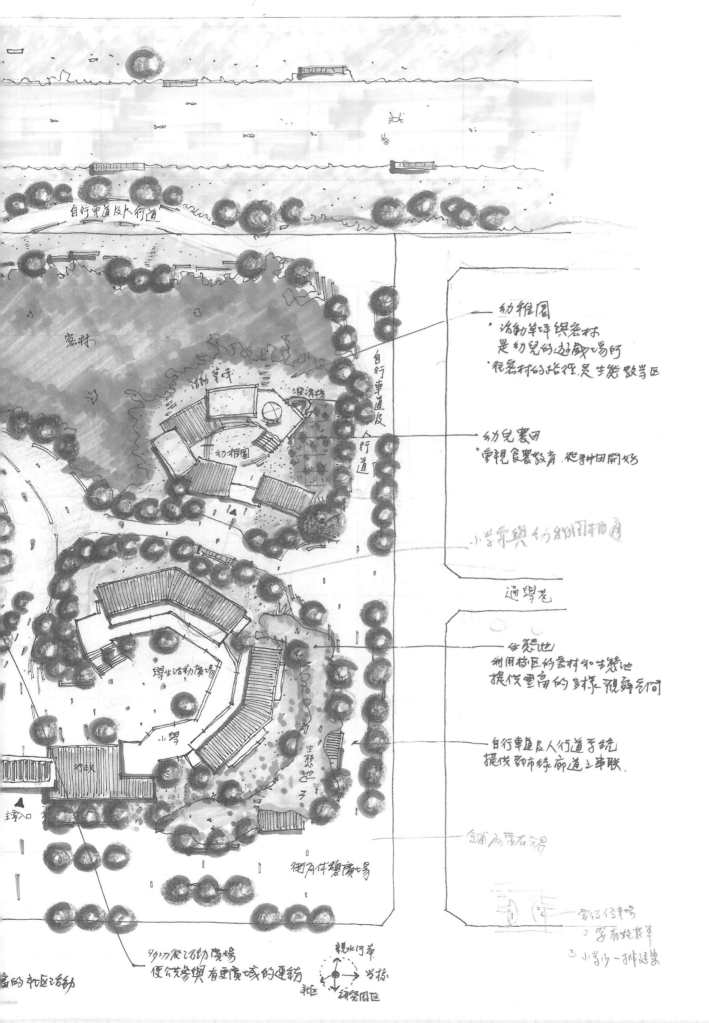

自行車道及人行道

密林

活動草坪

溜滑梯

幼稚園

自行車道及人行道

學生活動廣場

小學

行政

環入口

生態池

學生活動廣場

社區休憩廣場

幼兒活動遊戲廣場
提供民眾參與有更廣域的連結

高的社區活動

親水河岸
北
當樣
社區
研究園區

幼稚園
· 活動草坪與密林
 是幼兒的遊戲場所
· 往密林的路徑是生態教學區

幼兒農田
· 重視食農教育，從科田開始

小學區與幼稚園相接

通學巷

生態池
利用園區的密林和生態池
提供豐富的多樣觀察空間

自行車道及人行道系統
提供都市綠廊道之串聯

自備車停石場

園匾   需設停車場
      2 多面接轉車
      3 小學少一排建築

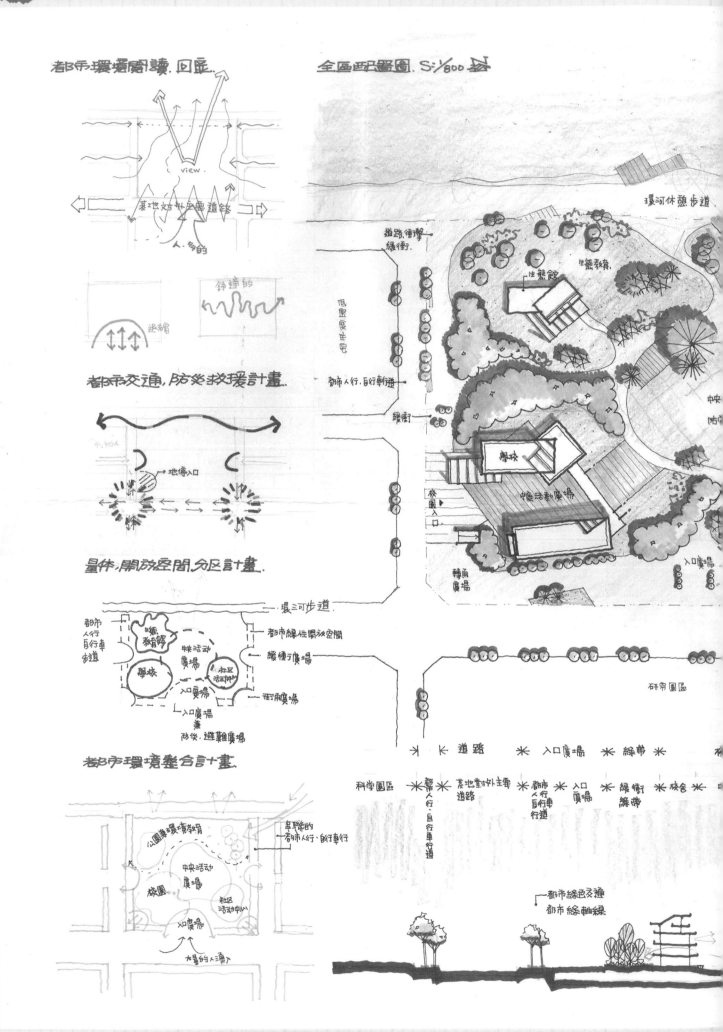

都市環境閱讀. 回應.

view.

基地對外主要道路

人. 車的

舒適的

退縮

都市交通. 防災救援計畫.

地標入口

量體. 開放空間. 分區計畫.

環河步道

都市人行自行車道

生態教育館

學校

集活動廣場

社區活動

入口廣場

都市線性開放空間

緩衝行廣場

街角廣場

入口廣場
兼
防災. 避難廣場

都市環境整合計畫.

卓越的
都市人行. 自行車行

公園景觀環境教育

中央活動廣場

校園

社區活動中心

入口廣場

大量的人潮

全區配置圖. S:1/800

環河休憩步道

道路衝擊緩衝.

低密度住宅

都市人行. 自行車行道

緩衝

生態館

生態教室

學校

中庭活動廣場

轉角廣場

入口廣場

研究園區

科學園區

道路   入口廣場   綠帶

基地對外主要道路   都市人行. 自行車行道   入口廣場   緩衝綠帶   校舍

都市人行. 自行車行道

都市綠色交通
都市綠軸線

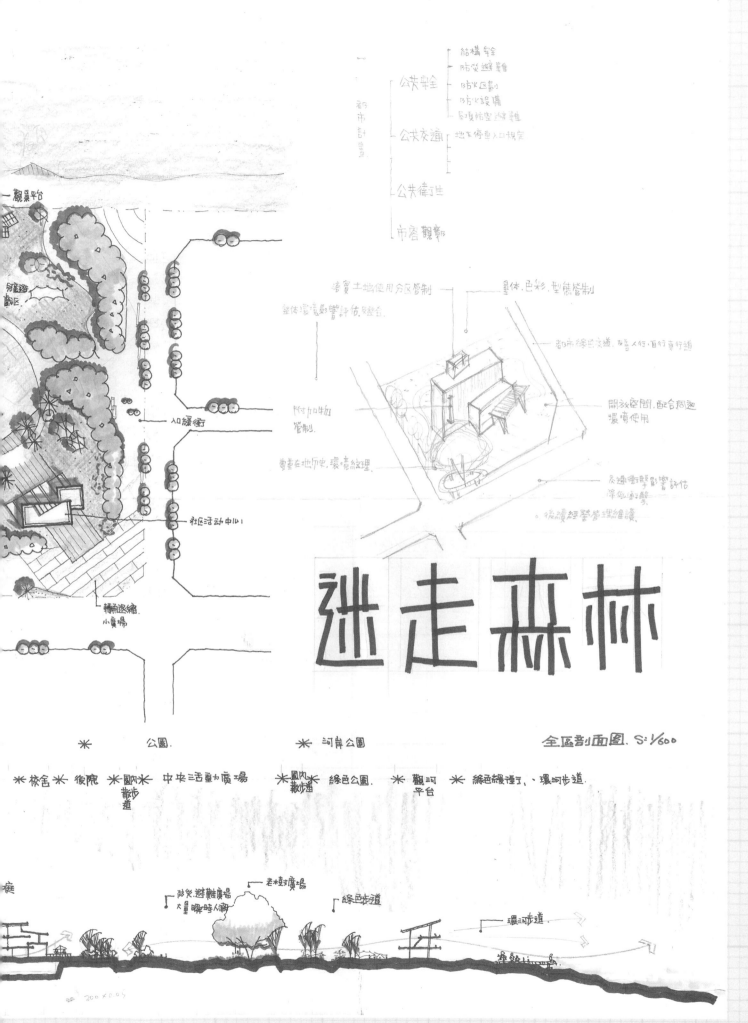

全區剖面圖. S: 1/600

迷走森林

作品提供／陳玠妤建築師

98年專門職業及技術人員高等考試建築師、技師、消防設備師考試、普通考試不動產經紀人、記帳士、第二次消防設備士考試暨特種考試語言治療師考試試題　　代號：80150　全一頁

等　　別：高等考試

類　　科：建築師

科　　目：敷地計畫與都市設計

考試時間：4小時　　　　　　　　　　座號：＿＿＿＿＿＿

※注意：㈠可以使用電子計算器，但需詳列解答過程。

　　　　㈡不必抄題，作答時請將試題題號及答案依照順序寫在試卷上，於本試題上作答者，不予計分。

一、申論題：

　　㈠生態城市的目的是提供居民舒適、健康、安全的生活及居住環境，試就城市生態學的觀點，論述都市設計的原則。（10分）

　　㈡為使都市新舊建築有機結合，從都市設計觀點對新建築的要求有何，試以圖說申論之。（10分）

　　㈢試就都市細部計畫與都市設計的差異比較說明之。（10分）

二、規劃題：（70分）

　　㈠主題：「八八水災」社區重建規劃

　　　　　今年莫拉克颱風襲擊台灣南部，造成嚴重水災，受創的地區包括原住民部落和漢人農村聚落。由於慈善團體運用善款資源，在平地快速興建「永久屋」，希望災民遷村移居。但是，原住民部落生活是與其自然環境息息相關；漢人農村聚落的生計也是與居民的耕地不可分離。因此，多數受災戶不願搬離家鄉，希望能在家園附近找到重建基地，以達到政府「離災不離村」的原則。

　　　　　有一個 28 戶被土石流滅頂的漢人災區，居民大多務農，不願遷居到平地，亟需找到可供重建的土地。同時，附近的居民也需要合作社式的商店、托兒所、集會所和工作坊，縣政府也希望將一個有土石流潛在危險的小學一起遷建。現有一處私有的芒果園可以做為重建基地，面積很大，只需其中一部分。請提供一個規劃構想，讓縣政府決定價購土地的面積和範圍，並供慈善團體進行重建。

　　㈡基地概況：

　　　　　基地位於南北走向縣道的西側，面寬 200 公尺，進深 200 公尺即臨河川高灘地；基地南端臨道路有一座土地廟；果園地勢向西緩坡 10%，果樹皆有 5 公尺高。

　　㈢規劃內容：

　　　　1. 居住區：共 30 戶，16 坪 10 戶，28 坪 20 戶，供不同家庭類型居住。

　　　　2. 商店：共 6 間，各 15 坪，供社區招商或共同經營。

　　　　3. 工作坊：150 坪，另附 50 坪半戶外工作區。

　　　　4. 集會所：45 坪，另附公共廚房，兼老人送餐功能。

　　　　5. 六班小學及托兒所：面積自訂。

　　　　6. 停車空間：需求自訂。

　　　　7. 將上述空間配置於適宜的基地面積和形狀，以及恰當的位置，供縣政府決定價購土地，並作為建築重建的配置方案。

　　㈣圖說要求：

　　　　1. 空間規劃構想說明。

　　　　2. 配置圖：比例 1/400；附規劃重點說明。

　　　　3. 兩向剖面圖：比例 1/200；以表達空間關係與品質為原則。

原夢—『八八水災』社區重建

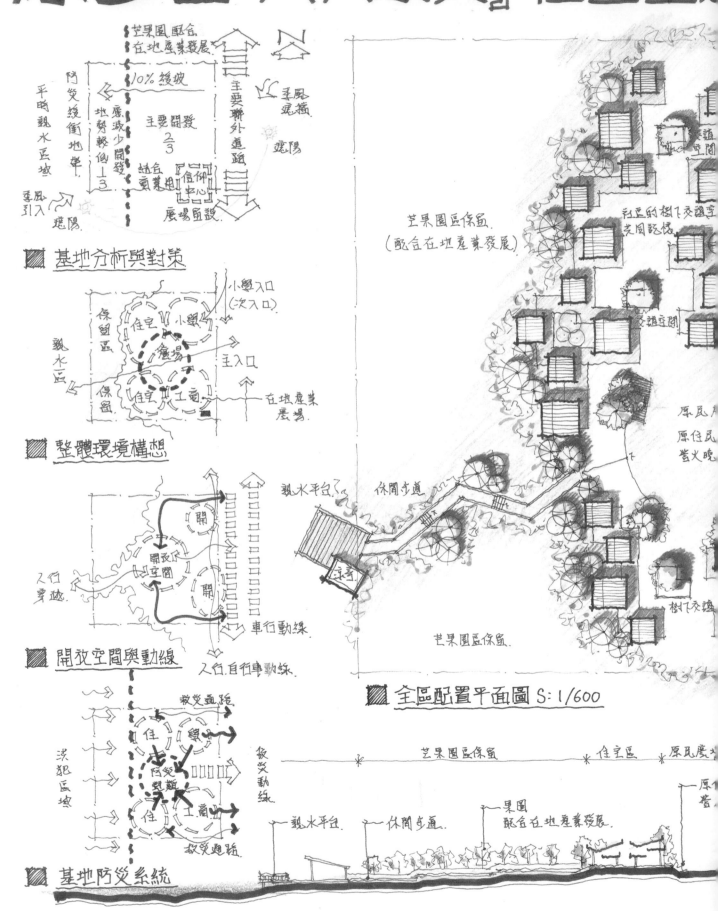

芒果園區合
在地產業發展

10% 緩坡

主要開發 2/3

平時親水區塊

防災緩衝地帶
地勢較低 1/3

主要聯外道題

季風遮擋

遮陽

綠色商業組

信仰中心

展場區設

季風引入

遮陽

■ 基地分析與對策

小學入口
(次入口)

保留區

住宅　小學

廣場

住宅　工商

親水區

保留區

主入口

在地產業
農場

■ 整體環境構想

親水平台

休閒步道

社區的樹下交誼空間共同記憶

芒果園區保留
(配合在地產業發展)

原瓦屋

原住民
營火晚會

樹下交誼

芒果園區保留.

開

開放空間

開

人行軌跡

車行動線

泳亭

人行自行車動線

■ 開放空間與動線

救災道路

犯罪區塊

住　學

防災廣場

住　工商

救災道路

後災動線

■ 全區配置平面圖 S:1/600

芒果園區保留　　　　住宅區　　原瓦屋

原營

親水平台　　　休閒步道　　果園
配合在地產業發展

■ 基地防災系統

規劃

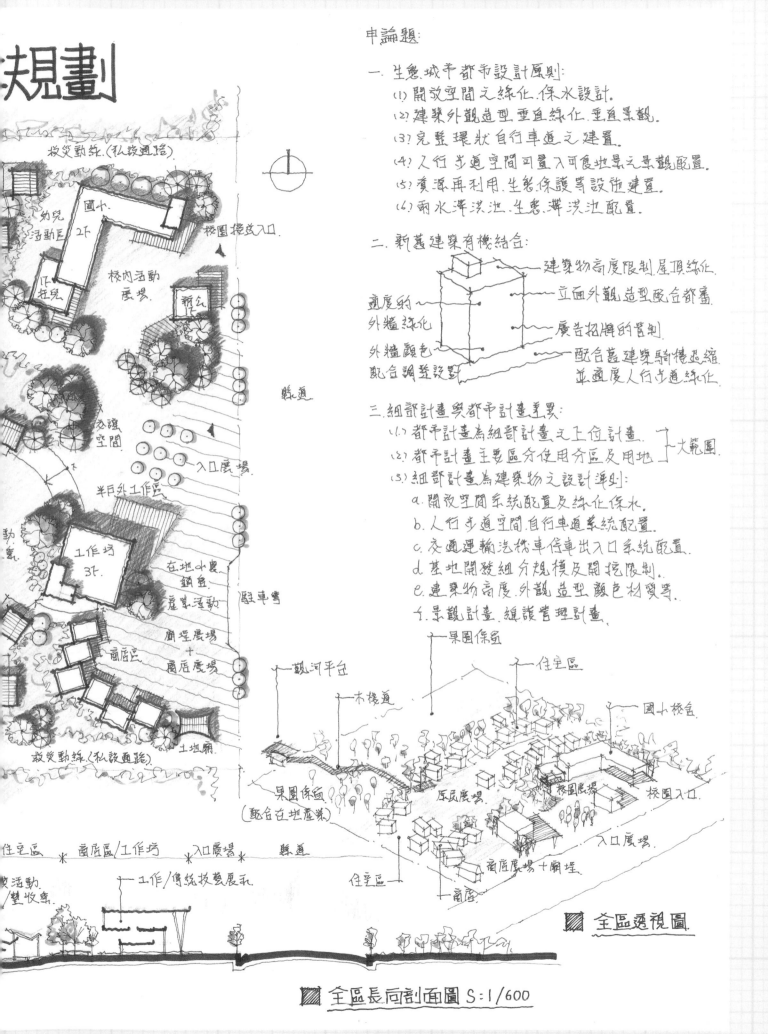

申論題:

一. 生態城市都市設計原則:
　(1) 開放空間之綠化.保水設計.
　(2) 建築外觀造型垂直綠化.垂直景觀.
　(3) 完整環狀自行車道之建置.
　(4) 人行步道空間可置入可食地景之景觀配置.
　(5) 資源再利用.生態保護等設施建置.
　(6) 雨水淨涵滯池.生態灘涵池配置.

二. 新舊建築有機結合:
　　　　　　　　　　建築物高度限制屋頂綠化.
　　　　　　　　　　立面外觀造型配合都審.
　適度的　　　　　　廣告招牌的管制.
　外牆綠化
　外牆顏色　　　　　配合舊建築騎樓退縮
　配合調整設計　　　並適度人行步道綠化.

三. 細部計畫與都市計畫連界:
　(1) 都市計畫為細部計畫之上位計畫.　大範圍
　(2) 都市計畫主要區分使用分區及用地.
　(3) 細部計畫為建築物之設計準則:
　　a. 開放空間系統配置及綠化保水.
　　b. 人行步道空間.自行車道系統配置.
　　c. 交通運輸汽機車停車出入口系統配置.
　　d. 基地開發組分規模及開挖限制.
　　e. 建築物高度.外觀造型.顏色材質等.
　　f. 景觀計畫.維護管理計畫.

全區透視圖.

全區長向剖面圖 S:1/600

作品提供／吳明家建築師

規劃目標

- 創造災後居民的新家園
- 以低開發方式設計規劃.
- 藉此新家園凝聚向心力.
- 延續芒果園特色,以此務農.
- 納入原住民聚落特色

基地環境回應

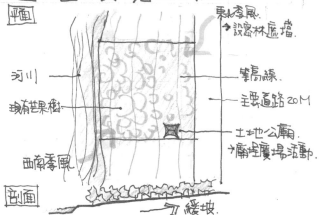

平面

- 河川
- 現有芒果樹
- 西南季風
- 東北季風 → 設置林區牆.
- 等高線.
- 主要道路 20M
- 土地公廟 → 廟埕廣場活動.

剖面

- 緩坡.

分區配置計劃

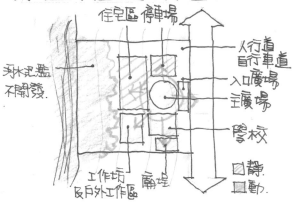

- 住宅區停車場
- 森林泥盪不開發.
- 人行道 自行車道
- 入口廣場
- 主廣場
- 學校
- □ 靜.
- □ 動.
- 工作坊 及戶外工作區
- 廟埕

防災及動線計劃

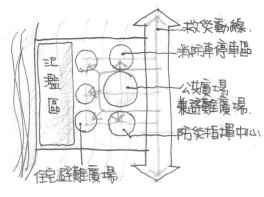

- 汎盤區
- 救災動線.
- 消防車停車區
- 公共廣場 兼避難廣場.
- 防災指揮中心
- 住宅辟難廣場

- 延續農村生活. 維持生訪
- 芒果園區
- 河川
- 居住區

圖 全區配置圖 S:1/600

河川 ── 芒果園區 ── 居住區.

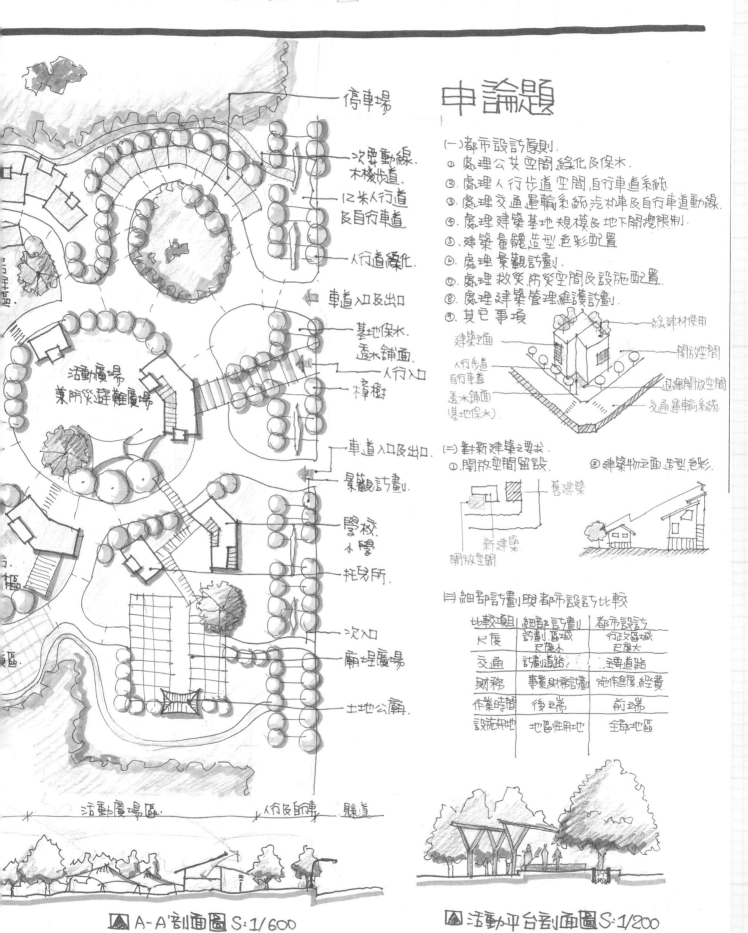

八八水災社區重建規劃

申論題

停車場

次要動線.
木棧步道.

12米人行道
及自行車道.

人行道綠化.

車道入口及出口

基地保水.
透水鋪面.

人行入口

活動廣場
兼防災避難廣場

樟樹

車道入口及出口

景觀計劃.

學校.
小學.

托兒所.

次入口

廟埕廣場

土地公廟

(一)都市設計原則.
 ①處理公共空間綠化及保水.
 ②處理人行步道空間,自行車道系統
 ③處理交通運輸系統汽机車及自行車道動線.
 ④處理建築基地規模及地下開挖限制.
 ⑤建築量體造型.色彩配置
 ⑥處理景觀計劃.
 ⑦處理救災.防災空間及設施配置.
 ⑧處理建築管理維護計劃.
 ⑨其它事項

綠建材使用
建築立面
開放空間
人行步道
自行車道
退縮開放空間
透水鋪面
(基地保水)
交通運輸系統

(二)對新建築之要求.
 ①開放空間留設. ②建築物立面造型色彩.

舊建築
新建築
開放空間

(三)細部計劃與都市設計比較

比較項目	細部計劃	都市設計
尺度	計劃區域 比較小	行政區域 比較大
交通	計劃道路	連通道路
財務	事業財務計劃	施作進度.經費
作業時間	後之端	前端
設施用地	地區性用地	全部地區

活動廣場區   人行及自行車   縣道

△ A-A'剖面圖 S:1/600

△ 活動平台剖面圖 S:1/200

作品提供／李偉甄建築師

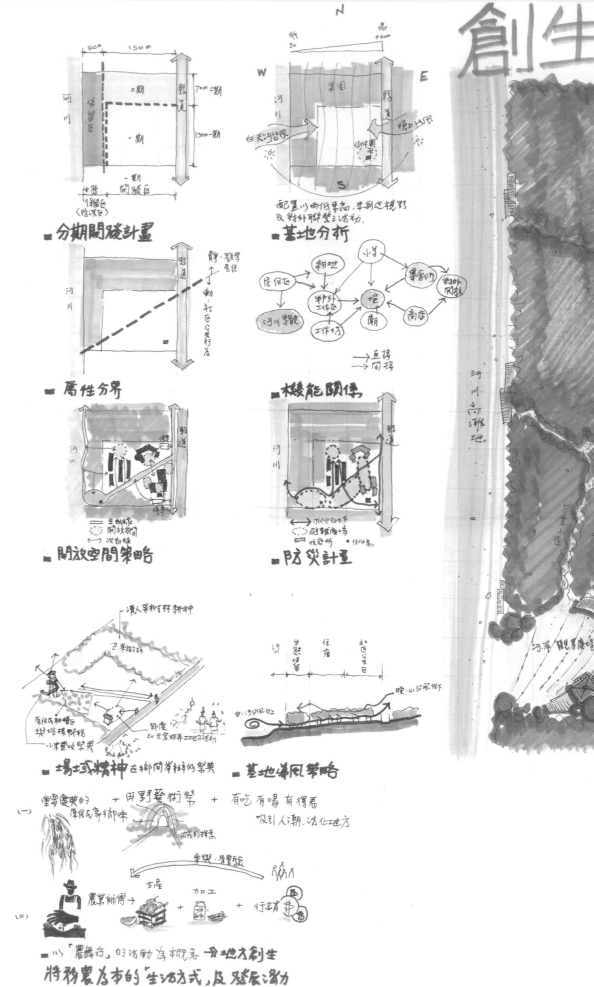

■ 分期開發計畫

■ 基地分析

■ 屬性分界

■ 機能關係

■ 開放空間策略

■ 防災計畫

■ 場域精神 在鄉間舉辦的祭典

■ 基地導風策略

■ 以「農舞台」的活動重視農 為土地改創生
將務農為市的「生活方式」，及發展潛力
與外面世界做交流

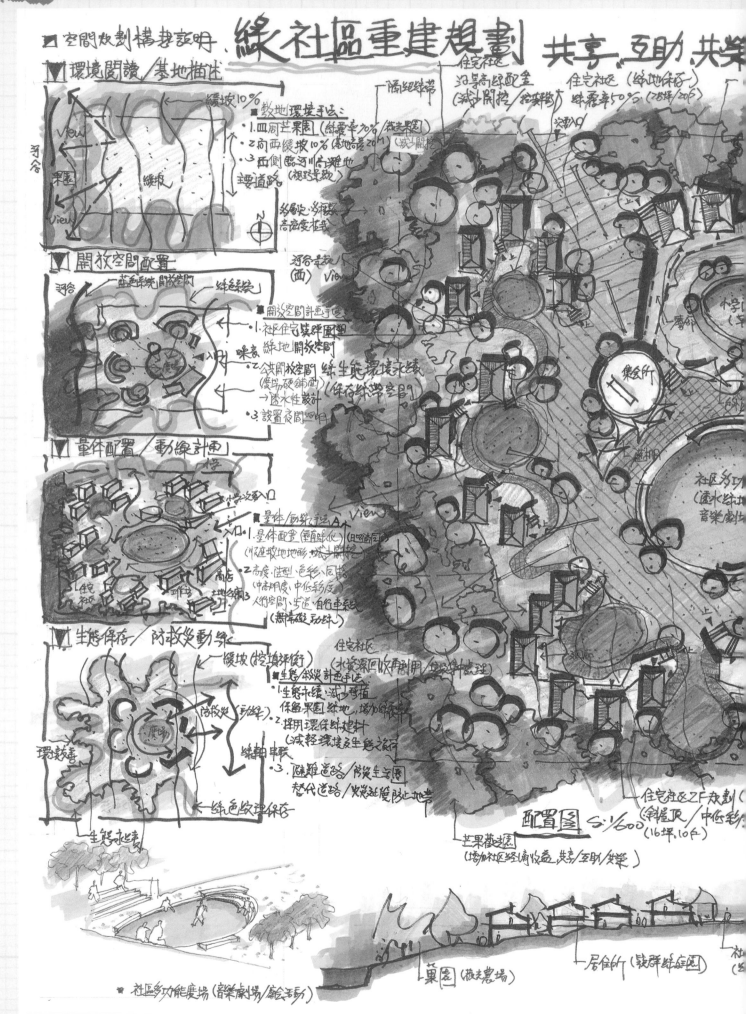

綠社區重建規劃 共享.互助.共榮

■ 空間規劃構想說明

Ⅳ 環境閱讀／基地描述

數地環境手法：
1. 四周芒果園(綠覆率70%)(減少砍伐)
2. 南西緩坡10%(基地高差20M)
3. 西側臨河川高灘地(視覺景致)
緩坡10%
緩道路

多層次.多種類
高密度花木

Ⅴ 開放空間配置

開放空間計畫手法：
1. 社區住宅裝評圍圍(綠地開放空間)
2. 公共開放空間 綠生態環境永續(保存綠帶空間)(減少硬鋪面)→透水性設計
3. 設置夜間照明

藍色系統 開放空間
綠色系統

Ⅵ 量體配置／動線計畫

量體/動線手法：
1. 量體配置(垂直水收)(日照向)(注重基地地形.減少開挖)
2. 高度.造型.色彩回應(中高明度.中低彩度)
3. 人行空間.步道.自行車系(無障礙動線)

Ⅶ 生態保存／防救災動線

生態/救災計畫手法：
1. 生態永續.減少砍伐.保留果園綠地.增加綠帶空間
2. 採用環保綠建材(減輕環境及生態之衝擊)
3. 避難道路/防災生活圈 替代道路/降低延燒防止地震

緩坡(挖填平衡)
防救災動線
廣場
環境景觀
綠色紋理保存
生態永續

住宅社區(綠地保存)綠覆率50%(28坪/20F)
隔絕綠帶
引導高低配置(減少開挖/控填挖)
住宅社區(水資源回收再利用/垃圾分類管理)
集會所
小學
社區多功能(透水綠地/音樂劇場)
遮陽
View
住宅區&2F規劃(斜程頂/中低彩)(16坪.10F)
芒果農之園(增加社區經濟收益.共享/互助/共榮)

配置圖 S:1/600

果園(薇夫農場)
居住所(裝群綠庭園)
社區多功能廣場(音樂劇場/籃球場)

建築師叮嚀：

小丘陵
輕輕植入兩片屋頂
填補山丘輪廓凹陷的那一角
成為山丘地景
懸浮踏階
會有陽光曬下
走向天際
是一個開放、感知的部落山景

建築師張勝朝

(北)
隔絕綠帶(阻擋東北季風)
小學公共開放空間
(採用原生底棲植種)
綠覆率60%

教室+行政

住宅社區

深杉

多功能廣場

全區透視圖

工作坊

托兒所
(校園安全/假日社區教室
圖書室1~2F)

2F(商店)

(土地公廟)

居民生活圈(故事路徑規劃)

家長接送等候大棚架
(芒果老樹捐留,社區集體記憶)

小學托兒所
(主要口)

主要入口(人行空間/步道系統/自行車系統)

社區入口意象(地標)

居民原鄉藍色植物
(誘鳥誘蝶植栽)

2F
商店

臨路帶狀綠軸

↑A

停車空間(汽車/机車)

大棚架

次要口

裝卸(服務动線)

社區土地公廟
(信仰集記圈)

生態跳島「創造自然生物棲息的環境」

N

都市熱島圖(吸熱/散熱)

$CO_2 \cdot NO_2 \cdot SO_2$

長波 → 建築(高溫)

1. 建築物量體吸熱、散熱
2. AC(柏油)、RC 造
3. 植栽、水体、開放泥土
4. 車、AC(冷洞)散熱
5. 土地使用密度

(一)都市熱島、現象的規劃設計手法

1. 敷地環境手法
   ├ 降低建蔽率 → 增加植栽面開放空間
   ├ 複層綠化 → 增加「綠覆率」
   └ 設置生態池 → 降低溫度

2. 建築量体手法
   ├ 管制空隙率 → 控制量体規模
   └ 考量外牆材料、立面開口、配置与通風

3. 建築設計手法
   ├ 節能減碳設計(太陽能、Low-E玻璃)
   ├ 採用當地建材,以木結構、鋼結構(少用RC)
   └ 垂直綠化、考量逕流与保水

集杉 托兒所

社區多功能廣場剖面図

(二)校園都市設計管制項目及內容
├ 1. 建築及土地使用管制 → (1)建築基地規模(最小寬度、深度、面街情形)
│   (2)建築基地地下層開挖規模(依建築面積x1.1)
├ 2. 建築量体配置:高度、造型、色彩、風格、綠建材及水資源回收再利用
│   → (1)色彩原則:中高明度、中低彩度。(2)造型型制:斜屋頂斜率
├ 3. 建築環境影响說明規範
│   (1)風環境影响(風洞試驗)(2)交通影响(3)廢棄物、污水排放影响
├ 4. 基地交通規劃及停車空間設置標準
│   (1)停車空間規劃(汽車/机車/裝卸)
│   (2)人行空間規劃(騎樓/無障碍)
├ 5. 建築物附物及廣告招牌管制(招牌最高,最低)
├ 6. 開放空間及植栽綠化設計標準
│   (1)綠覆率(採用原生底棲植種/綠覆率30~50%)
│   (2)鋪面(透水性)(3)校園照明
├ 7. 環境管理維護(依校園法令及發辦法)
└ 8. 防災、救災空間及逃生計畫   (實力敷地模擬考1)
       (鄰棟間隔、防災通道)   98考技八八水災、社區重建   105.7.16.5

商店

工作坊

土地公廟

A-A剖面図 S:1/600

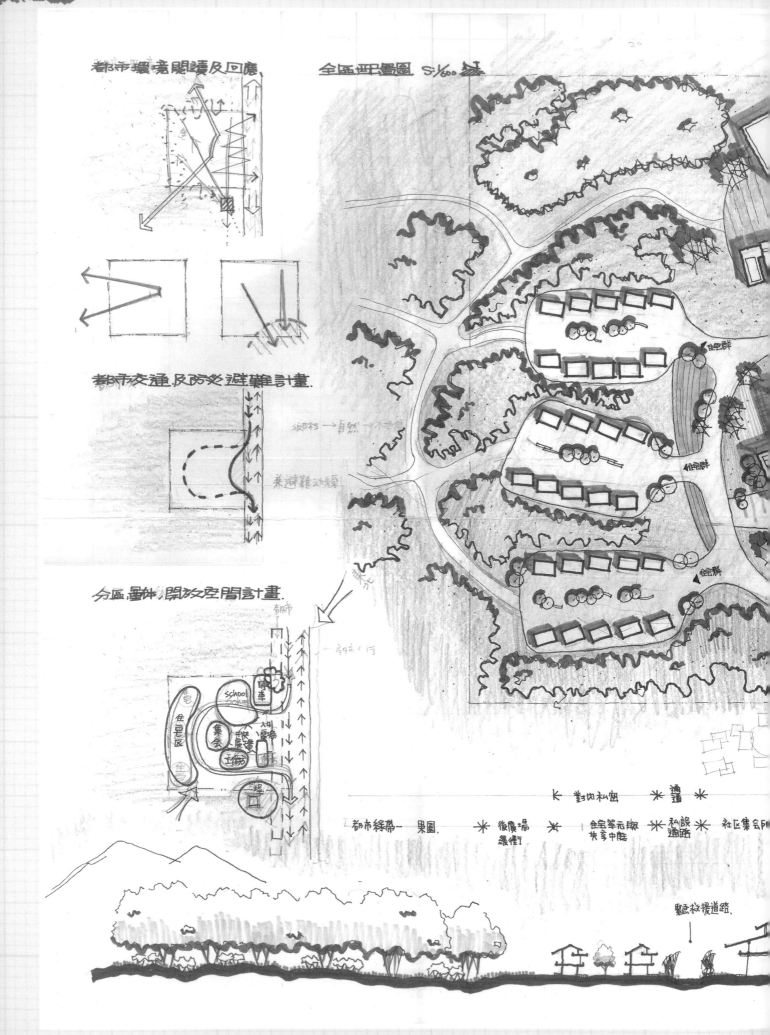

都市環境閱讀及回應.

都市交通及防災避難計畫.

分區,量體,開放空間計畫.

全區配置圖 S:1/600

申論題.

擋洪
土地使用分区管制

建物量体.色彩.造型.合符周邊環境

保留基地内陳有重要好護

基地保水→透水敷面.

複層植栽.生物多樣性

○開放空間配合當地.

○都市線綠帶串聯

植栽以原生種栽
請鳥誘蝶類

1.尊重—尊重原有建物構法,工法
2.調查周邊使用者活动—置入新机能
3.配合城市發展,規劃方針
4.提供活动給都市,接都市
5.公共安全—相關法規的時效性
6.無障礙

團聚
生活

細部計畫	都市計畫
1.公共設施保留地	1.土地使用分区管制 6.量体的色彩.造形器
2.地区居住密度,及容納人口	2.開發利用確時 7.附加物管制
3.工土地使用分区管制	3.交通衝擊影響評估 8.開放空間合理性
4.道路訂道	4.環境影響評估 9.確保歷史.文紋.再地文化
5.財務計畫.	5.管理維績→永續的 10.容積管制.

全區剖面圖 S:1/600

對内公共 ✳ 對外公共

✳ 半室外大 ✳ 中央活動廣場 ✳ 商店.及入口廣場 ✳ 基地文对外 ✳ 都市綠地色空間
棚架 都市人行空間 主要道路 都市人行空間

○風雨廣場 ○災難避難廣場

都市綠色交通
人行.自行車行道

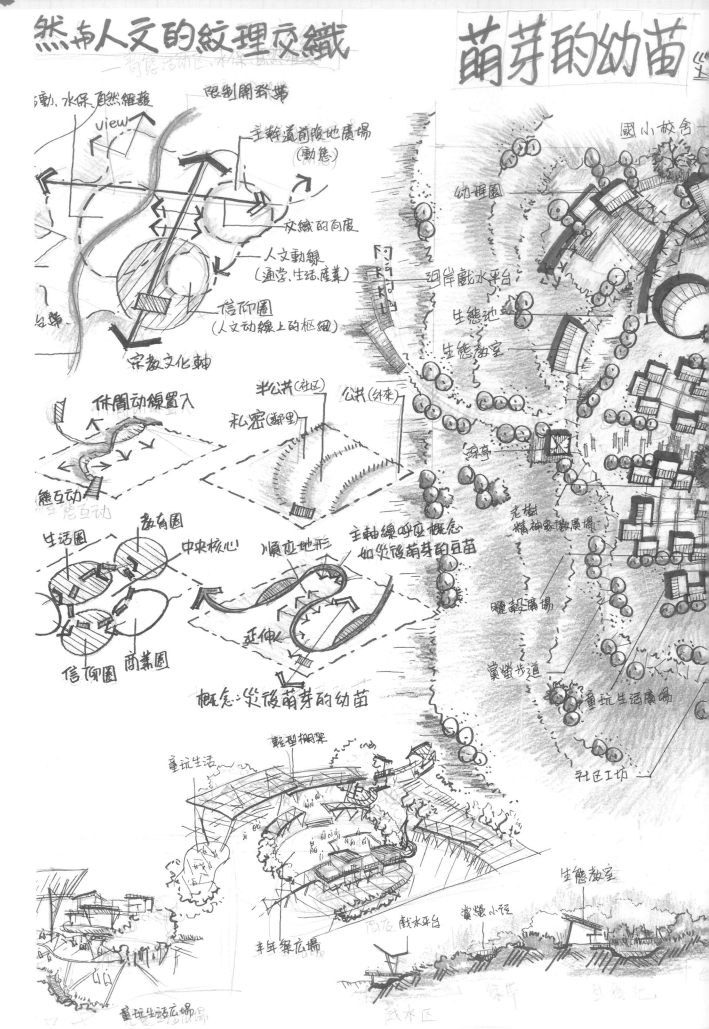

然市人文的紋理交織

萌芽的幼苗

限制開發帶

動、水保、自然維護

view

主軸道前廣地廣場
（動態）

交織的向度

人文動線
（通學、生活、產業）

信仰圈
（人文動線上的樞紐）

宗教文化軸

休閒動線置入

半公共（社區）

私密（鄰里）

公共（外來）

生活圈

教育圈

中央核心

順應地形

主軸線呼應概念
如災後萌芽的豆苗

延伸

信仰圈 商業圈

概念：災後萌芽的幼苗

國小校舍

幼稚園

河岸戲水平台

生態池

生態教室

涼亭

老樹
精神象徵廣場

曬穀廣場

賞螢步道

童玩生活廣場

社區工坊

童玩生活

輕型棚架

半年祭廣場

童玩生活廣場

生態教室

賞螢小徑

戲水平台

戲水區

萌芽精神．深耕在地記憶

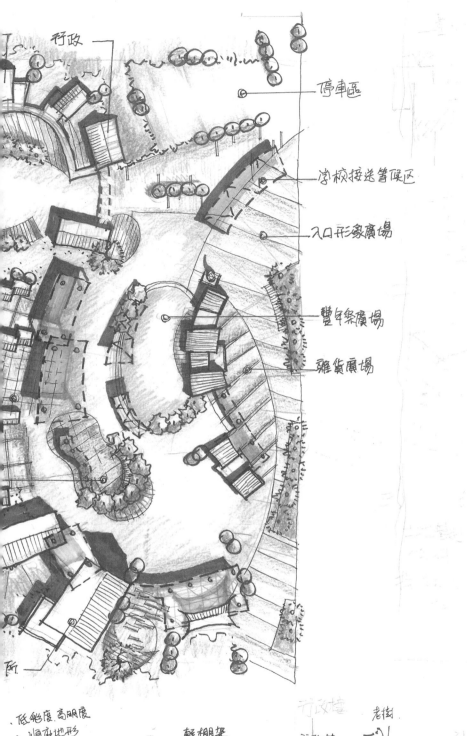

行政

停車區

學校接送等候區

入口形象廣場

豐年祭廣場

雜貨廣場

所

．低彩度．高明度
．順在地形
．就地取材

2F平台

輕棚架

行政樓

老樹

引導樹列

表演舞台

入口

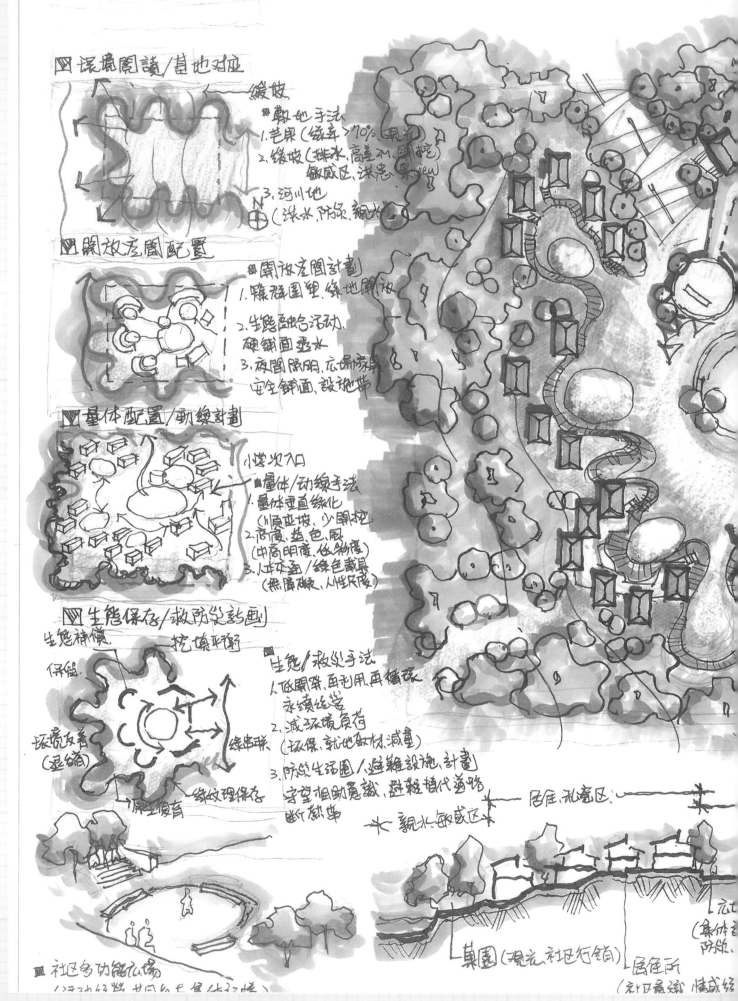

Ⅰ 環境閱讀/基地對應
———— 緩坡
⊞敷地手法
1. 芒果(綠率>70%,展示)
2. 緩坡(排水、高差M、開挖)
   敏感區、災患、景view
3. 河川地
   (洪水、防洪、親水)
Ⓝ

Ⅱ 開放空間配置
⊞開放空間計劃
1. 鄰磁圍塑、綠地開放
2. 生態融合活動、
   硬鋪面透水
3. 夜間照明、底開家景、
   安全鋪道、設施帶

Ⅲ 量体配置/動線計劃
小學次入口
⊞量体/動線手法
1. 量体垂直綠化
   (順應坡、少開挖)
2. 高度、造色、風
   (中高明度、依等物度)
3. 人本交通/綠色運具
   (無障礙、人性尺度)

Ⅳ 生態保存/救防災計劃
生態補償   挖填平衡
保留
環境友善   生命/救災手法
(退縮)   1. 低開發、再利用、再循環
              永續經營
環境友善   2. 減環境負荷
              (環保、就地取材、減量)
原工復育   綠紋理保存
綠串聯   3. 防災生活圈/避難設施、計劃
              守望相助覓識、避難替代道路
              斷熱帶

〆—— 親水敏感區   〆—— 居住、私密區

基園(景觀、社區行銷) 居住所
                        (私口最適、情感認)

Ⅴ 社區多功能廣場

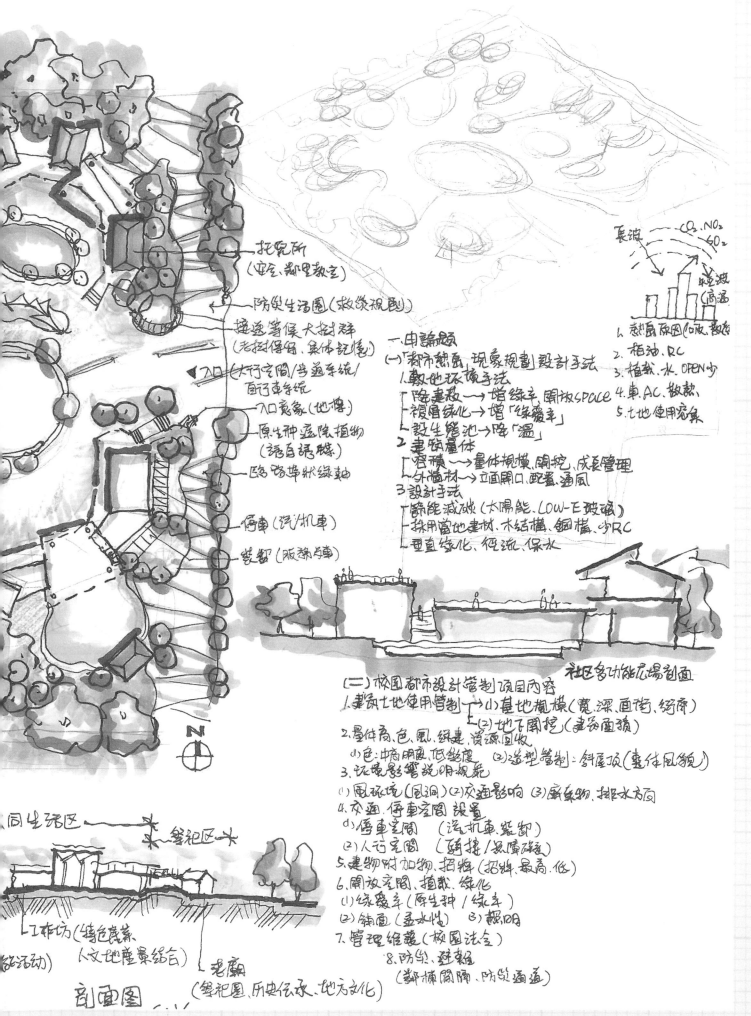

托嬰所
(安置、鄰里教室)

防災生活圈 (救災規劃)

避逸等候大樹群
(老樹保留、集體記憶)

入口 (大行空間/步道系統/
自行車系統)

入口意象 (地標)

原生種庭院植物
(誘鳥誘蝶)

路路帶狀綠軸

停車 (汽/机車)

裝御 (服務卡車)

一、申論題
(一)「都市熱島」現象規劃設計手法
1. 敷地環境手法
  降建敷 → 增綠率、開放 SPACE
  複層綠化 → 增「綠覆率」
  設生態池 → 降「溫」
2. 建築量體
  容積 → 量體規模、開挖、成長管理
  外牆材 → 立面開口、配置、通風
3. 設計手法
  節能減碳 (太陽能、LOW-E 玻璃)
  採用當地建材、木結構、鋼構、少 RC
  垂直綠化、逕流、保水

長波 → CO₂、NO₂ SO₂
        熱減 (高溫)

1. 熱島原因 (吸、散熱)
2. 柏油、RC
3. 植栽、水、OPEN 少
4. 車、AC、散熱
5. 土地使用密集

社區多功能広場剖面

(二) 校園都市設計管制項目內容
1. 對於土地使用管制 — 小基地規模 (寬.深.面街.綠帶)
  (2) 地下開挖 (建築面積)
2. 量體高、色、風、綠建、資源回收
  小色：中高明度、低彩度   (2) 造型管制：斜屋頂 (整體風貌)
3. 環境影響說明規範
  (1) 風環境 (風洞) (2) 交通影响 (3) 廢棄物、排水方向
4. 交通、停車空間 設置
  (1) 停車空間   (汽机車、裝御)
  (2) 人行空間   (騎接/無障礙道)
5. 建物附加物、招牌 (招牌、最高、低)
6. 開放空間、植栽、綠化
  (1) 綠覆率 (原生種 / 綠率) (2) 鋪面 (透水性) (3) 照明
7. 管理維護 (校園法令)
  8. 防災、逃難
    (鄰棟間隔、防災通道)

同生活区

祭祀区

工作坊 (特色農業、
人文地產景結合)

老廟
(祭祀園、歷史傳承、地方文化)

剖面圖

基地環境解讀

南北向線道

芒果園

高灘地

10% 緩坡

土地公廟

芒果園

臨高灘匣地
環境敏感區域

噪音

信仰中心
(情感依附)

耕地

開放與連繫

〈綠手指〉
環境
敏感
區域
保留原始
林貌

河岸廣場

學校

住宅

面對南北
向線道
留設6m
人行步道,並
退縮入口
廣場

商店、集会
工作坊

廟埕廣場

公共開放空間串連
並創造多層次的外部
空間

河岸廣場

保留区

育幼兒

行政

保留区

16坪3戶 共4丁院
28坪5戶

學校区

廣場

住宅区

社及與名作式商店区
活动

觀景平台

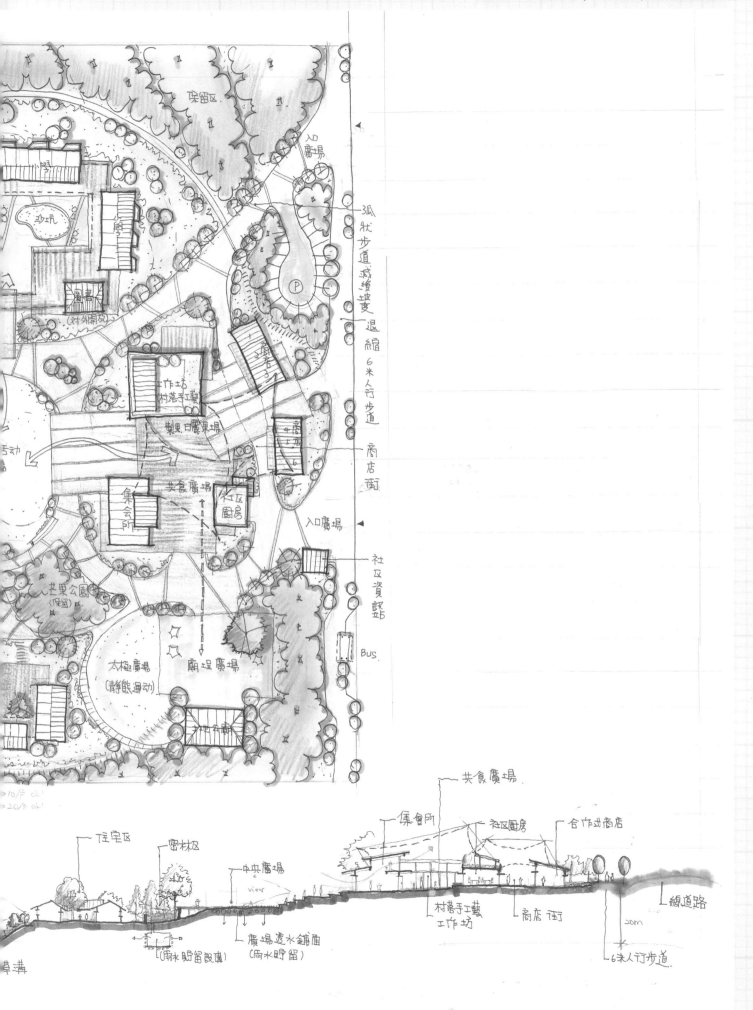

97年專門職業及技術人員高等考試建築師、技師考試暨普通考試記帳士考試、97年第二次　代號：80150　全一張
專門職業及技術人員高等暨普通考試消防設備人員考試、普通考試不動產經紀人考試試題　　　　　　　　（正面）

等　　別：高等考試
類　　科：建築師
科　　目：敷地計畫與都市設計
考試時間：4 小時　　　　　　　　　　　　　　　　　　　座號：＿＿＿＿＿＿

※注意：㈠不必抄題，作答時請將試題題號及答案依照順序寫在試卷上，於本試題上作答者，不予計分。
　　　　㈡可以使用電子計算器，但需詳列解答過程。

一、申論題：（每小題 15 分，共 30 分）

㈠辦理都市設計審議作業之法源依據有那些？以您的觀點，都市設計審議時，審議
　委員的審議裁量空間應如何界定？試申論之。

㈡在都會區進行建築基地開發時，如何運用敷地計畫、建物量體計畫及建築設計的
　手法，改善基地周邊「都市熱島」現象，試分別舉出 2 至 3 種規劃設計手法說明
　之。

二、規劃題：（70 分）

㈠題目：古蹟周邊住商更新開發敷地規劃

　某國定古蹟「媽祖廟」保存區東側之舊市區環境窳陋，即將進行都市更新改建，
　由於基地屬於古蹟周邊地區，建築基地規劃特應考量量體、行人及開放空間、汽
　機車交通、古蹟文化紋理、生態景觀等層面。試依據前述考量，擬具理想的規劃
　設計提案。

㈡基地概況：

1. 基地面積： 4500 平方公尺（60M × 75M）。
2. 基地條件：使用分區為住商混合用地、建蔽率 50%、容積率 200%、前院深度
　 6M、側院及後院深度 3M；都市更新容積獎勵值設定為基準容積之 20%，基
　 地位於都市設計審議地區。

㈢規劃內容：

1. 全區規劃住宅及商業設施，設施類型、單元及機能配置自行計畫，提出規劃提
　 案，無須詳繪室內平面圖，惟須標明建物服務核及出入口。
2. 考量古蹟周邊都市紋理民俗活動（如媽祖遶境）及相關商業活動，提供戶外空
　 間休憩設施。
3. 敷地規劃尤應注重生態規劃及綠建築計畫，項目及手法請標示說明。

㈣圖說要求：

1. 敷地配置規劃構想說明：應考量建物量體配置、人本交通、汽機車交通（含停
　 車）、文化社會活動、生態景觀計畫等議題；並說明空間機能使用樓地板面積
　 分配。
2. 全區總配置圖：比例 1/400；附規劃重點標示說明。
3. 兩向剖立面圖：比例 1/400（橫剖應含媽祖廟）；附規劃重點標示說明。

（請接背面）

97年專門職業及技術人員高等考試建築師、技師考試暨普通考試記帳士考試、97年第二次
專門職業及技術人員高等暨普通考試消防設備人員考試、普通考試不動產經紀人考試試題　　代號：80150　全一張（背面）

等　　別：高等考試

類　　科：建築師

科　　目：敷地計畫與都市設計

㈤附圖：規劃基地圖

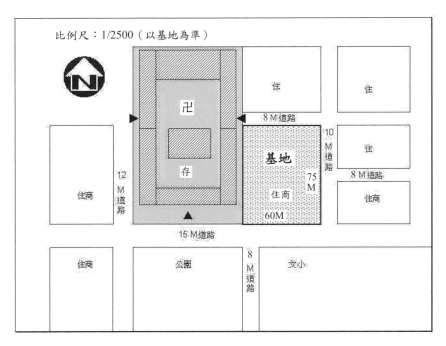

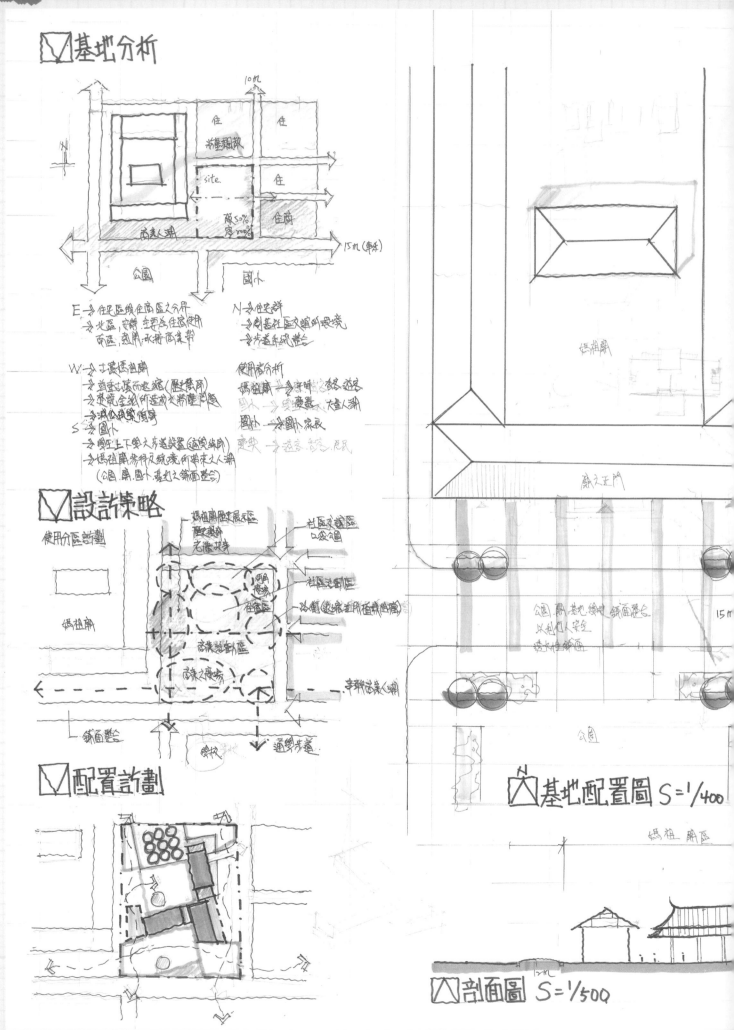

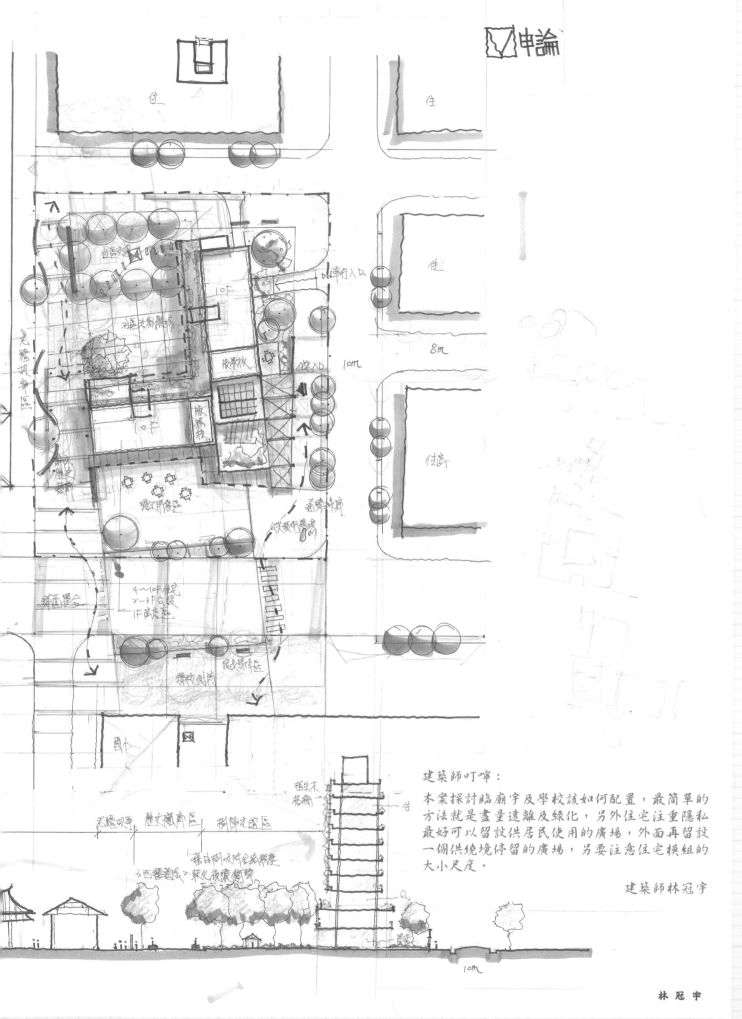

建築師叮嚀：

本案探討臨廟宇及學校該如何配置，最簡單的
方法就是盡量遠離及綠化，另外住宅注重隱私
最好可以留設供居民使用的廣場，外面再留設
一個供繞境停留的廣場，另要注意住宅模組的
大小尺度。

建築師林冠宇

林冠宇

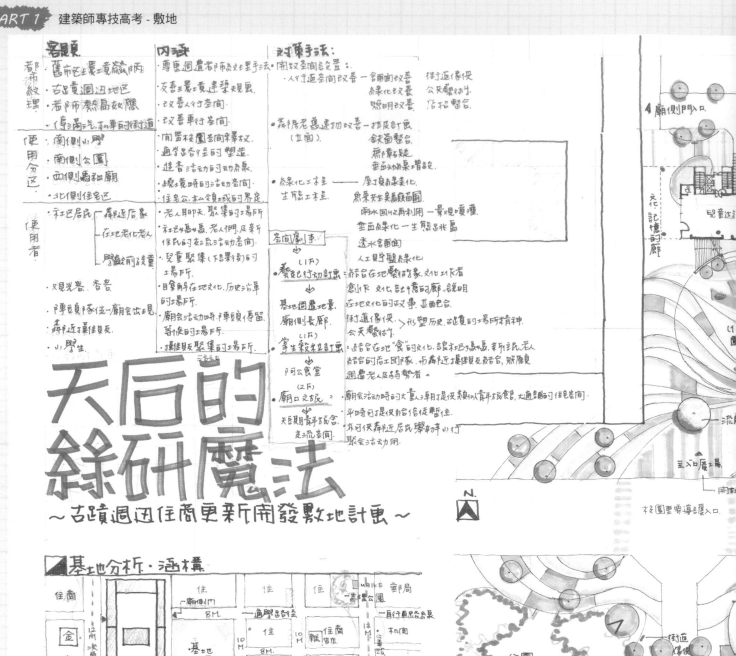

天后的綠研魔法
～古蹟週邊住商更新開發敷地計畫～

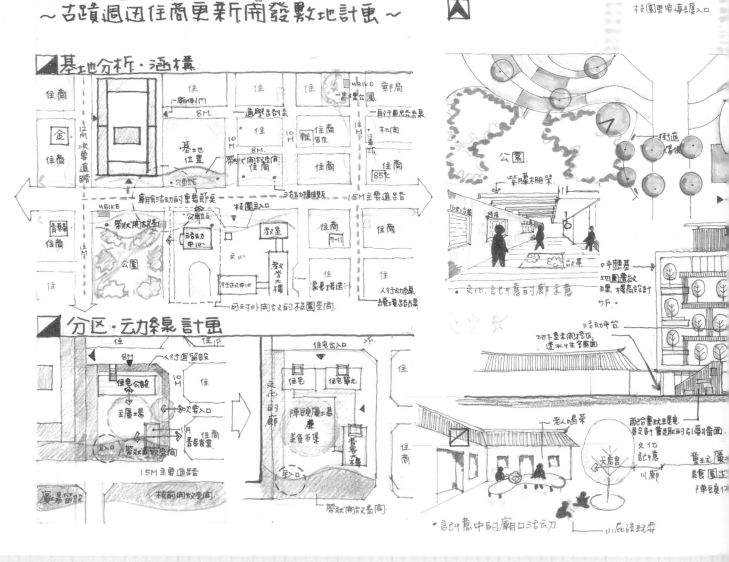

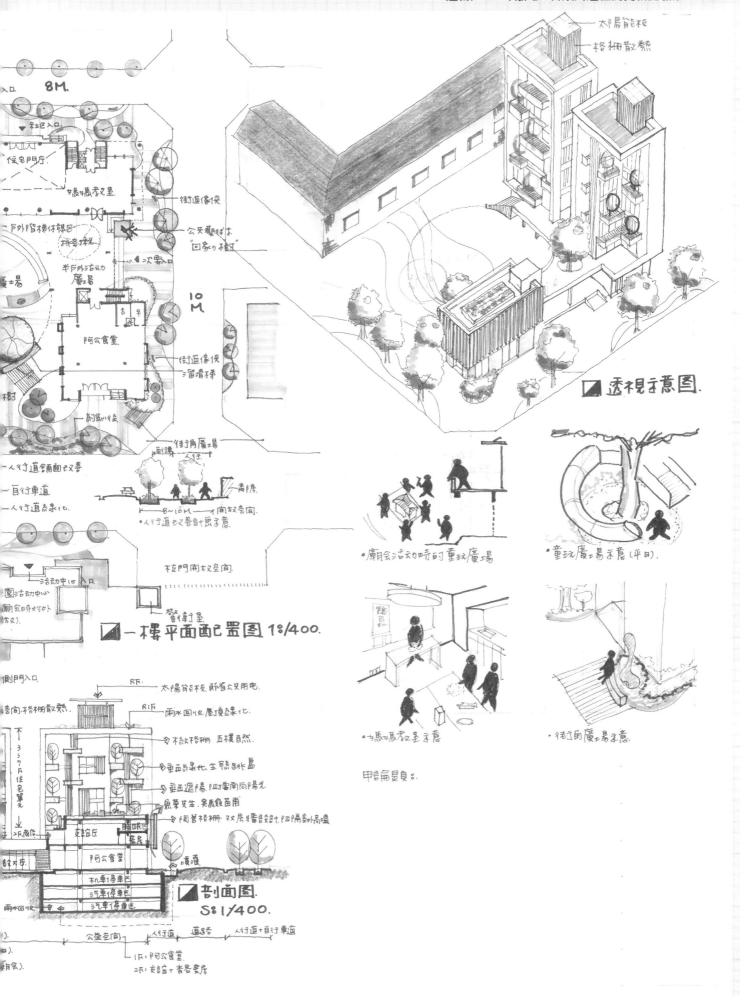

■ 透視示意圖.

・廟会活動時的童玩廣場
・童玩廣場示意(平日).
・步馬拔教室示意
・街角廣場示意.

申言角見良:

■ 一樓平面配置圖 1:/400.

■ 剖面圖.
S:1/400.

☒ <u>設計目標</u>

一、社區綠色生態 延伸並串聯.(綠網絡)
二、古蹟保存活化再利用.(古蹟傳承)
三、無障礙環境.(友善環境)
四、綠建築
五、文化社會活動.(廟會活動)
六、社區居民互動.(社區營造)

☒ <u>設計策略並概念</u>

(一) 活動串聯.綠色生態.延伸

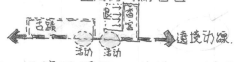

(二) 古蹟 → 周圍建物退讓.
　　　　 → 活動建立
　　　　 → 店商對象為香客

　└古蹟─ 活動　活動 ─遶境動線.

(三) 無障礙環境 → 坡道 (克服高低差).
　　　　　　　　 └ 讓行動不便者能
　　　　　　　　　 順利參與廟會活動.

(四). 綠建築 → 對周圍環境友善
　　　　　　　 (生態.節能.減廢.健康).

(五). 古蹟 ──→ 店商
　　　 ←─ (活動) ─→
　　　 公園之友以)

(六) 　 香客
　　　　 ↓
店家 ⇄ 古蹟 ⇄ 居民

☒ <u>基地分析</u>

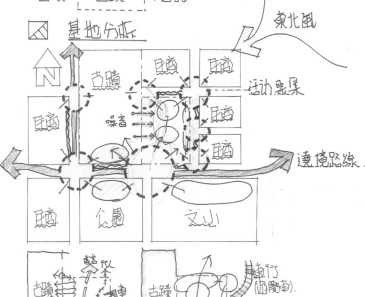

東北風

活動聚集

遶境路線.

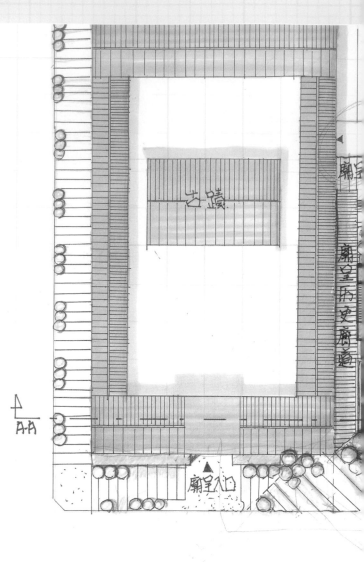

古蹟

廟呈入口

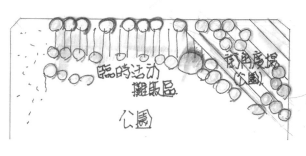

臨時活動
攤販區

武廟廣場
(公園)

公園

☒ A-A 剖立面

S:1/4

馬祖廟(廟呈). 廟呈歷史廟

S:1/400.

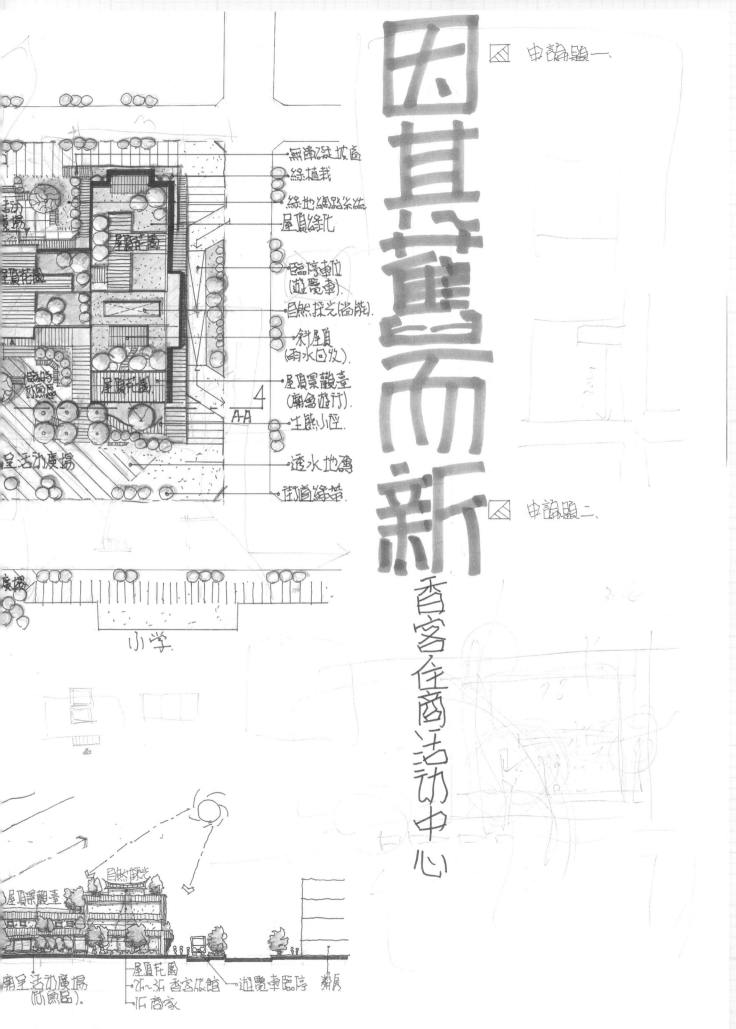

☒ 申論題一、

☒ 申論題二、

因其舊為新

香客住商活動中心

- 無障礙坡道
- 綠植栽
- 綠地纜路系統
- 屋頂綠化
- 臨停車位（遊覽車）
- 自然採光（挑高）
- 斜屋頂（雨水回收）
- 屋頂景觀臺（廟會遊行）
- 生態小徑
- 透水地磚
- 街道綠帶

小學

屋頂景觀臺
自然採光
廟呈活動廣場（廟魚島）
屋頂花園
不小心 香客旅館
低 商家
遊覽車臨停

96年專門職業及技術人員高等考試建築師、技師、法醫師考試暨普通考試記帳士考試、96年第二次專門職業及技術人員高等暨普通考試消防設備人員考試、普通考試不動產經紀人考試試題　　代號：80150　　全一張（正面）

等　　別：高等考試

類　　科：建築師

科　　目：敷地計畫與都市設計

考試時間：4 小時　　　　　　　　　　　座號：＿＿＿＿＿＿

※注意：㈠可以使用電子計算器。
　　　　㈡不必抄題，作答時請將試題題號及答案依照順序寫在試卷上，於本試題上作答者，不予計分。

一、申論題：

　㈠都市陋窳地區如何透過都市設計策略的指引，才能將更新的空間內容反映在都市計畫土地使用內？試申論之。（15 分）

　㈡都市設計是落實都市計畫構想在三度空間的方法，對都市的健全發展起了重大的作用，試就都市設計在環境、經濟及社會上的價值申論之。（15 分）

二、設計題：

　㈠主題：某高科技研發公司，業務發達，營收豐富，但員工工時長，壓力大，日常須靠運動及休閒舒解壓力，公司為留著優秀的員工，共同打拼，再創佳績，擬於公司基地上，增建員工俱樂部一棟，規劃籃球、撞球、壁球、乒乓球、健身室、韻律舞、小型游泳池、SPA 等設施，提供員工最好的工作及休閒環境。

　㈡基地概況：1.基地位於都市設計審議地區
　　　　　　　　2.東臨河川及公園
　　　　　　　　3.南臨 20 米寬道路
　　　　　　　　4.西臨 25 米寬道路
　　　　　　　　5.北臨 15 米寬道路
　　　　　　　　6.面積約 7,200 平方米
　　　　　　　　7.原有辦公樓為 RC 造 7 樓建築，樓高 25.5 米。(不含屋突物)

　㈢設計原則：1.建蔽率 60%。
　　　　　　　　2.容積率 240%。
　　　　　　　　3.鄰棟間隔不得少於 10 公尺。
　　　　　　　　4.建築物高度比 1:5。
　　　　　　　　5.建築基地指定墻面線，開放空間寬度：20 米及 25 米道路者為 6 米，15 米者為 4 米。
　　　　　　　　6.符合綠建築設計規則。

　㈣設計內容（空間面積僅作為量體規劃之參考）

空間名稱	面積	數量
門廳	自訂	1
籃球場	32m×19m	1
游泳池	31m×19m	1
乒乓球場	7m×6m	1
撞球場	7m×6m	1

（請接背面）

96年專門職業及技術人員高等考試建築師、技師、法醫師考試暨普通考試記帳士考試、96年第二次專門職業及技術人員高等暨普通考試消防設備人員考試、普通考試不動產經紀人考試試題　　代號：80150　全一張（背面）

等　　　別：高等考試

類　　　科：建築師

科　　　目：敷地計畫與都市設計

壁球	9.75m×6m	1
健身房及韻律空間	10m×10m	1
餐廳及廚房	10m×10m	1
公共空間（如走廊、更衣室、浴廁、樓間…等等空間面積依法規自訂）		
基地開放空間景觀設計		

㈤圖說要求

1.設計構想（建築配置、人行道系統、車道系統、開放空間、植栽系統、綠建築指標等）。（20分）

2.全區總配置圖及景觀設計，比例1:300。（40分）

3.剖立面圖一處，比例1:300。（10分）

註：建築只須量體不須平立面圖

㈥基地詳圖

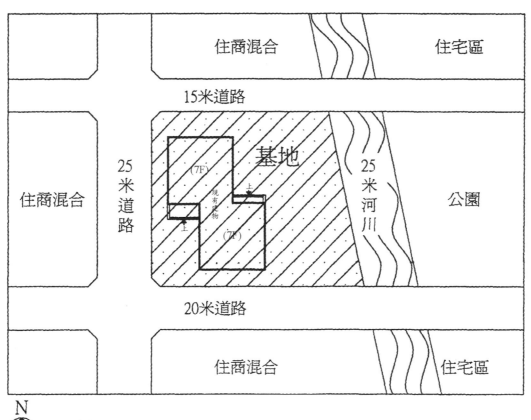

比例尺1/1500

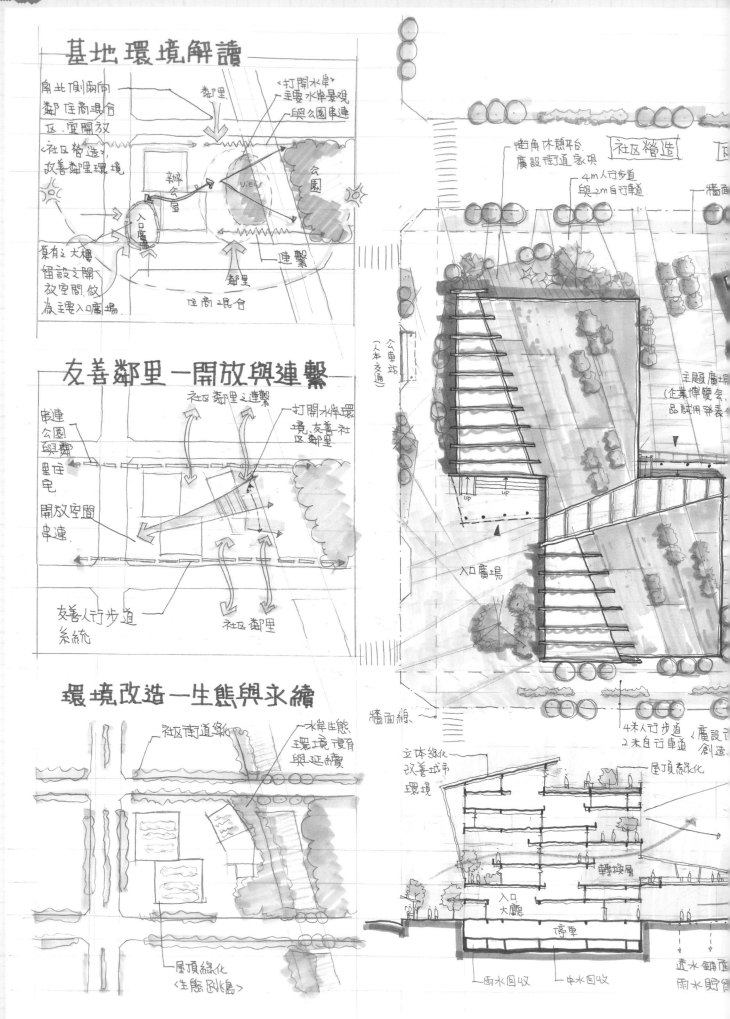

基地環境解讀

角北側兩面
鄰住商混合
區.宜開放
社區營造.
改善鄰里環境

辦公室

入口廣場

原有之大樓
留設之開
放空間.做
為主要入口廣場.

鄰里

<打開水岸>
主要水岸景觀
與公園串連

view

公園

連繫

鄰里

住商混合

友善鄰里—開放與連繫

串連
公園與鄰
里住宅
開放空間
串連.

社區鄰里之連繫

打開水岸環
境.友善社
區鄰里

友善人行步道
系統

社區鄰里

環境改造—生態與永續

社區街道綠化

水岸生態
環境復育
與延續

屋頂綠化
<生態跳島>

街角休憩平台.
廣設街道家具

社區營造

4m人行步道
與2m自行車道

牆面線

主題廣場
(企業博覽會
品試用發表會

公車站
(人本交通)

up   up

入口廣場

立體綠化
改善城市
環境

4米人行步道.廣設
2米自行車道 創造

屋頂綠化

轉換層

入口
大廳

停車

雨水回收   中水回收

透水鋪面
雨水貯留

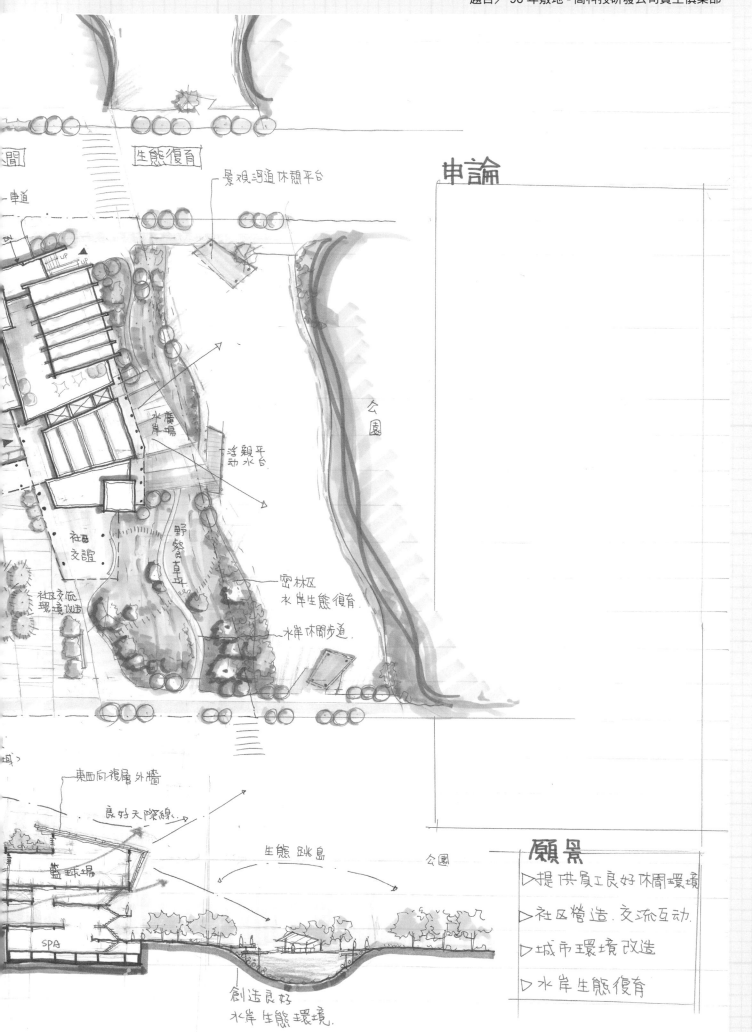

申論

願景
▷ 提供員工良好休閒環境
▷ 社區營造 交流互动
▷ 城市環境改造
▷ 水岸生態復育

景観河道休憩平台

公園

水岸廣場

浮親平動水台

社區交誼

野餐草坪

密林区
水岸生態復育

水岸休閒步道

社區交流環境改造

東西向複層外牆

良好天際線

生態 跳島

公園

藍球場

SPA

創造良好
水岸生態環境

94 年專門職業及技術人員
高等考試建築師、技師考試暨普通考試不動產經紀人、地政士、記帳士考試試題　代號：80150　全一張
（正面）

等　　別：高等考試
類　　科：建築師
科　　目：敷地計畫與都市設計
考試時間：4 小時　　　　　　　　　　　　　　座號：＿＿＿＿＿＿＿

※注意：(一)不必抄題，作答時請將試題題號及答案依照順序寫在試卷上，於本試題紙上作答者，不予計分。
　　　　(二)可以使用電子計算器，但需詳列解答過程。

一、申論題：
　　(一)建築師在進行建築規劃設計作業前，應先了解建築基地所面對的都市計畫規定。
　　　　如果建築規劃設計基地是需經都市設計審議過程時，試問：
　　　　1.建築師如何從都市計畫書圖來因應都市設計審議的要求。（10分）
　　　　2.建築師如何從都市設計審議內容來因應都市設計審議的要求。（10分）
　　(二)試述在都市設計審議時，敷地計畫作業考慮要項為何？（10分）

二、規劃題：（70分）
　　(一)主題：都市設計的使命在提升都市環境品質，防止建築基地不當開發，增進都市
　　　　　　　景觀美感效果，確保地區歷史文化價值，塑造建築環境風格與都市意象，
　　　　　　　創造永續的四生（生態、生存、生活、生產）共生環境。因此有言都市設
　　　　　　　計是凝固的交響樂，所以建築師在進行建築規劃設計時，應不斷的從都市
　　　　　　　設計角度來思維，如此才能規劃設計出良好建築及都市環境。本考試有鑑
　　　　　　　於此，遂要求此次規劃題應以都市設計審議來考量。
　　(二)題目：辦公大樓敷地規劃及都市設計考量
　　(三)基地：位於都市設計審議地區，其環境條件如下：
　　　　1.基地面積：5000 平方公尺（100m×50m）詳附圖－辦公大樓基地圖
　　　　2.基地條件：
　　　　　(1)土地使用分區：住商混合用地。
　　　　　(2)土地使用強度：建蔽率 50%、容積率 400%。
　　　　　(3)建築物高度：以不超過六十公尺為原則。
　　　　　(4)院落規定：最小前院深度－3m，最小後院深度－2.5m，最小側院深度－2m
　　　　　　　　　　　　，最小後院深度比－0.3。
　　　　　(5)指定留設廣場式公共開放空間：面積至少佔基地面積2.5%，位置詳附圖○處。
　　　　　(6)指定留設帶狀公共開放空間：寬度 10m，位置詳附圖 ▬▬ 處。
　　　　　(7)指定留設無遮簷人行道：寬度 4m，位置詳附圖 ▬▬▬▬ 處。
　　　　　(8)建築物應預為留設供地下道連接使用之空間，位置詳附圖●處。
　　　　　(9)基地北面有區域公園，東面有四公尺人行步道，位置詳附圖 ▨▨▨▨▨ 處。
　　(四)規劃內容：
　　　　1.一樓地面層除門廳、樓電梯間和應有的活動空間外，主要還要有容納三百人的
　　　　　國際會議廳（空間大小自己計畫），其他辦公室樓層亦自己計畫。
　　　　2.外部空間規劃設計要能符合綠建築指標規定，指標項目選定時必須說明理由。
　　　　3.外部空間規劃設計要提供休憩空間及設施，設施類型自己計畫。

（請接背面）

94 年專門職業及技術人員 高等考試建築師、技師考試暨普通考試不動產經紀人、地政士、記帳士考試試題　　代號：80150　全一張（背面）

等　　別：高等考試
類　　科：建築師
科　　目：敷地計畫與都市設計

㈤圖說要求：

1. 敷地配置規劃構想說明（要符合都市設計審議之建築計畫書的基本要求）：要考慮建築配置、開放空間、人行步道系統、車道系統、綠地植栽系統、防救災系統、綠建築指標等。

2. 全區總配置圖（含景觀規劃設計及鳥瞰透視圖）；比例 1：500；要重點標示說明。

3. 兩向剖立面圖（含地景立面和意象）：比例 1：500；要重點標示說明。

㈥附圖－辦公大樓基地圖

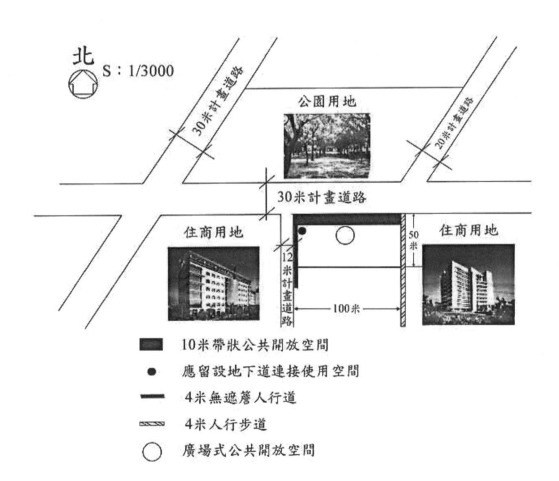

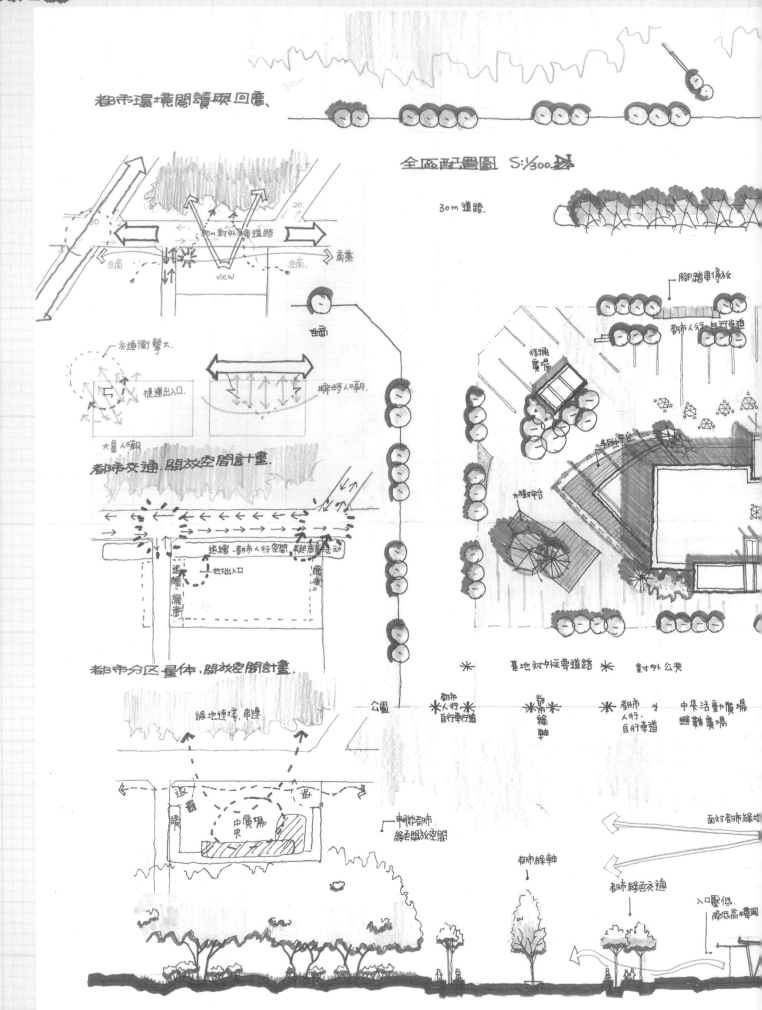

都市環境閱讀與回應、

全區配置圖 S:1/300

30m道路.

都市交通.開放空間計畫.

都市分區.量体.開放空間計畫.

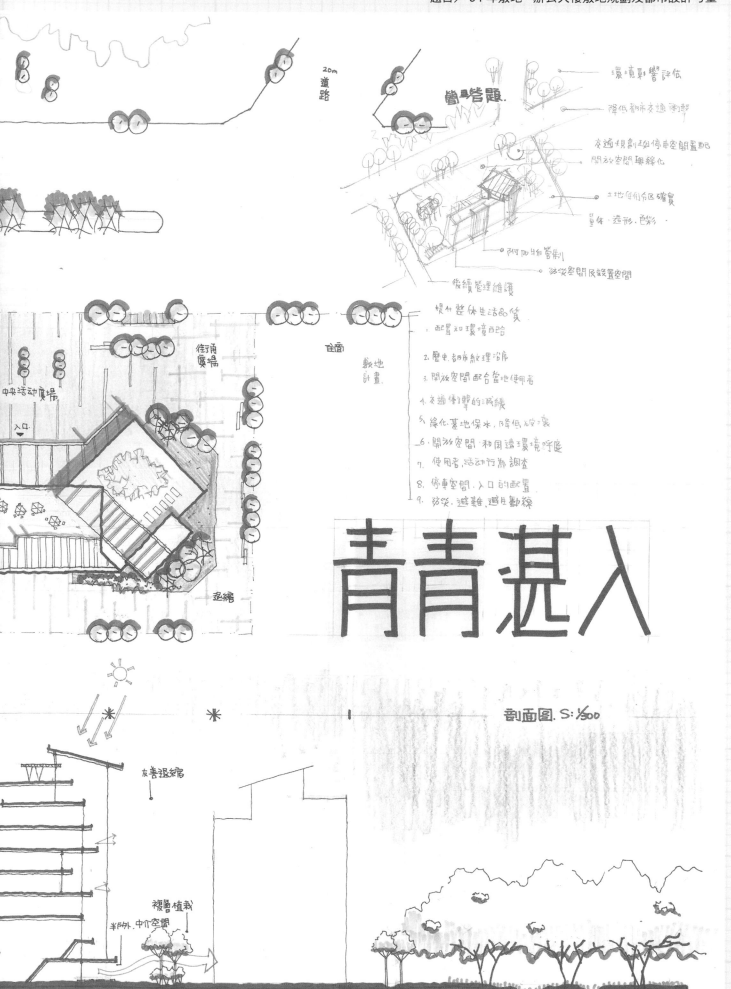

20m
道路

營易答題.

環境影響評估

降低都市交通衝擊

交通規劃及停車問置配

開放空間與綠化

土地使用分區確實

量体·造形·色彩

附加物管制

防災空間及設置空間

後續管理維護

提升整体生活品質

街角廣場
正面
敷地計畫

1. 配置和環境配合

2. 歷史·都市紋理沿序

3. 開放空間配合當地使用者

4. 交通衝擊的減緩

5. 綠化·基地保水, 降低破壞

6. 開放空間·和周邊環境呼應

7. 使用者·活動行為調查

8. 停車空間·入口的配置

9. 防災·避難·避生動線

中央活动廣場

入口

退縮

青青湛入

剖面圖. S: 1/500

友善退縮

複層植栽

半阝外·中介空間

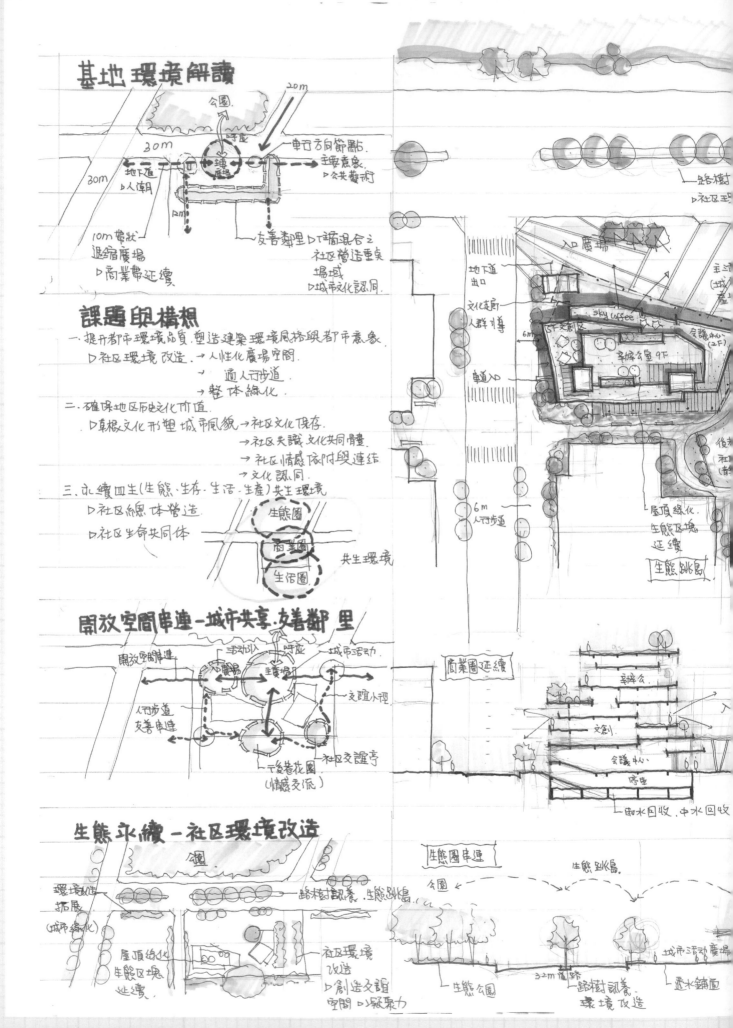

基地環境解讀

公園.
20m
守護
30m 環境
地下道
30m ▷人潮
10m帶狀 2m
退縮廣場
▷商業帶延續

串方向節點.
主要意象.
▷公共藝術
友善鄰里DT輔混合之
社區營造重要
場域
▷城市文化認同.

課題與構想

一. 提升都市環境品質.塑造建築環境風格與都市意象.
　　▷社區環境改造. → 人性化廣場空間.
　　　　　　　　→ 適人行步道
　　　　　　　　→ 整体綠化.
二. 確保地區歷史文化价值.
　　▷草根文化形塑城市風貌 → 社區文化保存.
　　　　　　　　　　→ 社區共識 文化共同體.
　　　　　　　　　　→ 社區情感依附與連結
　　　　　　　　　　→ 文化認同.
三. 永續共生(生態.生存.生活.生產)共生環境
　　▷社區總体營造.
　　▷社區生命共同体

生態圈
商業圈
生活圈
共生環境

開放空間串連-城市共享.友善鄰里

開放空間串連
活動以
呼應
城市活动
心廣場
主廣場
人行步道
友善串連
交誼小徑
干後養花園
(情感交流)
社區交誼亭

入口廣場
地下道出口
文化走廊
人群導
6m
sky coffee
辦公室 9F
6m
人行步道
主i
(城)
後...
社...
(停...
屋頂綠化.
生態区塊
延續
生態跳島

商業圈延續

辦公室
文創
会議空間
停車

雨水回收.中水回收

生態永續-社區環境改造

公園

環境改造
拓展
(城市綠化)
屋頂綠化
生態区塊
延續

路樹認養.生態跳島
社区環境
改造
▷創造交誼
空間 凝聚力

生態圈串連
公園
生態跳島

生態公園
32m道路
路樹認養
環境改造
城市活動廣場
透水鋪面

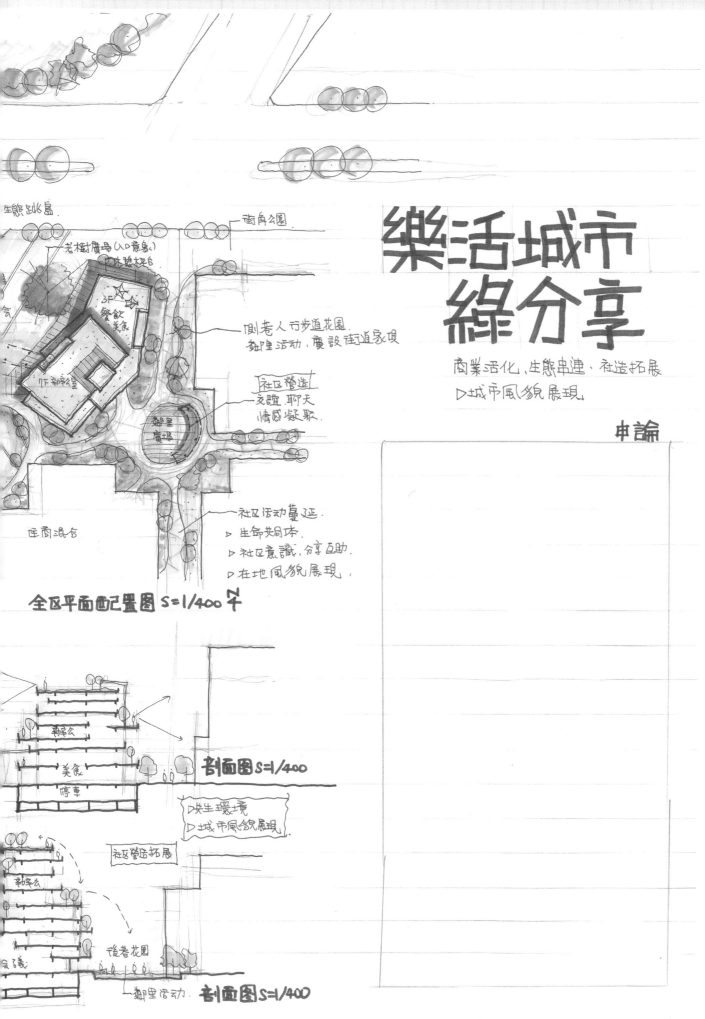

生態跳島

街角公園

老樹廣場(入口意象)

跳遠挑台

3F 餐飲美食

作辦

鄰里廣場

側老人行步道花園.
鄰里活動,廣設街道家具

社區營造
交誼.聊天
情感凝聚

社區活動蔓延.
▷ 生命共同体
▷ 社區意識,分享互助.
▷ 在地風貌展現.

住商混合

全區平面配置圖 S=1/400

樂活城市
綠分享

商業活化、生態串連、社造拓展
▷城市風貌展現.

申論

勅辦公

美食

停車

剖面圖 S=1/400

▷共生環境
▷城市風貌展現.

社區營造拓展

勅辦公

後巷花園

會議

鄰里活動

剖面圖 S=1/400

九十三年專門職業及技術人員 高等考試建築師、技師、民間之公證人 暨普通考試不動產經紀人、地政士 考試試題　代號：80150　全一張（正面）

等　　別：高等考試
類　　科：建築師
科　　目：敷地計畫與都市設計
考試時間：四小時　　　　　　　　　座號：＿＿＿＿＿＿＿＿

※注意：(一)不必抄題，作答時請將試題題號及答案依照順序寫在試卷上，於本試題上作答者，不予計分。
　　　　(二)可以使用電子計算器。

一、申論題：

(一)為使都市新舊建築有機結合，試就都市設計觀點對新建築的要求及設計方法申論之。（15 分）

(二)台灣地區都市舊商業區人口密集，公共設施不足，環境品質不佳，治安日益惡化，人們與社會關係日漸疏遠，失去共同防禦的社會機能，使得都市的公共安全受到嚴重的威脅，試論如何利用都市設計的手法，改善社區的公共安全。（15 分）

二、設計題：

(一)主題：都市更新是都市環境老化再生的一種社區總體營造行為，是一種緩慢持續不斷的社會性、技術性及政治性的參與過程。某市舊商業區環境品質低劣，經市府都市更新單位，評估一處市有土地為優先更新地區，期以重建及 BOT 方式進行更新工作，透過公有土地更新的示範，配合相關獎勵措施的研訂，吸引民間投資，藉由民眾參與，加速舊市區之更新，改善老舊窳陋地區環境品質，活絡地方產業活動，維持地區之永續發展，達成都市更新的目標。

(二)基地概況：基地東側臨市中心廣場及商業區，鄰接 10 米道路；南側臨商業區，鄰接 25 米道路；西側臨住商混合區，鄰接 20 米道路；北側臨商業區，鄰接 15 米道路。交通十分便利，但週休二日人潮洶湧，周遭道路交通壅塞情形非常嚴重，有待解決（詳基地圖）。

(三)設計原則：1.基地建蔽率為 70%。
　　　　　　　2.容積率為 280%，上限容積率為 400%。
　　　　　　　3.建築物高度比為 1.5。
　　　　　　　4.建築基地指定牆面線，開放空間寬度：20 米及 25 米道路者為 6 米，10 米及 15 米道路者為 4 米。
　　　　　　　5.鄰棟間隔不得小於 8 米。

(四)設計內容：市府依市場調查分析結果，擬引進下列各項業種及其占總樓地板面積的百分比：

業種	占總樓地板面積百分比
美食餐飲	5
百貨公司	35
量販店	25
休閒育樂	5
文化圖書	25
行政業務	5
停車場	依法規需求自訂

（請接背面）

九十三年專門職業及技術人員 高等考試建築師、技師、民間之公證人 暨普通考試不動產經紀人、地政士 考試試題　代號：80150　全一張（背面）

等　　別：高等考試
類　　科：建築師
科　　目：敷地計畫與都市設計

㈤圖說需求：

　　1.設計構想（含人行步道系統、車道系統、建築配置、開放空間等等）。（20分）

　　2.全區建築量體配置圖（含景觀設計），比例1：600。（30分）

　　3.兩向剖立面圖，比例1：600。（20分）

㈥基地詳圖

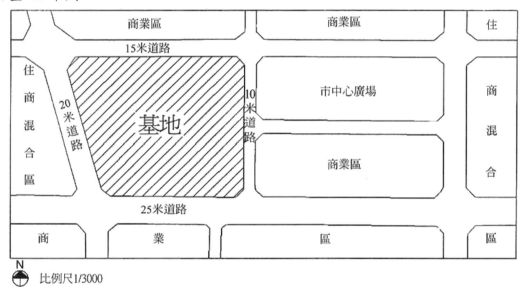

都市更新商業大樓規劃

◣ 土地及使用分區計劃

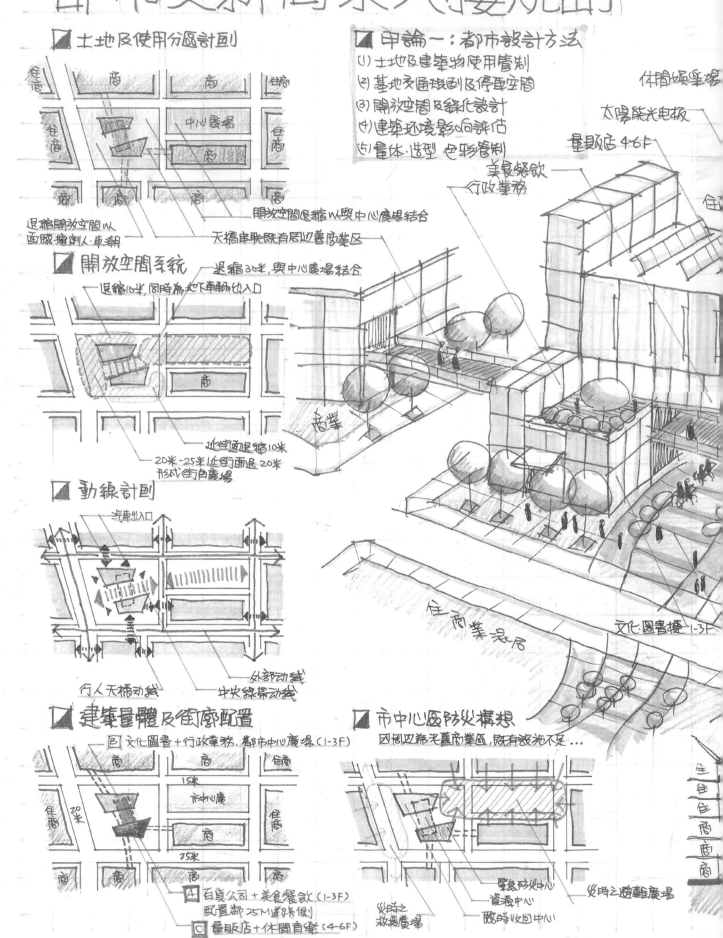

退縮開放空間以
面臨捷運測人·車朝

開放空間退縮以與中心廣場結合
天橋串聯既有居以舊商業區

◣ 申論一：都市設計方法
(1) 土地及建築物使用管制
(2) 基地交通規劃及停車空間
(3) 開放空間及綠化設計
(4) 建築環境影响評估
(5) 量体·造型·色彩管制

休閒垃圾車場
太陽能光电板
量販店 4-6F
美食餐飲
行政業務

◣ 開放空間系統
退縮30米,與中心廣場結合
退縮10米,同時為地下車輛出入口

沿街通退縮10米
20米-25米1沿行面退20米
形式街角廣場

◣ 動線計劃
步車出入口

行人天橋动线
中央綠帶动线
外部动线

◣ 建築量體及街廓配置
回 文化圖書+行政業務,都市中心廣場(1-3F)
15米
市中心廣
25米
A 百貨公司+美食餐飲(1-3F)
配置都25M道路側
B 量販店+休閒育樂(4-6F)

◣ 市中心區防災構想
因周邊為老舊商業區,既有設施不足...
緊急防災中心
資源中心
臨時收容中心
災時之
救震廣場
災時之避難廣場

住商業混居
文化圖書捷1-3F
住商業混居

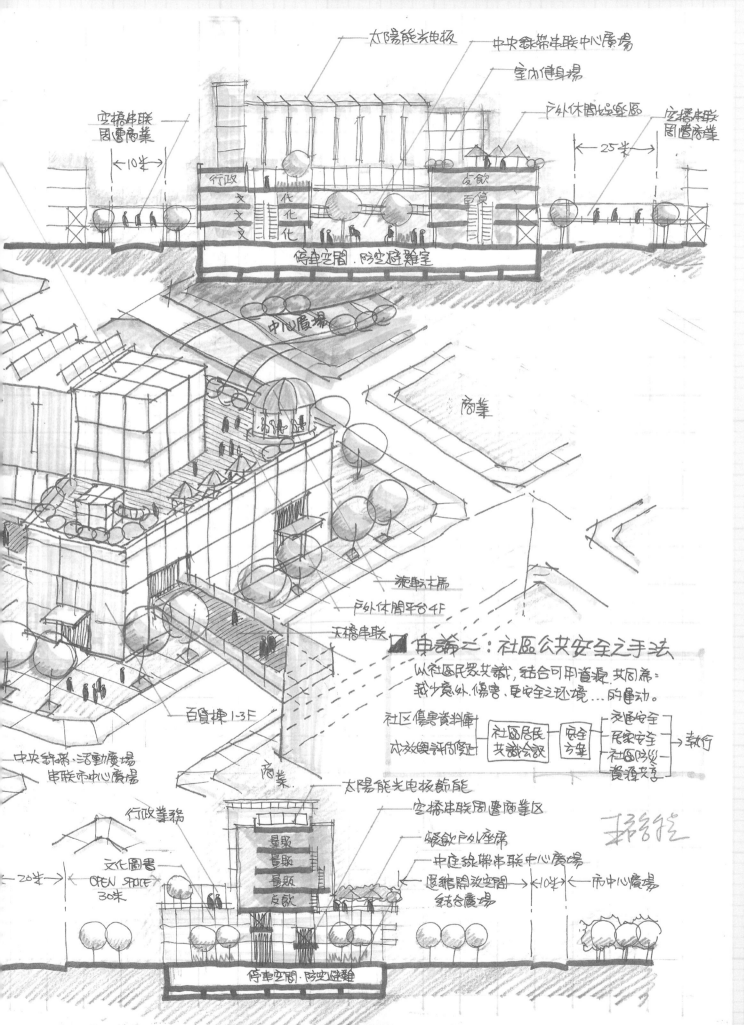

九十二年專門職業及技術人員 ^{高等考試建築師、技師、不動產估價師} 考試試題　代號：80150　全一張

暨普通考試不動產經紀人、地政士

（正面）

等　　別： 高等考試
類　　科： 建築師
科　　目： 敷地計畫與都市設計
考試時間： 四小時

座號：＿＿＿＿＿＿

※注意：㈠不必抄題，作答時請將試題題號及答案依照順序寫在試卷上，於本試題上作答者，不予計分。
　　　　㈡可以使用電子計算器，但需詳列解答過程。

一、 在現代的都市社會中，由於社會與經濟活動日趨繁雜，對都市土地的需求不斷增加，它既要滿足人們對都市物質環境和精神生活的高度要求，又要講求高效率、低能源的綜合經濟效益，試就都市生態學的觀點，都市社區應如何設計成為一個綜合性和高品質的生活及居住環境，達到永續都市發展的目標？試申論之。（20分）

二、 在住宅社區景觀規劃與設計時，應如何選擇和配置植物，以達致社區景觀生態效果與目的？試申述之。（20分）

三、 設計題：

　㈠設計題目：某觀光旅館外部環境設計。

　㈡設計主題：

　　　 觀光旅遊產業又稱「無煙工業」，台灣因地理環境特殊，擁有豐富而多樣的人文與自然資源，充分利用台灣這些得天獨厚的觀光資源發展旅遊產業，吸引外國人來台觀光旅遊，讓世界認識和了解台灣，加強我國和外國人間友誼的需要，亦是滿足國人物質與文化生活要求的需要，更是發展經濟建設的需要。因此，政府對觀光旅遊產業愈來愈重視，提出「挑戰2008：國家發展重點計畫－觀光客倍增計畫」，積極發展觀光旅遊產業。有鑑於此，某企業在某風景區內興建了觀光旅館一處，以滿足國內外觀光旅遊要求。今業主擬請建築師進行旅館外部環境設計。

　㈢基地概況（見基地詳圖）：

　　　 基地位於某風景區內，依山傍水，風景美不勝收。旅館為七層樓建築，建築形式為西式風格，造型以強烈的塊體組合，地下二層為停車場及機房，地下一層為各式餐廳，地上一層為門廳、咖啡廳、銷售及服務部門，二層為休閒區、俱樂部及辦公室，三至七層為客房175間，其中高級單人房35間、高級雙人房122間，豪華雙人房18間，樓高為25公尺（不包括屋頂凸出物）。

　㈣設計內容：

　　1. 基地道路系統
　　2. 露天游泳池一座（12.25m × 25m）
　　3. 露天SPA一處
　　4. 花園一處
　　5. 網球場二處
　　6. 兒童遊戲場一處
　　7. 平面停車場：2部大客車，50部小汽車
　　8. 基地整體景觀設計

　㈤圖說要求：

　　1. 設計說明：（10分）
　　　⑴基地分析（比例自訂）
　　　⑵設計構想
　　2. 總配置圖（含景觀設計），比例1/600（40分）
　　3. 雙向剖立面圖，比例1/60（10分）

（請接背面）

九十二年專門職業及技術人員高等考試建築師、技師、不動產估價師暨普通考試不動產經紀人、地政士考試試題　代號：80150　全一張（背面）

等　　別：高等考試
類　　科：建築師
科　　目：敷地計畫與都市設計

㈥基地詳圖：

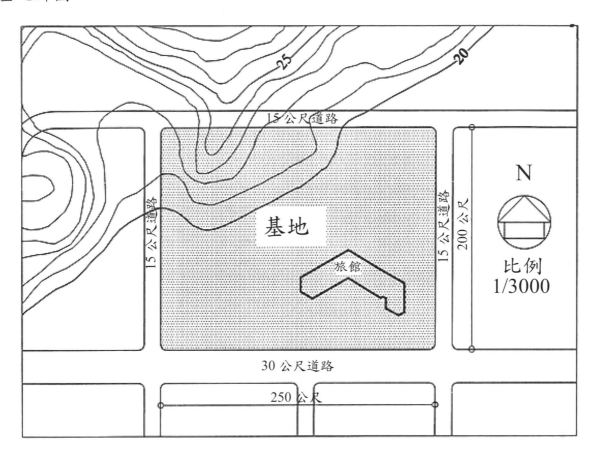

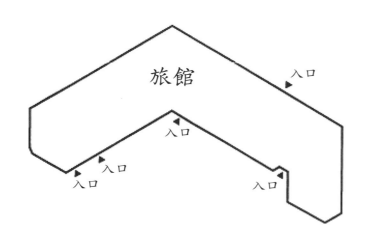

旅館建築，
比例 1/1000

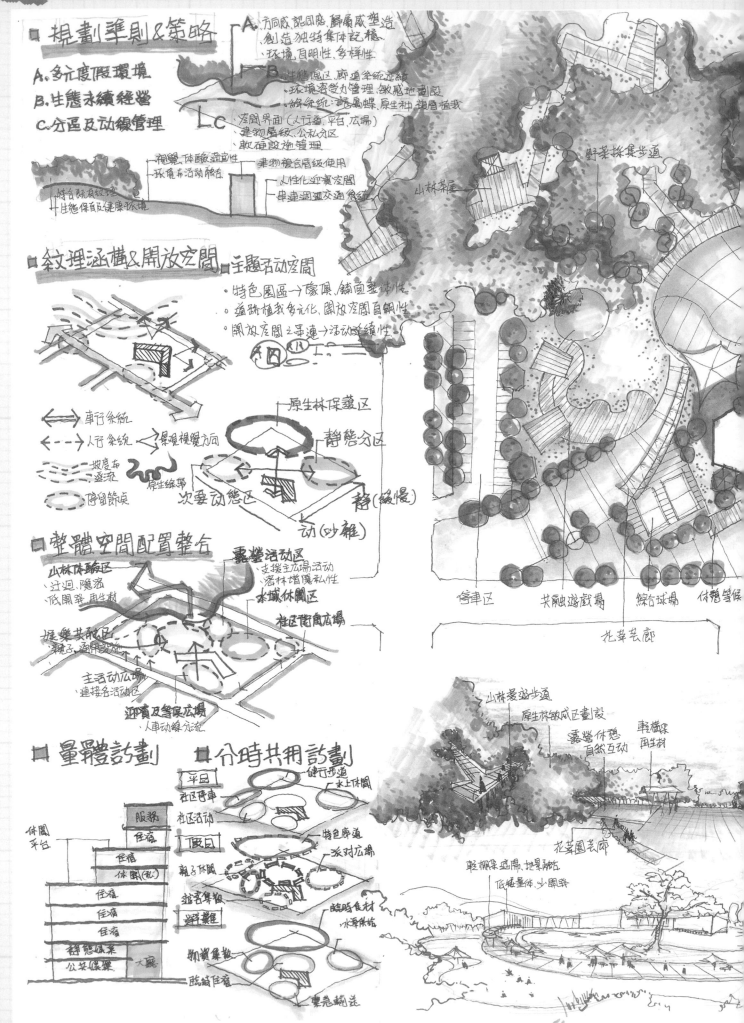

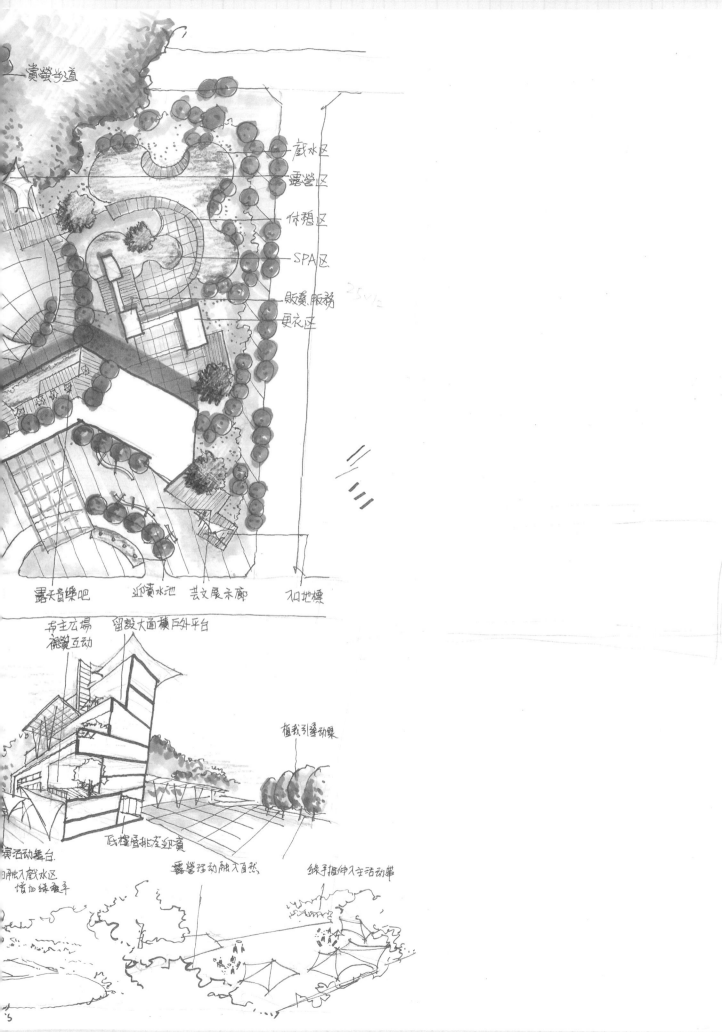

賞螢步道

戲水區
露營區
休憩區
SPA區
販賣、服務
更衣區

露天音樂吧　　迎賓水池　　芸文展示廊　　入口地標

書主広場
視覺互動
留設大面積戶外平台

植栽引導動線

低樓層排簷迎賓

演污動舞台
引昇坑入戲水區
增加綠籠平

露營移動融入自然

綠手指伸入主活動華

九十一年專門職業及技術人員^{高等考試建築師、技師、不動產估價師、}考試試題 代號：80180 全一張
^{呼吸治療師、心理師暨普通考試不動產經紀人}（正面）

等　　別：高等考試
類　　科：建築師
科　　目：敷地計畫與都市設計
考試時間：四小時　　　　　　　　　　　　座號：＿＿＿＿＿＿

※注意：㈠禁止使用電子計算器。
　　　　㈡不必抄題，作答時請將試題題號及答案依照順序寫在試卷上，於本試題上作答者，不予計分。

一、請詳細說明全市性都市設計的計畫內容可包括那些項目？以及擬定地區性都市設
　　計準則之原則為何？（25 分）

二、台灣城鄉環境之空間範圍歸類為點（如空地、私有建物、公共建築、古蹟、開放
　　空間、墓地）、線（如人行道、街道、河川、鐵路、公路、海岸）、面（如商業區
　　、住宅區、都市計畫工業區、觀光遊憩區、港埠、農漁山村、山坡地、社區、縣
　　市鄉鎮）三大元素，試簡要說明各空間範圍之問題及處理對策。（25 分）

三、敷地及都市設計規劃操作題：（50 分）
　　㈠主題：公園用地公共設施多目標使用規劃
　　　　近年來各地方政府財政漸趨拮据，為避免影響地方建設的發展福祉，某市政府
　　　　嘗試導入 BOT 方式以開闢一多目標使用公園，俾同時達成公共設施之興闢與
　　　　有效之經營管理。試依據下述規劃之原則與空間需求規劃此一設施。
　　㈡基地：本公園用地為一已搬遷營區，鄰接某舊都市地區邊緣；北側為機關用地
　　　　，附近有三級古蹟媽祖廟及廟埕，媽祖遶境路線經過基地西側；基地西側可通
　　　　老街、舊市區，其中多為近年改建三、四層住宅區及夜市；南側鄰河，舊時河
　　　　運碼頭現已廢棄多年，河對岸為果園；東側為雜木林丘陵地；詳如附圖。
　　㈢規劃內容：此多目標使用公園設施法定建蔽率 15%，容積率 60%，內容包括：
　　　　1.生態規劃之公園：含休閒活動空間、植栽綠化及防災功能(設施佔總樓地板 1/10)。
　　　　2.適量之商業活動：購物、娛樂、飲食等（佔總樓地板 5/10）。
　　　　3.社會福利及社教設施空間：社福、醫療衛生、社區大學等（佔總樓地板 3/10）。
　　　　4.其他基地所需之服務設施（佔總樓地板 1/10）。
　　㈣規劃要求：根據生態敷地規劃原則與都市設計原理，試規劃出符合基地條件與
　　　　規劃內容空間需求之量體與戶外空間。規劃時應以設計說明、分析圖及細部設
　　　　計等明確表達規劃之構想以實踐規劃之概念。規劃內容應包含：
　　　　1.都市社會及人文紋理與基地關係在都市設計上之處理。
　　　　2.都市生態規劃原則之細部實現：包括基地風環境、省能規劃策略、降水管理
　　　　　及植栽綠化構想等。
　　　　3.人本交通規劃：包括人行步道、開放空間系統、交通動線及停車問題處理等。
　　　　4.防災規劃：社區級防災避難據點規劃。

(五)圖面：

　1.全區配置圖（1/1000）及規劃內容標示。

　2.全區剖立面圖（1/500）及規劃內容標示。

　3.規劃概念圖說及其細部大樣。

　（註：建築物只需量體，無需平面圖。）

(六)附件－基地環境基本資料：

　1.基地夏、冬頻率風配資料。

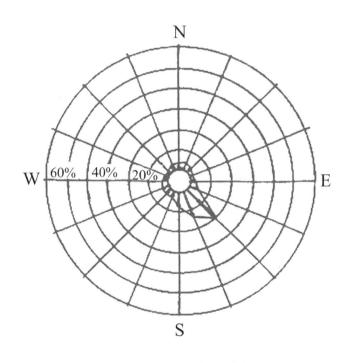

7~8月（夏季）

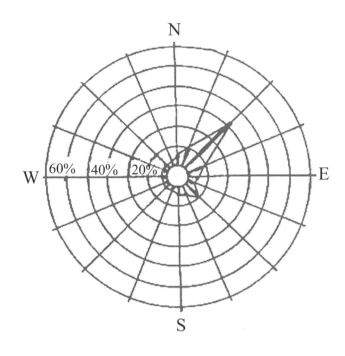

1~2月（冬季）

（請接背面）

九十一年專門職業及技術人員高等考試建築師、技師、不動產估價師、考試試題 代號：80180 全一張
呼吸治療師、心理師暨普通考試不動產經紀人
（背面）

等　　別：高等考試
類　　科：建築師
科　　目：敷地計畫與都市設計

2.基地日照太陽位置圖極射影圖、日照時數表。

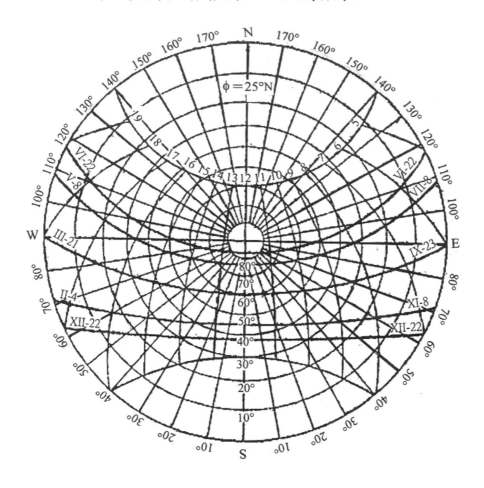

日照：

月　份	日照時數（hr）
一	81.7
二	53.8
三	75.7
四	95.5
五	117.0
六	140.7
七	205.4
八	216.6
九	160.9
十	144.2
十一	99.0
十二	85.4
合計	1475.9

3.基地周邊都市現況圖。

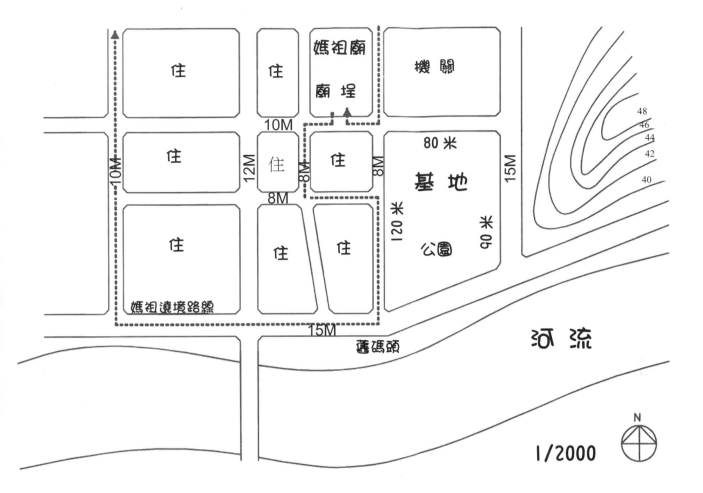

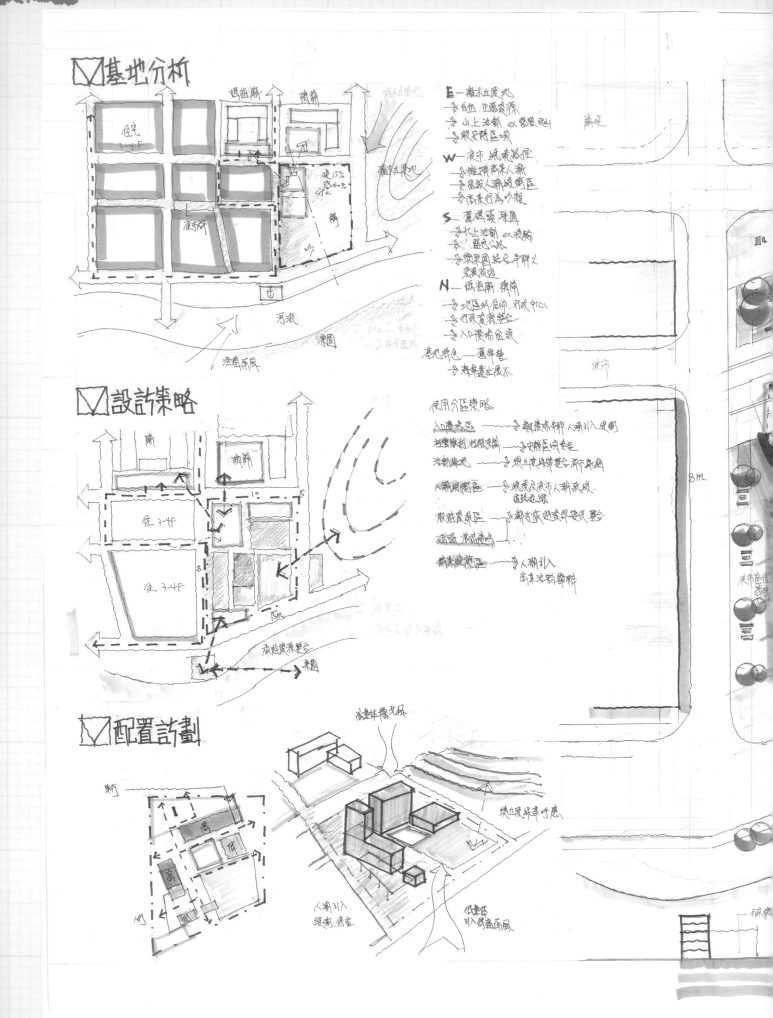

作品提供／林冠宇建築師

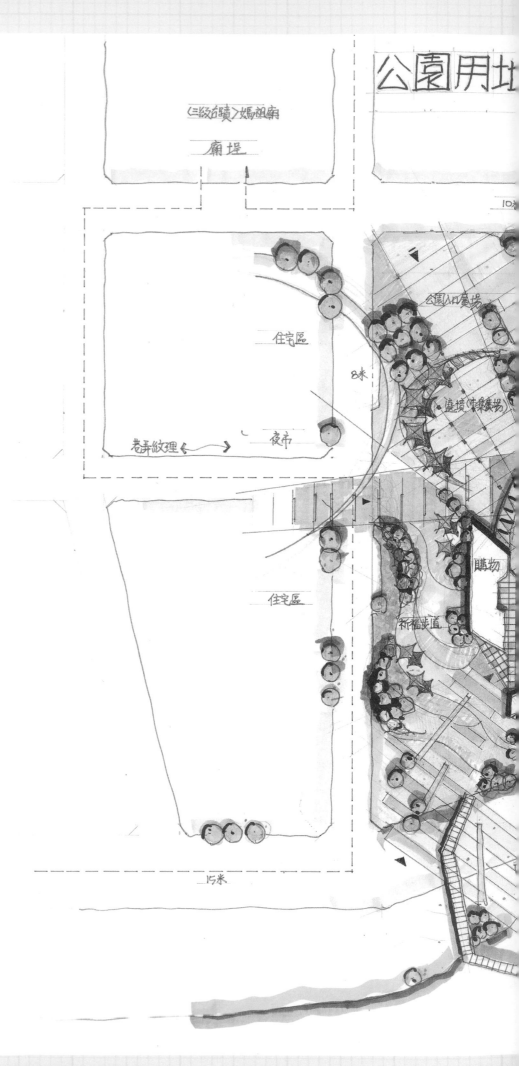

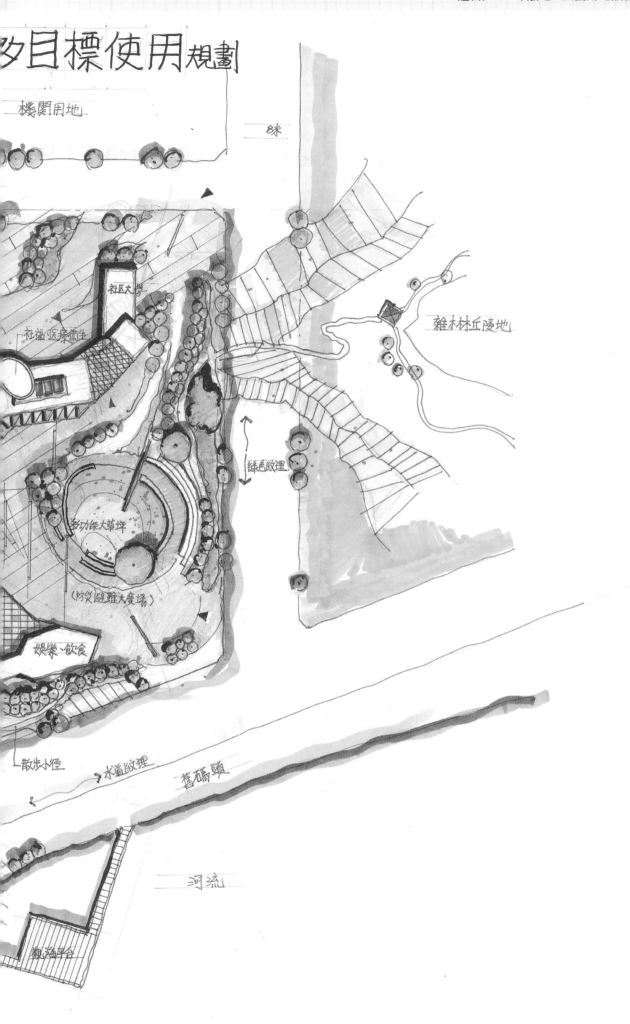

多目標使用規劃

機關用地

8米

社區大學

社福醫療衛生

雜木林丘陵地

綠毯敞理

多功能大草坪

（防災避難大廣場）

娛樂、飲食

散步小徑　水道紋理　舊碼頭

河流

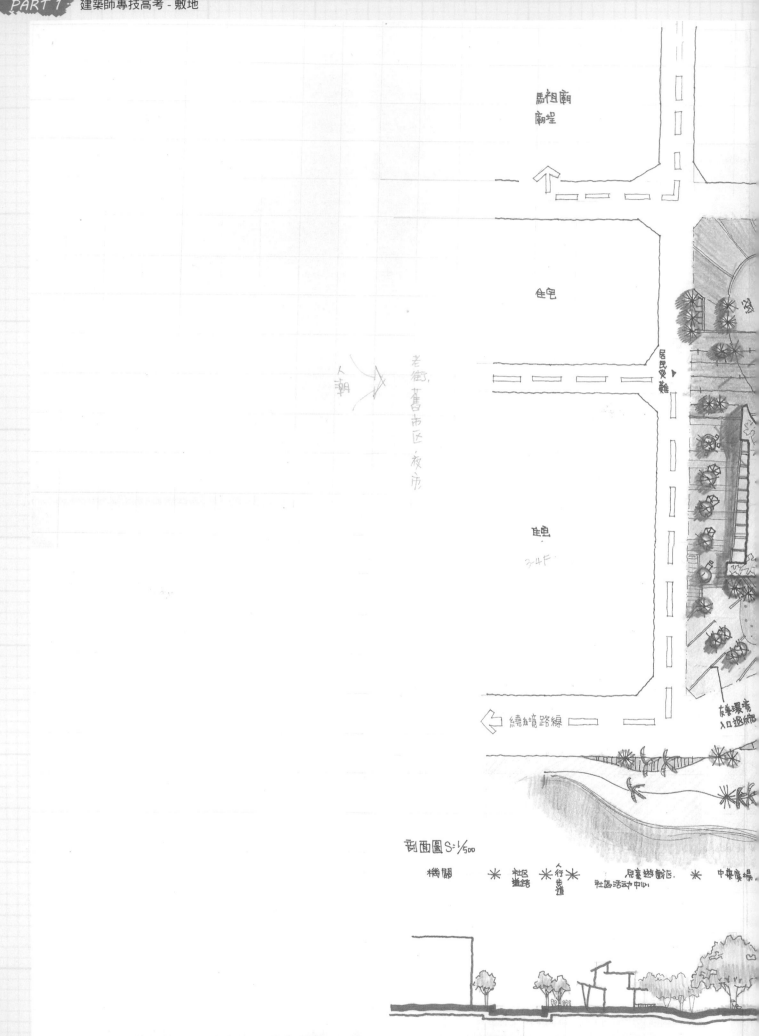

媽祖廟
廟埕

住宅

住宅

3~4F

老街,舊市區.夜市

人潮

居民受難

友善環境
入口挹衛館

繞境路線

剖面圖 S:1/500

機關　　社区　　人行　　　兒童遊戲区.　　中華廣場
　　　道路　　步道　　社区活動中心

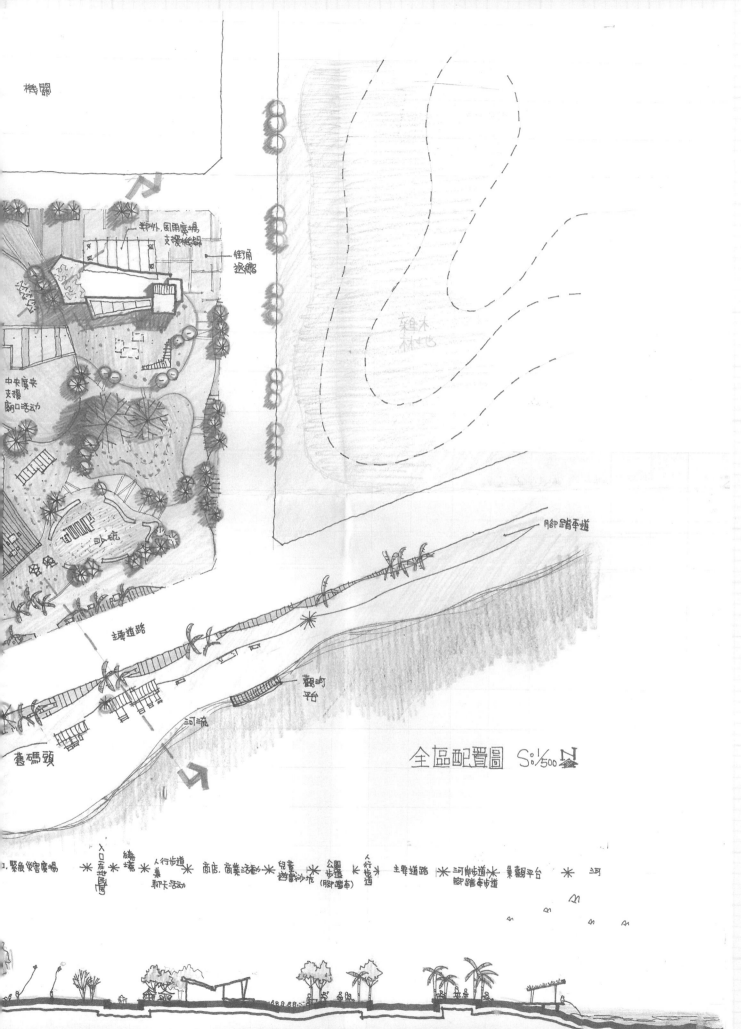

全區配置圖 S: 1/500 N

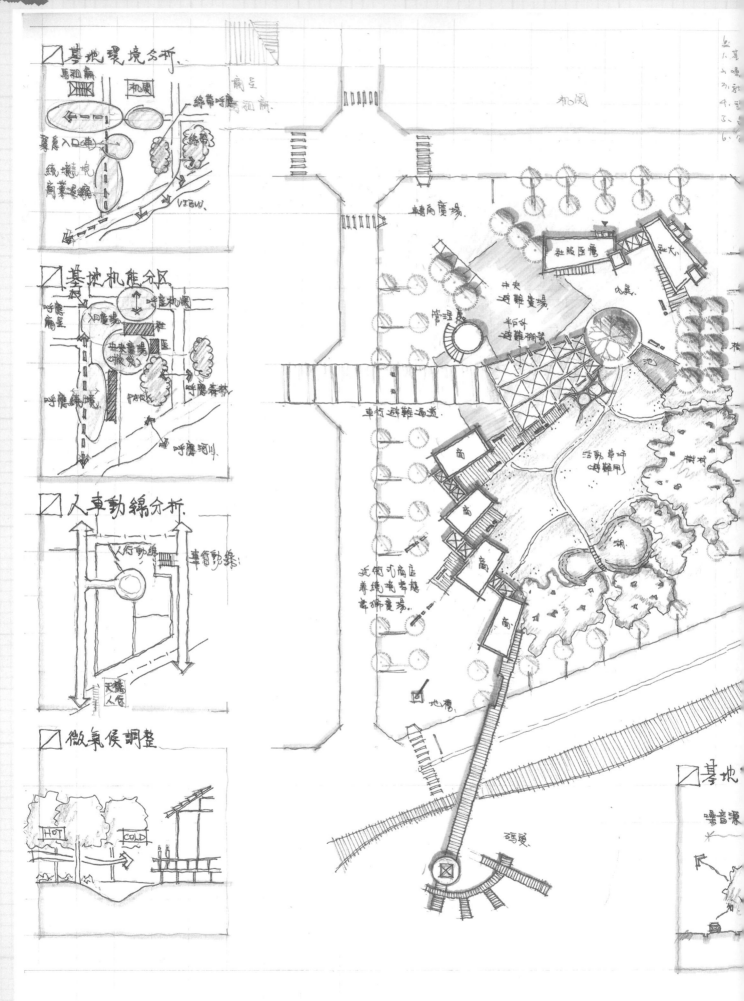

☑ 社區林蔭步道

☑ 公共廁所設置.
女廁、　男廁.

☑ 植栽計畫.
人行道植栽示意.
→小葉欖仁.
庭園主景樹.
→阿勃勒.
一般灌木.
→杜鵑 or 松葉杜紅.

☑ 街具、地標設置.
街具〈靠椅〉　　地標〈10意象〉

☑ 開放空間計畫.
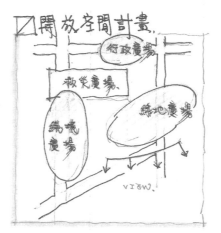
行政廣場
救災廣場
綠地廣場
縁慶廣場
VIEW.

☑ 設施帶.

路燈
小綠人
告示牌
車擋
變電箱
垃圾桶

☑ 申論題.
〈一〉全市性都市計畫、可包含以下項目:
  ⑴ 都市計畫願景:
    包含都市發展方向、區域使用分區變更.
  ⑵ 城區各割計畫:
    包含平域使用變更、城區使用強度設定.
  〈2〉都市街廓意象:
    車道線設定、立面元素設定、建築風搖審查.
  ⑷ 交通計畫:
    以鐵路為中程距離、高鐵為長程距離、
    捷運為短程距離、輔以公車系統、串縣鵩絡.
  〈5〉

防治.
緩衝　建物退縮.

☑ 路樹植栽設置.
人行座椅
人行道
植栽穴.
設施帶.
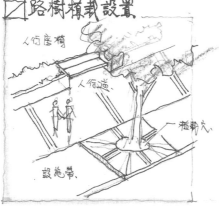

守望救護

陳運賢.

作品提供／陳運賢建築師

基地環境與都市紋理解讀

基地面積：8400m²
建蔽率 15%，容積 60%
FA÷5040 m²，約3F

公園設施
商業活動
社會福利

媽祖廟　机関(人潮)
机関人潮
香客人潮(退縮)
動態公園(專地)
靜
林地(生態)
繞境活動(商業帶) BOT
view
居碼頭　洞岸(休閒)運河碼頭

生態永續之規劃

棄北風(冬季)
阻擋
平台
林地
綠手指
複層植栽景觀
本土樹種优化
南向錄地廣場
社區環境改造
屋頂綠化
雨水回收
迎南季風(夏季)
雨水野
夏風降溫
cool

人本交通規劃

媽祖廟
開放空間系統串連
入口廣場
行政廣場
謝神廣場
繞境廣場
綠地
Bus
步道系統串連
沿河岸自行步道
Bike 租借
view
沿河岸動線
一人本交通提供臨15m道路設置公車站避免車子進入狹小巷弄

社區防災避難

車行救護入口
指揮中心
臨時避難
廣場(曜)
居民避難安全疏散動線
社區關懷据点 ➡ 緊急指揮中心
社區醫療中心 ➡ 救護中心
社區大學 ➡ 安置中心

公園入口廣場
口袋錄地(休憩)
社区交通
謝神廣場(民俗表演假日市集)
樹下休憩區
繞境廣場(退縮)
6m 道路
廣設街道家具
商業
商業
商業
生態
海岸碼頭

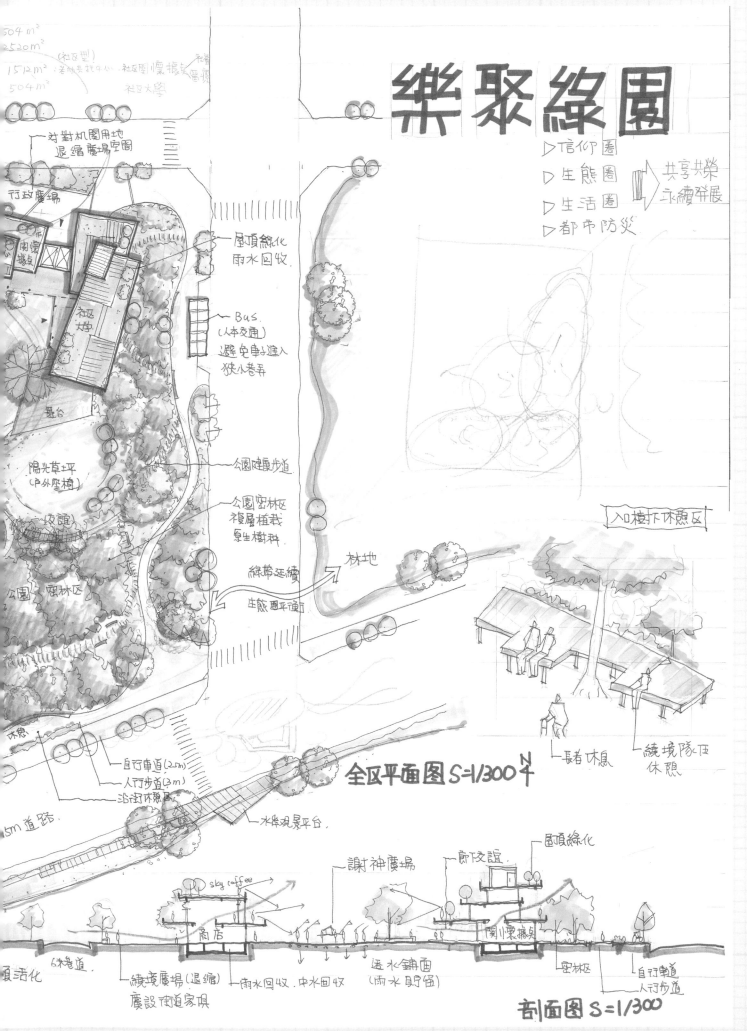

504 m²
2520 m²
(社區型)
1512 m² 差別共社年少社區關懷據堂 社區
504 m² 社區大學

對對机閣用地
退縮廣場空間

行政廣場

園懷據集

社區大學

墅台

陽光草坪
(戶外座椅)

(反誼)

公園 密林区

休息

樂聚綠圍

▷ 信仰圈
▷ 生態圈   共享共榮
▷ 生活圈   永續發展
▷ 都市防災

屋頂綠化
雨水回收

Bus.
(人本交通)
避免車子進入
狹小巷弄

公園健康步道

公園密林区
複層植栽
原生樹种

綠帶延續

生態圈平通

林地

入口楼下休憩区

長者休憩

繞境隊伍
休憩

自行車道(2.5m)
人行步道(3m)
沿街休憩区

5m道路

水岸观景平台

全区平面图 S=1/300 N

剖面图

屋頂綠化

sky coffee

謝神廣場   節度誼

商店

6林巷道   開川眾据集

頂活化   繞境廣場(退縮)   雨水回收.中水回收   透水鋪面   密林区   自行車道
         廣設街道家俱   (雨水貯蓄)   人行步道

剖面图 S=1/300

作品提供／譚之琳建築師

九十年專門職業及技術人員高等考試 建築師、技師　高：01-8　全一張
　　　　　　　　　　　　　　　　不動產估價師 考試試題　　　　　　　（正面）

類　　科：建築師
科　　目：敷地計畫與都市設計
考試時間：四小時　　　　　　　　　　　　　座號：＿＿＿＿＿＿＿

※注意：㈠本試題可以使用電子計算器。
　　　　㈡不必抄題，作答時請將試題題號及答案依照順序寫在試卷上，於本試題上作答者不予計分。

一、申論題
　㈠都市設計的目的是為市民創造一個方便、安全而舒適的居住及生活環境，市民是都市
　　的主人，也是對都市發展最有話要說的人，設計單位應如何安排民眾參與都市設計工
　　作，請申述之。（10分）
　㈡在都市設計上，如果能適當的利用自然氣候的因子，可以減輕很多設備能源之消耗，
　　降低人造環境對生物系統之破壞，請論述如何利用都市環境設計的手段，在居住及生
　　活環境中創造良好的微氣候。（10分）

二、設計題
　㈠題目：國民小學校園規劃
　㈡主題：某省轄市政府為實踐下列教育改革理念，擬於該市某文教區規劃一所開放式小
　　學，塑造優良的學校文化，追求精緻的國民教育，以提升我國的教育品質。
　　1.國民小學宜朝向小班小校的模式發展
　　　小班小校的發展模式，已逐漸成為教育界的共識，每班人數原則上不超過 35 人。
　　　而未來學校的發展，應控制班數及學生人數，使其不致於超出校園的負荷。
　　2.普通教室宜以班級群概念設計
　　　未來學校教學空間的規劃設計，宜酌情引入開放式教學理念，拋除傳統單班教室上
　　　課的教學空間模式，朝向教師群間協同教學的模式。普通教室以班級群方式規劃設
　　　計，並適當提供資源教室等多功能空間。
　　3.與地方結合，落實社區總體營造理念
　　　國民小學通常也是地方上最大的公共場所，與地方的互動也最密切，因此，如何在
　　　不影響校園安全的前提下，開放提供社區居民參與使用，並在建築風格上，反映地
　　　方的特殊風貌，以落實社區總體營造之理念，將是校園重建的重要課題。
　　4.調整教學空間及內容，因應全球資訊化趨勢
　　　為因應全球化及資訊化的潮流，未來國內小學將引進英語教學及電腦教學課程，學
　　　校將設置語言教學教室以供學生學習語文；提供電腦及網路設備，供小學生操作電
　　　腦及上網路；並增添多媒體視聽設備，以提昇教學品質。
　　5.落實環保及生態教育
　　　為落實環境及生態保育的觀念，學校應重視校園環境的綠美化，以植栽吸收二氧化
　　　碳，並可考慮採用戶外教學；倡導資源回收概念；並在建築上採用省能的作法，減
　　　少使用破壞環境、不可回收的建築材料。
　㈢基地概況：基地東側鄰接 10 公尺道路，南側鄰接 20 公尺主要道路，西側鄰接綠帶，
　　北側鄰接 8 公尺道路，交通便利，面積約 27,933 平方公尺（見基地詳圖）。基地地形
　　由北向南緩斜，高程差 1 公尺。本區屬亞熱帶性氣候。

（請接背面）

九十年專門職業及技術人員高等考試 建築師、技師 不動產估價師 考試試題　　高：01-8　　全一張

類　科：建築師　　　　　　　　　　　　　　　　　　　　　　　（背面）

科　目：敷地計畫與都市設計

(四)設計原則

1. 一至六年級每年級各 4 班，幼稚園 3 班，全校共 27 班，每班學生 35 人，全校學生約 945 人。

2. 教職員工共 52 人，其中校長 1 人，秘書 1 人，人事主任 1 人，教務處主任 1 人，訓導處主任 1 人，總務處主任 1 人，輔導室主任 1 人，教師 42 人（其中數人兼各處室行政工作），護士 1 人，校工 2 人。

3. 本區建蔽率 50%，容積率 150%。

4. 空間需求除教室及辦公室外，尚包括專業教室 6 間，圖書室 1 間，集會堂 1 間，保健室 1 間，200 公尺運動場 1 處，以及其他必要的公共空間。

5. 配合「教改理念」規劃省能、環保、精緻、美觀、實用及永續經營之校園。

(五)圖說要求

1. 規劃說明（30 分）
   (1)空間定性定量分析
   (2)空間關係矩陣圖或泡泡圖
   (3)法規檢討
   (4)基地分析（比例自定）
   (5)規劃構想

2. 總配置圖（含景觀設計），比例 1/600　（40 分）

3. 兩向剖立面圖，比例 1/600　（10 分）
   註：建築物只需量體，無需平面圖

(六)基地詳圖

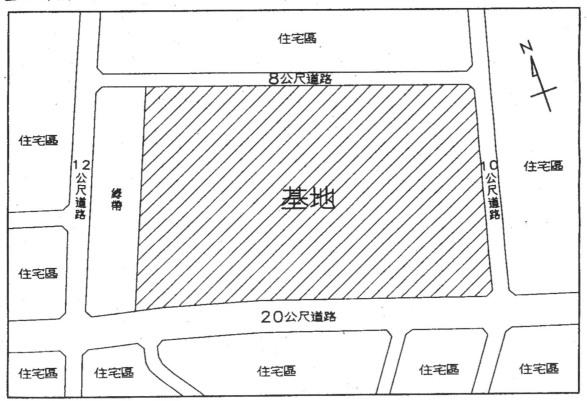

比例：1/2000

基地分析訪劃

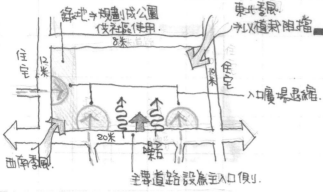

漫遊綠的

分區配置訪劃

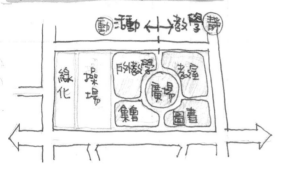

防災及動線訪劃

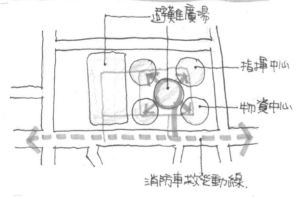

開放空間訪劃

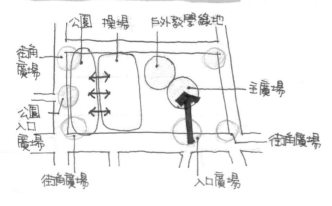

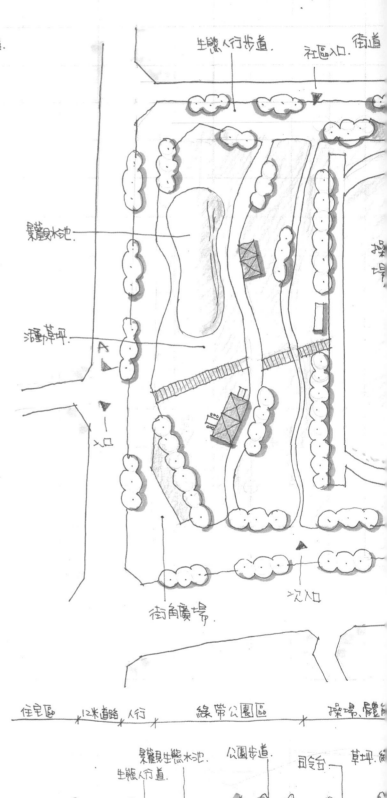

校園

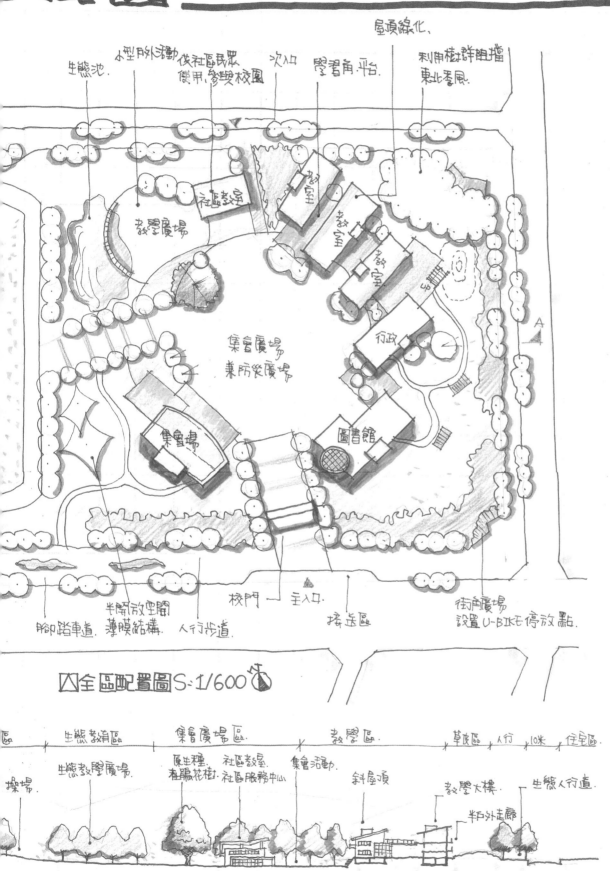

生態池.
小型戶外活動供社區民眾 使用、參與校園.
次入口
學習角 平台.
屋頂綠化.
利用植栽群阻擋東北季風.

社區教室
教室
教室
教室
教學廣場
W.C
行政
集會廣場 兼防災廣場
集會場
圖書館

半開放空間 薄膜結構.
人行步道.
腳踏車道.
校門 主入口.
接送區.
街角廣場 設置 U-BIKE停放點.

⊠全區配置圖 S:1/600

生態教育區. | 集會廣場區. | 教學區. | 草皮區 | 人行 | 10米 | 住宅區.

生態教學廣場.
原生種、有鴨花樹 社區教室. 社區服務中心.
集會活動.
斜屋頂.
教學大樓.
生態人行道.
半戶外走廊.

⊠A-A剖面圖 S:1/600

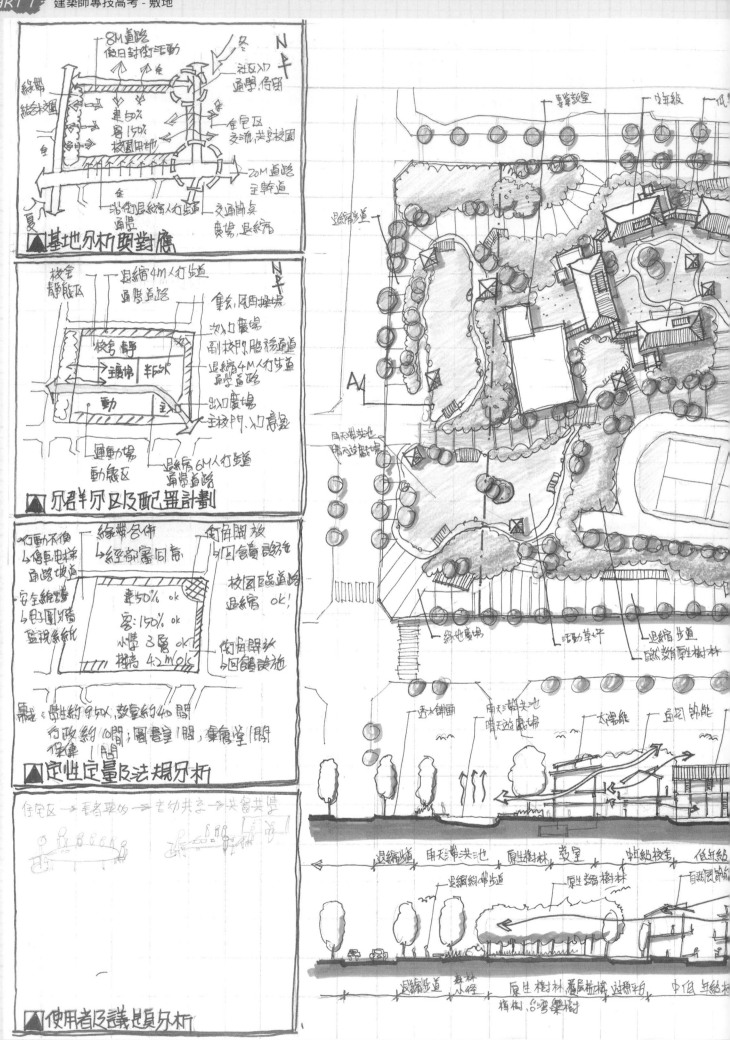

▲ 基地分析與對應

▲ 分君分尽及配置計劃

▲ 定性定量及法規分析

▲ 使用者及議題員分析

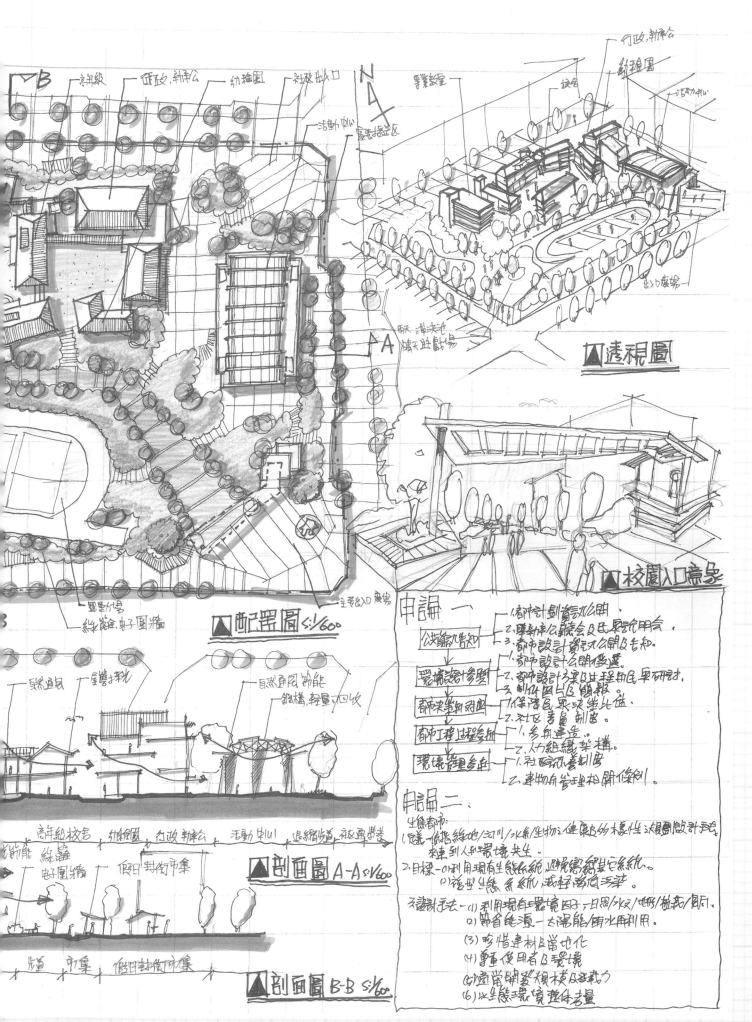

▲透視圖

▲校園入口意象

▲配置圖 S:1/600

▲剖面圖 A-A S:1/600

▲剖面圖 B-B S:1/600

申論 一

| 公共參與告知 | 1.都市計劃書該怎麼用 |
| 2.舉辦擴大說會及民眾說明會 |
| 3.都市設計資料公開及告知 |

| 環境設計參與 | 1.都市設計公開徵選 |
| 2.都市設計方案及其過程讓民眾研討 |
| 3.制作圖面以及簡報 |

| 都市決策和計劃 | 1.保障民眾決策比值 |
| 2.社區參與制定 |

| 都市工程過程參與 | 1.參與建造 |
| 2.人力組織架構 |

| 環境管理參與 | 1.社區訊息制度 |
| 2.建物的管理相關條例 |

申論 二：

生態都市：

1.建一個綠緒地/河川/水系/生物之健康及多樣性生活規劃設計手法來達到人和環境共生。

2.目標-0利用現有生態系統避開編織其它系統。
  (1)補每生態系統或減省能污染。

3.設計手法-(1)利用現有環境因子-日照/水文/地形/植栽/圍局。
  (2)節省能源-太陽能/雨水再利用。

  (3)珍惜建材及當地化

  (4)尊重使用者及環境

  (5)適當開發規模及型態

  (6)以生態環境整體考量

作品提供／張繼賢建築師

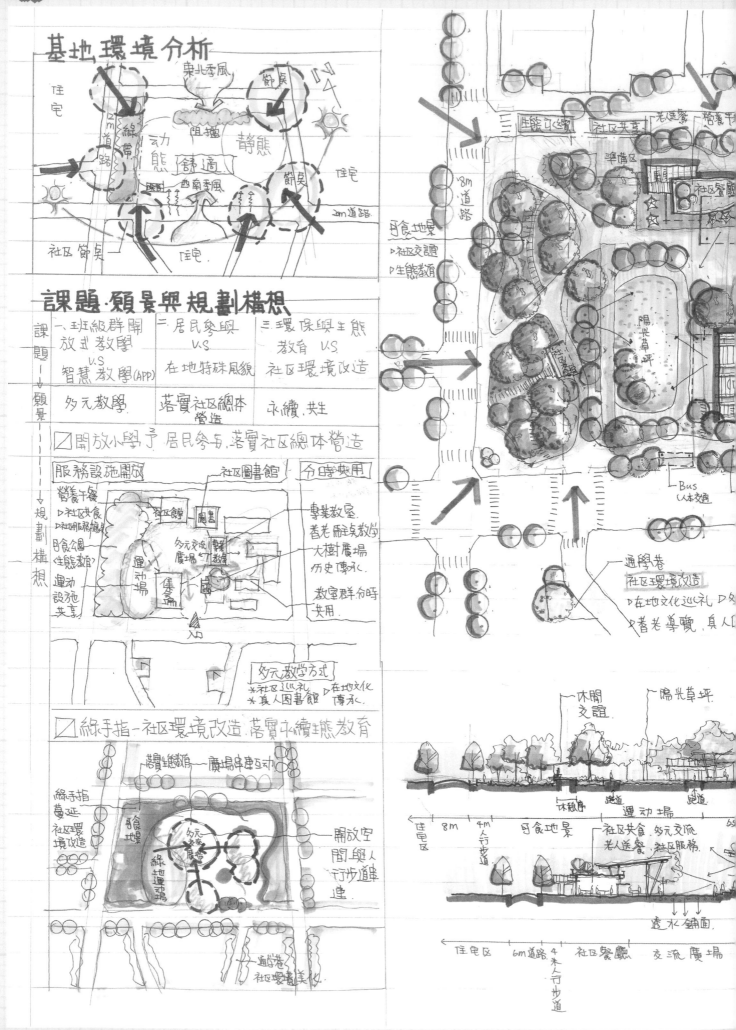

基地環境分析

東北季風
節氣
住宅
12m道路 綠帶
阻擋
靜態
動態 舒適
住宅
西南季風
節氣
節氣
社區節氣
住宅
2m道路

課題·願景與規劃構想

課題	一、班級群開放式教學 v.s 智慧教學(APP)	二、居民參與 v.s 在地特殊風貌	三、環保與生態教育 v.s 社區環境改造
願景	多元教學	落實社區總体營造	永續、共生

☑ 開放小學予居民參与.落實社區總体營造

服務設施開放　社區圖書館　分時共用

營養午餐
▷社區共食
▷社區服務
晚公園
《生態類》
運動設施共享

多元交流廣場　專業教室
集會所

專業教室.
耆老駐点教學
大樹廣場
歷史博承.

教室群·分時共用

多元教学方式
※社区巡礼　▷在地文化
※真人圖書館　博承

☑ 綠手指-社区環境改造.落實永續生態教育

髓類　廣場串連互动

綠手指蔓延
社区環境改造

晚食地景
綠地運動場

多元多族廣帶

開放空間與人行步道連

通學巷
社区環境美化

生態교육　社区共享
準備區
社区餐廳

8m道路

晚食地景
▷社区交誼
▷生態교育

陽光草坪

Bus 以本交通

通學巷
社区環境改造
▷在地文化巡礼 ▷多元
▷耆老導覽、真人

休閒交誼　陽光草坪

住宅區
8m　4m 人行步道
休憩區　步道　運动場　步道

晚食地景

社区共食.多元交流
老人送餐.社区服務.

透水鋪面

住宅區　6m道路 4米人行步道　社区餐廳　交流廣場

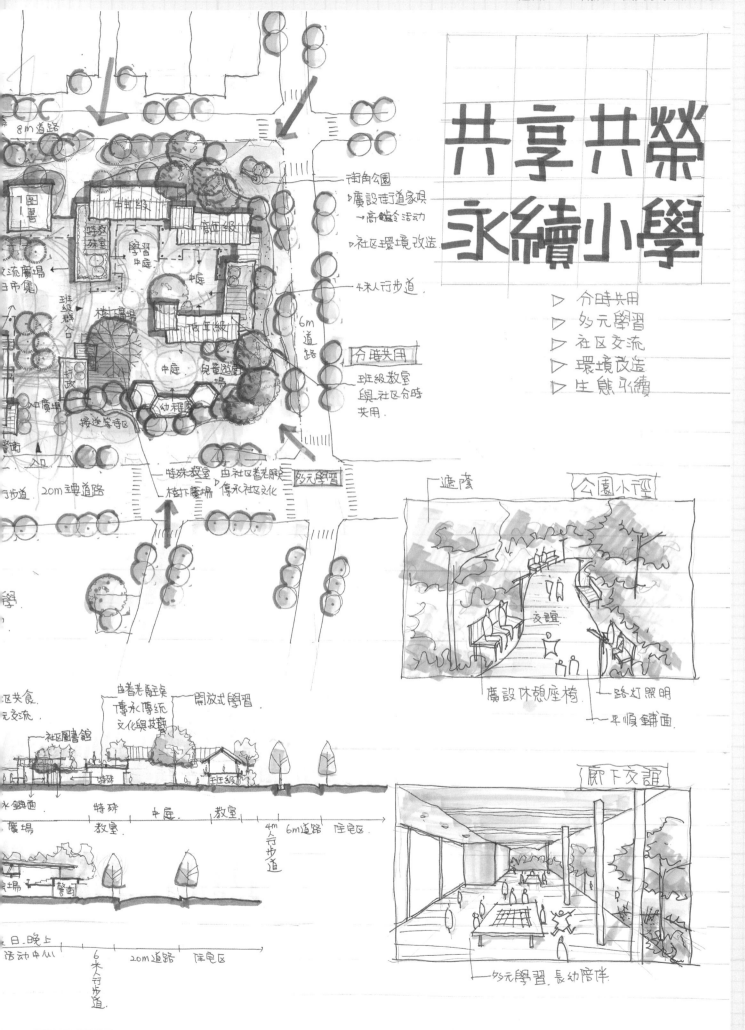

共享共榮
永續小學

▷ 分時共用
▷ 多元學習
▷ 社區交流
▷ 環境改造
▷ 生態永續

街角公園
廣設街道家具
→ 高齡者活動
社區環境改造

4米人行步道

分時共用
班級教室
與社區分時
共用.

多元學習
特殊教室 由社區耆老駐點
樹下廣場 傳承社區文化

遮陰　　　　公園小徑

交誼

廣設休憩座椅　路灯照明
平順鋪面

廊下交誼

多元學習 長幼陪伴

由耆老駐點
傳承傳統
文化與技藝
開放式學習

社區圖書館

永鋪面　特殊　中庭　教室
廣場　教室　　　　4米行步道
警衛　　　　6m道路　住宅區

日、晚上
活动中心
6米人行步道
20m道路　住宅区

建築師檢覆 - 敷地

| 都 市 | 計 畫 | 敷 地 |

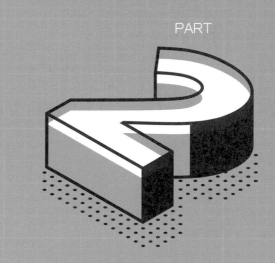

94 年第二次專門職業及技術人員檢覆筆試試題　代號：30350　全五頁
　　　　　　　　　　　　　　　　　　　　　　　　　　　　　　第一頁

　　類　　科：建築師
　　科　　目：敷地計畫及都市設計
　　考試時間：4 小時　　　　　　　　　　　　座號：＿＿＿＿＿＿

※注意：㈠可以使用電子計算器。
　　　　㈡不必抄題，作答時請將試題題號及答案依照順序寫在試卷上，於本試題上作答者，不予計分。

一、申論題

㈠都市設計不只滿足市民之基本需求，亞里斯多德曾對城市揭櫫：「城市為人類經營高尚目的之共同生活場所」。巴塞隆納的 Las Ramblas 大街在十八世紀初，它只是一條通道及湍急的河流，目前為全世界最美的街道之一。它的成功除了完善的公共設施（包含地鐵），它更提供了當地居民及觀光客一個優質的都市空間，身為一位建築師請根據 Las Ramblas 的經驗在台北市或其他都市內選擇一街道，說明您將如何設計它。（15 分）

㈡水銀溫度計顯示溫度 22℃，相對濕度 80 ％時，人之心理溫度感受為 30℃，這現象與人體皮膚之散熱有關。在台灣高溫高濕的氣候條件下，請說明如何以設計手法改良人周遭環境之微氣候條件，使人達到較佳之舒適感。（15 分）

二、設計題

㈠題目：台北市南區防災主題公園規劃

　　都市之開放空間長久未將防災避難功能列為規劃內涵。921 震災期間近十萬民眾被迫露宿於公園、學校等開放空間內，造成災民避難生活的不便與不適。政府為避免日後重蹈覆轍，亟欲將公園綠地規劃為防災避難場所，至此防災公園相關議題逐漸為產官學界所重視。

　　台北市政府 2001 年提出「具維生功能大型避難場所防災公園執行計劃」，於 2004 年 9 月完成都市計畫變更程序，依據「變更台北市三軍總醫院附近地區主要計畫案」之內容，擬建置一處「台北市南區防災主題公園」。

㈡防災公園規劃原則

1.防災公園應能容納避難圈域內瞬間產生的大量人潮。
2.防災公園應是一個常態性使用的空間。
3.防災公園應依災害時序提供不同的機能需求。
4.防災公園的空間應塑造出相對的安定感。
5.防災公園應能滿足避難生活所需機能。
6.防災公園規劃前應進行基地及周邊環境之安全性調查。
7.防災公園的自然生態環境有助於安撫災民情緒。
8.防災公園應具有強烈的自明性並易於辨識。
9.防災公園應具有廣大的包容性以接納多元的避難者。
10.防災公園內之動線應能明確以提高防救災效率。
11.防災公園應建立自給自足的維生系統。
12.防災公園之指揮系統應講求效率、速度及精確之原則。
13.防災公園與周邊空間設施串聯成互助救援體系。
14.防災公園在平時應能讓居民親近使用成為習慣。
15.防災公園之規劃營運應重視民眾參與。
16.防災公園的空間應能反映防災教育的內容。
17.災時的救災力量來自於平時的社區居民組織。
18.防災公園規劃應呼應地區人文環境特質。

（請接第二頁）

類　　科：建築師
科　　目：敷地計畫及都市設計

㈢基地概述

　1.基地位置

　　　基地溯自日據時期 1932 年「台北市區計畫」即被規劃為八號公園預定地，民國 93 年 7 月完成都市計劃變更，劃設 9.51 公頃作為台北市南區「防災主題公園」，是台北市首處經都市計劃法定程序變更之地區性防災公園。其位置座落於台北市南區辛亥路底端，鄰近新店溪與古亭河濱公園，附近有 70 m 辛亥路防災園道、汀州路、師大路、水源快速道路、思源路。

　2.基地現況

　　　基地東北側與三軍總醫院汀州院區交界，東南側與台大水源校區相鄰，目前現地以圍牆區隔，並無互動關係。地形屬不規則狀，基地內尚有汀州路三段 24 巷由汀州路穿越基地到達水源路，永春街則從思源路通達汀州路三段 24 巷，均屬地區舊有街道紋理；另有未開闢之 15 m 都市計畫道路，以分隔公園區與眷村改建區。

　　　東北側為二處國防部之軍方眷舍，分別為學人新村，屬三總國醫之職官宿舍及嘉禾新村屬國防部眷村。而永春街兩側至水源路之間為密集一、二層窳陋住宅。並於富水里里長訪談中，得知本地區始自日據時代即從事開墾，地名為「水源町」，汀州路原是台北通新店鐵道支線位址，設有水源車站，即目前汀州路派出所位置。由思源路可通達新店溪岸邊水源地抽水站。民國三十七年以後陸續興建眷村、民宅，少有商業活動，因磚木造房子居多經常發生火災，造成人員、財物的損失。

　　　基地北側鄰接「聖靈寺」屬市定古蹟保存區，是地區宗教信仰中心之一。里內人口結構為軍人約佔 1/3，其餘為一般居民。一般里民活動聚會場所則在水源快速高架橋下之里民活動中心。

㈣規劃範圍

　　基地面積為 9.51 公頃，鄰地住宅專用區面積為 2.36 公頃也一併納入規劃範圍，並以螢橋國中所服務學區八個里作為防救災避難圈域探討範圍，避難圈域人口約 36,617 人，基地位置如下圖所示。

（請接第三頁）

94 年第二次專門職業及技術人員檢覈筆試試題　　代號：30350　全五頁
類　　科：建築師　　　　　　　　　　　　　　　　　　第三頁
科　　目：敷地計畫及都市設計

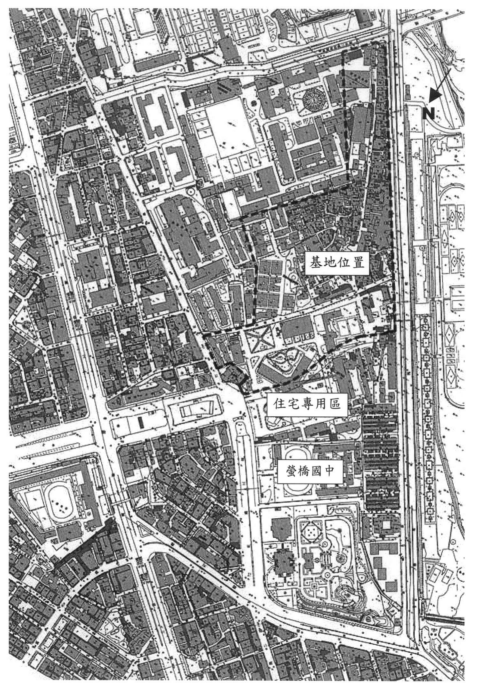

比例尺：1/5000

（請接第四頁）

94 年第二次專門職業及技術人員檢覈筆試試題　代號：30350　全五頁
　　　　　　　　　　　　　　　　　　　　　　　　　　　　　　第四頁

類　　科：建築師
科　　目：敷地計畫及都市設計

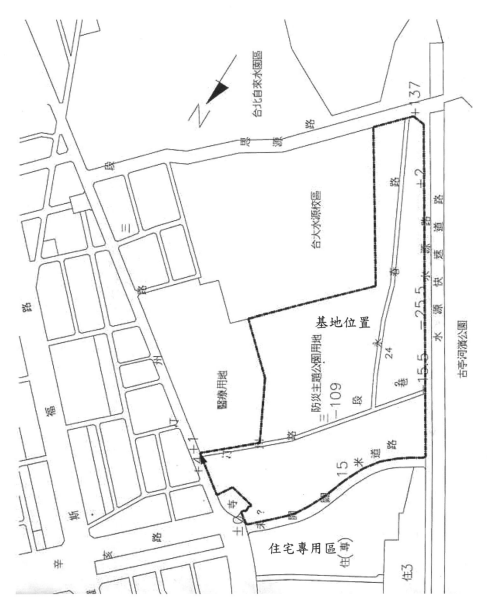

比例尺：1/4000

(五)規劃內容

　　依據台北市政府於 2004 年所計劃之「變更台北市三軍總醫院附近地區主要計畫案」，關於防災公園必要之建設、設施設備等相關規定為：防災公園之規劃內容必須包括防災中心（規劃、指揮調度、協調聯繫防災勤務與行動）、收容設施（利用開放性廣場、鄰近校園建築-避難）、消防關聯設施及設備（公園內消防分隊、基本消防設備）、儲存設施（利用建築物與地下空間儲備避難者所需 3-7 日之水、食物、日用品、生活器材-如帳棚）、救護設施（規劃醫療用地或設施以支援緊急救護醫療）、資訊通信設備（廣播、通訊、避難標誌、收發資訊）、其他關聯設施（周邊水源、開放性水面、儲備用水）、災害防止帶、防火區劃帶以及防災空地（兼做直昇機停機坪）。

（請接第五頁）

94 年第二次專門職業及技術人員檢覈筆試試題　代號：30350　全五頁
　　　　　　　　　　　　　　　　　　　　　　　　　　　　　　　第五頁
　　類　　科：建築師
　　科　　目：敷地計畫及都市設計

(六)空間需求（面積自訂）
　　1.管理中心
　　2.南區防災指揮中心
　　3.消防分隊
　　4.直昇機停機坪
　　5.防災生活教育館
　　6.停車露營區
　　7.社區咖啡館
　　8.社區活動中心
　　9.社區資源回收站
　　10.社區資源倉儲區、加工區
　　11.籃球場
　　12.互動式教育體驗場
　　13.廣場
　　14.廁所
　　15.其他空間自訂

(七)圖面要求（比例尺自訂）
　　1.規劃構想（含規劃說明與概念圖）及其他圖說依規劃表達需求繪製（35分）
　　2.全區配置圖（含景觀規劃）（35分）

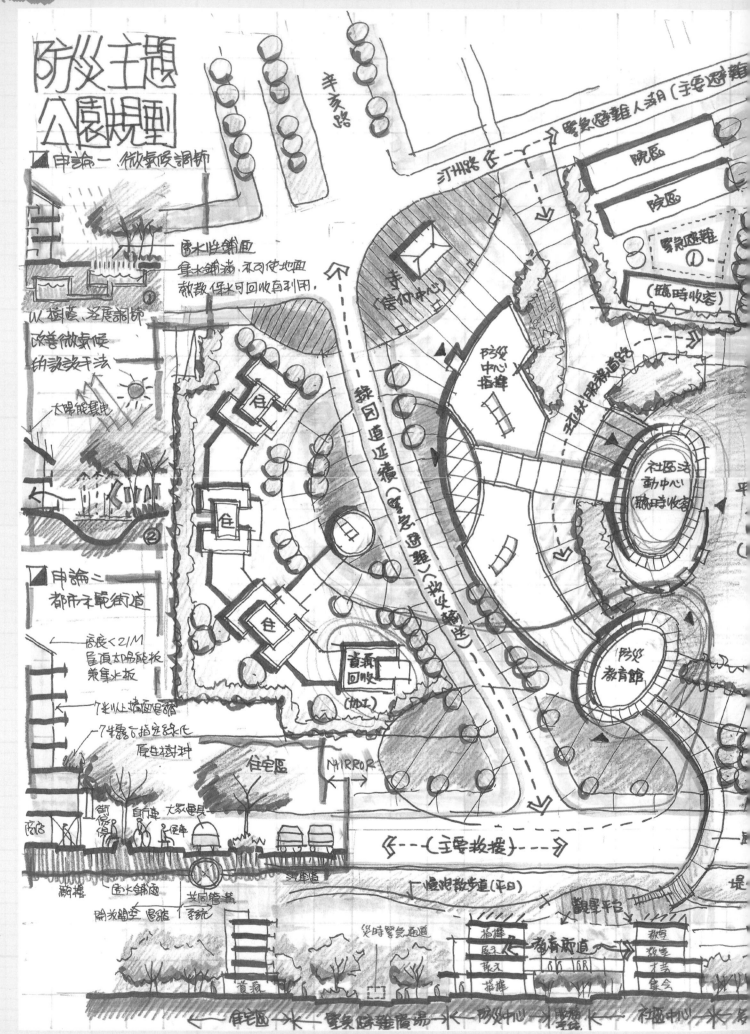

防災主題
公園規劃

申論一 微氣候調節

圍水性鋪面
集水鋪滿,不可使地面
散熱保水可回收再利用.

以 樹蔭,呈度調節

改善微氣候
的設施手法

太陽能發電

申論二
都市示範街道

高度<21M
屋頂太陽能板
集集水板

7層以上境面層種
7樓層台指定綠化
原生樹種

住宅區

MIRROR

商店 自行車 停車

辛亥路

訂州路

緊急避難人潮(主要避難)

院區

院區

緊急避難(1)
(臨時收容)

寺(信仰中心)

防災中心據點

社區活動中心(臨時收容)

防災教育館

音氣回收(加工)

(主要救援)

健康散步道(平日)

觀星平台

災時緊氣面道

樓梯 教室 才會 集會

教育商道

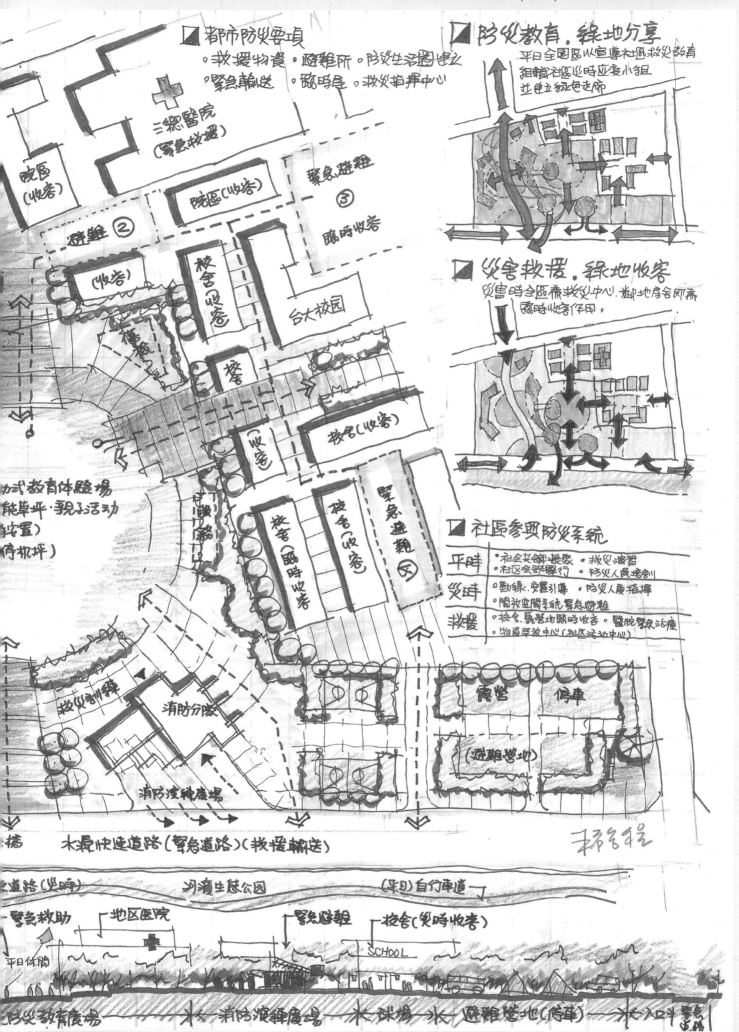

■ 都市防災要項
。救援物資 。避難所 。防災生活圈建立
。緊急輸送 。臨時屋 。救災指揮中心

■ 防災教育．綠地分享
平日全園區以宣導社區救災教育
組織社區防災應變小組
並建立綠色走廊

■ 災害救援．綠地收容
災害時全區為救災中心，綠地房舍即為
臨時收容作用。

■ 社區參與防災系統

平時	•社會共識提聚 •救災演習 •社區會議舉行 •防災人員進訓
災時	•動線、安置引導 •防災人員指揮 •開放空間系統緊急避難
救援	•校舍、綠地臨時收容 •醫院緊急治療 •物資輸送中心 (社區活動中心)

三總醫院 (緊急救援)
院區 (收容)
避難②
(收容)
院區 (收容)
緊急避難③
臨時收容
校舍 (收容)
台大校園
收容
校舍 (收容)
校舍 (臨時收容)
校舍 (收容)
緊急避難園
(收容)
式 教育体驗場
能草坪．親子活動
(停机坪)
救災訓練
消防分隊
露營
停車
(避難營地)
消防演練廣場

木柵快速道路 (緊急道路) (救援輸送)

王裕程

道路 (災時) — 羽涓生態公園 — (平日) 自行車道
緊急救助 — 地区医院 — 緊急避難 — 校舍 (災時收容)
平日休閒
SCHOOL
防災教育廣場 ＊ 消防演練廣場 ＊ 球場 ＊ 避難營地 (停車) ＊ 入口

全區配置圖 S:1/1000

剖面圖 S:1/1000

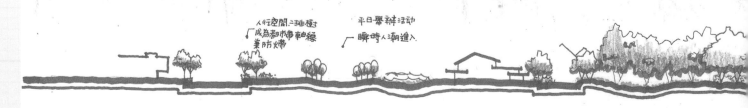

青青擁抱

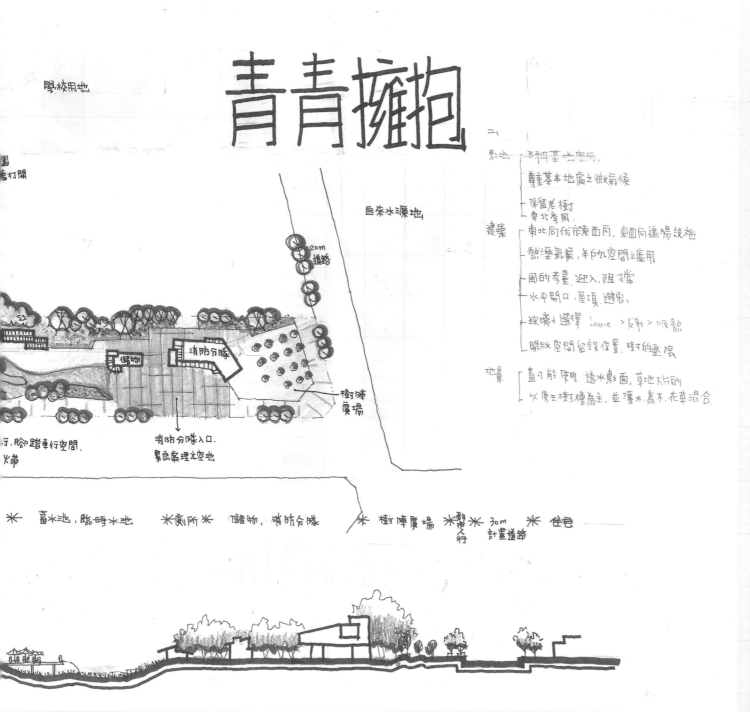

學校用地

自來水源地

20m 道路

儲物

消防分隊

樹陣廣場

消防分隊入口.
緊急處理之空地

行.腳踏車行空間.

※ 蓄水池,臨時※北 ※廁所※ ※儲物,消防分隊 ※ 樹陣廣場 ※都市※ 30m ※ 住宅
行 計畫道路

二、

敷地 — 多種基地座向.

— 尊重基本地�之微氣候

— 保留老樹
— 東北季風

建築 — 南北向伸展東西向,東西向遮陽設施

— 熱溼氣候,半戶外空間之應用

— 風的考量,迎入,阻擋

— 水平開口,屋頂,避雷、

— 玻璃之選擇 Low-e >反射 >吸熱

— 開放空間留設位置,樹木的垂陰

地景 — 盡可能使用 透水鋪面,草地大片的

— 以原生樹種為主,並灌木,高木,花草混合.

94 年第一次專門職業及技術人員 律師、會計師、建築師、技師 檢覈筆試試題　代號：30350　全三頁
社會工作師、土地登記專業代理人　　　　　　　　　　　　　　　　　第一頁

　　類　　科：建築師
　　科　　目：敷地計畫及都市設計
　　考試時間：4 小時　　　　　　　　　　　座號：＿＿＿＿＿＿＿＿

※注意：㈠不必抄題，作答時請將試題題號及答案依照順序寫在試卷上，於本試題上作答者，不予計分。
　　　　㈡本試題禁止使用電子計算器。

一、申論題：
　　㈠台灣因特殊的地理與區位環境，易遭颱風及地震等天然災害的侵襲，尤以山坡地社
　　　區為重。政府欲從國土復育的角度來改善目前的山坡地的生活空間與品質，且為顧
　　　及當地居民的生活機能，將以生態旅遊及民宿作為地區再發展的規劃策略，試擬出
　　　一坡地保育及開發的行動計畫來建構一個安全、生態及永續的社區。（20 分）
　　㈡「領域性」意指經由控制一定範圍之地理區域得以影響及管理其環境的行為，因
　　　此住宅社區的領域性除能維護社區健康與正常的功能外，居民亦較能感受到安全
　　　、舒適與認同。請問您所認知人類領域的種類為何？如何應用在住宅社區基地之
　　　規劃設計？（20 分）

二、設計題：
　　㈠主題：都市發展是一連串動態的成長過程，且存在著眾多新舊衝突的都市景觀風
　　　貌，為能提供更適居的生活空間，政府通常透過政策、法令及審議機制來改進及
　　　管理空間機能。
　　㈡請以都市設計的觀點，分析下列問題：
　　　1.地區現況說明
　　　　圖一之區域範圍係都市計畫區內之住商混合區，兩條河流分別從該區域之上方
　　　　及左側經過，右側為山坡地形。粗點線 ---------- 所圍繞範圍乃地方政府已規劃
　　　　擬辦理之都市更新地區，該更新地區外圍皆為都市新興發展區域。
　　　2.設計條件與內容
　　　　圖二基地位置（斜線部分）係位於都市更新地區內已廢棄工廠之閒置空間，境
　　　　內保存 2 棟 2 層樓之斜屋頂式的工廠倉庫（長×寬為 60 公尺×15 公尺，屋齡
　　　　約 60 年之磚造建築）及 3 棵老樹，未來此基地將規劃開發複合式購物中心。
　　　　請整體考量圖一的都市元素、土地使用分區現況及下列條件說明後，就設計圖
　　　　說要求作答：
　　　　(1)條件說明
　　　　　①基地內新建之商業大樓可供辦公、餐飲販賣、商場百貨並提供遊客停車
　　　　　　（空間需求自訂）
　　　　　②基地建蔽率 65 ％、容積率 560 ％
　　　　　③基地面臨 25 公尺計畫道路，8 公尺及 6 公尺的生活巷道
　　　　　④戶外開放空間之設置需能彈性提供經營者舉辦活絡商機之活動及社區居
　　　　　　民公益活動
　　　　(2)設計圖說要求（60 分）
　　　　　①都市設計原則與構想（包括公共開放空間系統、人行步道與車道系統、
　　　　　　建築量體配置、高度、造型、環境保護、景觀計畫）
　　　　　②基地內建築量體配置圖（比例自訂）
　　　　　③兩向剖立面圖（比例自訂）
　　　　(3)附圖
　　　　　①圖一：基地地理區位及土地使用分區示意圖
　　　　　②圖二：基地現況圖

（請接第二頁）

類　　科：建築師
科　　目：敷地計畫及都市設計

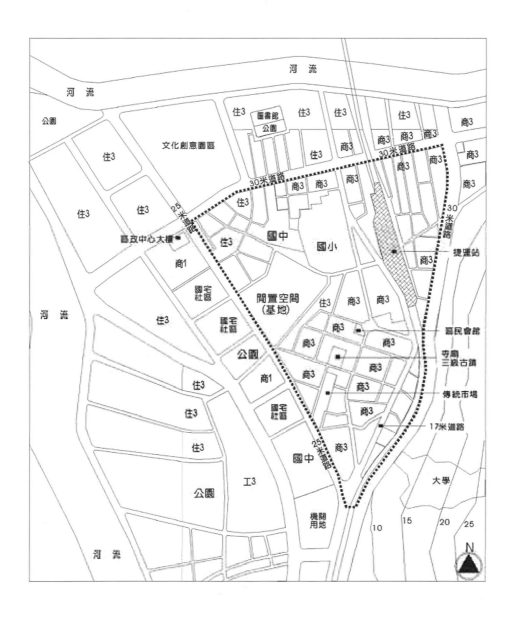

圖一　基地地理區位及土地使用分區示意圖

（請接第三頁）

94年第一次專門職業及技術人員 律師、會計師、建築師、技師
社會工作師、土地登記專業代理人 檢覈筆試試題　代號：30350　全三頁
第三頁

　　類　　科：建築師
　　科　　目：敷地計畫及都市設計

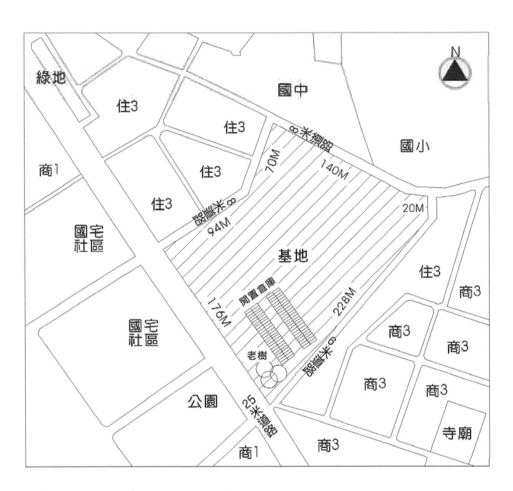

基地尺度依據圖面標示資料
註：住3：建蔽率45%，容積率225%
　　商1：建蔽率55%，容積率360%
　　商3：建蔽率65%，容積率560%

圖二　基地現況圖

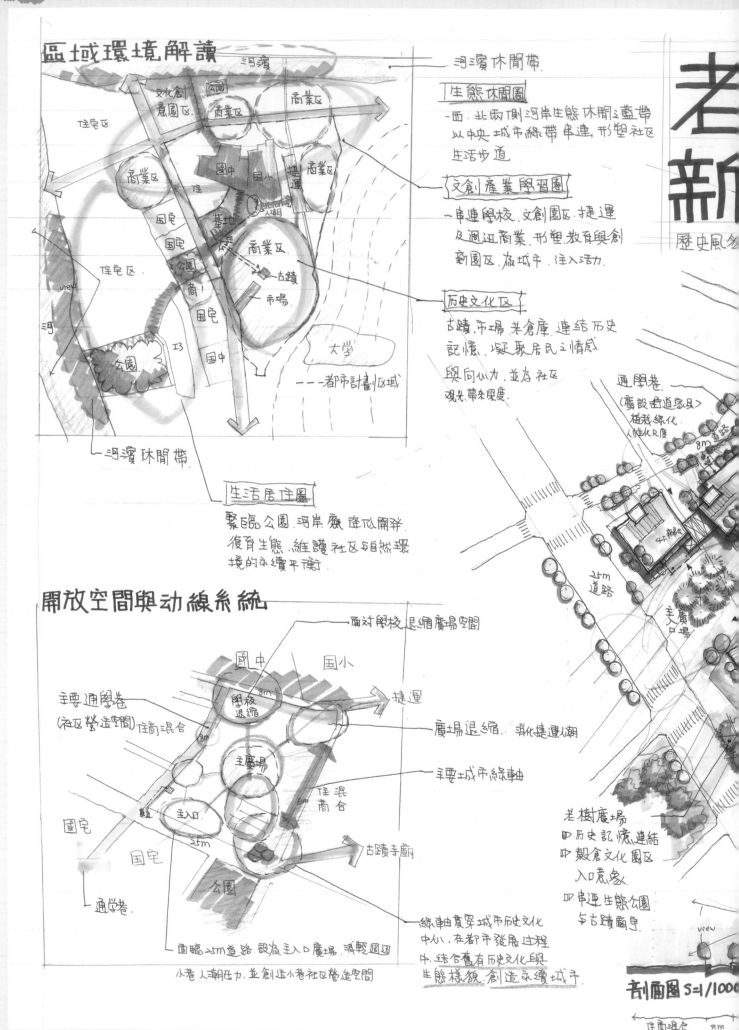

區域環境解讀

- 河濱休閒帶

生態休閒圈
- 西.北兩側河岸生態休閒之藍帶，以中央城市綠帶串連，形塑社區生活步道

文創產業學習圈
- 串連學校.文創園區.捷運及週迅商業，形塑教育與創新園區，為城市，注入活力.

歷史文化區
古蹟.市場.老倉庫，連結歷史記憶，凝聚居民之情感
與向心力，並為社區觀光帶來熱度.

生活居住圈
緊臨公園.河岸.廠.降低開發.
復育生態、維護社區與自然環境的永續平衡.

開放空間與动線系統

- 面对學校，退縮廣場空間
- 廣場退縮.消化捷運人潮
- 主要城市線軸
- 古蹟寺廟
- 主要通學卷 (社區營造空間) 住商混合
- 住混商合
- 綠軸貫穿全域市歷史文化中心，在都市發展过程中，結合舊有歷史文化與生態樣貌，創造永續城市
- 面臨25m道路，設為主入口廣場，減輕週邊小巷人潮压力，並創造小巷社區營造空間

通學巷. (廣設街道家具)
植栽綠化
人性化R度
8m道路

25m道路

美廣口場

老樹廣場
① 歷史記憶連結
② 殼倉文化園區入口意象.
③ 串連生態公園与古蹟廟尹.

剖面圖 S=1/1000

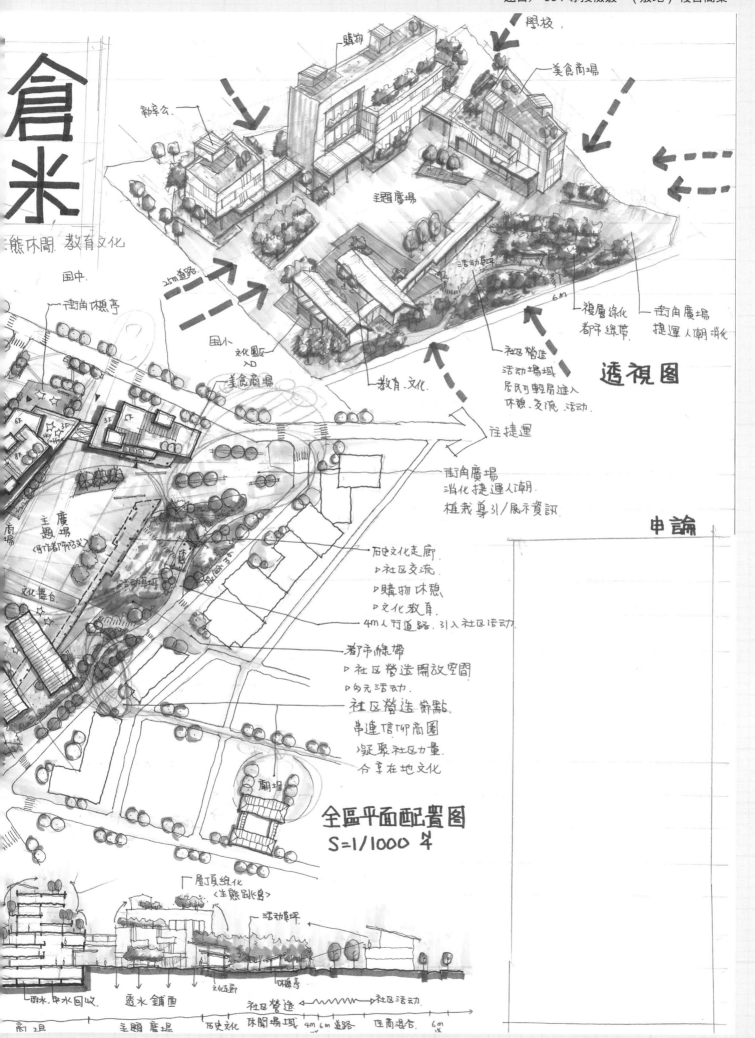

倉米

熊休間 教育文化

國中.

街角休憩亭

購物

辦宇公

美食商場

閣校

主題廣場

活动草坪

6m

複層綠化 街角廣場
都市綠帶 捷運人潮 消化

透視圖

市道路

國小
文化廠 入

美食商場

教育 文化

社區營造
活动場域
居民可輕易進入
休憩 多流 活动

往捷運

街角廣場
消化捷運人潮
植栽導引/展示資訊

申論

主題
商場 廣場

(排都市形架)

文化舞台

歷史文化走廊
▷社區交流
▷購物休憩
▷文化教育

4m人行道路 引入社區活動

都市綠帶
▷社區營造開放空間
▷多元活动

社區營造 節點
串連信仰商圈
凝聚社區力量
合享在地文化

廟垾

全區平面配置图
S=1/1000

屋頂綠化
〈生態跳跳島〉

活动草坪

文化庭廊
休憩亭
社區營造 ～～ 社區活动

雨水 中水回收
透水鋪面

商店   主題庭場 歷史文化 休閒場域 4m 6m道路 住商混合   6m

律師、會計師、建築師、技師
八十九年第一次專門職業及技術人員社　會　工　作　師檢覈筆試試題　代號：0350　全一張
土地登記專業代理人 （正面）

類　　科：建築師
科　　目：敷地計畫及都市設計
考試時間：四小時　　　　　　　　　　　座號：＿＿＿＿＿

※注意：㈠不必抄題，作答時請將試題題號及答案依照順序寫在試卷上，於本試題上作答者，不予計分。
　　　　㈡本試題可使用電子計算器，使用電子計算器計算之試題需詳列解答過程。

一、任何基地皆有其時空之發展歷史，當新事務及目標產生於其中時，必會對原有之現況產生衝擊，請問在探討文化層面與基地及週邊環境之衝擊時，做爲一個規劃者，我們主要考慮的一般性重要項目有那些？（20分）

二、都市設計對現代都市品質之提昇擔負著極重要之任務，請問建築師在從事都市設計方案時其一般正常的設計程序爲何？並概述其內容。（20分）

三、某文教機構擬在北部山區興建一可容150至200人之教學營區，以便舉辦夏令及冬令教學活動，或租與學校及各大企業公司從事學術研討活動之用，其規劃內容如下：（60分）

　　㈠基地：
　　　1.基地（如圖）。
　　　2.法定建蔽率40%　　法定容積率100%。
　　㈡規劃內容：本規劃案中之建築物業主希望最高不超過二層。
　　　1.行政區：⑴接待大廳（自訂）　　⑵工作人員10人。
　　　2.教學區：
　　　　⑴教室6間　　　　　40人／間
　　　　⑵演講廳　　　　　200人
　　　　⑶學生餐廳　　　　250人
　　　　⑷戶外階梯教學一處　100人
　　　3.宿舍區：獨棟或連棟，高以2樓爲限。
　　　　⑴學　生：共200人，每住宿單元8人，每2人一間套房，8人共用一起居室。
　　　　⑵教職員：16人，每住宿單元4人，每2人一間套房，4人共用一起居室，含簡易廚房。
　　　　⑶營區主任：獨棟住宅（2房2廳）。
　　　4.運動設施：
　　　　⑴戶外籃球、排球場各一個，網球場二個。
　　　　⑵大型平坦草地一處，以供不拘形式之活動。
　　　　⑶15m × 25m 戶外游泳池一個。
　　　5.停車室間
　　　　⑴大型遊覽車　　5部
　　　　⑵小汽車　　　　25部
　　　6.營區景觀規劃
　　　7.其他規劃上須考慮之事項
　　㈢圖面要求：
　　　1.全區配置圖　　　1／1000。
　　　2.全區剖立面圖　　1／500。（概念圖）
　　　3.規劃概念說明圖。
　　　4.意象圖。（用小透視表達未來的環境）

（請接背面）

八十九年第一次專門職業及技術人員 律師、會計師、建築師、技師 社　會　工　作　師 土地登記專業代理人 檢覈筆試試題 **代號：0350** **全一張（背面）**

類　　科：建築師

科　　目：敷地計畫及都市設計

樹林

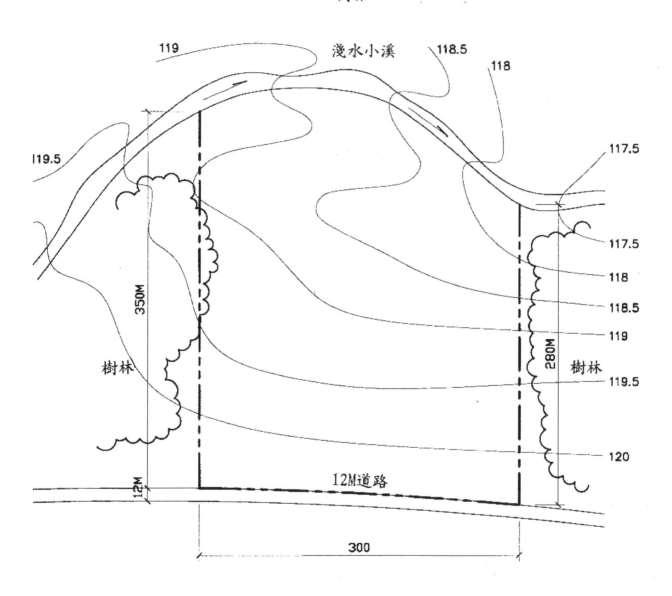

基地現況圖　　SCALE=1/3000

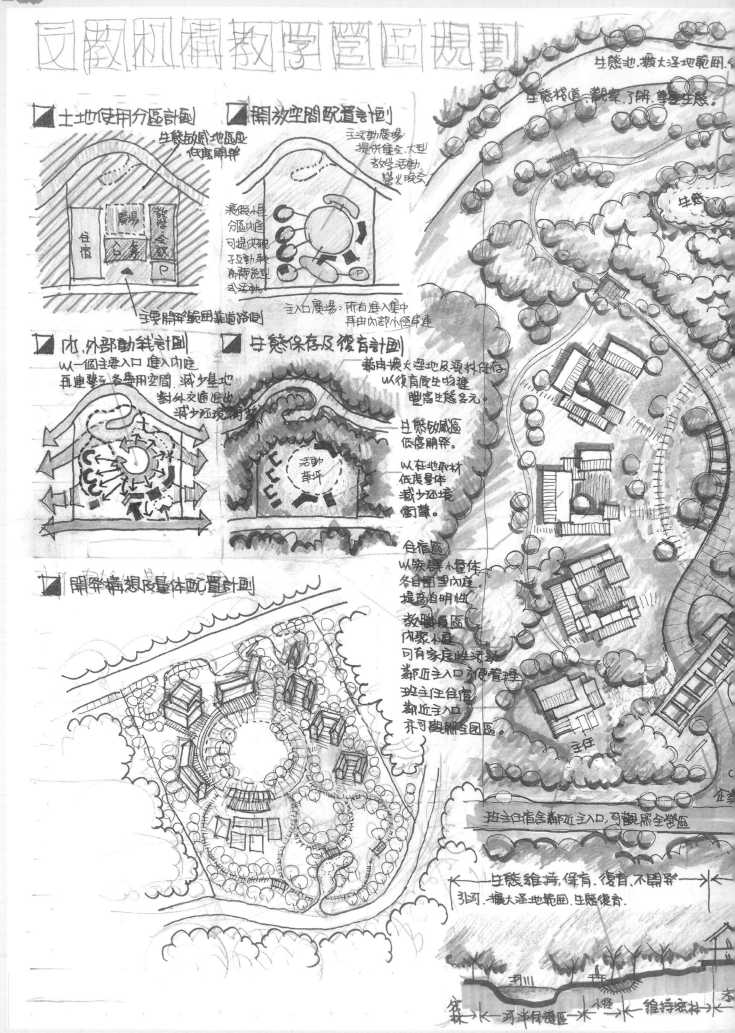

宗教機構教學營區規劃

☐ 土地使用分區計劃
生態敏感地區應低度開發

住宿
廣場
教學·會議
公務
P

主要開發範圍靠道路側

☐ 開放空間配置計劃
主活動廣場:提供集會·大型教學活動·營火晚會

乘居小屋分區內庭可提供親子互動並串聯不同類型式活動

主入口廣場:所有進入集中再由內部小徑串連

☐ 內、外部動線計劃
以一個主要入口進入內庭再連繫至各專用空間·減少基地對外交通進出·減少環境衝擊

☐ 生態保存及復育計劃
藉由擴大淫地及須材保存以復育原生物種·豐富生態多元

生態敏感區低度開發。

以在地取材低度量体減少環境衝擊。

住宿區以簇群小量体各自圍塑內庭提高自明性。

教職員區內象小屋可有家庭性活動·都近主入口引便看得·班主任住戶·都近主入口·亦可觀照全園區。

活動草坪

☐ 開發構想及量体配置計劃

生態地.擴大淫地範圍.

生態棧道.觀察.了解.學生生態.

生態

主任

班主任宿舍靠近主入口.可觀照全營區

生態維持.保育.復育.不開發→
引河.擴大淫地範圍.生態復育.

引川
可半保護區
維持森林

室內教學區臨近密林區，
屬靜態活動，配置於原林邊緣
亦可界定營區活動範圍。

教學內容可結合生態課程，
就近，並串聯此邊生態環境。

生態教室，
開發以此為界。

■ 申論Ⅰ 環境衝擊應考慮對策項目
(一) 地表下因子：土壤，地下水位，地質，地下管線設備。
(二) 地表面：地形，地勢，坡度，動植物，特殊景觀。
(三) 地表上：
(四) 基地外：
(五) 基地限制：
(六) 成本預算：
(七) 使用者：

利用既有樹林較疏
區域排置活動草坪
維持，減少林木
原地貌。砍伐。

外階梯教學

演講厅

演講厅另有獨立出入口，以舉辦活動

SCALE = 1/1000

演講厅，球場，
停車場等較多
夜鋪面區域集中
減少不透水面
的開挖。

企業識別
停車場：
透水鋪面。

■ 入口意像
連繫主廣場 CHECK IN

■ 擴大泽地面積
生態復育

以觀直的方式，不干預，
學習生態復育。

■ 階梯生態教學

夜間
營火
晚會。

住宿區內庭，使空間有鄰里感，
亦有各自的場所精神。

間接自然光，
太陽能板。

主活動區 ← → 大型會議室 → ← 主入口區(停車) → ← 生態保護區 →

戶外階梯 → 營火晚會 → 階樣教學 → 主動線 → 演講厅 → 密林區 → 停車場 → 聯外道路 → 密林

涵養大地 → 透水鋪面

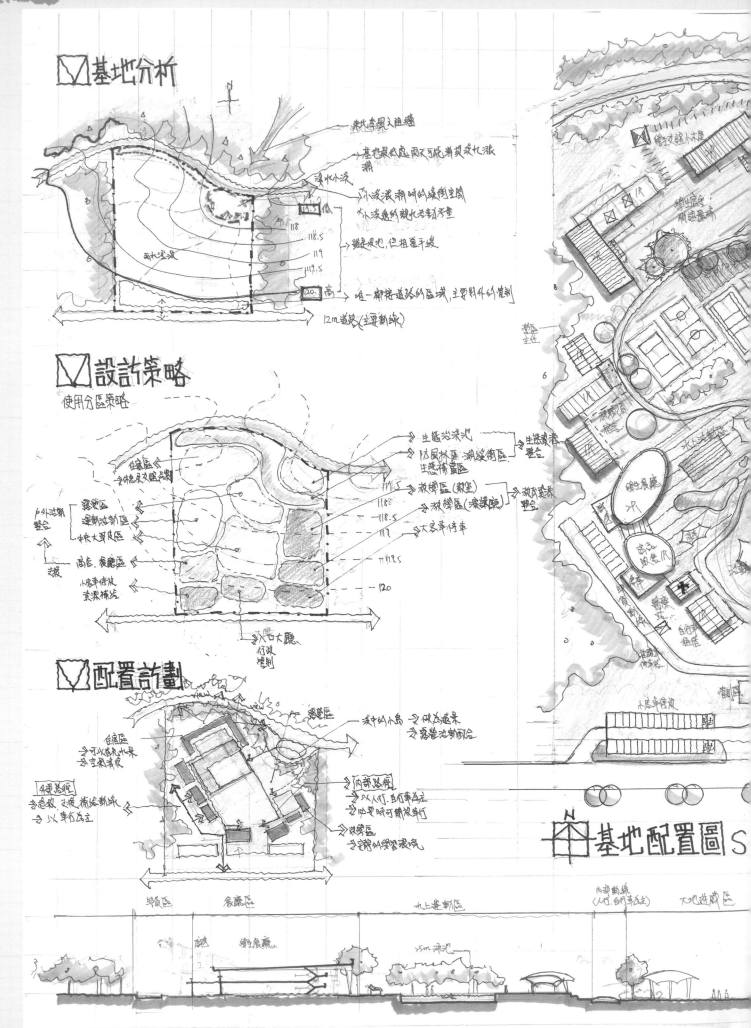

☑基地分析

- 來北季風之阻擋
- 基地最低區兩天可能會來北漲潮
- 淡水小溪
- 外淡漲潮時的線倒里間，大水淡週到親化石對不畫
- 臨近果地，但粗糙手繪
- 唯一鄰接道路的區域，主要對外的資料
- 12m道路(主要動線)

☑設計策略

使用分區策略

- 生態淺灘池 ─ 生態資源整合
- 防風林區、潮發衛區、生態補償區
- 教學區(教室) ─ 教育展系整合
- 教學區(演講廳)
- 大客車停車
- 入口大廳 行政實劃

☑配置計劃

- 住宿區 → 可以看水景 → 空氣清爽
- 主要動線 → 急救、支援補給動線 → 以車行為主
- 要區
- 淡中的小島 → 做為遠景 → 露營地動向合
- 內部路徑 → 以人行、自行車為主 → 必要時可開放車行
- 親營區 → 補育的親營環境

申論題:

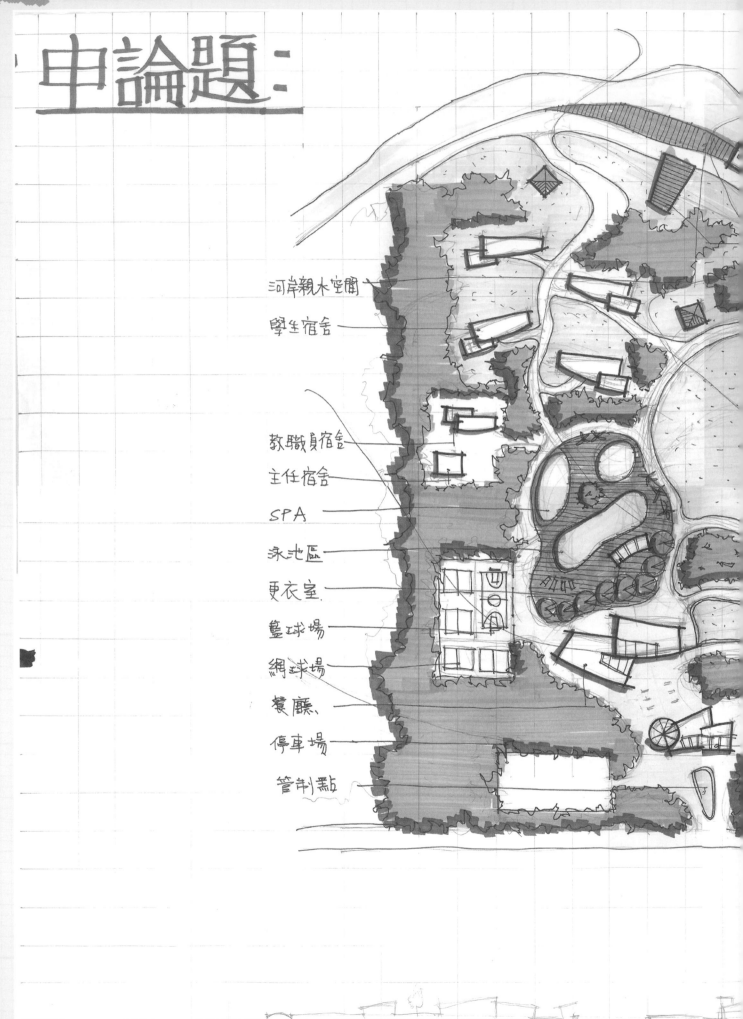

河岸親木空間

學生宿舍

教職員宿舍

主任宿舍

SPA

泳池區

更衣室

籃球場

網球場

餐廳

停車場

管制點

愜綠庭間 -休閒育樂中心-

設計說明：

一、建築物理環境分析：

建築物配置順應物理環境，減少西曬面，並利用季風創造出舒適之室內外活動空間，並降低開發，減少遮擋，使基地全區都有良好視野環境，並在河岸設置親水空間增加趣味。

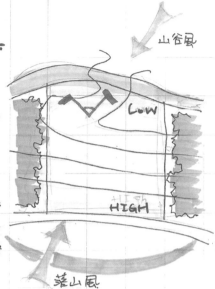

一、建築配置計畫提案：

將不同使用空間依開放及私密作區分，並設置管制點以方便工作人員能進行管理。並在不同之空間設置活動空間，使戶能有放鬆然之感受。

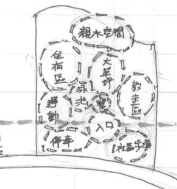

遠眺平台
親水空間
盥洗室

發呆亭
多功能草皮
戶外階梯教學

學生教室
教職員作事區
演講廳

休閒步道
(開放社區居民)
入口大廳

N

12M道路

自然生態教

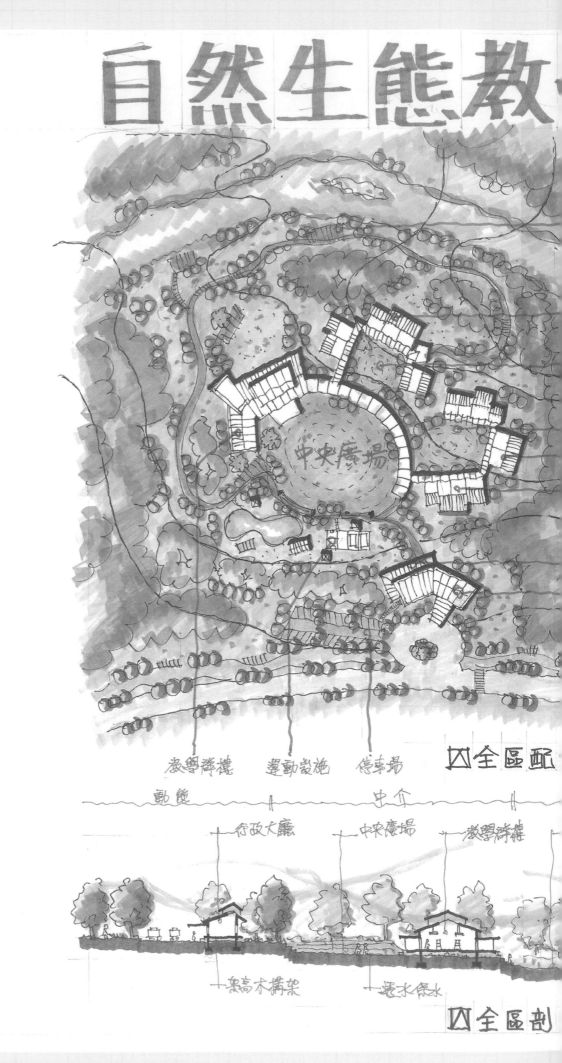

中央廣場

教學群樓　　運動設施　　停車場　　☒全區配

動態　　　　　　　　中介

行政大廳　　　中央廣場　　教學群樓

架高木構架　　蓄水生水

☒全區剖

學園

建築師叮嚀：

基地位於在自然的地區，設計需特別注意動靜分區、動線規畫、使用分區，因此在配置量體及圍塑出虛空間，一層一層的配置及經營，可以產生出量體及活動的場域，再配合地形及附近的生態條件營造出一個豐富且舒適的生態度假村。

建築師黃國華

- 休憩平台.
- 學生宿舍群
- 分享廣場
- 小隊廣場
- 教職員宿舍
- 學生宿舍群
- 餐廳.
- 行政廳

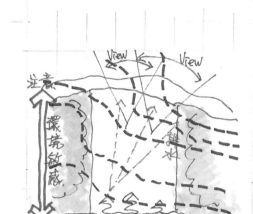

Ⓐ 環境分析　　Ⓑ 空間分類

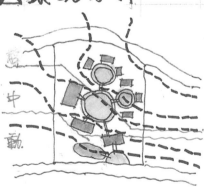

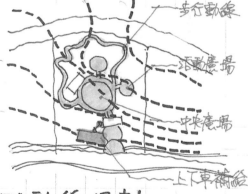

Ⓒ 空間系統　　Ⓓ 動線規劃

圖 S/1:1500

圖 S/1:800

律 師、會計師

八十七年第一次專門職業及技術人員建築師、技 師 檢覆筆試試題　代號：0350　全一張
（正面）

土地登記專業代理人

類　　科：建築師
科　　目：敷地計畫及都市設計　　　　座號：＿＿＿＿＿
考試時間：四小時

※注意：不必抄題，作答時請將試題題號及答案依照順序寫在試卷上，於本試題上作答者，不予計分。

一、都市住宅社區規劃設計內容鉅細靡遺，其中住宅建築型態(Building Type)是社區內最基本且最主要的構成元素，試說明台灣地區住宅社區中常用的住宅建築型態及其特點。(10分)

二、住宅社區配置必須考慮到節約用地、生活便利、交通方便、環境優美、空間完整、街景豐富、居住舒適等要求，試說明台灣地區住宅社區常用的建築配置種類及其優缺點。(20分)

三、某地方政府國宅局擬於市區一塊3.16公頃的國宅土地上(詳基地圖)，興建中高密度的國宅社區，國宅局委託建築師進行規劃及設計工作，探討滿足下列目標的住宅建築群體配置。

　　㈠規劃及設計目標：
　　　　1.實質環境的提升
　　　　　⑴提供居民適當的居住空間；
　　　　　⑵提供完善的公共設備；
　　　　　⑶確保社區的環境衛生。
　　　　2.經濟環境的提高
　　　　　⑴促進土地合理利用；
　　　　　⑵增加經濟效益，減少居民財務負擔；
　　　　　⑶土地採取多目標使用方式開發，促進社區經濟活動；
　　　　　⑷容納各種不同社經背景的居民，構成一複合社區。
　　　　3.社會環境的增進
　　　　　⑴提供居民充分的公共設施與開放空間；
　　　　　⑵提供便利的與安全的道路系統。
　　㈡土地使用強度管制要點：
　　　　1.土地使用為住三；
　　　　2.建蔽率為55%；
　　　　3.容積率為280%；
　　　　4.建築物高度比為1.5；
　　　　5.最小前院深度為4公尺；
　　　　6.最小後院深度為3公尺；
　　　　7.一戶至少一處停車位及必要的公共停車位；
　　　　8.必要的公共設施、商業設施及服務設施(詳表1，表2)。
　　㈢住宅需求：
　　　　國宅局根據以往住宅調查，要求建築師規劃下列五種住宅型式及戶數分配比例：
　　　　　1.甲種住宅(99平方公尺)50%；
　　　　　2.乙種住宅(86平方公尺)30%；
　　　　　3.丙種住宅(73平方公尺)10%；
　　　　　4.丁種住宅(59平方公尺)5%；
　　　　　5.單身住宅(40平方公尺)5%；
　　　　上述面積，不包括公用及陽台面積。
　　㈣圖面要求：
　　　　1.基地分析及規劃設計構想。(10分)
　　　　2.基地總配置圖(含景觀設計)，比例1/500。(30分)
　　　　3.兩向剖立面圖，比例1/500。(20分)
　　　　4.建築基地面積、樓地板面積、住宅型式及戶數計算表。(10分)

　　※註：建築物只需設計量體，無需平面。

(請接背面)

八十七年第一次專門職業及技術人員建築師、技　師檢覈筆試試題　　代號：0350

律　師、會計師
土地登記專業代理人

全一張（背面）

類　　科：建築師
科　　目：敷地計畫及都市設計

㈤基地圖

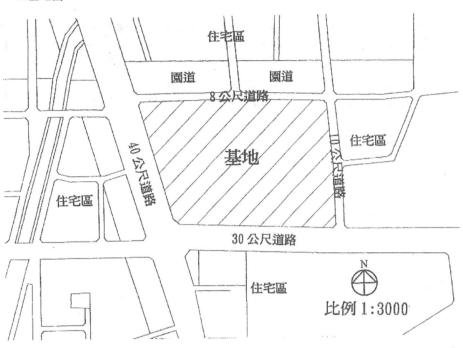

比例1：3000

表1.公共設施、商業設施及服務設施設置標準表。

人口數＼設施名稱	兒童遊樂場	公共公園（綠地）	國民小學	國民中學	市場	商店（商店住宅）	超級市場	管理站	社區活動中心	幼稚園·托兒所
五百人以上未滿一千五百人						∨				
一千五百人以上未滿二千五百人	∨		∨				∨	∨		∨
二千五百人以上未滿五千人	∨		∨			∨	∨	∨		∨
五千人以上未滿一萬人	∨	∨	∨	∨	∨	∨	∨	∨	∨	∨
一萬人以上未滿二萬人	∨		∨		∨	∨	∨	∨	∨	∨
二萬人以上	∨	∨	∨	∨	∨	∨	∨	∨	∨	∨

表2.公共設施用地標準表。

用地種類＼規劃標準	兒童遊樂場	公園（綠地）	國民小學	國民中學	市場
每千人口用地面積（公頃）	〇·〇八	〇·一五	〇·二〇	〇·一六	〇·〇二
每處最小用地面積（公頃）	〇·一	〇·二	二·〇	二·五	〇·二
最大服務半徑（公尺）		三〇〇	八〇〇	—	四〇〇

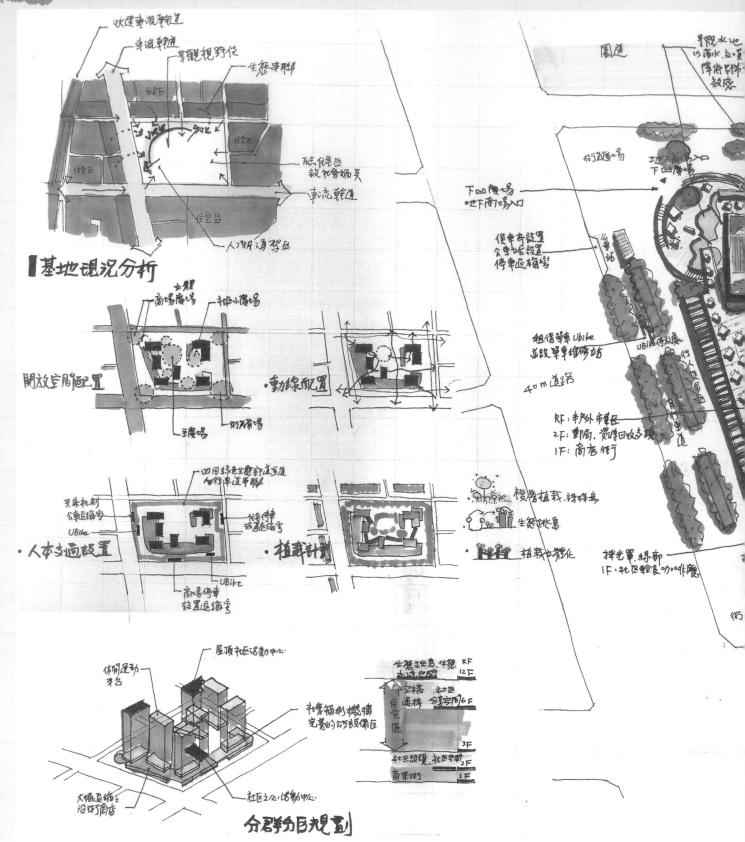

■基地現況分析

開放空間配置

·動線配置

·人本文通設置

·植栽計劃

分群分區規劃

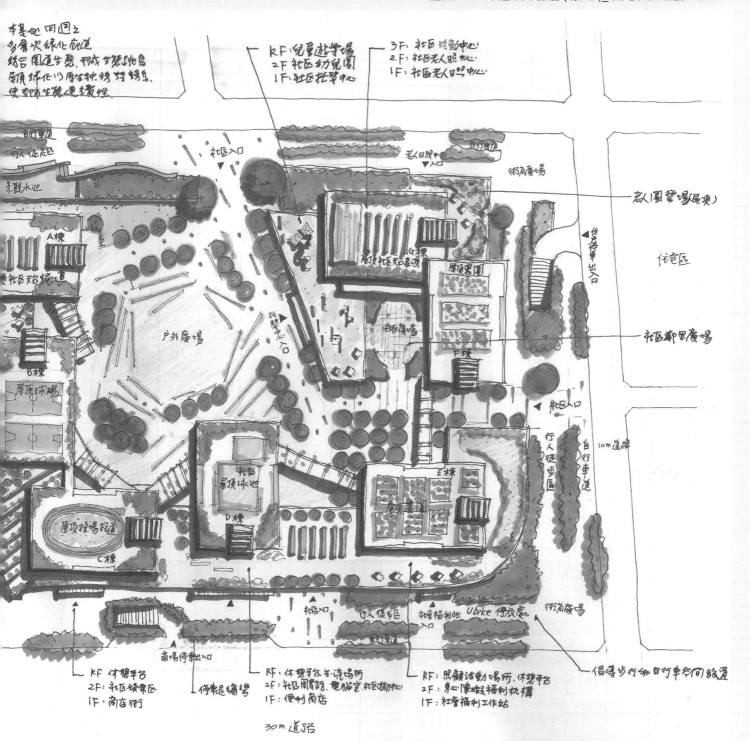

本基地四周之
多層次綠化廊道
結合園道生態，形成生態跳島
屋頂綠化以屋頂種植誘蝶誘鳥，
使都市生態連續性

RF：兒童遊樂場
2F：社區幼兒園
1F：社區托嬰中心

3F：社區活動中心
2F：社區老人照護
1F：社區老人日照中心

社區入口

老人日照入口

街角廣場

老人圍棋場(屋頂)

住宅區

住戶車出入口

社區鄰里廣場

景觀水池

A棟

社區跑跳道

戶外廣場

托嬰入口

屋頂社區天空農場

G棟

屋頂農園

社區廣場

F棟

E棟

屋頂菜園

社區入口

10m道路

行人徒步區

自行車道

B棟

屋頂球場

社區屋頂泳池

D棟

屋頂操場跑道

C棟

社區入口

行人徒步區

社福福利站

Ubike停放處

街角廣場

商場停車出入口

停車退縮彎

30m道路

行人徒步區

倡導步行和自行車合同設置

RF：休憩平台
2F：社區娛樂區
1F：商店街

RF：休憩平台及交流場所
2F：社區閱覽館、電腦室、社區活動中心
1F：便利商店

RF：照顧訪動場所、休憩平台
2F：身心障礙福利機構
1F：社會福利工作站

友善鄰里的國宅社區設計

■ 環境分析及規劃原則

- 除前、後院退縮外，沿街步道採 6M 以上設計。
- 與園道串連，塑造公園綠地。
- 主要道路側留設對外及商業場。
- 圍塑基地內廣場供社區使用。
- 提供社區、鄰里使用之社區服務設施。
- 目標：塑造友善社區、友愛鄰里的社區机構。

■ 分區計劃及設計構想

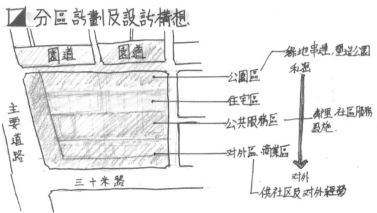

- 公園區
- 住宅區
- 公共服務區
- 對外區、商業區

綠地串連，塑造公園和綠

鄰里、社區服務設施。

供社區及對外經營

■ 量体配置計劃

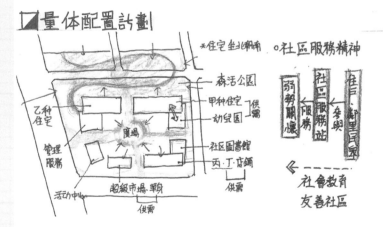

- *住宅坐北朝南
- 森活公園
- 甲种住宅
- 乙种住宅
- 幼兒園
- 管理服務
- 社區圖書館
- 丙、丁、店鋪
- 超級市場、賣場
- 活动中心

。社區服務精神

弱勢關懷 ← 社區服務站 ← 住戶、鄰里居民
服務 / 參與

社會教育
友善社區

■ 綠建築計劃   ■ 沿街步道示意

乙種住宅（三房）

管理站、社區服務站、社區廚房、太陽能板涼亭做綠推示範

可對外租借使用

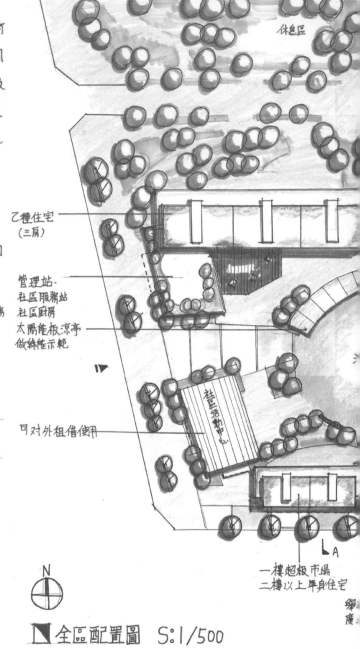

一樓超級市場
二樓以上單身住宅

N

■ 全區配置圖 S:1/500

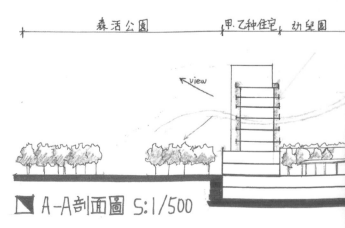

森活公園　甲.乙种住宅　幼兒園

view

■ A-A剖面圖 S:1/500

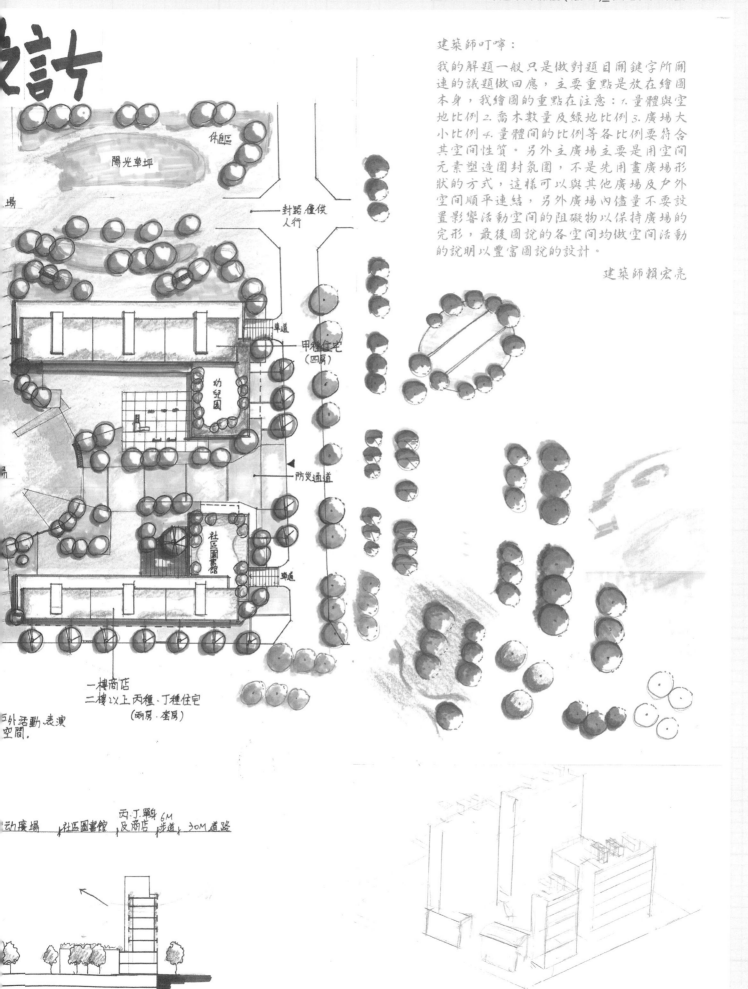

設

休閒

陽光草坪

封路僅供人行

場

場

甲種住宅
(四房)

幼兒園

車道

防災通道

社區圖書館

車道

一樓商店
二樓以上丙種·丁種住宅
(兩房·套房)

外活動表演空間.

建築師叮嚀：

我的解題一般只是做對題目關鍵字所關連的議題做回應，主要重點是放在繪圖本身，我繪圖的重點在注意：1.量體與空地比例 2.喬木數量及綠地比例 3.廣場大小比例 4.量體間的比例等各比例要符合其空間性質。另外主廣場主要是用空間元素塑造圍封氛圍，不是先用畫廣場形狀的方式，這樣可以與其他廣場及戶外空間順平連結，另外廣場內儘量不要設置影響活動空間的阻礙物以保持廣場的完形，最後圖說的各空間均做空間活動的說明以豐富圖說的設計。

建築師賴宏亮

動廣場 　社區圖書館 　西·丁種 及商店 6M 步道 30M道路

座號：_____

律師、會計師
八十五年第二次專門職業及技術人員建築師、技師檢覈筆試試題　代號：0350　全一張
土地登記專業代理人　　　　　　　　　　　　　　　　　　　　　　（正面）

　類　　科：建築師
　科　　目：敷地計畫及都市設計
　考試時間：四小時

　　　都市綠地是開放空間系統中重要的一環，它以公園、林蔭道、園道等面貌出現在都市人的生活周遭，提供居民一個散步、欣賞、運動、休憩之場所，並可解決部分的環境問題。有鑑於此，某省轄市政府乃於都市計畫區內擇一公園預定地，興建藝術館，並進行藝術公園之設計，期能透過該藝術館及公園的設立，舉辦各種藝文活動，提昇生活品質。

一、基地概況：
　　位於市區某處，與幹線、公路有適當距離，依山傍水，風景優美。（詳見附圖）

二、規劃設計原則：
　　㈠提供藝術工作者作品展示場所；
　　㈡提供市民休閒活動場所；
　　㈢提供中小學生藝術創作的場所；
　　㈣便於管理和維護；
　　㈤塑造特殊的都市景觀意象；
　※㈥創新表現，但應合于建築法規。

三、內容：
　　㈠敷地計畫：以文字及圖面表達計畫理念，內容包括：
　　　⑴基地分析。（10分）
　　　⑵土地使用分區說明。（10分）
　　　⑶敷地計畫構想。（10分）
　　㈡整體配置設計：內容包括
　　　⑴入口及廣場區：表達藝術公園意象。
　　　⑵藝術館：供藝術作品展示，空間要求如下：

門廳、大廳	800平方公尺
展示部門	2,000平方公尺
收藏部門	900平方公尺
教育推廣部門	500平方公尺
研究部門	100平方公尺
行政管理部門	150平方公尺
機械房	700平方公尺
其他	自訂

律師 、 會 計 師
八十五年第二次專門職業及技術人員建築師、技師檢覈筆試試題　代號：0350　全一張
土地登記專業代理人　　　　　　　　　　　　　　　　　（背面）
類　　科：建築師
科　　目：敷地計畫及都市設計

(3)戶外展示區：供藝術工作者室外展現創作場所。
(4)戶外藝術創作區：供中小學生藝術創作活動場所。
(5)花卉展示區：供展示四季花卉之用，豐富公園視覺環境景觀。
(6)坐息區：供市民休憩觀賞之用。
(7)停車場：3部大客車、60部小汽車、50部機車。
(8)其他：如公共設施等。

四、圖樣要求：
　　㈠空間關係矩陣圖或空間關係泡泡圖。（10分）
　　㈡總配置圖（含植栽計畫圖）比例1/600。（40分）
　　㈢兩向剖面圖比例1/600。（20分）
　　註：藝術館建築只需量體，無需平面。

附圖：基地圖

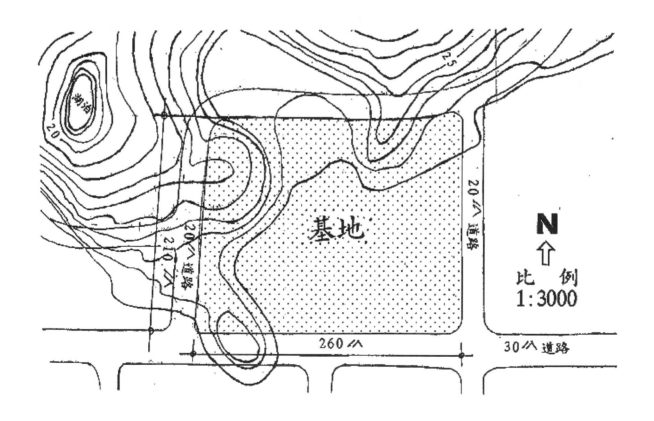

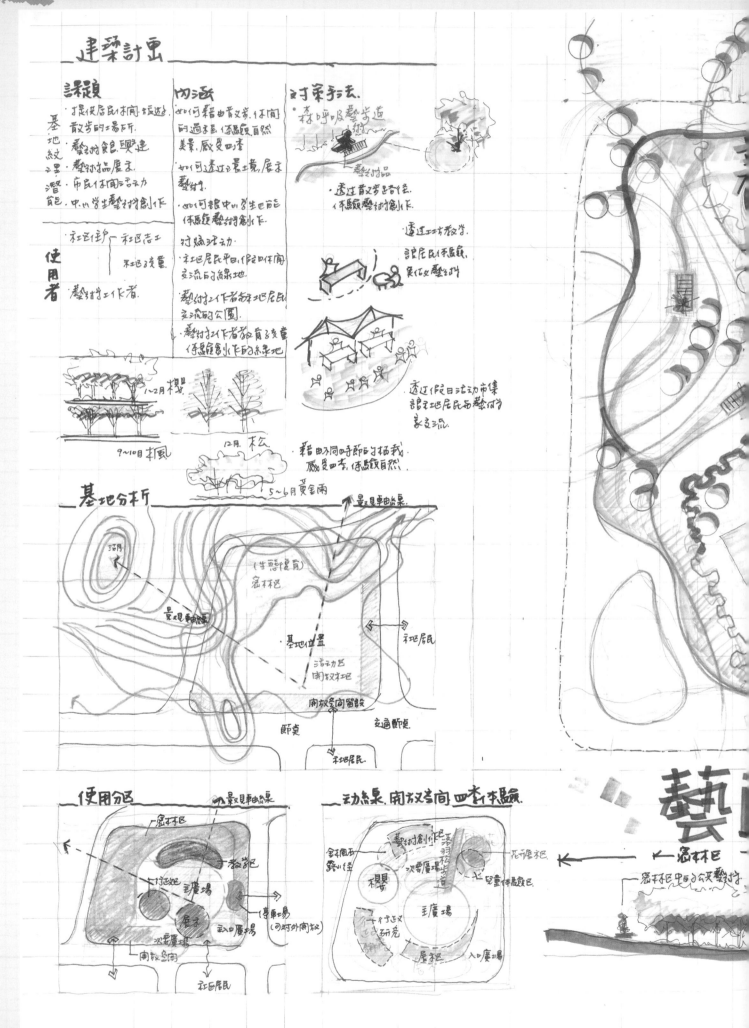

建築討畫

議題

基地紋理潛能
- 提供居民休閒、旅遊、散步的場所。
- 藝術館興建。
- 藝術拓展。
- 市民休閒活力。
- 中小學生藝術創作。

內涵

- 如何藉由散文步、休閒的過程中，體驗觀自然美景，感受四季。
- 如何透過展望景、展示藝術品。
- 如何讓中小學生也能體驗複藝術創作。
- 對換活力。
- 本地居民平日休閒交流的綠地。
- 藝術工作者和本地居民交流的公園。
- 藝術工作者教育子女童體驗創作的綠地。

使用者

- 社區居民 — 社區志工
  - 社區兒童
- 藝術工作者。

對策手法

- 森呼吸藝步道
  - 藝術作品
- 透過散步足音後，體驗藝術創作。
- 透過工坊教學，讓居民體驗，實作及藝術。
- 透過假日活動市集，讓本地居民和藝術家交流。
- 藉由不同時節的植栽，感受四季，體驗觀自然。

基地分析

- 湖
- (生態復育) 森林區
- 景觀軸線
- 基地位置
- 社區居民
- 活力區 開放林地
- 開放空間留設
- 交通節點
- 社區居民
- 最佳視軸線景

1~2月櫻
9~10月打風
12月 松公
5~6月黃金雨

使用區

- 森林區
- 景觀軸線
- 藝廊
- 停車場 (可對外開放)
- 房子
- 主廣場
- 人行步道
- 戲劇廣場
- 入口廣場
- 開放空間
- 社區居民

动态景、開放空間、四季體驗

- 藝術創作展
- 楓杜松步道
- 花房展區
- 金風玉露步道
- 櫻
- 次要廣場
- 兒童體驗區
- 主廣場
- 人行步道研究
- 房子區
- 入口廣場

藝 森林區

森林區中居民皆可來藝術

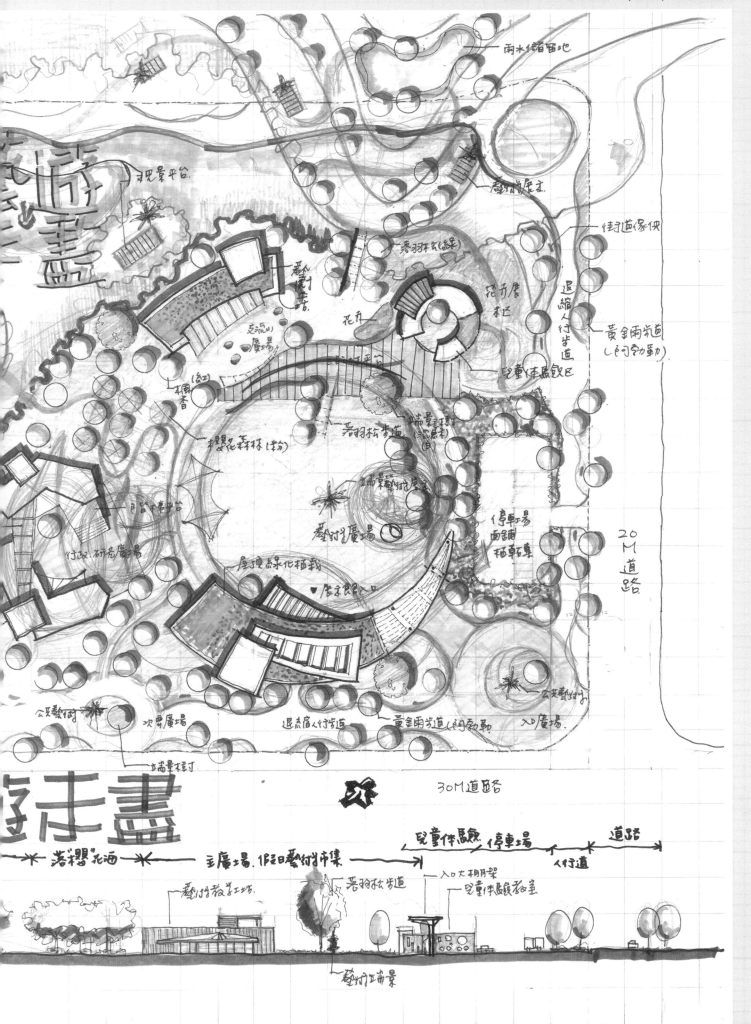

講古童趣

△ 基地分析.

△ 基地平面配置圖 scale 1/500

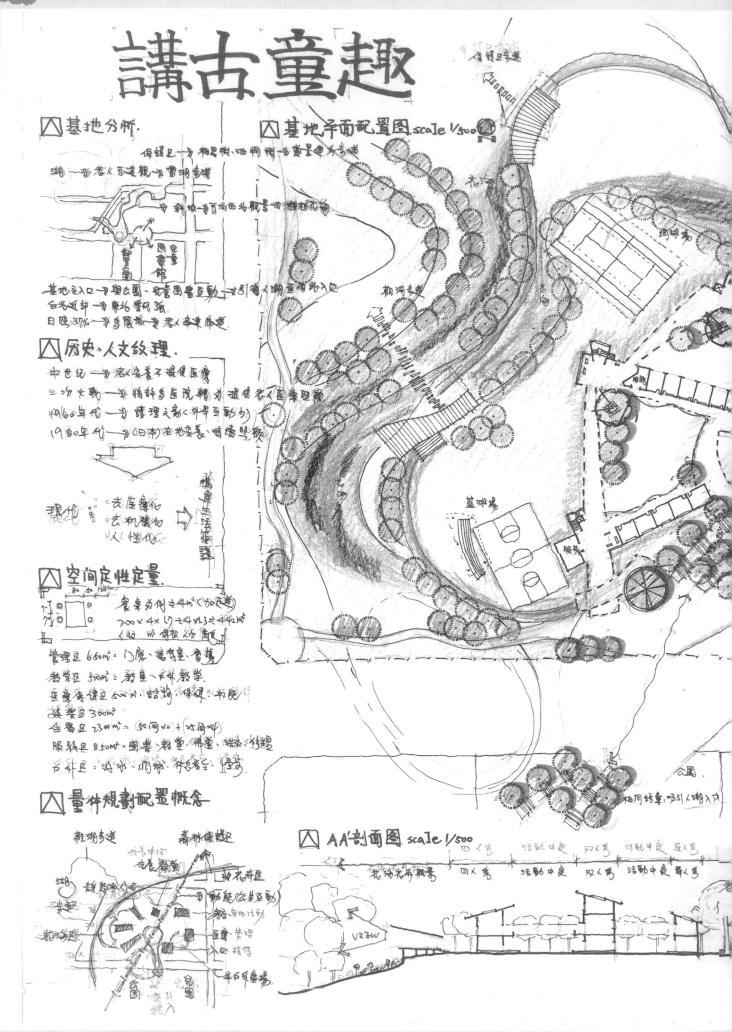

△ 歷史、人文紋理.

△ 空間定性定量.

△ 量体規劃配置概念

△ AA'剖面圖 scale 1/500

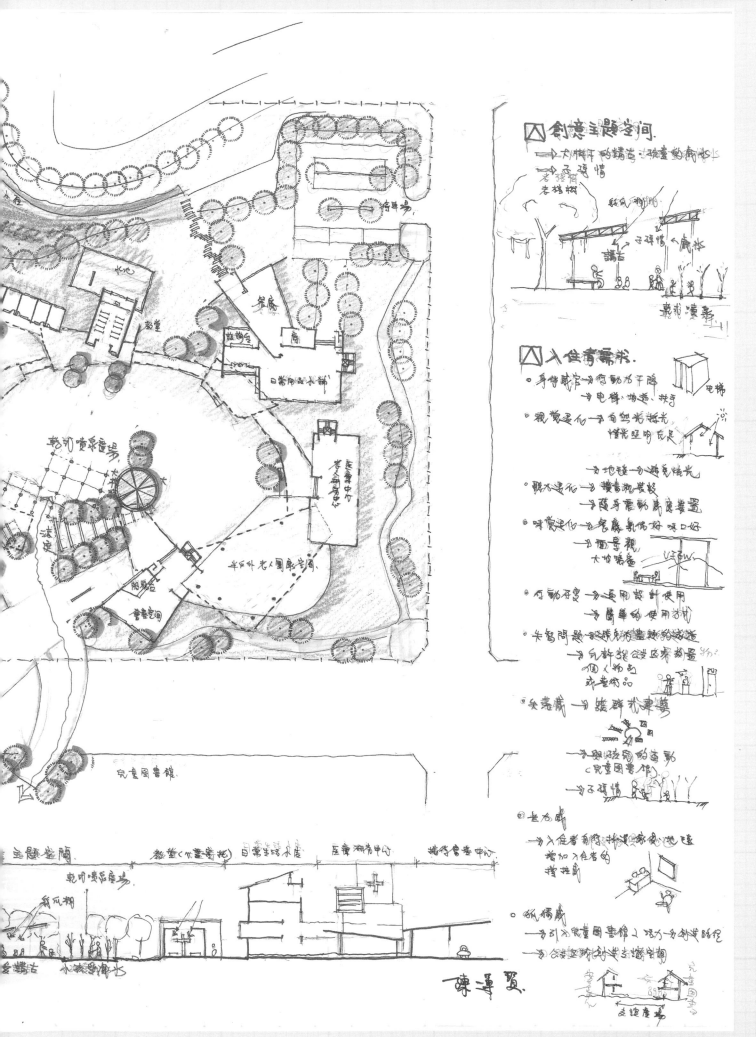

高考公務三級

都 市　計 畫　敷 地

106年公務人員高等考試三級考試試題　　代號：25080　　全一張（正面）

類　　科：建築工程
科　　目：建築設計
考試時間：6 小時　　　　　　　　　　座號：＿＿＿＿＿＿＿＿＿

※注意：㈠可以使用電子計算器，須詳列解答過程。
　　　　㈡不必抄題，作答時請將試題題號及答案依照順序寫在試卷上，於本試題上作答者，不予計分。
　　　　㈢本科目除專門名詞或數理公式外，應使用本國文字作答。

一、設計題目：社區風貌館設計

二、設計概述：政府計畫以相當的經費，推動「前瞻基礎建設」。多項建設計畫中，「城鎮之心工程」是其中重要的一項。所謂「城鎮之心工程」，是「透過整體景觀改造，賦予舊市區再生新風貌，並整合地方自然與人文特色，導入在地創意生活及美學元素，優質化生活環境空間改造，形塑在地特色，吸引外來遊客及青年返鄉。…」在這個計畫下，將會有至少 40 處設計案由各地方政府執行。您作為地方政府的主辦人，必須要擬定招標資料、明確訂定設計目標、空間需求計畫、匡列預算金額。最重要的，您自己需要「試作」一「建築設計方案」，供主管了解計畫的可行性以便於決行。
以下所描述之各項內容即為您作為主辦人給自己出的題目，請試做一個建築設計。

三、基地概述：基地位於具有數百年歷史之老社區，臨近河流；當地向來以荷蘭、西班牙等外來文化遺址馳名。基地面積約 1350 m²，東北向面臨 7 m 面前道路，西南向臨河濱步道，基地並無明顯落差。（詳附圖）

四、設計要求：（100 分）
　㈠擬定設計目標---請參考「城鎮之心工程」之宗旨及基地環境之自然、歷史人文特色，以簡明的方式擬定設計目標，作為引導未來招標之綱要性文件。（勿超過 200 字）
　㈡編製空間需求計畫書---本案作為類似遊客中心之「社區風貌館」，應配置一定功能之室內外空間。請以直接工程費 3,000 萬元為上限（不含室外景觀），編製空間需求計畫書，表列呈現空間名稱、單位、數量、面積總計、功能說明。（當地的造價可假設為 2.75 萬元/m²），
　㈢依上述條件完成圖說，圖說要求如下：
　　1.設計構想說明。
　　2.總配置圖，含室外景觀規劃，建議比例不小於 1/400 繪製。
　　3.各層平面圖，建議比例不小於 1/200。請適度配置傢具。
　　4.必要之立面圖。
　　5.必要之剖面圖。
　　6.其他有助於設計說明之表現性圖面，如透視圖等。

五、空間需求，以下為建議項目，可酌予增減；各空間量請依使用需求訂定。
　　1.服務中心大廳，包含服務櫃台、資料架、展示牆、社區模型展示區（模型尺寸約 300 cm×300 cm）等。
　　2.辦公室，可容納 4 人以上辦公。
　　3.會議室，可容納 20 人以上。
　　4.影音簡報室，可容納 30 人以上。
　　5.簡餐咖啡室，酌量設置，請考慮室內外共同使用。
　　6.值夜室，配置必要設施。
　　7.地方特產販售區，約 150 m²，配置必要之櫃台及儲存空間。
　　8.廁所，酌量配置。
　　9.戶外景觀，酌量設置。

（請接背面）

106年公務人員高等考試三級考試試題

代號：25080

全一張
（背面）

類　　科：建築工程
科　　目：建築設計

六、法規要求：

　　1.除面前道路側應退縮 3.5 m 建築外，其他各向請自行留設適當退縮距離。

　　2.請留設至少 6 個車位，其中含一個無障礙車位。

　　3.建蔽率請勿超過 50%，樓高不超過 3 層樓。

　　4.應符合建築技術規則基本法規。

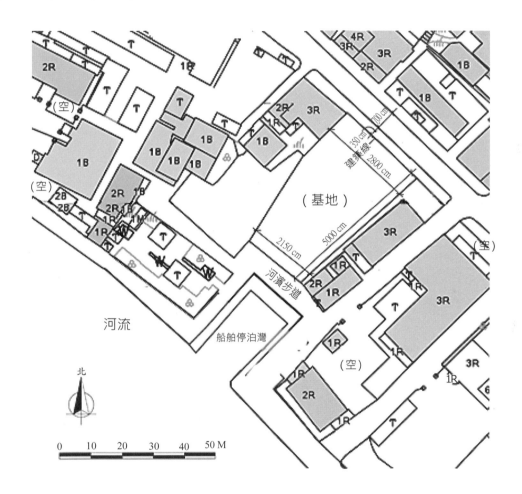

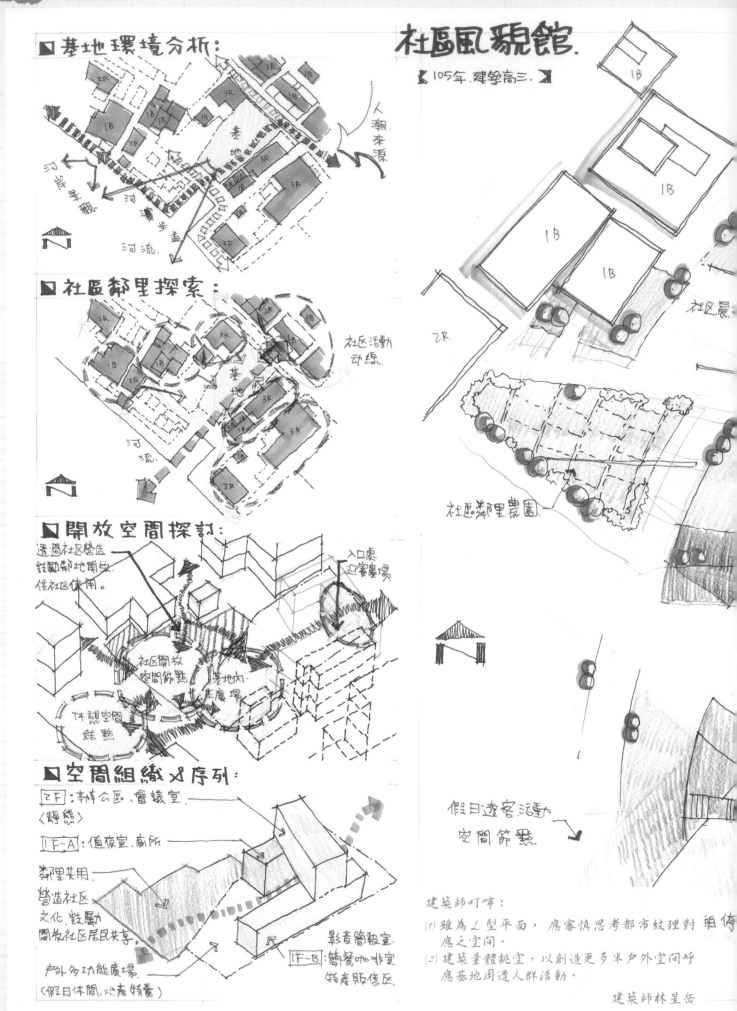

■ 基地環境分析:

■ 社區鄰里探索:

社區活動動線.

河流.

■ 開放空間探討:

透過社區營造
鼓勵鄰地開放
供社區使用。

入口處
迎賓廣場.

社區開放
空間節點.
基地內
主廣場.

休憩空間
節點

■ 空間組織×序列:

2F:辦公區.會議室.
〈靜態〉

1F-A:值夜室.廁所

整理共用.
營造社區
文化,鼓勵
開放社區居民共享.

戶外多功能廣場.
〈假日休閒,地產銷售〉

影音簡報室.
1F-B:簡餐咖啡室.
特產販售區.

社區風貌館.
【105年.建築高三.】

2R

社區晨

社區鄰里農園.

假日遊客活動
空間節點

建築師叮嚀:
(1) 雖為ㄥ型平面,應審慎思考都市紋理對粗傳
應之空間。
(2) 建築量體挑空,以創造更多半戶外空間呼
應基地周邊人群活動。

建築師林星岳

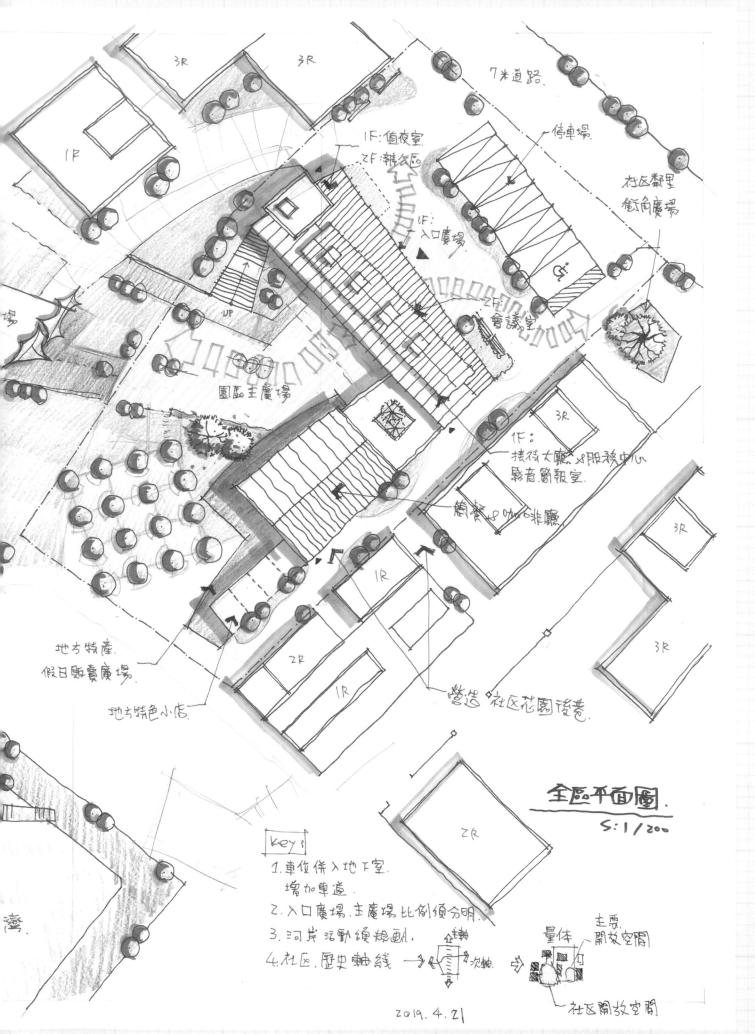

3R

3R

7米道路.

停車場.

1F:值夜室
2F:辦公區

1F:
入口廣場

社區鄰里
街角廣場

1F

會議室

3R

園區主廣場

1F:
接待大廳及服務中心
聲音簡報室.

餐飲及咖啡廳.

3R

地方特產.
假日販賣廣場.

1R

3R

地方特色小店.

2R
1R

營造 社區花園後巷.

全區平面圖.
S:1/200

2R

Key:
1.車位係入地下室.
　增加車道.
2.入口廣場.主廣場比例須分明.
3.河岸活動線規劃.　　　企軸
4.社區歷史軸線　→　次軸.

主題
量体　開放空間

社區開放空間

2019. 4. 21

基地涵構_環境紋理分析

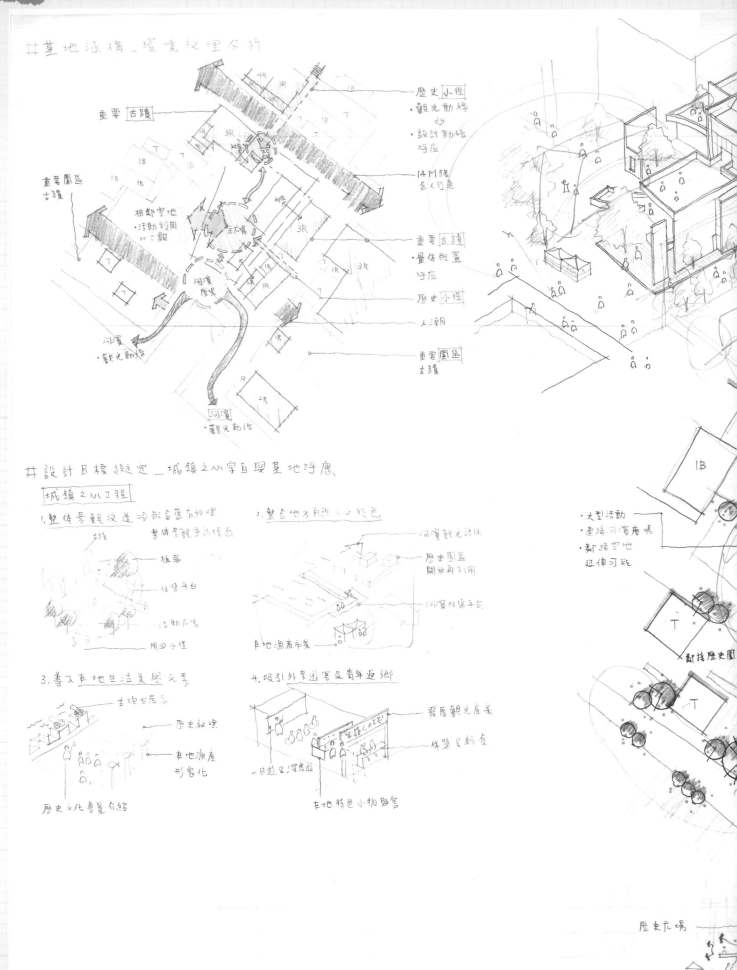

- 歷史小徑
  - 觀光動線
  - 設計動線呼應
- 14M路含人行道
- 重要古蹟
  - 量體配置呼應
- 歷史小徑
- 人潮
- 重要園區古蹟

重要古蹟

重要園區古蹟

相鄰空地
- 活動利用
  or 二期

廣場

河濱廣場

河濱
- 觀光動線

河濱
- 觀光動線

設計目標擬定_城鎮之心宗旨與基地呼應

城鎮之心工程

1. 整體景觀改造可配合舊有紋理

重構景觀事例現況
- 植栽
- 休憩平台
- 活動廣場
- 周邊小徑

2. 整合在地自然之特色

- 河濱觀光路線
- 歷史園區開放再利用
- 河濱休憩平台
- 在地漁產市集

3. 導入在地生活美學元素

- 古炮台展示
- 歷史敘理
- 在地漁產形象化

歷史文化導覽介紹

4. 吸引外來遊客及青年返鄉

- 發展觀光產業
- 休閒及飲食
- 一日遊及深度遊

在地特色小物販售

- 大型活動
- 連接河濱廣場
- 鄰接空地延伸可能

鄰接歷史園區

歷史廣場

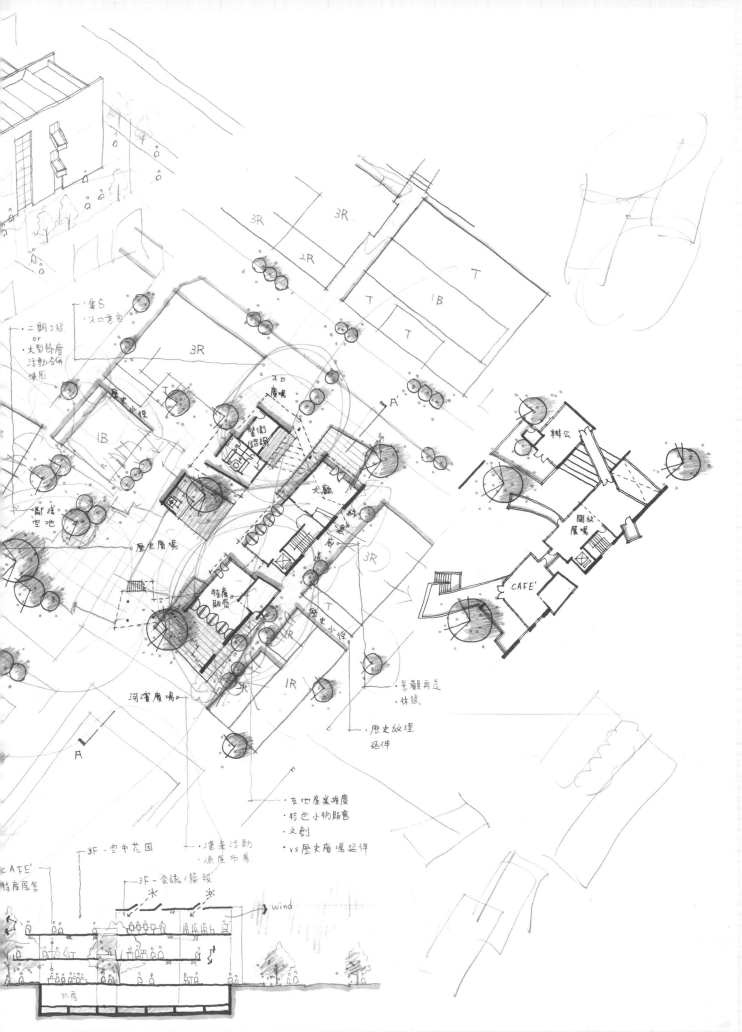

☑ 使用者分析 & 願景

- 在地居民 →
  (長者、孩童)
- 返鄉青年 →
  (青壯人口)
- 旅行遊客 →

- 隔代遠望 → 遠觀空間
- 鄰里互動 → 鄰里場所
- 文化發展 → 展演空間
- 文創就業 → 商業空間
- 深度旅遊 → 客服空間
- 休憩停留 → 觀景場所

☑ 基地分析 & 策略

- 鄰房後院
  (擴散)
- 鄰地空地
  (延伸)
- 河濱步道

- 主要道路
- 鄰地空地
  (延續)
- 即有商店街
  (擴散)

動態 ── 忙 ── 靜態

☑ 設計構想 & 準則

- 鄰里後院退縮
- 鄰地開放空間延伸
- 河濱步道
  引入人流
- 親水活動場所

- 街角廣場
  引入人流集散
- 鄰地開放空間
  再延伸
- 即有商店活動
  再擴散
- 基地商店街
- 遊客休憩停留場域

☑ 定性定量 & 求規

$\frac{3000}{2.75}$ = 總樓地板面積 = 1090㎡

樓層	空間	面積	數量
1F	服務中心	100㎡	1間
	展示區	150㎡	1間
	販售區	40㎡	10間
2F	城鎮故事館	60㎡	1間
	辦公、會議	50㎡	4間
3F	觀景台		1處

- 天際線子
- 鄰房安全
  距離退縮
- 面前道路退縮
  (3.5m)
- 人行空間延續
- 基地面積
- 鄰地開放
  空間延伸
- 鄰房安全距離退縮
- 後院退縮

☑ 空間組織 & 營運管理

- 觀景塔
- 鄰里活動場所
- 觀景平台
- 遊客動線

- 商業活動動線
- 遊客動線
- 服務動線
- 景光活動平台
- 鄰里迴廊

- 遊程計畫

社風貌館 → 河濱步道 → 特色老店 → 河岸風景 → 古蹟名勝

- 鄰里巷弄延伸
  是一條服務在地
  居民的動線

- 鄰里後巷
  成為具有私密性的
  鄰里互動空間

- 鄰房後院
  藏在地居民可以有
  不受干擾的活動
  區域

- 景觀橋樑
  成為可以眺望河岸
  的休憩場域

- 河岸廣場
  是一處河濱步道的
  休憩點

- 親水平台
  讓親水活動再深入
  成為水上活動的起點

- 水岸綠意帶
  引入河岸綠化氣
  候元素

古城說故事
社區風貌

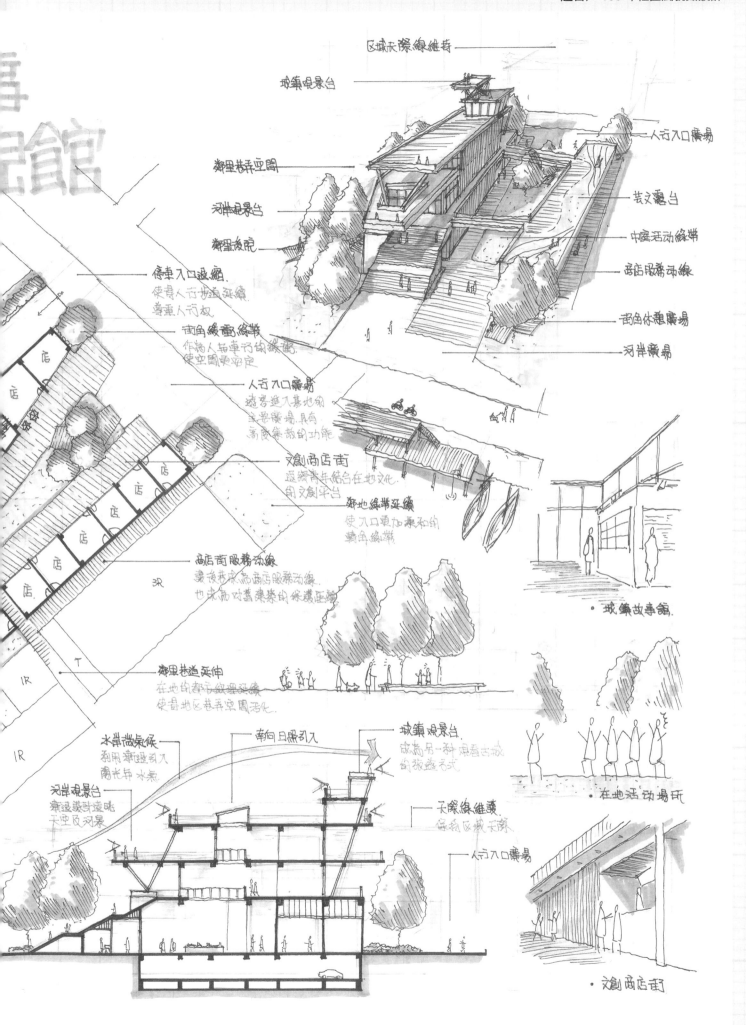

區域天際線維持

地鎮眺景台

鄰里巷弄空間

河岸眺景台

鄰里後院

人行入口廣場

芸文平台

中庭活動綠帶

商店服務動線

街角休憩廣場

河岸廣場

停車入口退縮
使人行步道延續
尊重人行权

街角緩衝綠帶
作為人輔車行的緩衝
使空間更穩定

人行入口廣場
遠亭進入基地的
主要廣場具有
高度集散的功能

文創商店街
返鄉青年結合在地文化
的文創平台

鄰地綠帶延續
使入口更加柔和的
轉角綠帶

商店商服務動線
讓後巷成為商店服務動線
也成為對舊建築的保護區間

鄰里巷道延伸
在地的都市紋理延續
使哥地區巷弄空間活化

• 城鎮故事館

水岸微氣候
利用渠道引入
陽光與水景

河岸眺景台
透過緩斜坡望眺
天空及河景

南向日照引入

城鎮眺景台
成為另一種觀看古城
的旅遊方式

天際線維護
保育區域天際

人行入口廣場

• 在地活動場所

• 文創商店街

105年公務人員高等考試三級考試試題　　　代號：25680　　全一張
　　　　　　　　　　　　　　　　　　　　　　　　　　　　　　（正面）

類　　　科：建築工程
科　　　目：建築設計
考試時間：6 小時　　　　　　　　　　　　　　座號：＿＿＿＿＿＿＿＿＿

※注意：㈠禁止使用電子計算器。
　　　　㈡不必抄題，作答時請將試題題號及答案依照順序寫在試卷上，於本試題上作答者，不予計分。

一、設計題目：分時共用學習空間

二、說明：
　　因應已趨明顯的少子化，高齡化社會變遷，以往的小學校園及傳統的社區老人學習
　　中心可考慮整併為一分時共用的空間。一方面可避免空間閒置及減少土地開發而有
　　助於環保與減碳。另一方面也有助於建立老幼互動的社區感情。

三、基地（見附圖）：
　　某都市邊緣的地段，東邊有 12m 道路連接住宅區。西邊有約 6m 寬的淺溪。中間有
　　一小學，既有校舍數幢。小溪另一邊為運動區，溪邊有 4 棵大樹，樹冠約 12m 直徑。
　　基地南邊有一小廟，朝向溪流，為原社區的村落入口，常有老人在此休憩。

四、空間要求：
　　㈠因少子化的影響，原小學有許多閒置空間，擬置入老人學習及社區交誼的使用以
　　　活化之，而形成分時共用的複合體。
　　㈡一般教室 6 間（每間 80 m²），特殊教室 6 間（每間 100 m²）。皆可共用。
　　㈢小學行政辦公空間 300 m²，含接待、會議、老師辦公、行政主管等，老人學習中心行
　　　政辦公空間 200 m²。二者獨立使用。
　　㈣圖書閱覽 500 m²。集會活動多功能空間 800 m²。
　　㈤其他之附屬設施及服務空間（如停車、儲藏、備餐、衛生等）自訂。
　　㈥原有校舍皆為二層加強磚造建築，木桁架斜頂覆瓦。其中有標記星號（＊）之三棟
　　　必需保留。廟宇及基地中的自然景觀元素必需保留，並與學校結合。
　　㈦原小學的運動區可視為戶外活動場所，不必有專門化的運動設施。也應視為社區
　　　的開放空間。

五、圖說要求：（總分 100 分）
　　㈠所有圖說比例尺皆自訂，以清楚表達為目標。
　　㈡總配置圖，含景觀規劃，空間構想之說明。
　　㈢單元空間之設計與說明。至少包括教室及多功能空間。注意可調適家具，彈性隔間。
　　㈣新建校舍不得超過三樓高。全區建蔽率不超過30%。
　　㈤原學校入口可改變。廟宇之地塊可與學校整合，一體規劃全區景觀及動線。
　　㈥量體分佈圖，地面層平面為必要圖面。其他可自行決定。
　　㈦原有建築及新建校舍的立面皆自行設計。

（請接背面）

105年公務人員高等考試三級考試試題　　　代號：25680　　全一張（背面）

　　類　　科：建築工程
　　科　　目：建築設計

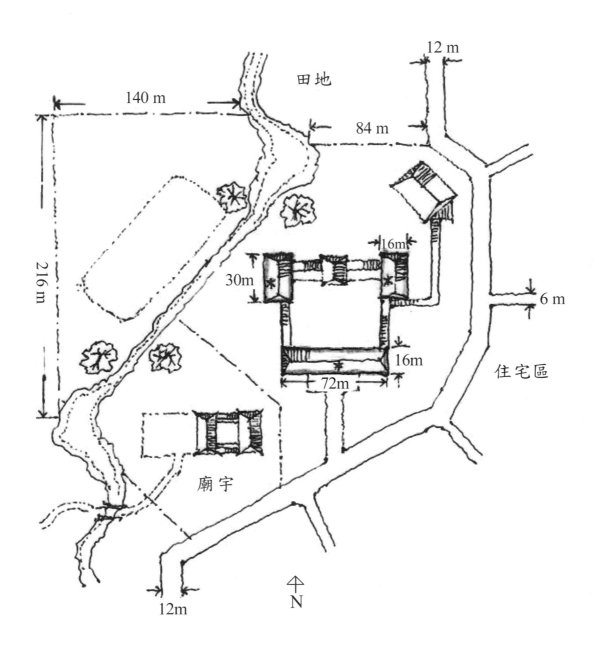

時光機__分時共用學習空

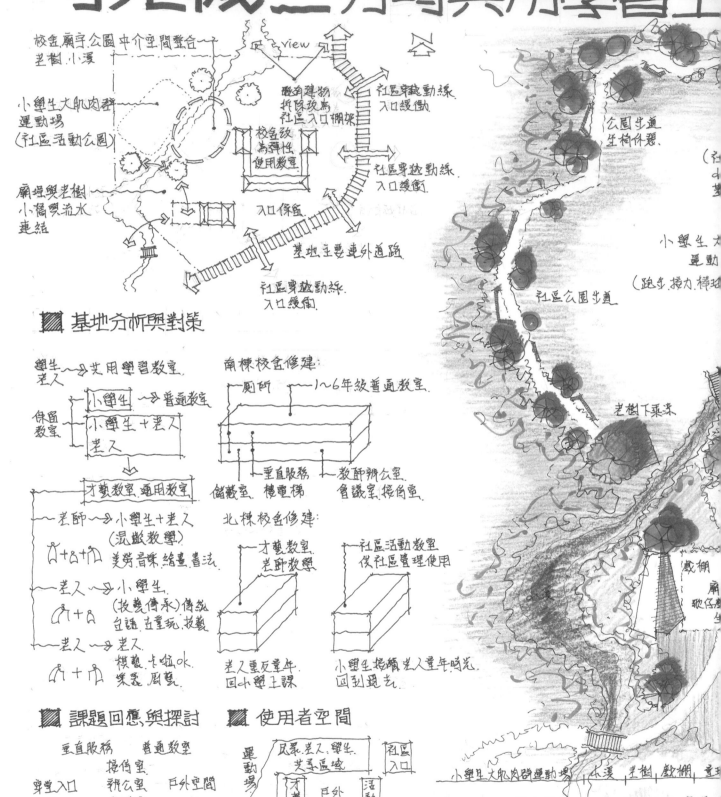

校舍廟宇公園中介空間整合
老樹.小溪

view

小學生大肌肉群
運動場
(社區活動公園)

融合建物
拆除改為
社區入口棚架

社區穿越動線
入口緩衝

校舍改
為彈性
使用教室

廟埕與老樹
小橋與流水
連結

入口保留

社區穿越動線
入口緩衝

基地主要連外道路.

社區穿越動線.
入口緩衝.

公園步道
坐椅休憩.

小學生大
運動
(跑步.接力.樟球

社區公園步道

老樹下乘涼.

▨ 基地分析與對策

學生→共用學習教室.

小學生→普通教室

保留
教室
小學生＋老人
老人

才藝教室.通用教室.

老師→小學生＋老人
(混齡教學)
美勞音樂.繪畫.書法.

老人→小學生
(技藝傳承)傳統
台語.古童玩.技藝

老人→老人
模藝.卡拉OK.
樂器.廚藝

南棟校舍修建:

廁所　　1~6年級普通教室.

垂直服務　　教師辦公室

儲藏室.樓電梯.　會議室.接待室

北棟校舍修建:

才藝教室.
老師教學.

社區活動教室.
供社區管理使用

老人重反童年.
回小學上課.

小學生持續進入童年時光.
回到現光.

▨ 課題回應與探討

重直服務　　普通教室
接待室

穿堂入口　　辦公室　　戶外空間
會議室

廁所

社區入口　　社區辦公室

社區活動教室.

▨ 使用者空間

運
動
場

民眾.老人.學生
共享區域

社區
入口

才藝
教室

戶外
教學

活動教場

活動
教室

傳統民俗

藝文
展場

廟宇

行政.辦公

校園入口

老樹.戲棚.

戲棚
廟
歌仔

小學生大肌肉群運動場　小溪　老樹.戲棚　

跑步.接力
樟球練習打.

廟埕

社區公園步道

戲棚

▨ 空間組織架構

▨ 使用分區配置

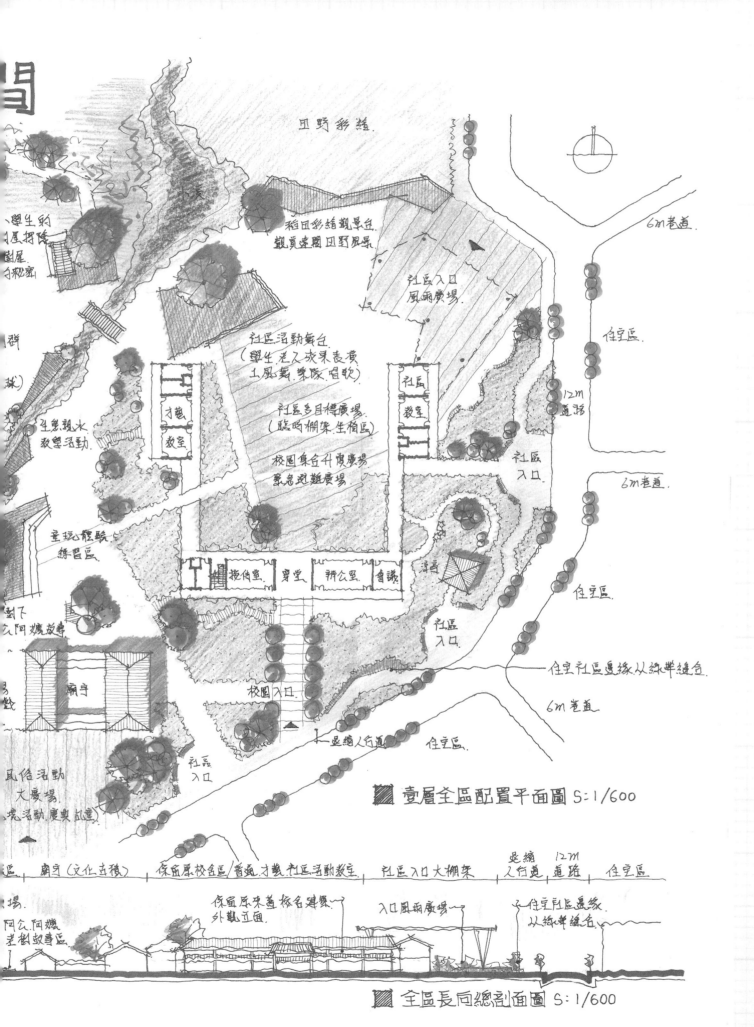

田野彩繪

稻田彩繪觀景台
觀賞遠闊田野風景

6m巷道

社區入口
風雨廣場

住宅區

社區活動舞台
(學生老人成果表演
土風舞.樂隊.唱歌)

社區多目標廣場
(聽吶棚架 生槽區)

校園集合升復廣場
緊急避難廣場

社區
教室

12m
道路

社區
入口

社區
入口

住宅區

生態親水
教學活動

童玩體驗
練習區

接待室 穿堂 辦公室 會議

淨房

社區
入口

住宅區

阿嬤故事

廟宇

校園入口

社區
入口

住宅社區邊緣從綠化縫合

6m巷道

景觀人行道

住宅區

壹層全區配置平面圖 S=1/600

民俗活動
大廣場

廟宇(文化古積) 保留原校舍區/普通.才藝社區活動教室 社區入口大棚架 景觀人行道 12m道路 住宅區

保留原來著名建築外軌立面 入口風雨廣場 住宅社區邊緣從綠化縫合

阿公阿嬤講古故事區

全區長向總剖面圖 S=1/600

作品提供／吳明家建築師

基地分析 & 策略

河岸大廣場
•新活動引入
•新生態結合

•老樹群
•親水空間網絡
•氣氛創造
•社區地標

舊紋理
如何延續串連

田園區
如同開社區串連

社區紋理延續串連

生態致成區劃設
•降開發衝擊
•避免災害影響社區

校舍
•置入新活動的衝擊
•開放空間串連

課題 & 設計原則

環境容受力計劃
•既有人口枚→空間枚量、生態維護、低度開發
•避免單次大量開發

空間計畫
•敘理延續舊元素→在地性
•當地生態融合→低開發、設致成區
•健康安全、通用設計環境
•開代交流平台→凝聚地方情感

空間分區 × 人本交通計畫

低開發
田園致成區劃設

田園教育區

居眠休憩區

校園廣場

親水動線

串連
主要動線

綠軸綠帶

主次入廣場

防災生活圈計劃

取水桌

社區住宅
緊急備在救備物資

防災斷熱帶

校舍避難區

防災電居廣場

緊急動線
疏散動線

救災集結處
指揮處、物資集中

生態致成區劃設
•降開發衝擊
•避免災害影響社區

藝術
•生
•地

老街群組
•開水協系、微氣候調節
•地方精神記憶保存

空佳表挺平台
•社區共同記憶
•多元親水休想空間

正信
文

暗色活動広場
•水岸沿多元曲間層次
•岸連延續廟埕小学

串連
霞

半現回平台
FIT

園区活动広場
•大型活动需求、防災康台、物資
•生觀性、可及性、便利性、社区繞

記憶小徑
•延續舊紋理、地方記憶
•增地方情感依附

緣電区 廟

傳承祖孫情（文化、自然、學習）

申論題：

祖孫共食反所
·鄰里長者與國小互動
·增進地方社區情感

祖孫經驗傳承
業題光化

廣場
智能語音塑象
故事依承

交通動線
起情感
引源所

老樹平台示意剖面
親水平台　樹下舞台　市集広場

散步小徑示意剖面
既有廊道　鄰里綠帶　人行道　觀河平台　祖孫作品展示廊

廟埕廣場剖面圖
河岸休憩広場　廟前広場　庭中休憩交流区　親水平台

林中散步小徑
·沿車通向步道
·農村風貌道路

休憩区　老街舞台、市集　長文府座
後期懂我指引動線　車棚車走頂室內活動

基地環境解讀

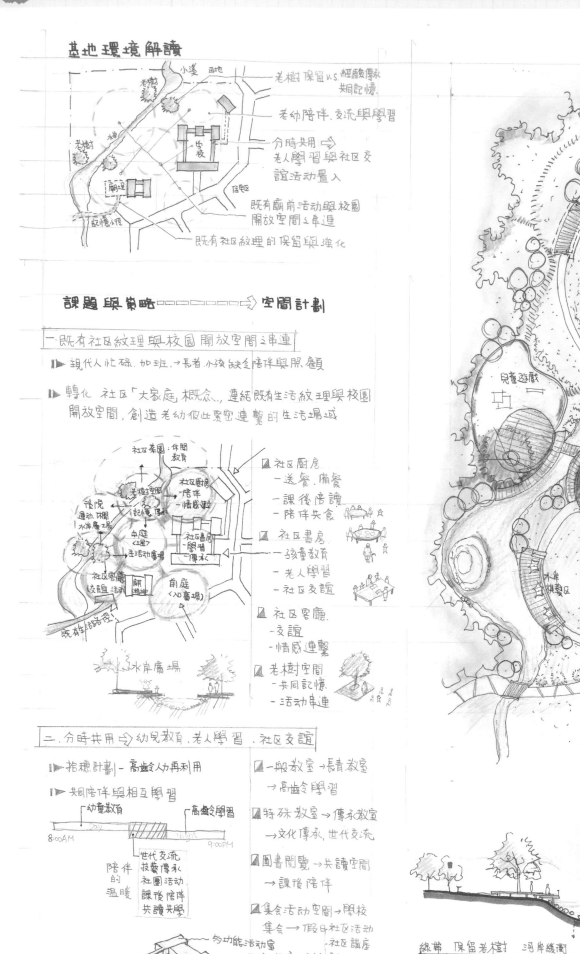

老樹保留 v.s 經驗傳承
類記憶

老幼陪伴.交流與學習

分時共用 ⇒
老人學習與社區友
誼活動置入

既有廟前活動與校園
開放空間之串連

既有社區紋理的保留與強化

課題與策略 □□□□□□□□□ ⇒ 空間計劃

一.既有社區紋理與校園開放空間之串連

▶ 現代人忙碌.加班.→長者.小孩缺乏陪伴與照顧

▶ 轉化 社區「大家庭」概念., 連結既有生活紋理與校園
開放空間, 創造老幼彼此緊密連繫的生活場域

1 社區廚房
－送餐.備餐
－課後陪讀
－陪伴共食

2 社區書房
－孩童教育
－老人學習
－社區友誼

3 社區客廳
－友誼
－情感連繫

4 老樹空間
－共同記憶
－活動串連

二.分時共用 ⇒ 幼兒教育、老人學習、社區友誼

▶ 捻穗計劃 － 高齡人力再利用

▶ 共同陪伴與相互學習

幼童教育   高齡學習

8:00AM   9:00PM

陪伴
的
溫暖
世代交流
技藝傳承
社團活動
課後陪伴
共讀共學

1 一般教室→長青教室
→高齡學習

2 特殊教室→傳承教室
→文化傳承,世代交流

3 圖書閱覽→共讀空間
→課後陪伴

4 集會活動空間→學校
集會→假日社區活動
－社區講座
－親子活動

奔跑大草原
(後院)

大樹
廣場

兒童遊戲

主活動
(中庭)
校園集
假日博

親水
教室
(親幼互動)

水岸
平台區

廟庭廣場

信仰
中心

太極廣

社區客廳

記憶小徑
－延續地方
－加深地方

綠帶 保留老樹 河岸綠圍 樹下教室
      兒童遊戲區   親水平台

社區廚房
- 社區廚房
- 兒童營養午餐
- 老人送餐
- 假日社區居民共食分享

生態菜園

社區廚房

共食廣場
(假日市集)
里民活動

社區集會堂
假日及晚餐
做食堂用
學校共用

河岸景台

親水空間
水岸廣場

藝文走廊

圖書

陪車場

社區書房
- 小學教育別期
- 長青教育
- 共讀空間
- 課後陪伴
- 文化傳承

入口廣場
(廟庭)

社區大家庭平面配置圖 S=1/800

社區資訊站

親水教室示意圖

河岸步道示意圖

陪伴的溫暖

共讀·共學
共食·共樂

生態島近
魚類聯藏
-水質淨化

河床 棋藝區 靜態運動區 廟埕廣場 信仰中心 綏衝綠帶 社區資訊 入口
親水平台 社區客廳

廟埕廣場剖面圖 S=1/800

散步小徑

木憩
廣場

社區書房 綏衝景觀區 6米 以米車道 住宅區
分時共用 老幼學習場所 步道

親水教室與活動主廣場剖面圖 S=1/800

104年公務人員高等考試三級考試試題　　　　代號：25980　　

類　　科：建築工程
科　　目：建築設計
考試時間： 6 小時　　　　　　　　　　　　　　座號：＿＿＿＿＿＿＿＿

※注意：(一)可以使用電子計算器。
　　　　(二)不必抄題，作答時請將試題題號及答案依照順序寫在試卷上，於本試題上作答者，不予計分。
　　　　(三)以圖紙作答。

一、設計題目：舊建築活化再利用的數位設計文創基地

二、設計概述：

近年來結合綠建築及生態技術的空間改造方案逐漸蔚為建築實踐的主流方向；舊建築是過往生活的記憶容器，其活化再利用不僅傳承歷史，也符合當今節能減碳的環保概念。二十世紀 70 年代中期，Jane Jacobs 將老屋昇華擬比為都市中的耆老，其保存與更新的成效關乎社區文化多樣性的體現，是城市永續存活的要件之一。美國自 80 年代以降，建築工程大約有一半屬於修復和改建工程，現在美國建築師業務更有七成都涉及老舊建築再利用與破碎地景修補方案。近年來英國政府資金用於舊空間增改建工程的比例甚至大幅提昇到五成。賦予老屋新生命成為當代建築設計不能迴避的課題。

以文創作為舊建築改造的內容產業是歐、美、日各國公共建設的主要藍圖之一。我國某直轄市政府希望將以數位設計為主之文創產業深入社區扎根，並輔助青年文創工作者創業，於轄內潛力社區中挑選閒置的公有建築物，改造為出租型數位設計文創基地，甄選文創新秀入住兼做社區培力。

三、基地說明：

基地面積約 1040 平方公尺（26M×40M，道路截角 3M，如基地圖所示），敷地內有一棟閒置公職人員宿舍舊建築（如附圖所示，屋齡 40 年，鋼筋混凝土造）及 2 棵樹冠直徑 7 公尺之老樹。基地位於熱鬧之住宅社區中，附近生活機能完備，街道兩側地面層多為生意繁忙之小型商業店家。基地南側直接面臨社區公園（約 2000 坪），有 3 M 寬之公園小徑通達基地。基地東側鄰地上為兩年前落成之里民活動中心（2 層樓高），活動中心入口前廣場常有居民聚集休閒。基地北側為 5 樓公寓集合住宅，一樓供商業使用。基地西側多為獨棟透天住宅，街角有一便利商店。法定建蔽率60%，法定容積率240%。

（請接第二頁）

104年公務人員高等考試三級考試試題　代號：25980　

類　科：建築工程
科　目：建築設計

四、設計重點：
　㈠舊建築增、改建及活化再利用的構想與創意。
　㈡數位設計文創工作空間內部機能之合理性與實用性。
　㈢數位設計文創工作者間的聯誼關係及與社區民眾間的互動關係。
　㈣舊建築可做垂直或水平之增、改建，但盡量保留原有柱樑結構，並做適當之結構補強。
　㈤舊建築增、改建之整體造型設計。
　㈥可將里民活動中心入口前廣場納入整體敷地庭園設計範圍，並保留基地內現有老樹。

五、空間需求：（未規定面積者請自行合理設定）
　㈠數位設計文創租戶單元（約 18 m^2，可內含陽台）共 20 個。
　㈡多功能交誼空間（約 120 m^2，亦可分散成數間，提供交誼、討論、演講及簡報使用）。
　㈢半戶外活動空間（約 100 m^2，亦可分散成數處，提供交誼、展覽使用）。
　㈣入口大廳、室內展示空間、行政管理辦公室、共同設備空間等必要設施空間。
　㈤無圍牆之敷地庭園。
　㈥基地內不用設置停車空間。

六、圖說要求：（總分 100 分）
　圖說內容必須包含：
　㈠設計概念（以圖示為主，文字為輔）
　㈡基地配置圖
　㈢地面層及敷地庭園平面圖（含傢俱擺設）
　㈣其他各層平面圖（含傢俱擺設）
　㈤主要剖面圖（至少一向）
　㈥主要立面圖（至少兩向）
　㈦新舊構造界面或結構補強設計之細部圖
　㈧透視圖或等角立體圖
　以上圖說內容之比例尺，請以設計內涵能清晰表達為目標自行決定。

（請接第三頁）

104年公務人員高等考試三級考試試題　　　代號：25980

類　　科：建築工程
科　　目：建築設計

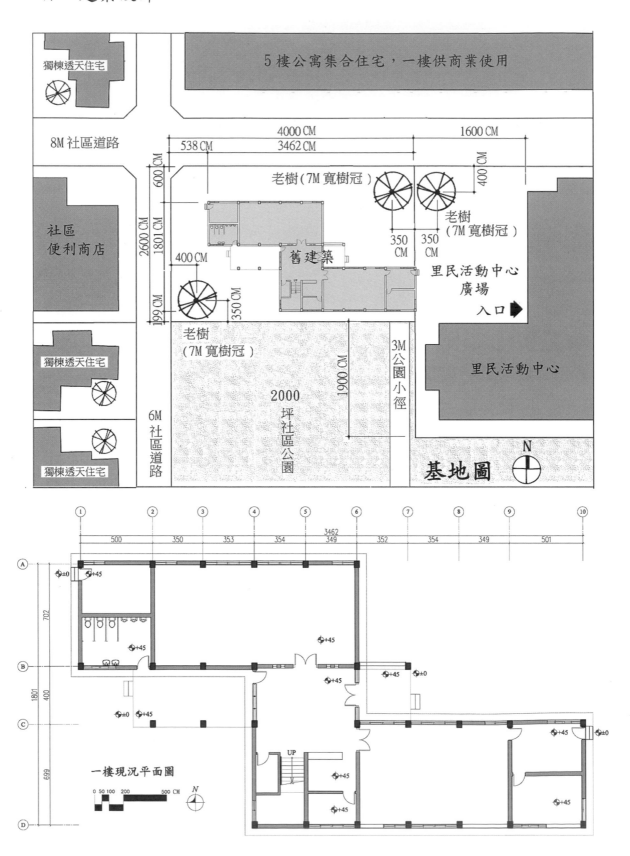

8M 社區道路

獨棟透天住宅

5樓公寓集合住宅，一樓供商業使用

社區
便利商店

獨棟透天住宅

獨棟透天住宅

6M
社區
道路

4000 CM
1600 CM
538 CM
3462 CM
600 CM
400 CM

老樹（7M 寬樹冠）

老樹
（7M 寬樹冠）

舊建築

350
CM
350
CM

里民活動中心
廣場

入口

里民活動中心

2600
1801 CM

400 CM

199 CM

350 CM

老樹
（7M 寬樹冠）

2000
坪
社
區
公
園

3M
公
園
小
徑

1900 CM

基地圖

N

一樓現況平面圖

0 50 100 200　　　500 CM

3462
500　　350　　353　　354　　349　　352　　354　　349　　501

±0　+45
+45
+45
+45
+45
±0
+45
±0　+45
+45
UP
+45
+45
+45
±0

702
1801
400
699

A
B
C
D

① ② ③ ④ ⑤ ⑥ ⑦ ⑧ ⑨ ⑩

N

（請接第四頁）

104年公務人員高等考試三級考試試題

代號：25980

類　　科：建築工程
科　　目：建築設計

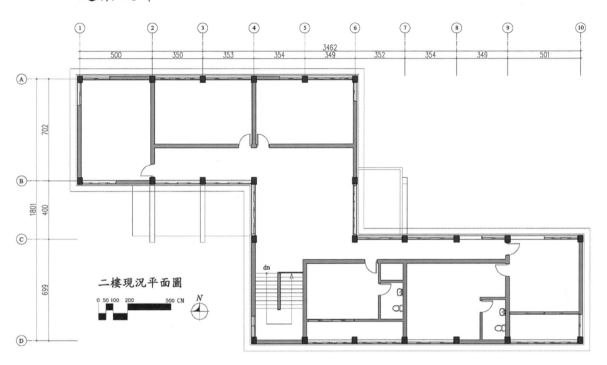

二樓現況平面圖

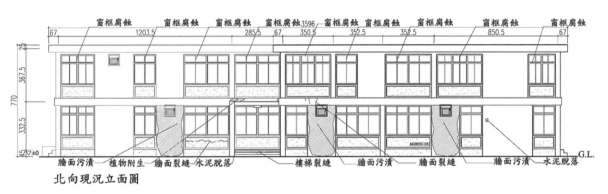

北向現況立面圖

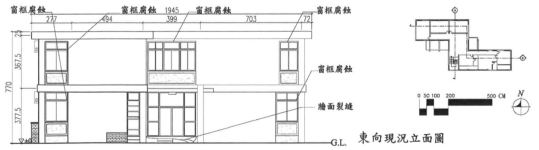

東向現況立面圖

（請接第五頁）

104年公務人員高等考試三級考試試題

代號：25980

類　　科：建築工程

科　　目：建築設計

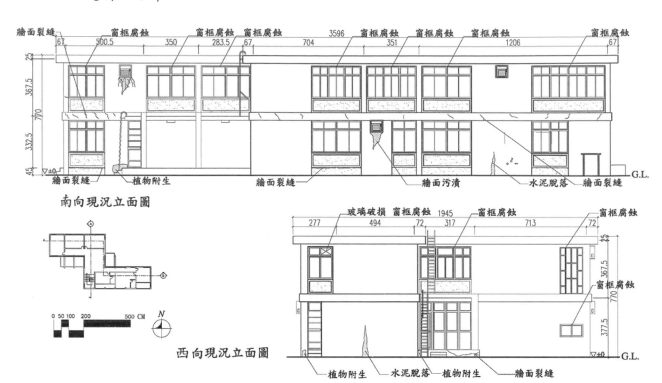

南向現況立面圖

西向現況立面圖

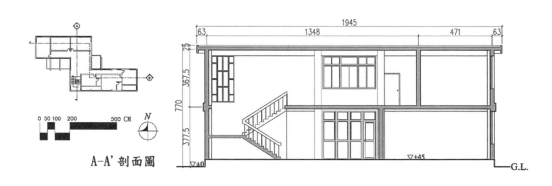

A-A' 剖面圖

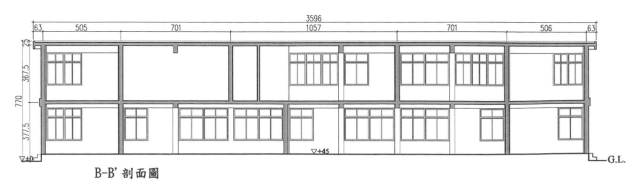

B-B' 剖面圖

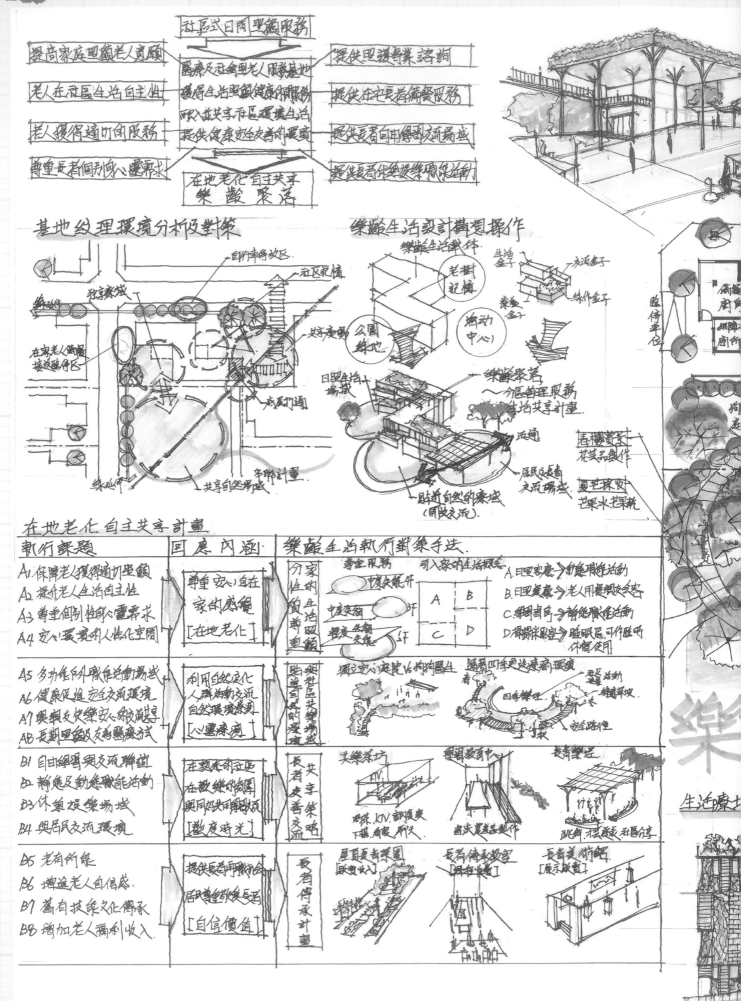

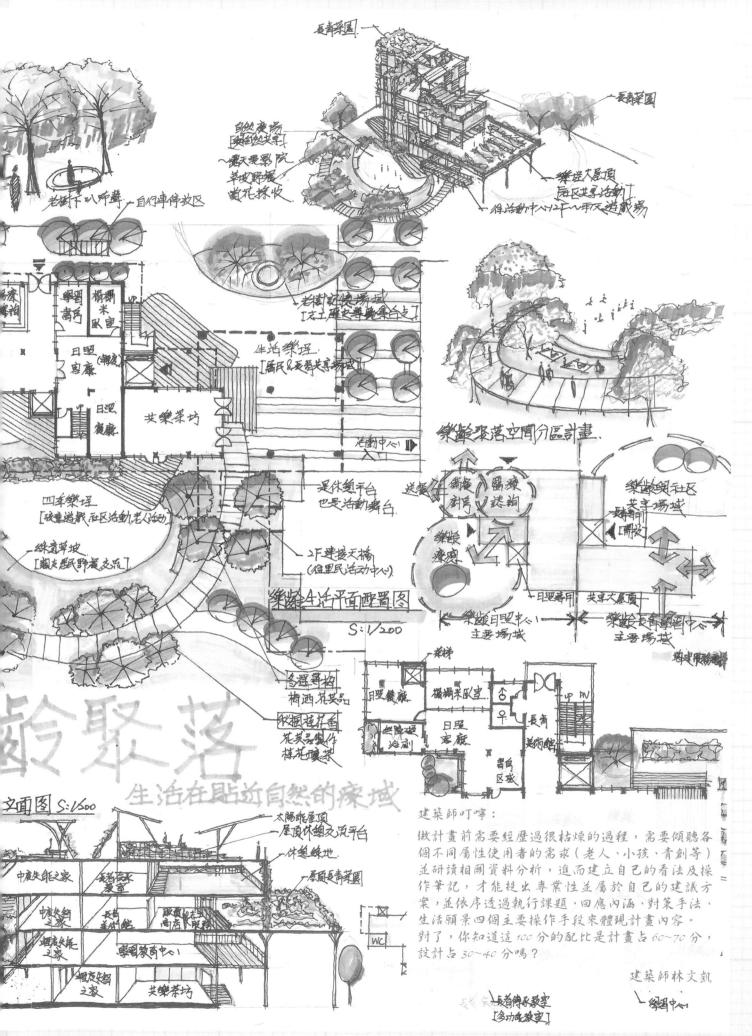

長者菜園

露天電影院
草坡野餐
賞花採收

老樹下小師聲　自行車停放區

樂座大屋頂
居區共享活動

伴活動中心12千八年夏遊戲場

老樹記憶場域
[志工歷史導覽舞台座]

生活樂坪
[居民&長者共享場域]

療詢

學習圖書

楊榻米臥室

日照
宮廉　(潮廉)

日照
餐廳　　共樂菜坊

樂齡聚落空間分區計畫

送餐　備餐創客　醫療諮詢

樂齡療癒

樂齡與社區共享場域

四車樂坪
[玩童遊戲、社區活動、老人活動]

綠道草坡
[親友郊野露營交流]

是休憩平台
也是活動舞台

2F連接天橋
(往里民活動中心)

日照專用　共享大屋頂

樂齡生活平面配置圖
S:1/200

樂齡日照中心
主要場域

樂齡長者學習中心
主要場域

多種尋物
樹洒花芙品

乾燥連花香
花芙品製作
標本壓花

日照餐廳　楊榻米臥室

日照
宮廉
無障礙冷創

長廊
美術館

書台區域

齡聚落
生活在貼近自然的療域

立面圖 S:1/500

太陽能屋頂
屋頂休閒交頂平台
伴型綠地
屋頂景觀圍

中度失能之家

中度失能之家

輕度失能之家

輕度失能之家

樂齡教室

長者&志工商店

國圍教商中心

共樂菜坊

WC

長者傳承教室
[多功能教室]

學圍中心

建築師叮嚀：

做計畫前需要經歷過很枯燥的過程，需要傾聽各個不同屬性使用者的需求（老人、小孩、青創等）並研讀相關資料分析，進而建立自己的看法及操作筆記，才能提出專業性並屬於自己的建議方案，並依序透過執行課題、回應內涵、對策手法、生活願景四個主要操作手段來體現計畫內容。
對了，你知道這100分的配比是計畫占60~70分，設計占30~40分嗎？

建築師林文凱

作品提供／林文凱建築師

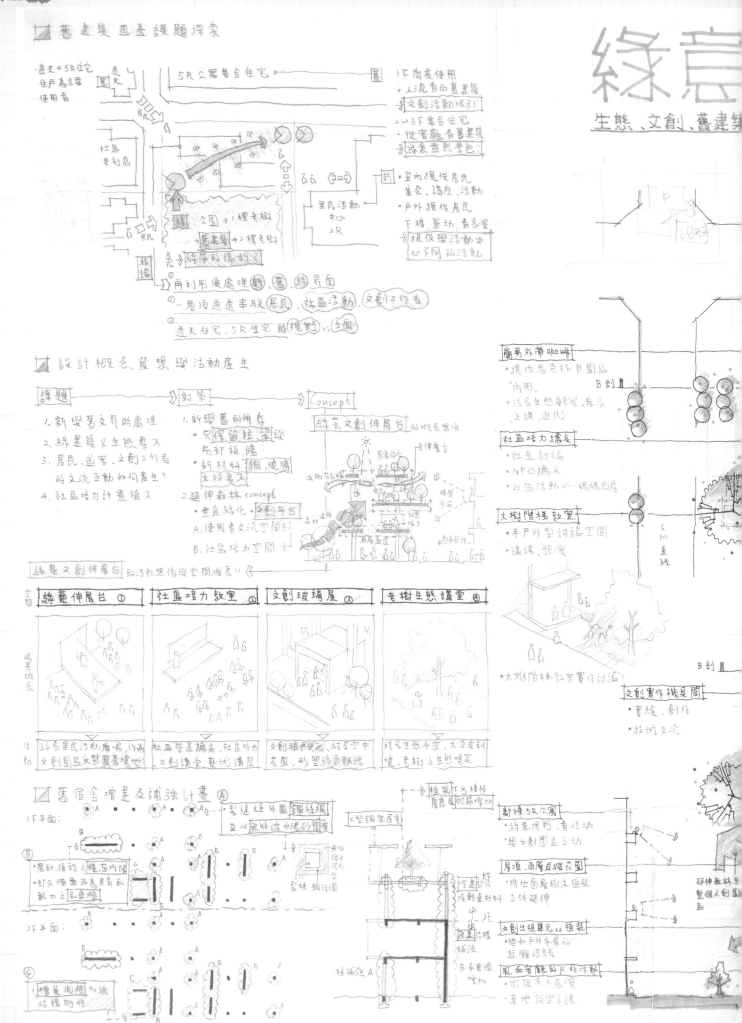

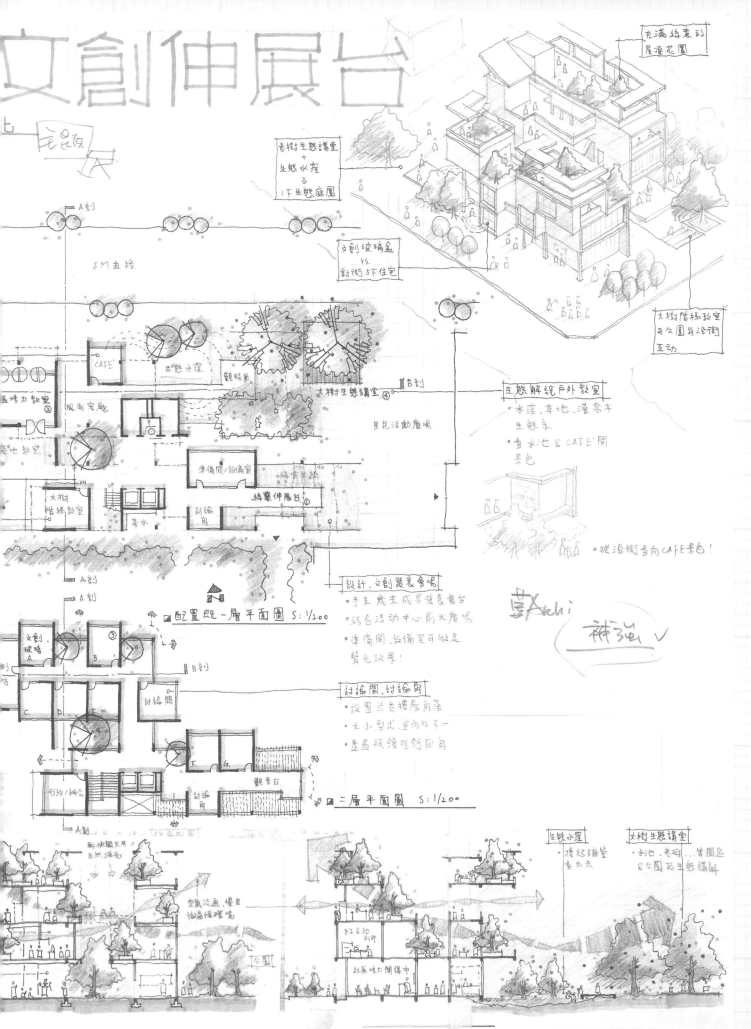

文創伸展台

老樹生態講堂
+
生態水窪
↓
1F 生態庭園

充滿綠意的
屋頂花園

A剖

8M道路

文創玻璃盒
vs.
對街5F住宅

CAFE'

生態水窪

觀蛙箱

大樹生態講堂④

風雨走廊

里民活動廣場

大樹
階梯教室

準備間/設備室

綠意伸展台①

討論角

茶水

■配置既一層平面圖 S:1/200

大樹階梯教室
與公園與沿街
互動

生態解說戶外教室
・水窪、草地、灌喬木
生態系
・看水池 & CAFE'間
景色

・從沿街看向CAFE'景色!

設計、文創發表會場
・學生歲末成果發表舞台
・結合活動中心前大廣場
・準備間、設備室可做足
聲光效果!

討論間、討論角
・設置於各樓層角落
・大小型式、室內外不一
・置圖瓶頸唯剩屈角

文創玻璃
A.
B.

討論間

觀景台

討論角

行政/辦公

F. G.

討論角

■二層平面圖 S:1/200

生態水窪
・捲起褲管
看昆蟲

大樹生態講堂
・水池、老樹…等周遭
與公園的生態講解

兩坡屋頂天井
自然採光

空氣流通、優良
微氣候環境

公園

里R3D列印

社區時力開課中

老地方故事多

環境閱讀

1. 打開使雙樹廣場與公園串聯之路徑
2. 連結公園認養園地,做引食地景使用並開放社區做共同種植,分享。
3. 串聯附近商店,以小規模活動市集聚會,社區營造,串連到守望相助精神。
4. 連結老樹與公園做社區交流之方匯點提供附近居民休憩,園康活動

設計策略

1. 增加日照中心與社區的交流創造互利及學習的場域
2. 社區教室植入「換位體驗區」藉由培育銀髮服務的跨領域人才
3. [圖] 置入動態展示區,分享生命歷程,匯成「生命的故事」典藏記錄每個國民記憶寶庫
4. 以「食農教育&療癒園藝」做為社區參與的綠生活,加深社區意識。

使用者需求

活動需求	
老人	靜,動活動學習,聊天,運動,交流展示,農活販賣圖網寶市集
社區民	遊憩休閒,市集,農活,志工參與,社區營造,社區教室
外來訪客	聽故事,看展示,買老東西,體驗換位
商家	串聯市集,活動場域展示

配置策略

- 人行步道串聯社區
- 都市活動層級開放空間場域
- 人本交通,UBike單數點
- 舊建築與新建築串聯併使用,內外呼應使活化價值現於社區
- 可滲透式綠化交流,建構城市文化空間
- 社區交流層級連絡公園做小規模活動兵同休憩使用
- 社區交流教育層級,活動力開放共同三生活場域

空間組織計劃

日照中心空間環境

- 小家個別照顧單元
- 公共空間及走道做色彩計劃做為失智定向空間導引,減少迷失的機會
- 獨立個別化起居學元,通風採光充足明亮

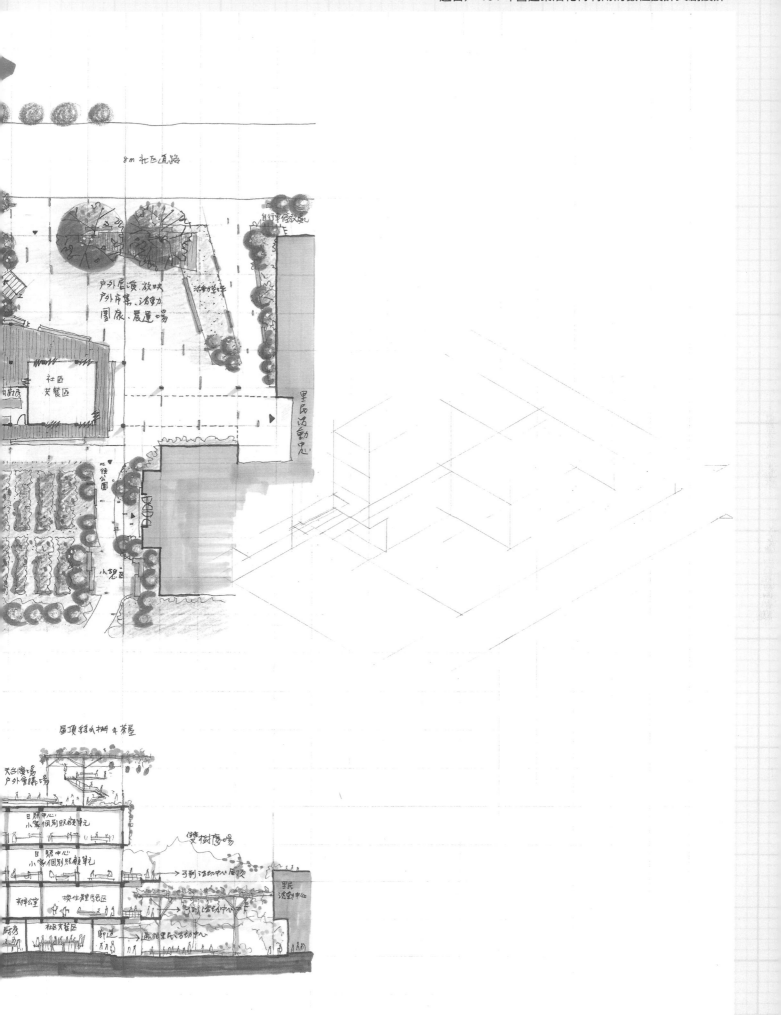

作品提供／施秀娥建築師

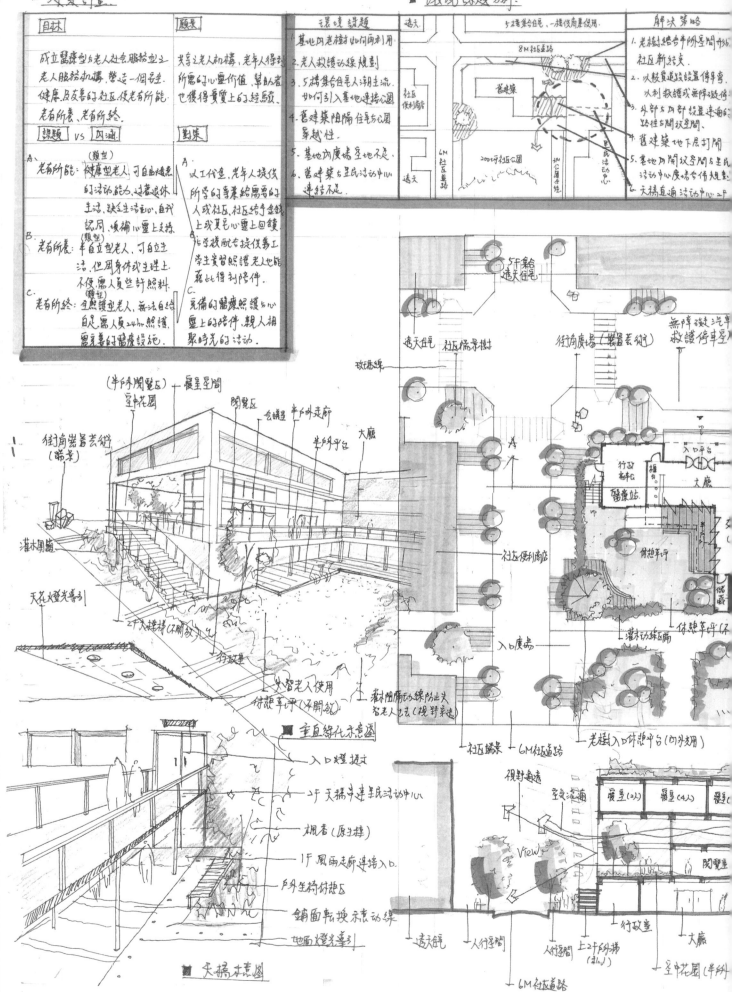

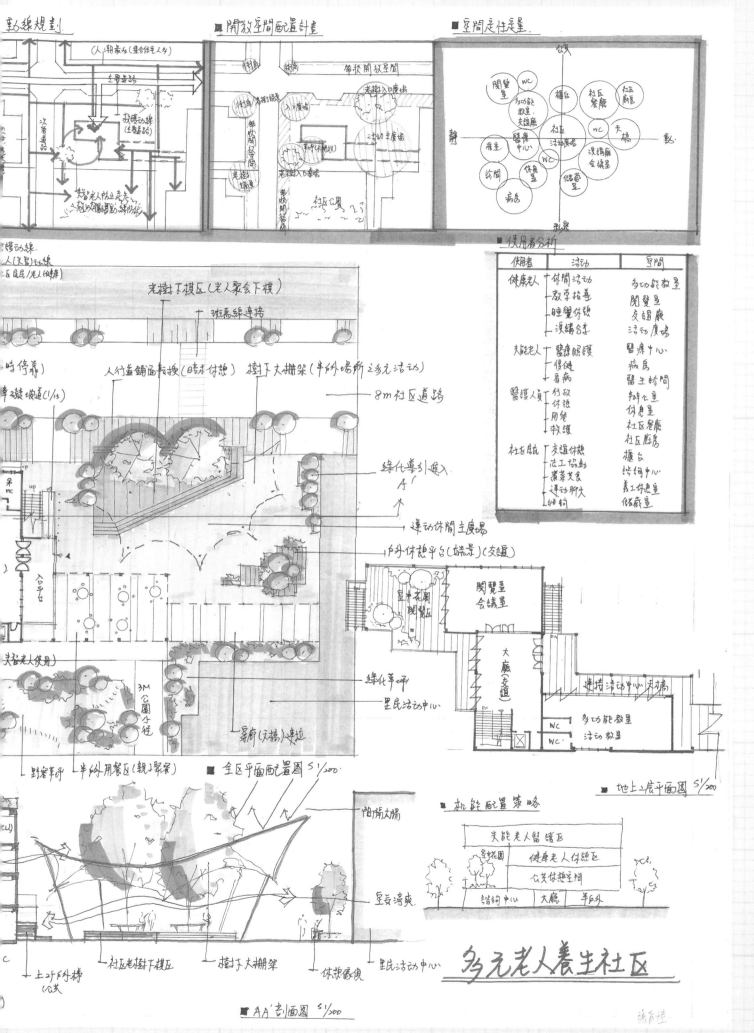

多元老人養生社區

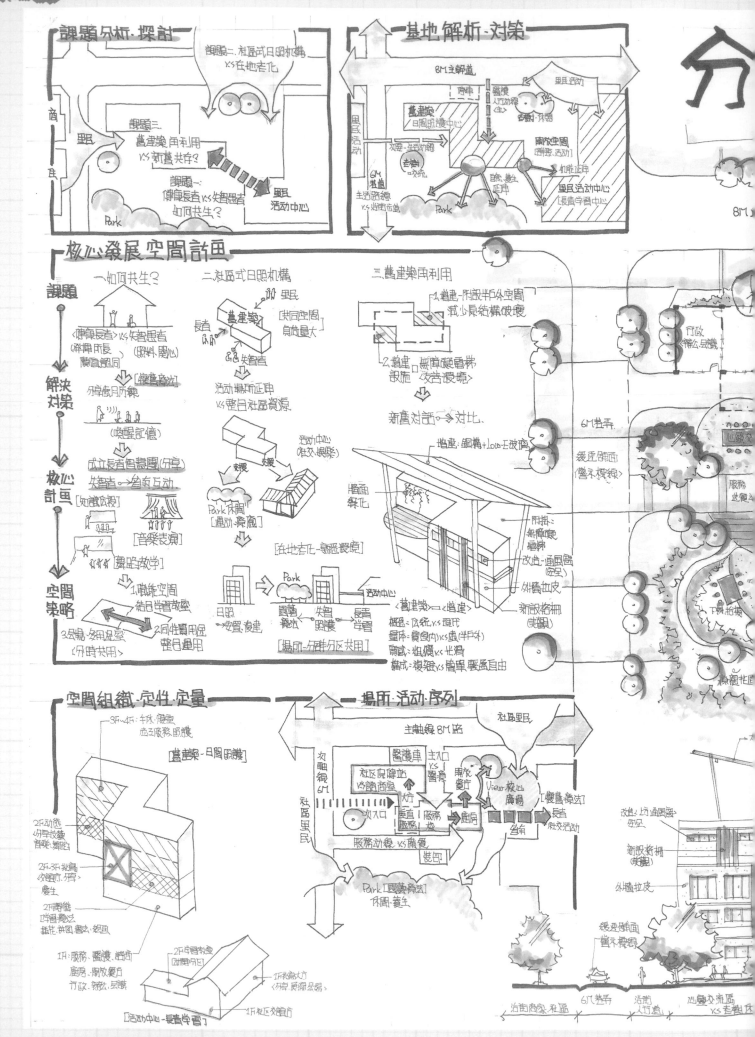

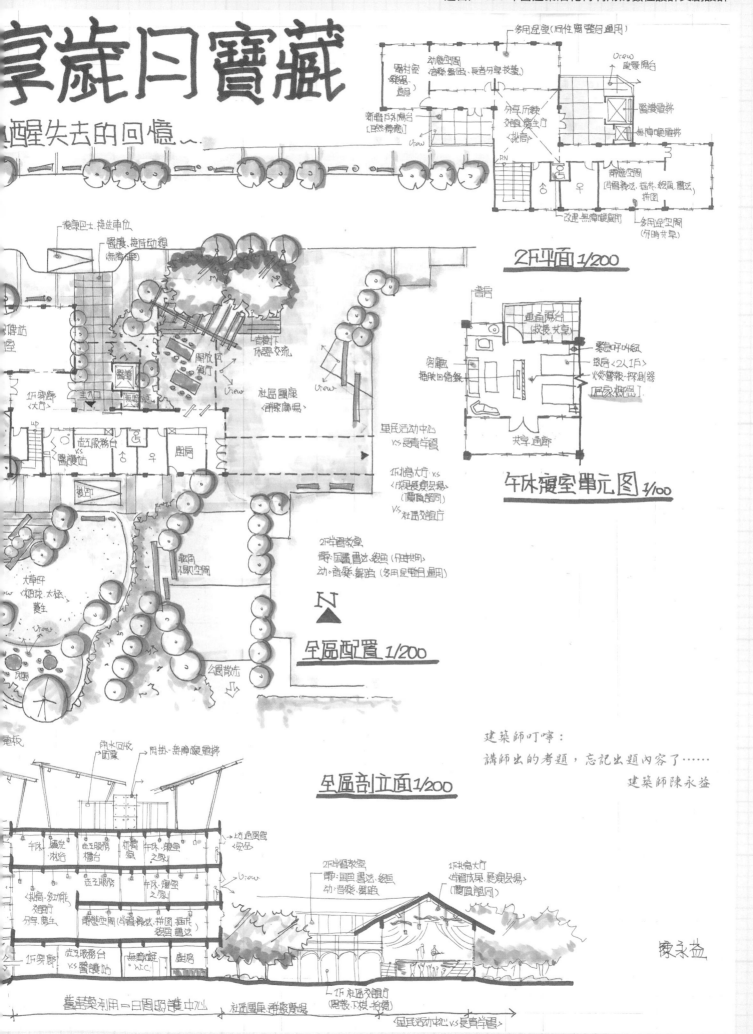

享歲月寶藏

喚醒失去的回憶～

2F平面 1/200

午休寢室單元圖 1/100

全區配置 1/200

N

全區剖立面 1/200

建築師叮嚀：

講師出的考題，忘記出題內容了……

建築師陳永益

舊建築利用一日間照護中心

陳永益

102年公務人員高等考試三級考試試題　　代號：35280　　全一張（正面）

類　　科：建築工程
科　　目：建築設計
考試時間：6 小時　　　　　　　　　座號：＿＿＿＿＿＿＿＿＿

※注意：㈠可以使用電子計算器。
　　　　㈡不必抄題，作答時請將試題題號及答案依照順序寫在試卷上，於本試題上作答者，不予計分。

一、設計題目：
　　社區老人日間照顧暨長青學習中心設計

二、設計概述：
　　面對高齡化社會之來臨，社區高齡人口激增，老人慢性病與功能障礙盛行率急遽上升，老人除健康與醫療服務外，也需要廣泛的長期照顧。政府為提高家庭照顧老人之意願及能力，提升老人在社區生活之自主性，保障老人能獲得適切的服務，積極推動長期照顧十年計畫，鼓勵地方政府自行或結合民間資源提供社區式日間照顧服務。提供白天家人上班而無人照顧的老人就近接受日間照顧服務，以減輕家庭照顧者之負擔，及減少老人問題之發生。
　　有鑑於此，某地方政府擬於人口聚集之社區相鄰基地，興建老人日間照顧暨長青學習中心。希望藉此兼具醫療型與社會型之老人服務機構，幫助營造一個健康、安全及友善的社區，使老有所能、老有所養、老有所終。設施內容包括：
　㈠日間照顧中心：計畫提供 40 位輕、中度失能、失智者，年滿 65 歲以上，或年滿 50 歲以上，經醫院診斷為失智症者之日間照顧，在此獲得生活照顧、健康促進以及文康休閒等服務。
　㈡長青學習中心：提供社區健康老人之學習教室、文康娛樂活動及社交聯誼空間。
　㈢高齡照護專業諮詢中心：提供照護專業諮詢、志工訓練與宣導在地老化之據點；並且附設服務周邊社區在宅高齡者之備餐、送餐服務。

三、基地說明：
　　基地位於某社區之公有土地上，鄰近公園，面臨 8 M 道路，附近為住宅社區。本基地東西長 40 M，南北寬 30 M；建蔽率 40%，容積率 200%。

四、設計要求：
　㈠研擬並列表說明本設施詳細之建築計畫內容。
　㈡日間照顧中心提供滿足長者身、心、靈需求，以及失能或失智老人 40 人個別照護服務及安心環境的人性化空間，以單位照顧模式，依身心機能狀況分組（家）照顧，尊重個別性、自主性的日間照顧空間。
　㈢長青學習中心提供健康老人自由學習、交流聯誼、休憩娛樂等活動空間。
　㈣高齡照護專業諮詢中心提供諮詢與宣導等對外服務。
　㈤符合「建築物無障礙設施設計規範」設置規定。
　㈥設施基地景觀規劃應與社區環境融合協調，並考慮建築之節能設計。
　㈦提供適合接送老人上下車、送餐車裝載與停車之空間。
　㈧提供本設施工作人員所需之必要空間。包括主任 1 位；日間照顧中心：護理人員 2 位、社會工作人員 1 位、照顧服務員（3 人照顧 1 人）；長青學習中心與高齡照護專業諮詢中心：社會工作人員 4 位、諮商師 2 位、志工 6 位。

（請接背面）

102年公務人員高等考試三級考試試題　　代號：35280　　全一張（背面）

類　　科：建築工程

科　　目：建築設計

五、空間要求：
　㈠日間照顧中心
　　依據「老人福利機構設立標準」，老人日間照顧設施應設多功能活動室、餐廳、廚房、盥洗衛生設備與午休空間等。活動空間每人應有 10 平方公尺。午休之寢室每人應有 5 平方公尺。
　　A、多功能活動室，提供作為：
　　　1.靜態與動態職能活動（學習療法、朗讀、習字、拼圖、購物花車、畫畫、肌耐力訓練）。
　　　2.文康休閒（麻將、書法、餵魚、棋藝、談天）。
　　　3.音樂教室（音樂律動、樂器敲奏）。
　　　4.活動教室（慶生會、下午茶、各種節慶活動）。
　　B、餐廳與廚房，提供用餐與點心、備餐與送餐。
　　C、盥洗衛生設備、廁所。
　　D、午休空間。
　　E、其他。
　㈡長青學習中心與高齡照護專業諮詢中心：
　　A、提供英日文、歌謠、國畫、書法、養生運動等課程使用之教室共 2 間，可兼為講座訓練用空間。
　　B、多功能空間提供文康娛樂活動、圖書閱覽及社交聯誼之空間。
　　C、福利與醫療諮詢室。
　　D、工作人員辦公與志工空間。
　　E、會議室。
　　F、其他（停車、廁所及儲藏等服務空間依法規自訂）。

六、圖說要求：
　㈠建築計畫與空間需求量分析之表列說明，包括活動行為與相應之空間特質與量的決定原因。（20 分）
　㈡設計概念說明。（10 分）
　㈢總配置圖，包括戶外空間規劃：比例 1/200。（20 分）
　㈣各層平面圖：比例 1/200。（20 分）
　㈤主要立面圖：至少兩向，比例 1/200。（10 分）
　㈥主要剖面圖：至少一向，比例 1/200。（10 分）
　㈦其他表現設計構想之透視圖或大樣圖。（10 分）

七、基地圖：

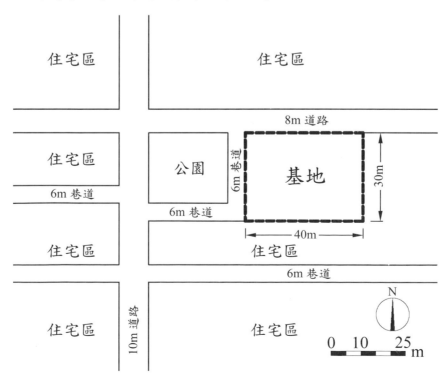

親青—社區老人日間照顧暨

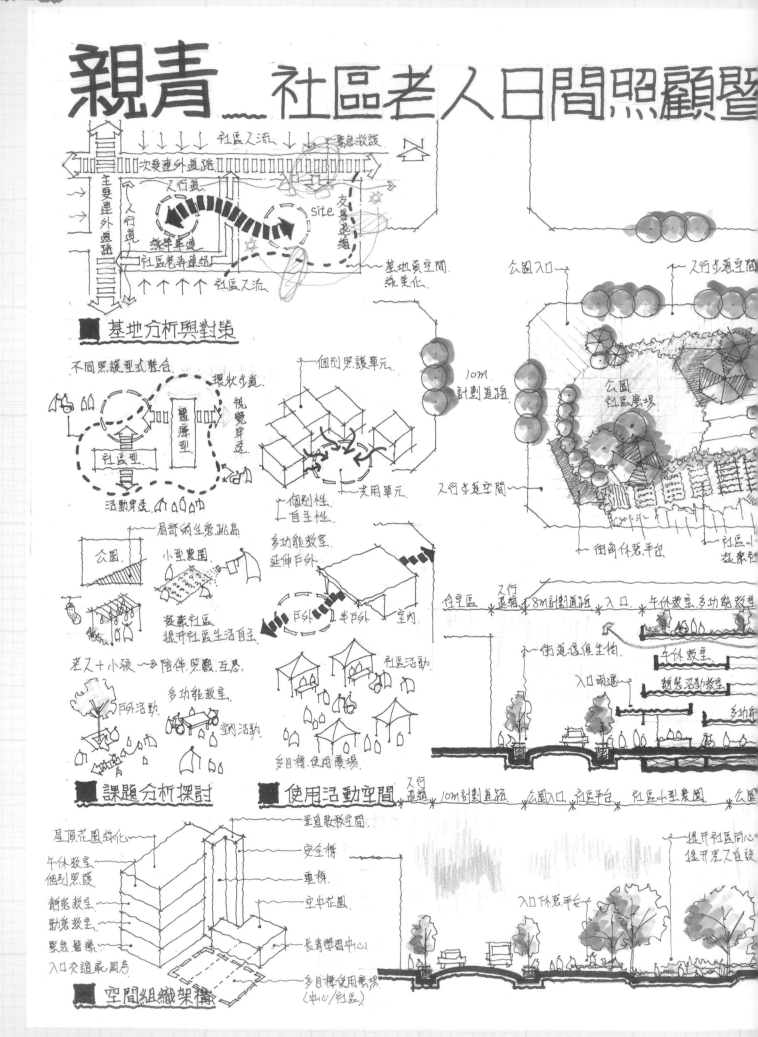

■ 基地分析與對策

■ 課題分析探討　　■ 使用活動空間

■ 空間組織架構

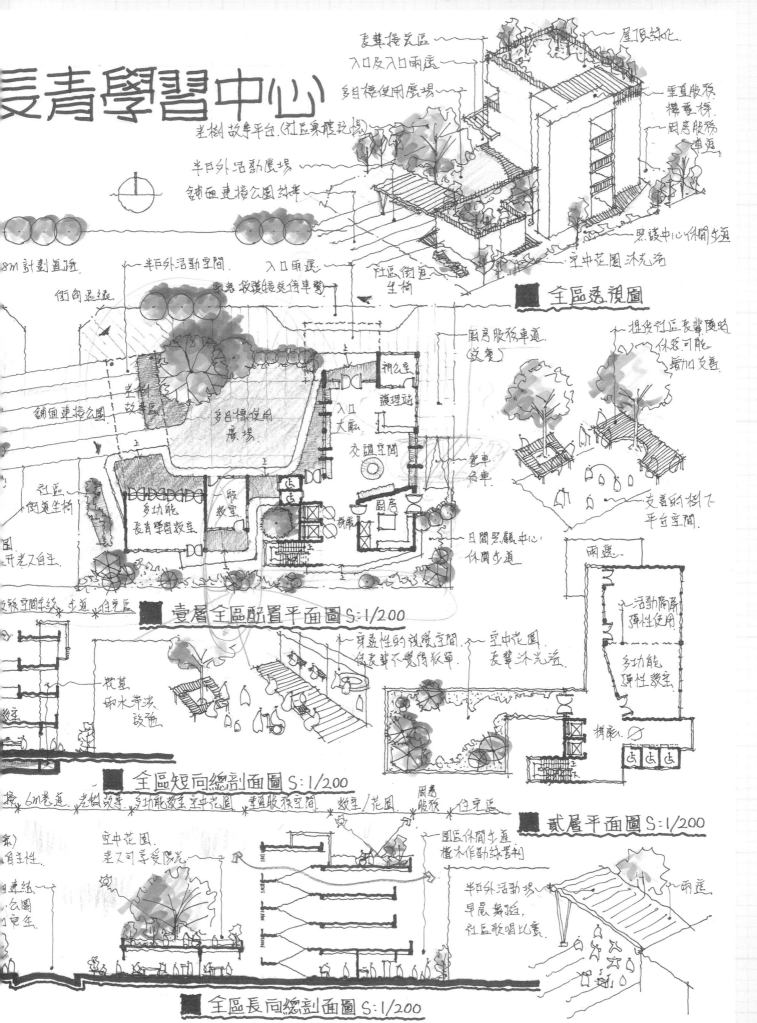

長青學習中心

長輩接送區
入口及入口雨庇
多目標使用廣場

屋頂綠化

垂直服務
樓電梯
廚房服務
車道

老樹 故事平台(社區泉聽說場)

半戶外活動廣場
鋪面連接公園綠草

照護中心休閒步道
空中花園沐光浴

■ 全區透視圖

8m 計劃道路

半戶外活動空間
入口雨庇
社區街道
生椅

街角退縮
急救護接送停車彎

廚房服務車道
(送餐)

鋪面連接公園

老樹故事區

多目標使用廣場

入口大廳

神父室

護理站

提供社區長輩隨時
休憩可能
增加交誼

交通空間

老車
台車

支青的樹下
平台空間

社區街道生椅

多功能長青學習教室

教室

廚房

日間照顧中心
休閒步道

雨庇

活動隔屏
彈性使用

多功能彈性教室

■ 壹層全區配置平面圖 S:1/200

穿透性的視覺空間
使長輩不覺得狐單

空中花園
長輩沐光浴

椅凳

彈灌
雨水净洗
設施

■ 全區短向總剖面圖 S:1/200

6M巷道 老樹故事 多功能教室 空中花園 垂直服務空間 教室/花園 廚房服務 住宅區

■ 貳層平面圖 S:1/200

空中花園
老又可享受陽光

社區休閒步道
植木作動綠蔭利

半戶外活動場
早晨舞蹈
社區歌唱比賽

雨庭

■ 全區長向總剖面圖 S:1/200

作品提供／吳明家建築師

建築計畫及設計構想

課題	手法	核心計劃	空間落實
・社區人口高齡化.	社區共食.	銀髮新生活	社區廚房.
・提供銀髮族新的學習	老幼共學.	共食、共學、新技能	共食餐廳.
・減輕青、壯年人口負擔.	成果發表		社區教室.
・社區醫療服務的提升.	醫療諮詢		諮詢服務站
	早晨運動		共享廣場
	長青講堂		知識演講廳
	遊憩手工藝		可食地景區
	共享菜圃		社區宅配站
			成果展覽區.

銀髮

基地週遭環境計劃

電梯住宅 7~10樓.
8米道路
公園 / 基地
通學巷6米
社區小學
綠帶串連.
通學動線.

人行道延伸 街角廣場留設.
公車站 / 主入口側.
公園 / 基地
後院綠帶退縮.
綠帶

8米道路.
公園社區廣場
涼亭
街道傢俱
透水鋪面
滲透綠地保水
自行車租借區
無障礙坡道
10米道路
通學巷
假日徒步區

公園 / 6米巷道 / 人行道 / 植栽 / 共享廣場

空間配置動線及防災計畫

主量體 / 主入口 / 街道退縮
次量體
與公園串連
彈性使用空間
可食地景
後院綠化空間

防災動線.
A指揮中心
→疏散方向.
←消防車救難動線. B醫療場所
C物資中心
D消防車停車救災區
透水口

共享廣場
1、早晨運動
2、共享菜圃
3、成果發表

雨水回收系統
街道傢俱
照明計劃

休息
多功能
社區教室

空間概要及定性計畫

5F:辦公室.
4F:休憩室.浴室.
3F:休憩室.浴室.
2F:多功能運動空間.
1F:大廳.
社區廚房.
諮詢站.
B1:長青演講廳.
串連公園

4F:會議室.
3F:休憩室.浴室.
2F:餐廳.廚房.
1F:社區廚房.
多功能活動空間.

可食地景體驗.
分時共用廣場

新生活

共食.共學.新技能.
社區老人日間照顧暨長青學習中心

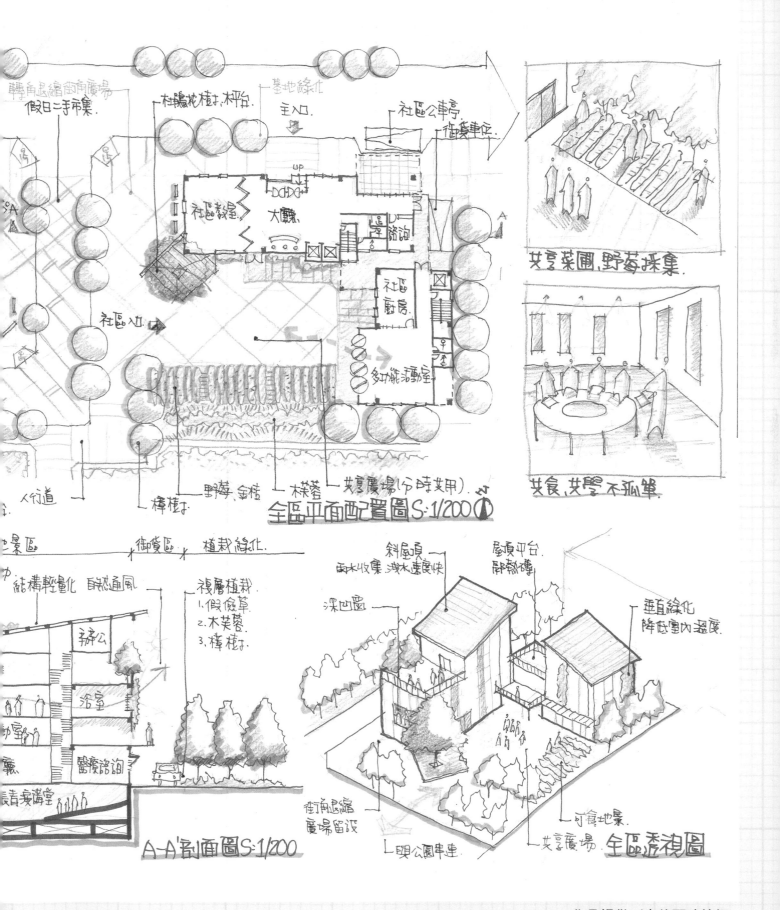

轉角退縮街角廣場
假日二手市集.
杜鵑花槽桌.柯台
基地綠化
主入口
社區公車亭
御貨車位.
社區教室.
大廳.
up
諮詢
社區廚房.
社區入口
多功能活動室
人行道
棒棒
野莓.金桔
榕蓉
共享廣場(分時使用).
全區平面配置圖 S:1/200

共享菜圃.野莓採集.

共食.共學.不孤單.

景區
御貨區
植栽綠化.
結構輕量化 自然通風
褪層植栽
1.假儉草
2.木芙蓉
3.棒棒
辦公
浴室
醫療諮詢
靖庭講堂
A-A'剖面圖 S:1/200

斜屋頂
雨水收集.洩水速度快
屋頂平台
屋頂綠磚
深凹區
垂直綠化
降低室內溫度.
街角退縮
廣場留設
與公園串連
可食地景.
共享廣場 全區透視圖

▶ 課題對話與目標擬定

因應高齡化社會
社區式日間照顧

老人在社區生活自主性
保障獲得適切的服務
提供和社區融合特場域
創造職能活動社交聯誼

以家之名延續生活
並適切提供老有所能
老有所養在地老化
社區共享融合的人性場域

家的歡樂場域
老少樂齡共享公園

減輕家庭照顧者負擔
提供安心尊重人性場域
提供照護諮詢引導本地老化
尊重個別性及高齡送餐服務

▼ 樂齡設計構想操作

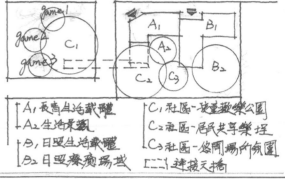

家的生活場域

樂齡計畫
老人 vs 小孩
晴天各自選玩
雨天共享歡樂

居民
小孩 / 老人 / 家

▼ 樂齡環境紋理分析

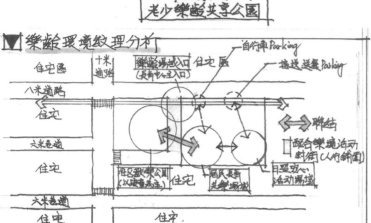

▼ 家的生活場域活動分區計畫

A₁ 長青生活載體
A₂ 生活景觀
B₁ 日照生活載體
B₂ 日照療癒場域
C₁ 社區-孩童歡樂公園
C₂ 社區-居民共享樂埕
C₃ 社區-悠閒場所氛圍
連接天橋

▼ 家的場域樂齡生活共享計畫

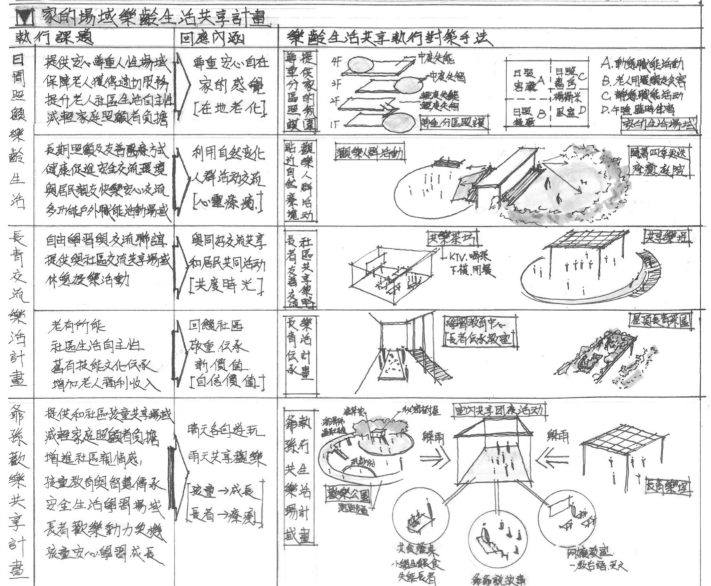

執行課題	回應內涵	樂齡生活共享執行對策手法
日間照顧樂齡生活	提供安心尊重人性場域 保障老人獲得適切服務 提升老人社區生活自主性 減輕家庭照顧者負擔 → 尊重安心自在 家的感覺 [在地老化]	
長青交流樂齡生活計畫	長期照顧及友善醫療方式 健康促進安全交流環境 與居民親友快樂安心交流 多所結合戶外職能活動場域 → 利用自然變化 人群活動交流 [心靈療癒]	
	自由學習與交流聯誼 提供與社區交流共享場域 休憩娛樂活動 → 與同好交流共享 和居民共同活動 [共度時光]	
樂齡活計畫	老有所能 社區生活自主性 舊有技能文化傳承 增加老人福利收入 → 回饋社區 敬重傳承 新價值 [自信價值]	
爺孫歡樂共享計畫	提供和社區孩童共享場域 減輕家庭照顧者負擔 增進社區親情感 孩童教育與智慧傳承 安全生活學習場域 長者歡樂動力來源 孩童安心學習成長 → 晴天各自選玩 雨天共享歡樂 孩童→成長 長者→療癒	

建築師叮嚀：

如果在有限時間內，盡力還是無法完成全版圖面
請安心，只要你認真做好計畫，不要急著跳下去做設計
還是比慌張畫滿設計版面的強

建築師林文凱

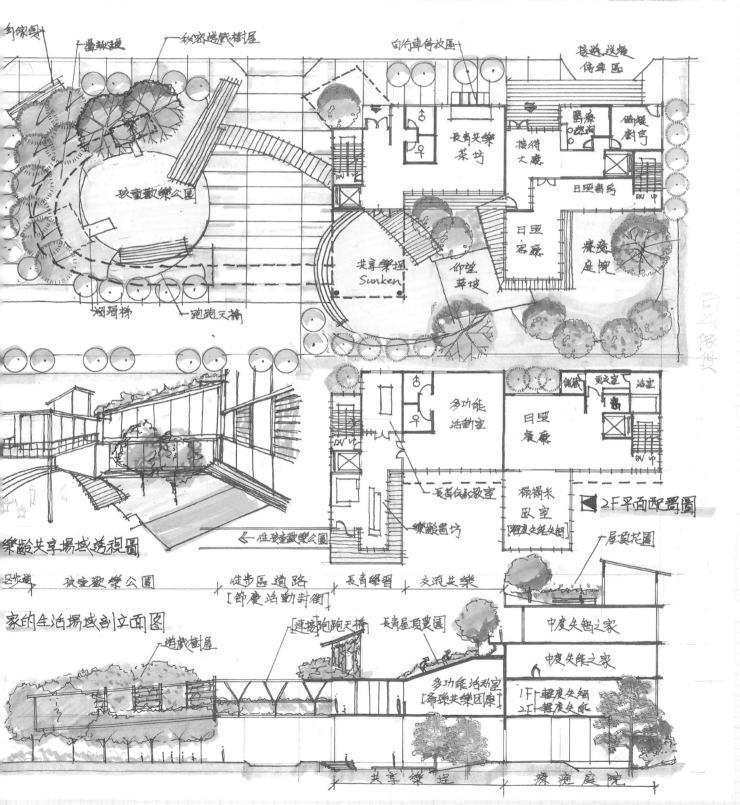

作品提供／林文凱建築師

277

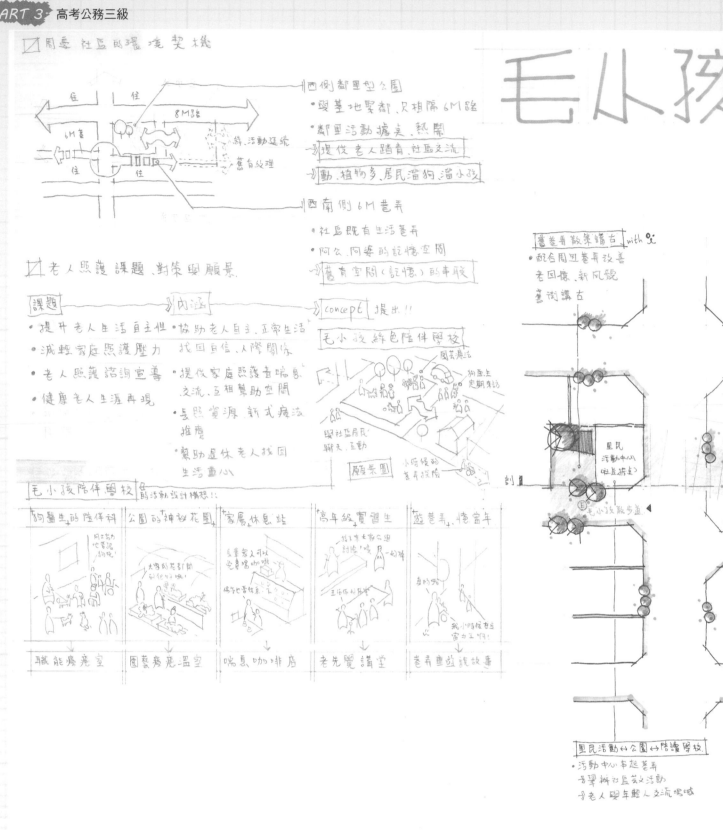

毛小孩

☑ 周邊 社區 的 環境 契機

- 西側都里型公園
  - 與基地緊鄰，只相隔 6M 路
  - 鄰里活動據點，熱鬧
  - → 提供老人踏青、社區交流
  - 動、植物多，居民溜狗、溜小孩

- 西南側 6M 巷弄
  - 社區既有生活巷弄
  - 阿公、阿婆的記憶空間
  - → 舊有空間(記憶)的串接

☑ 老人照護 課題、對策與願景.

課題	⇒ 內涵
• 提升老人生活自主性	• 協助老人自主、正常生活
• 減輕家庭照護壓力	找回自信、人際關係
• 老人照護諮詢宣導	• 提供家庭照護者喘息、交流、互相幫助空間
• 健康老人生涯再現	• 長照資源、新式療法推廣
	• 幫助退休老人找回生活重心

concept 提出!!

毛小孩 綠色陪伴學校

願景圖

舊巷弄散策議古 with 狗

- 配合周邊巷弄改善
  老風樣、新風貌
  舊詢議古

里民活動中心
(此皆拆息)

毛小孩散步道 ◀

里民活動 ↔ 公園 ↔ 陪讀學校.
- 活動中心串起巷弄
  → 舉辦社區教育活動
  → 老人與年輕人交流場域

毛小孩陪伴學校 的活動設計構想!!

狗醫生的陪伴科	公園的神祕花園	家屬休息站	高年級實習生	遊巷弄、憶當年
職能療癒室	園藝療癒溫室	喘息咖啡店	老先覺講堂	巷弄重遊說故事

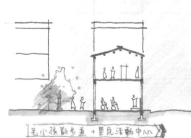

毛小孩散步道 + 里民活動中心

綠色陪讀學校

作品提供／南榮華建築師

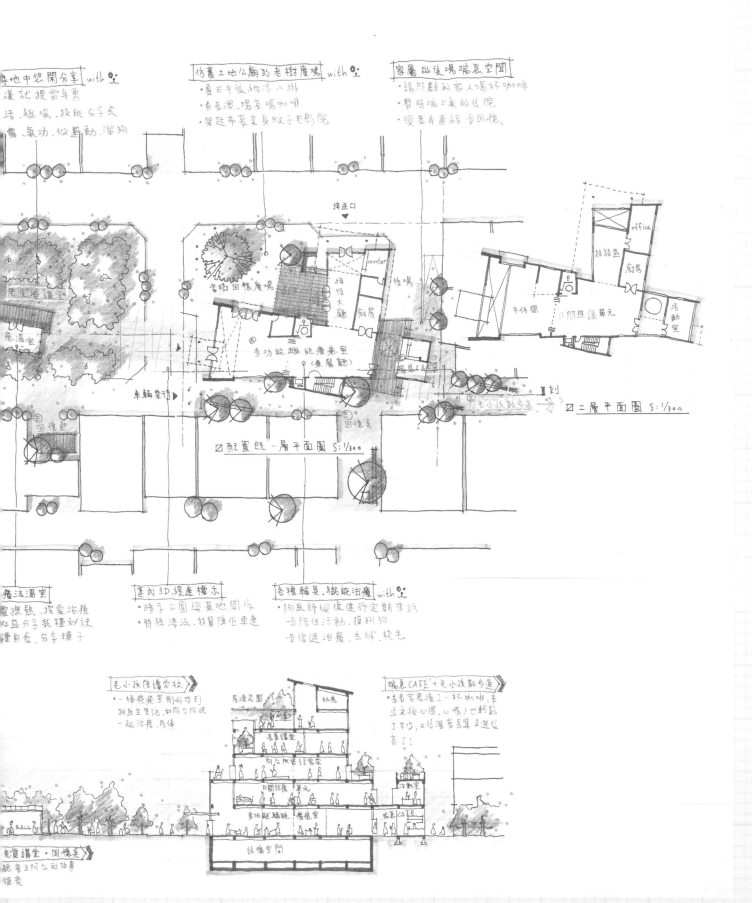

綠地中悠閒分享 with
- 漢就提當年勇
- 活、職場、技能分享
- 無、氣功、做運動、溜狗

修舊土地公廟的老樹廣場 with
- 夏日午後納涼八卦
- 看老潭、喝茶喝咖啡
- 架延布幕變身蚊子電影院

家屬的後場喘息空間
- 讓照顧的家人喝杯咖啡
- 暫時喘口氣的後院
- 想看看重話一分回憶、

接送口

老樹回憶廣場

多功能職能療癒室
（兼餐廳）

喘息CAFE

毛小孩散步道

回憶亭

☑ 配置既一層平面圖 S:1/300

☑ 二層平面圖 S:1/300

office

廚房

年休間

日間照護單元

活動室

魔法溫室
- 園藝療癒、採果治療
- 社區分享栽種秘訣
- 種自食、分享種子

舊內3D緩產標示
- 曉示公園與基地關係
- 特殊涉法、材質陸低車連

各種輔具、職能治療 with
- 狗匠師現復使研定期來該
- 母陪伴活動、摸狗狗
- 母復健治療、去球、梳毛

毛小孩陪讀學校
- 一樓飛葉室剛好彈到狗匠生來該、初阿公阿嬤一起治療、陪伴

喘息CAFE＋毛小孩散步道
- 長青爸爸接了一杯咖啡，亲立交接心得，心情上也輕鬆了不少，2段隆菁爸爸去迎從意了！

屋頂花園

雞窩

毛小孩陪讀學校

日間照護單元

多功能職能療癒室

設備空間

口 設計目標5策略

老有所能
長青學習中心 提俱健康高齡者學
習新興趣 並也傳承他人自己所學.

老有所養
日間照護服務中心, 提俱日間托老.
注重家的感受, 身心靈並重之照護

老有所終
完善的醫療設施, 即使失能, 也.
要活的有尊嚴有品質

老有所歸
充滿人情味之地方, 有家的感覺.
並非冰冷的照護中心, 社區大家庭般.

口 基地環境分析

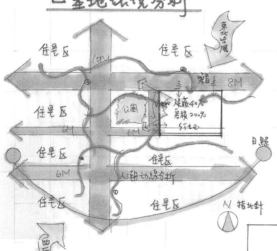

口 設計課題5對策

課題: 公園人潮引入5緣街.
對策: 設置街角廣場緣街並5公園串連
課題: 無障礙下車分5D位置.
對策: 8M裝置車路設置停車5入口廣場
課題: 長照中心主體設置.
對策: 配置於主要道路側方便上下車.
課題: 社區大客廳配置位置.
對策: 設置於日照中心5學習中心中間.
課題: 長青學習中心配置位置.
對策: 配置於靠心園側方便社區進出.
課題: 失智者中度失能者戶外活動安全問題.
對策: 設置封閉式戶外活動區避免走失.
課題: 長青中心5社區居民活動廣場.
對策: 開放廣場於較開放機能來連結.

口 使用者分析5定位.

使用者	行為活動	場所空間
(由)健康高齡者 (助)輕度失能 (中度失能) (輔)(失智者)	教學分享試與題 學習他人所學 下棋茶敘交流 5社區孩童交流 定期社區分享聚會	講士教室 芸術教室(陶藝) 社區大客廳 戶外創意市集 鄰語區
中度失能	看醫生, 了解個庫狀況 復健、照護	社區輪療室、復健室 暖室、居室活動區
失智者	復健、休憩 運動、交誼	導室封閉式之 室內外活動空間

教5學: 相互分享關題.

机能分區控制动線5安全性

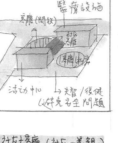

社區大客廳 (社區一家親)

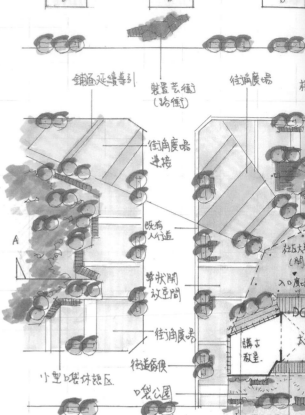

無障礙坡道 1/15

口 全区平面配置圖 S1/200.

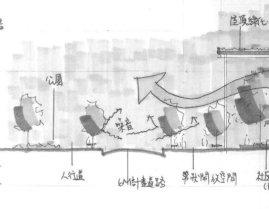

口 空間机能配置計畫.

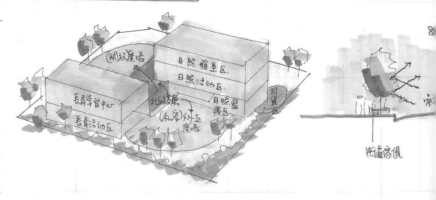

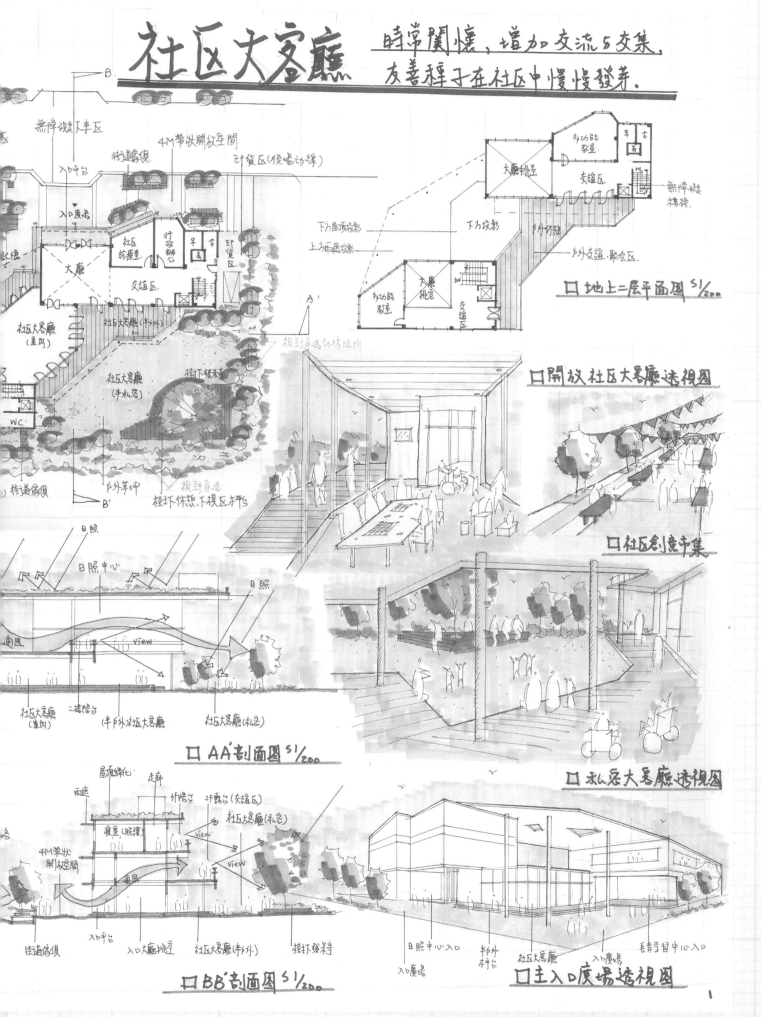

社区大客廳

時常關懷、增加交流5交集，
友善種子在社区中慢慢發芽。

□ 地上二層平面圖 S1/200

□ 開放社区大客廳透視圖

□ 社区創意市集

□ AA'剖面圖 S1/200

□ 私密大客廳透視圖

□ BB'剖面圖 S1/200

□ 主入口廣場透視圖

作品提供／張育愷建築師

老伴木
他還是我的「老朋...

問題探討 v.s 分析

A. 長青學習 v.s 日間照顧
　健康長者 v.s 失智‧失能 - 共同生活

B. 高齡化社區 ⟶ 長者彼此依存

C. 長青學習中心 ⟶ 健康學習‧分享‧歷練

D. 日間照顧中心 ⟶ 失智‧失能‧參與社交

E. 照護諮詢中心 ⟶ 在地社區、接送關懷

基地分析 v.s 策略

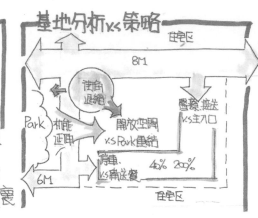
8M
住宅區
街角退縮
Park 機能延伸
醫療接送 v.s 主入口
開放空間 v.s Park連結
停車 v.s 備送餐
6M
40% 200%
住宅區

設計概念 v.s 空間核心發展

課題?
↓
解決對策?
↓
核心計畫?
↓
空間發展

A. 健康長者 v.s 失智‧失能
如何共存‧生活?

★分享歲月寶藏
v.s 喚醒失去記憶
↓
懷舊 療法
↓

長者菜園菜園
v.s 音樂療法
習字‧繪畫
v.s 導讀
慶生‧園康
v.s 參與社交
★宗教室
v.s 心靈治療

B. 失智‧失能者
維持身心机能
↓
參與健康長者生活圈
v.s 自主‧復健‧治療
↓
自主學習療法

C. 高齡照護
在地老化?
日照中心
Park
串連公園机能
v.s 重結社區生活
↓
烹飪環境‧健康老化
↓
★大樹下棋
聊天 v.s 交流
★Park‧園藝療法

空間定性定量

A. 照護諮詢中心 ── 1. 醫療諮詢站 (1F)
　(動態、開放) 　　2. 社區保健站 (1F)
　　　　　　　　　3. 餐廳‧備送餐 (1F、半戶外)
　　　　　　　　　4. 半戶外開放廣場 (F外)
　　　　　　　　　5. 服務、辦公、志護 (1F)

B. 長青學習中心 ── 1. 園康交誼廳 (2F)
　(中、半開放) 　　2. 學習分享教室 (2F)
　　　　　　　　　3. 宗教室 (2F)

C. 日間照護中心 ── 1. 看護站 (3~5F)
　(靜‧私密) 　　　2. 盥洗、廁所、洗衣室 (3F)
　　　　　　　　　3. 午休寢室 (3~5F)

無障礙廁所
套書影帶播放 v.s 懷舊
150
火災警報器
FN車車節 v.s 緊急救援
呼救鈕

後院 日照‧長青中心 半戶外開
FN車車節 v.s 緊急救援
24H門護管制
午休寢室單元 1/100
居家概念

場所活動序列

8M
診療
醫護入口
服務廳
醫急保健
主入口
半戶外開放空間
開放式服務教
備送餐
廚房‧備餐
開放式
餐廳
真服務教
行政區
後院
獨立車道
6M
公園Park 6M後退車道

全區橫...

建築師叮嚀：

長照2.0，多閱讀生活時事，
有助於考試的設計發想！

建築師陳永益

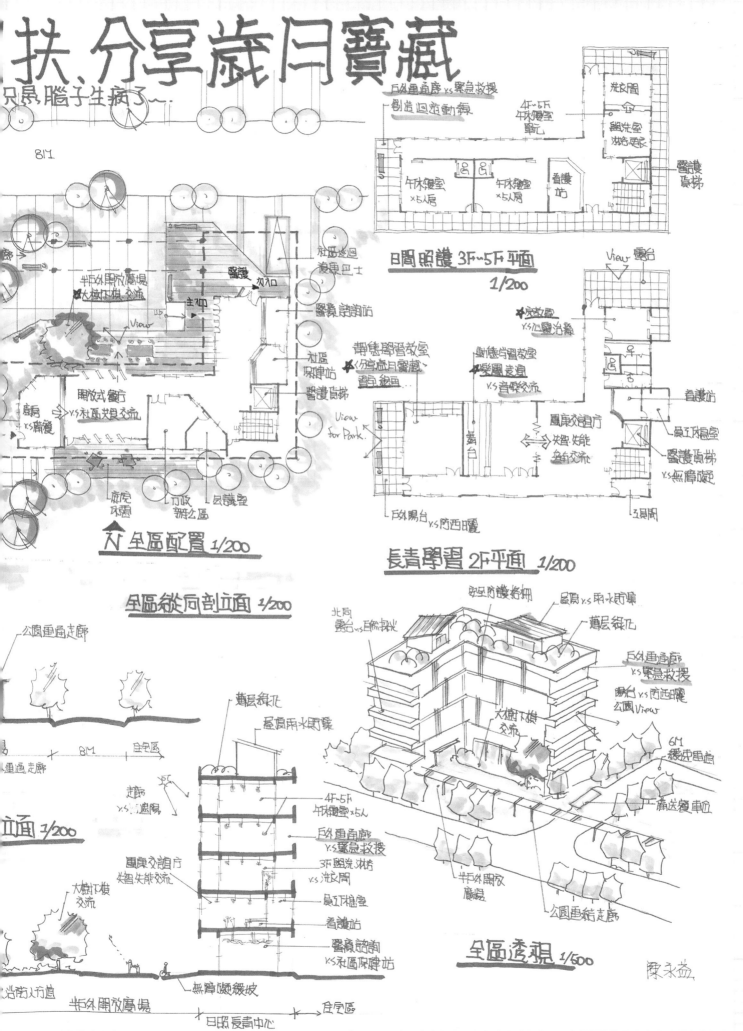

扶、分享歲月寶藏

只是腦子生病了~

日間照護 3F~5F 平面 1/200

長青學習 2F平面 1/200

全區配置 1/200

全區縱向剖立面 1/200

立面 1/200

全區透視 1/500

□ 空間流構與基地分析

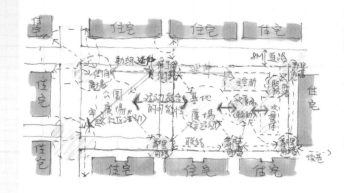

建築師叮嚀：

一、請先思考與分類題目給的議題層級，並好好的回應他們：

層級一（社會性的）：該區域高齡者的照顧與社區間的互動模式為何？

層級二（鄰里的）：提供社區多方交流、服務、具場所精神的生活場域。

層級三（建築的）：學習、諮詢與照護等空間規畫。

二、再開始推敲配置

公園與基地的合作機會為何？最大的發揮方式？

建築師陳宗佑

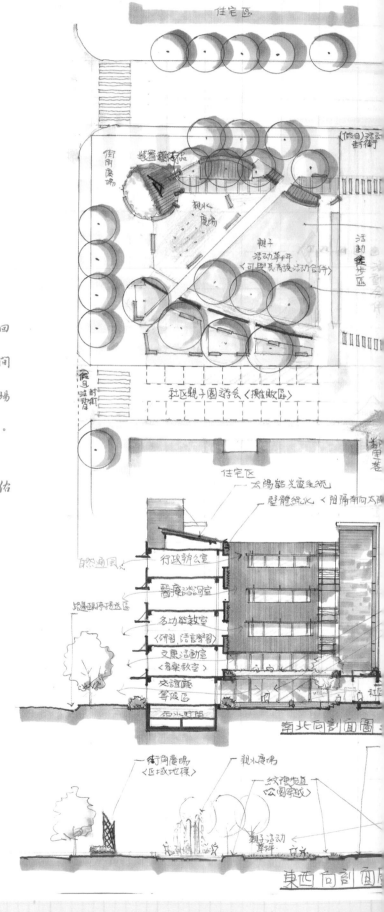

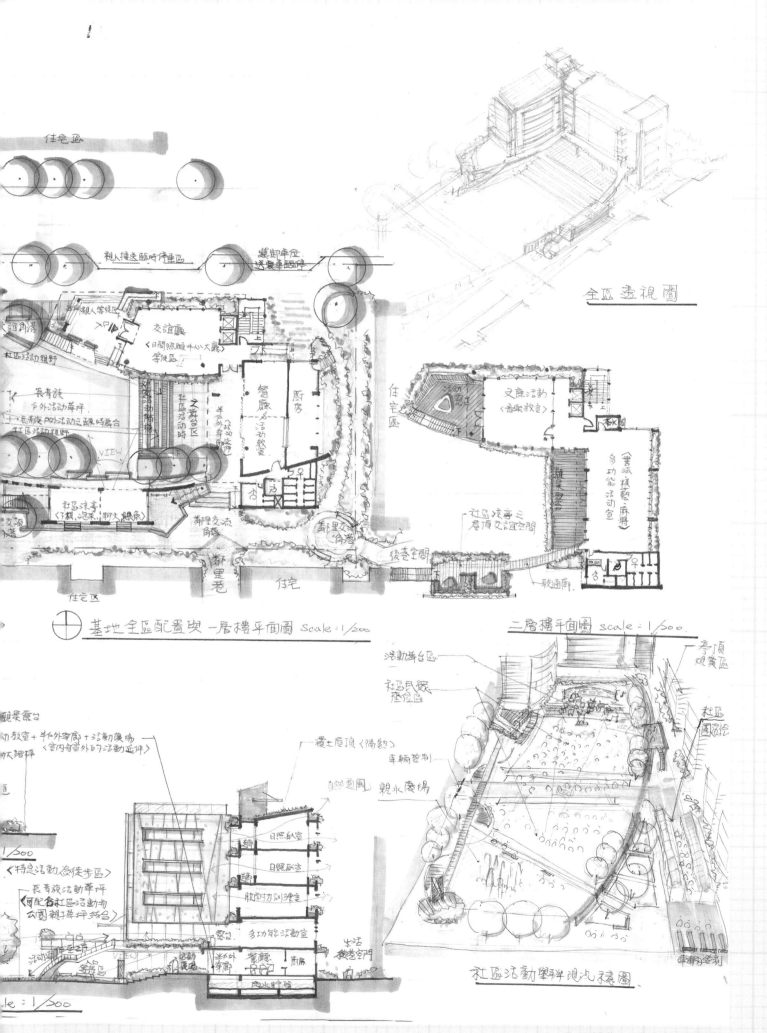

全區透視圖

基地全區配置與一層樓平面圖 Scale : 1/200

二層樓平面圖 scale : 1/500

社區活動響外視覺想像圖

作品提供／陳宗佑建築師

中介空間
公園休憩
動態
靜態
醫療諮詢中心
園藝治療　社區生活, 共食食堂
■ 土地使用分區

公園入口
兒童遊憩
基地入口廣場
主廣場
社區治療
後院空間
可食地景
半戶外生活廣場
■ 開放空間, 人行步道系統計畫

兒童遊憩區
8米道路
都市大門
10米主要道路
入口廣場
主廣場
樹下聊天
園藝治療
半戶外平台
活動平台
社區食堂 (多功能社區活動使用)
社區廚房
公園休憩平台
跳動鋪面
(廚藝教室)
■ 全區平面配置圖 S:1/200

8米道路
治街型開放空間
都市大階梯
活動空間
跳島
屋頂花園 雨水儲集
日照空間
步道
療癒花園
社區住宅
退縮停車彎
辦公室
日照寢室
日照文庫休間
日照職能
社區食堂
窗台園藝
鄰棟間隔南面日照
日照照護活動空間
復健室
休憩陽台
■ 南北向剖面圖 S:1/200

住宅社區
10米主要道路
公園入口
公園遊憩區
休憩平台
園藝治療
6米巷道
人行步道
大樹聊天空間
戶外大階梯
活動平台
戶外活動
半戶外

■ 東西向剖面圖 S 1/200

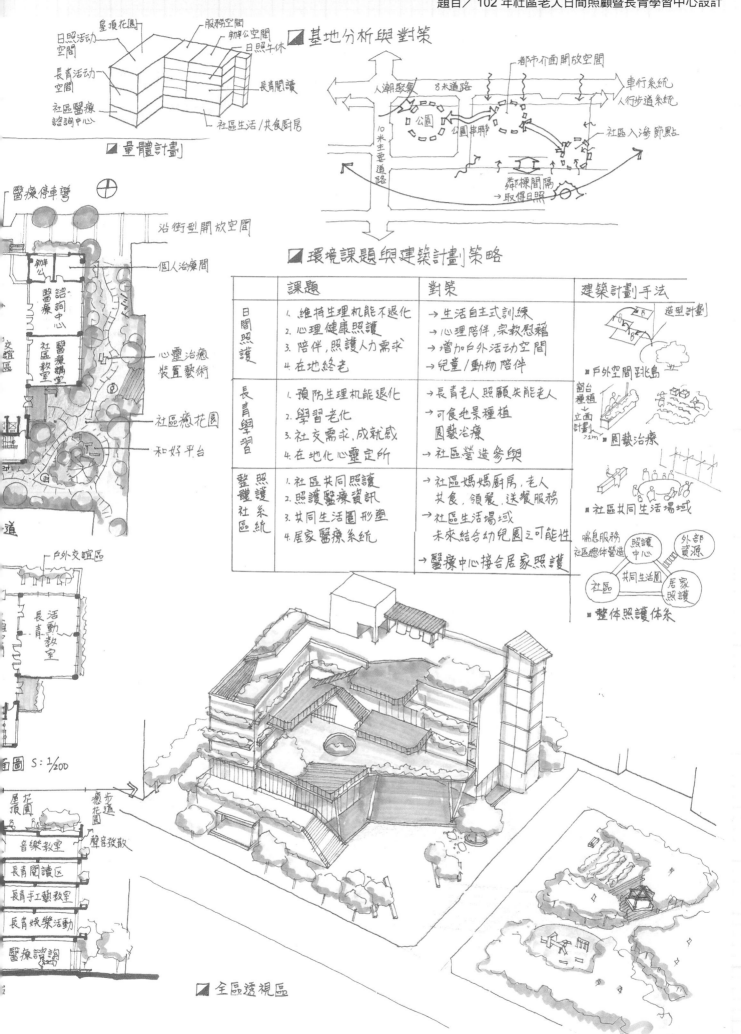

■ 量體計劃

屋頂花園
日照活動空間
長青活動空間
社區醫療諮詢中心
服務空間
辦公空間
日照午休
長青閱讀
社區生活/共食廚房

■ 基地分析與對策

都市介面開放空間
人潮聚集   8米道路
公園
公園串聯
10米主要道路
車行系統
人行步道系統
社區入滲節點
鄰棟間隔
取得日照

醫療停車彎

沿街型開放空間
個人治療間
心靈治癒裝置藝術
社區癒花園
和好平台

辦公
醫療諮詢中心
社區教室
交誼區
醫療講堂

■ 環境課題與建築計劃策略

	課題	對策	建築計劃手法
日間照護	1. 維持生理机能不退化 2. 心理健康照護 3. 陪伴,照護人力需求 4. 在地終老	→ 生活自主式訓練 → 心理陪伴,宗教慰藉 → 增加白外活動空間 → 兒童/動物陪伴	造型計劃 ■ 戶外空間跳島
長青學習	1. 預防生理机能退化 2. 學習老化 3. 社交需求,成就感 4. 在地化心靈定所	→ 長青老人照顧失能老人 → 可食地景種植 圓藝治療 → 社區營造參與	窗台種植 立面計劃 ■ 園藝治療
整體照護社區系統	1. 社區共同照護 2. 照護醫療資訊 3. 共同生活圈形塑 4. 居家醫療系統	→ 社區媽媽廚房,老人 共食,領餐,送餐服務 → 社區生活場域 未來結合幼兒園之可能性 → 醫療中心接合居家照護	■ 社區共同生活場域 端息服務 社區總体營造 照護中心 外部資源 社區 共同生活圈 居家照護 ■ 整体照護体系

戶外交誼區
長青活動教室

面圖 S: 1/200

屋頂花園
癒步道
音樂教室   聲音發散
長青閱讀區
長青手工藝教室
長青娛樂活動
醫療諮詢

■ 全區透視區

作品提供／陳偉志建築師

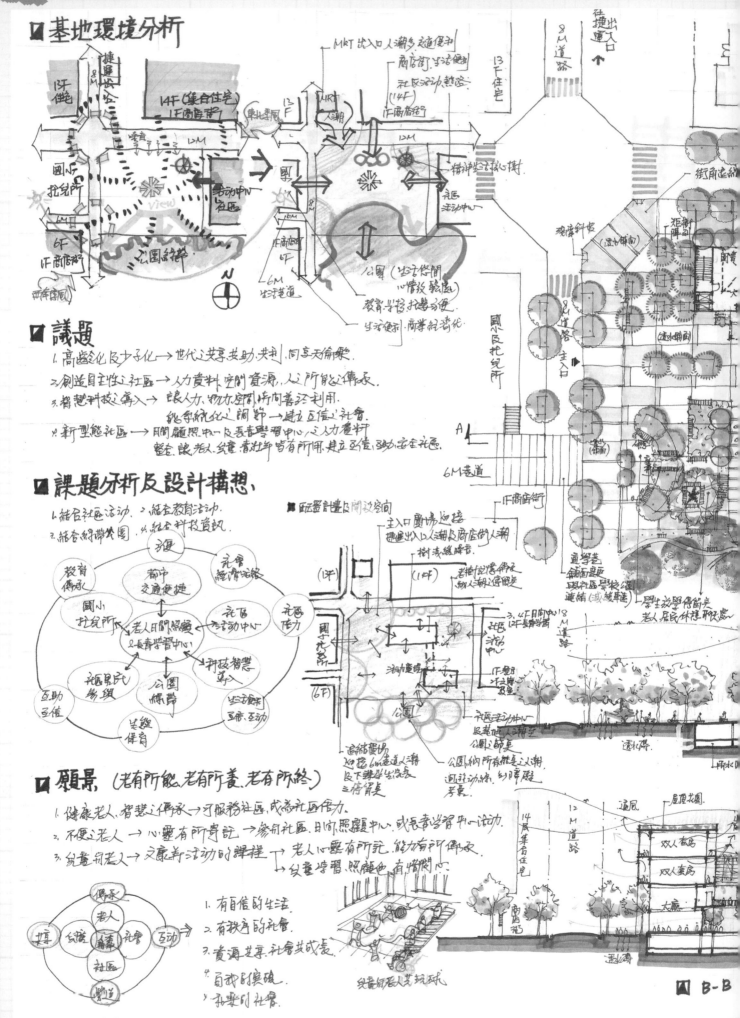

◪ 基地環境分析

◪ 議題

1. 高齡化及少子化 → 世代之共享,共助,共執,同享天倫樂.

2. 創造自主性之社區 → 人力資料,空間資源,人之所能之傳承.

3. 智慧科技之導入 → 讓人力,物力,空間,時間善之利用.
   能系統化之調節 → 建立互信之社會.

4. 新型態社區 → 日間照護中心及長青學習中心之人力資料
   整合,讓老人,兒童,青少年皆有所用,建立互信,互動,安全社區.

◪ 課題分析及設計構想.

1. 結合社區活動. 2. 結合教育活動.
3. 結合綠聯繫圈. 4. 結合科技資訊.

◪ 配置計畫及開放空間

主入口廣場迎接
捷運出入口人潮及商店街之人潮

◪ 願景. (老有所能.老有所養.老有所終)

1. 健康老人,智慧之傳承 → 可服務社區,成為社區活力.

2. 不便之老人 → 心靈有所寄託 → 參與社區,日間照顧中心,或民眾學習中心之活動.

3. 兒童與老人 → 文康育活動的課程 → 老人心靈有所託,能力有所傳承
   → 兒童學習,照顧也有情關心.

1. 有自信的生活.
2. 有秩序的社會.
3. 資源共享,社會共成長.
4. 自我的突破.
5. 永續的社會.

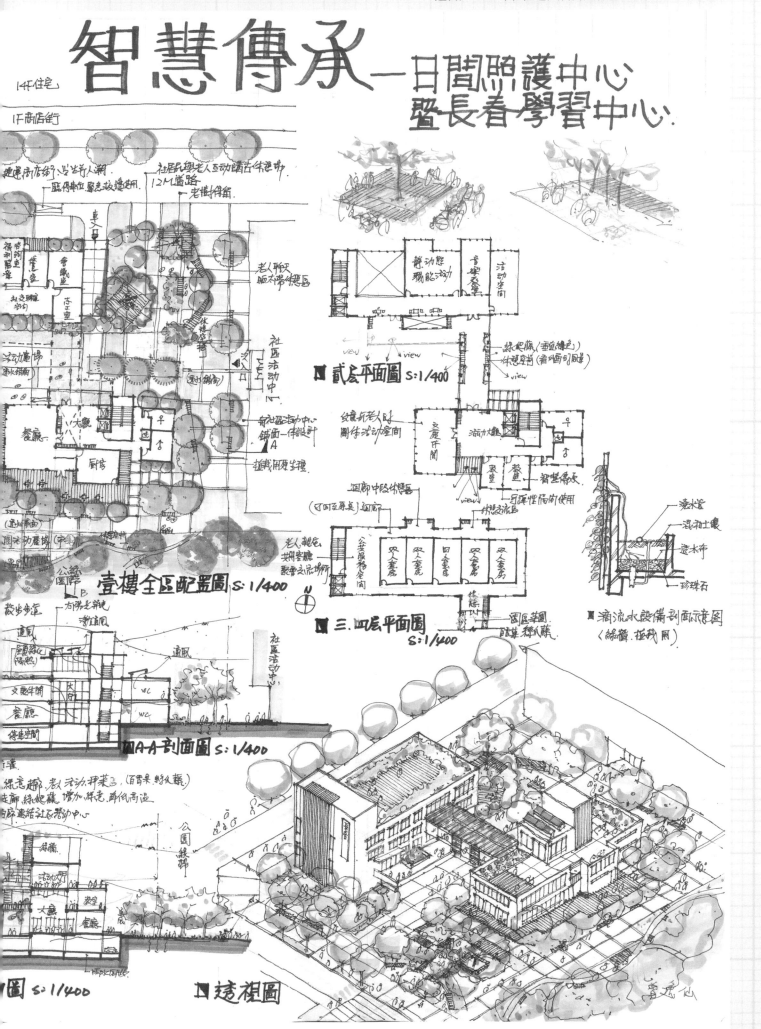

智慧傳承——日間照護中心暨長青學習中心

貳层平面圖 S:1/400

三、四层平面圖 S:1/400

壹樓全區配置圖 S:1/400

滴流水設備剖面示意圖

A-A 剖面圖 S:1/400

遠視圖

建築計畫

計畫目標與對策

Ⅰ 提升高齡者身心靈健康
1. 建置醫療諮詢,預防保健,延緩老化
2. 建立自立支援系統,恢復自立,自尊
3. 設置休閒交誼,促進人際關係發展
4. 透過學習成長,再創人生價值再造

Ⅱ 創造健康及溫暖的社區
1. 透過模擬老年體驗產生同理心
2. 建構社區共餐送餐,促進人情暖流

Ⅲ 永續環境發展
1. 建議打開鄰房後巷,創造綠居環境
2. 發掘在地文化,結合文創,創造經濟

共融 → 共樂 → 共學 → 共食 → 共居 → 共創 ⟹ 共融共榮

使用者分析

- 亞健康高齡者
- 健康高齡者
- 社區居民
- 訪客遊客

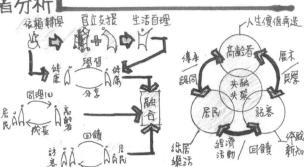

基地分析

公園
基地西側打開
結合公園景觀
視野延伸
活動延續

6m道路
減少,減緩車行
提昇行人安全

北側8m道路
行穿線,人行道加倍退縮,品質↑
植栽,量體退縮,防噪音

東業專區
種常綠喬木,風速↓
量體阻擋,南向溫暖

西側鄰房
爭取最大鄰棟間隔
量體退縮,減少壓迫

南側鄰房後巷 → 背面翻轉,打開後巷,
環境再造,綠帶延伸

view

動線分析

1. 沿街退縮6m以上,提升行人品質
2. 基地西側打開,引入公園人潮
3. 6m路鋪面改變,減車速,行人安全↑

開放空間

1. 設置南向溫暖廣場,串聯公園延續公園活動,視野綠意延伸
2. 街角廣場,行人停留會面,人潮引入

建Ⅱ地區型防災

1. 結合公園安置,民族地區型Ⅰ=1.5
2. 第一時間 避難救護 → 救護醫療 → 物資募救 → 公園安置

救災動線

空間計畫

會類	分群	空間	m²
行政	辦公	老工,志輔公議	120
日照	午休	分組室,盥洗	200
	職前	動/靜職能	250
	餐飲	餐廳,廚房	150
	活動	衛生,音樂	200
長青	學習	教室×2	150
	休閒	多功能室	180
	諮詢	醫療,福利	100
其他		樓電梯,廁所...計30%	420
		Σ	1840

設計說明

人本交通動線

1. 沿街退6m以上人行道,品質↑
2. 基地內設步道,串接各節點
3. 減少6m路友通衝擊,車道設8m寬

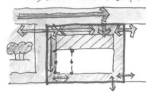

半戶外空間

1. 基地西側量體抬高,串聯公園人潮活動,延伸視野
2. 設灰簷廊道,將室內活動引入室外

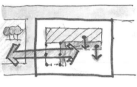

景觀綠地系統

1. 沿街複層植栽,延伸公園綠帶,形成都市綠網
2. 建築物立體綠化,達到隔熱降溫,綠意延伸

無障礙系統

1. 點:各出入口設置坡道,扶手緊急鈴,提升行動便利
2. 線:各動線導引系統,串聯各處
3. 面:全區採無障礙通行設計

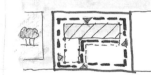

營理維護

	平日	假日	
長青	半開放	全開放	居民共享
日照	不開放	半開放	訪客交流
戶外	全開放	全開放	

2. 老工守望相助,定時巡查維護環境,促進人際交流

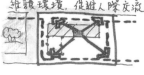

社區

6m道路
鋪面改變,警示灯車距,減緩車速,行人安全↑

6m道路

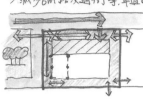
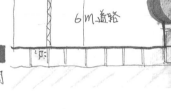

公園 ✳ 6m道路 ✳

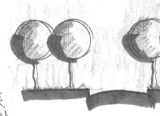

公園 ✳ 6m道路 ✳6

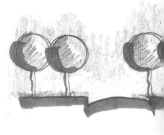

日照長青中心

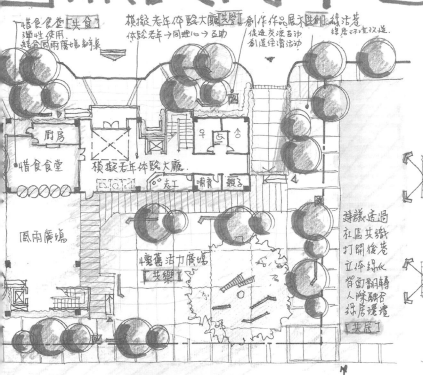

惜食食堂 [共食]
彈性使用
結合風雨廣場動線長

模擬老年體驗大廳[共學]
體驗老年→同理心→互助

創作作品展示共創
促進交流互動
創造佳績活動

綠活巷
綠居不宜改造

廚房
惜食食堂
模擬老年體驗大廳
志工 哺育 親子
風雨廣場

懷舊活力廣場
[共樂]

建議透過
社區共識
打開後巷
立體綠化
背面翻轉
人際關合
綠房還境
[共居]

一樓平面配置圖 S:1/200

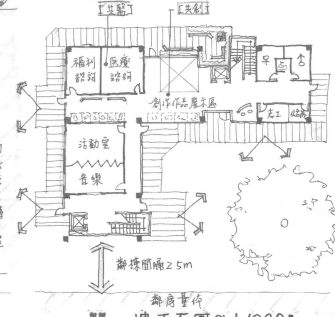

[共驛] [共創]

福利諮詢 医療諮詢
創作作品展示區
活動室 音樂
志工 儲藏

鄰棟間隔≥5m

鄰房量体

二樓平面圖 S:1/200

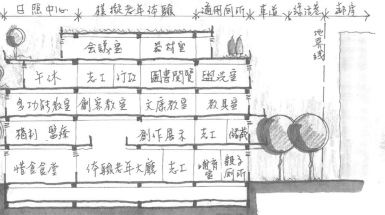

日照中心 模擬老年體驗 適用廁所 車道 綠活巷 鄰房
地界線

会議室	器材室
午休	志工 行政	圖書閱覽	盥洗室
多功能教室	創客教室	文康教室	教具室
福利 醫療	創作展示	志工 諮詢
惜食食堂	體驗老年大廳	志工	哺育室 親子廁所

A-A 剖立面圖 S:1/200

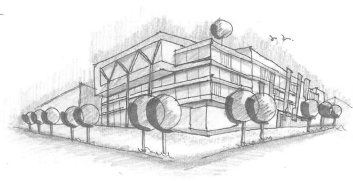

透視圖

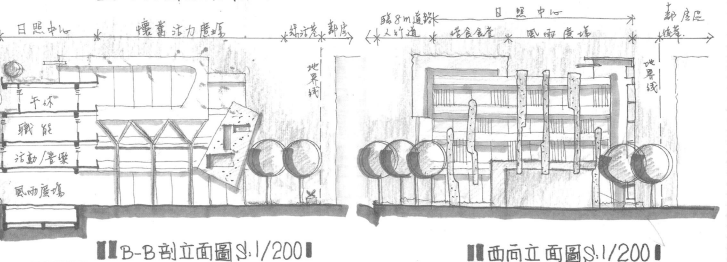

日照中心 懷舊活力廣場 綠活巷 鄰房
地界線

午休
職能
活動/音樂
風雨廣場

B-B 剖立面圖 S:1/200

臨8m道路 日照中心 鄰房區
人行道 惜食食堂 風雨廣場 梯華
地界線

西向立面圖 S:1/200

作品提供／謝文魁建築師

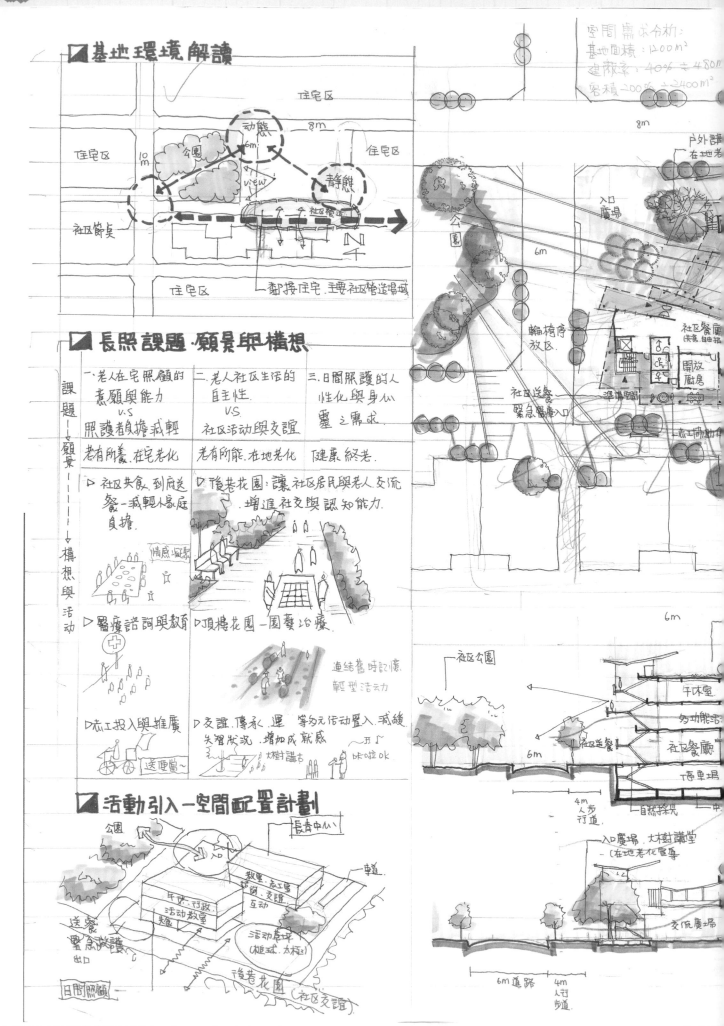

基地環境解讀

空間需求分析:
基地面積:1200m²
建蔽率:40% ≒ 480m²
容積 200% ≒ 2400m²

住宅區
住宅區   公園   動態   住宅區
view
社區管道
社區節點
鄰接住宅. 主要社區管道場域

公園
入口廣場
輪椅停放區
社區送餐. 緊急醫療入口
社區餐廳
開放廚房
志工協助室

長照課題·願景與構想

一、老人在宅照顧的意願與能力 v.s 照護者負擔減輕

二、老人社區生活的自主性. v.s. 社區活動與支誼

三、日間照護的人性化與身心靈之需求.

老有所養. 在宅老化   老有所能. 在地老化   健康終老.

▷社區共食. 到府送餐-減輕小家庭負擔.

▷後巷花園: 讓社區居民與老人交流. 增進社交與認知能力.

情感聯繫

▷醫療諮詢與教育

▷頂樓花園-園藝治療
連結舊時記憶. 輕型活動力

▷志工投入與推廣
送便當~

▷交誼. 傳承. 運. 等多元活動置入. 減緩失智狀況. 增加成就感.
大樹講古   卡啦OK

社區公園
社區送餐
社區餐廳

6m
4m步行道
自然採光

入口廣場 大樹講堂
-在地老化宣導

交誼廣場

活動引入-空間配置計劃

公園   長青中心
入口
教室. 諮詢. 志工室. 交誼. 互動
午休. 行政
活動教室   軸

送餐
緊急救護   出口
活動廣場
(槌球. 太極)

日間照顧

後巷花園 (社區交誼)

休息室
多功能室
社區餐廳
停車場

6m道路   4m人行步道

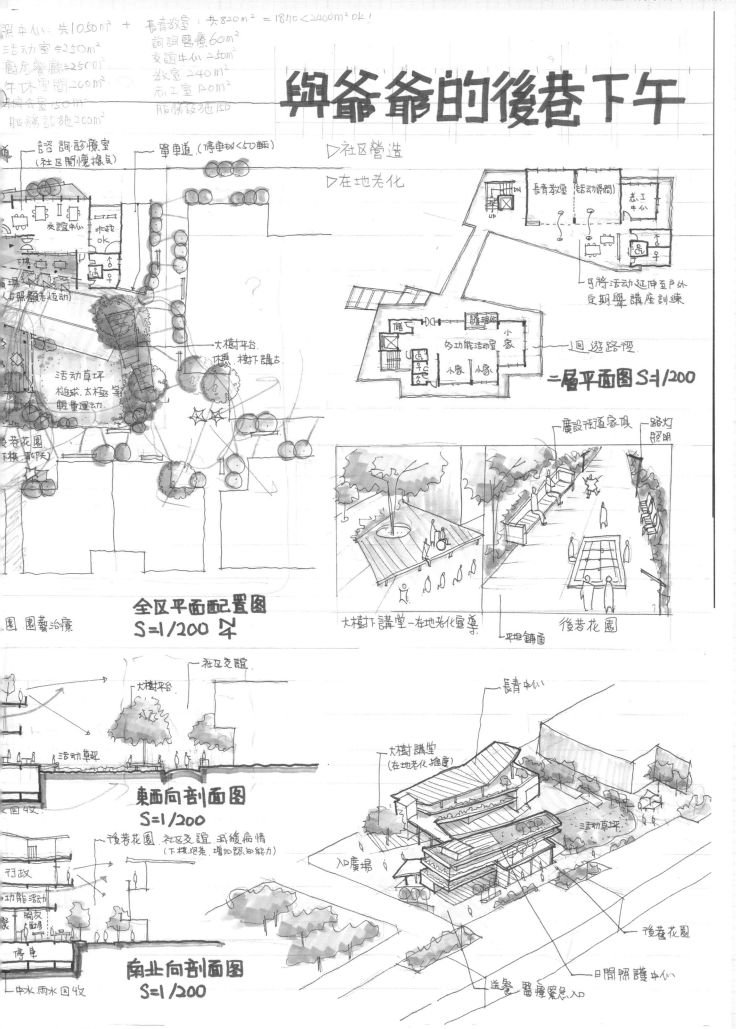

照中心：共1050m² + 長青教室：共820m² = 1870<2400m² OK！
活动室≒250m²   諮詢醫療60m²
廚房餐廳≒250m²   交誼中心250m²
午休房間≒200m²   教室240m²
身心室150m²   志工室120m²
服務設施200m²   服務設施

與爺爺的後巷下午

▷社區營造
▷在地老化

諮詢診療室
(社區關懷據點)
單車道 (停車数<50辆)

交誼中心
休憩 OK

活动草坪
槌球.太极等
輕量運动

後巷花園
(瑞 節陳)

園 園藝治療

大樹平台
休憩.樹下講古

長青教室 (活动瞬間)
志工中心
UP

可將活动延伸至戶外
定期學 講座训练

護理站
多功能活动室 小家
小家 小家

回遊路徑

二層平面圖 S=1/200

全区平面配置图
S=1/200

廣設街道家俱 路灯照明

大樹下講堂-在地老化宣導
後巷花園
平坦鋪面

社区交誼
大樹平台

活动草坪

東面向剖面圖
S=1/200

後巷花園 社区交誼 减緩病情
(下棋跑步.增加認知能力)

回收

行政
功能活动
聯友醫院

停車

中水.雨水回收

南北向剖面圖
S=1/200

長青中心
大樹講堂
(在地化推廣)

加廣場

活动草坪

後巷花園

日間照護中心

送餐 醫療緊急 入口

作品提供／譚之琳建築師

101年公務人員高等考試三級考試試題

代號：35380

全一張（正面）

類　　科：建築工程

科　　目：建築設計

考試時間：6小時

座號：＿＿＿＿＿＿＿＿

※注意：㈠可以使用電子計算器。

㈡不必抄題，作答時請將試題題號及答案依照順序寫在試卷上，於本試題上作答者，不予計分。

一、設計題目：

身心障礙者之家

二、設計概述：

我國從民國69年制定「殘障福利法」到96年通過「身心障礙者權益保障法」以來，政府及民間在身心障礙者的醫療復健、特殊教育、就業服務及生活照護等工作做了許多的努力，產生了很大的作用。然而仍有諸多問題有待各界的努力，其中為身心障礙者提供有關之養護、住宿等服務；以及加強無障礙社會生活空間，以保障身心障礙者無恐懼的生活機會與權利。有鑑於此，某地方政府擬於市郊興建身心障礙者之家一處，計畫收容18歲以上至未滿65歲之身心障礙者40人，其中男女性各半，中度者10人，重度者30人，滿足部分身心障礙者養護的需求。

三、基地說明：

基地位於市郊公有土地如基地圖所示，風景優美，環境安寧，地勢東高西低，高程差10公尺，西臨主要連外15公尺道路，東西長60公尺，南北寬50公尺。建蔽率40%，容積率120%。

四、設計要求：

㈠保留現有樹木。

㈡符合綠建築基地保水、日常節能、水資源、綠化量及CO_2減量五項指標。

㈢符合無障礙空間設計。

㈣便於家屬探訪共度天倫之樂。

五、空間要求：（面積容許±5%）

㈠門廳：50 m^2

㈡行政管理室：50 m^2

㈢教保人員休息室：50 m^2

㈣保健及物理治療師室：50 m^2

㈤餐廳及廚房：120 m^2

㈥教室兼會議室：100 m^2

㈦臥室及浴廁套房：

1. 1人4間（每間14 m^2）
2. 2人4間（每間22 m^2）
3. 4人7間（每間30 m^2）

㈧會客室2間：2×40 m^2

㈨園藝溫室：100 m^2

㈩無障礙小巴1部、汽車及機車停車場。

(十一)儲藏室、機房、走廊、樓梯、電梯、廁所…等公共服務空間面積依法規自訂。

（請接背面）

101年公務人員高等考試三級考試試題　　代號：35380

類　　科：建築工程

科　　目：建築設計

六、圖說要求：

㈠總配置圖（含景觀設計）：比例 1/400（30 分）

㈡各層平面圖：比例 1/200（20 分）

㈢主要立面圖：比例 1/200（10 分）

㈣主要剖面圖：比例 1/200（10 分）

㈤無障礙空間及設施細部設計圖 3 處：比例不得小於 1/30（30 分）

七、基地圖：

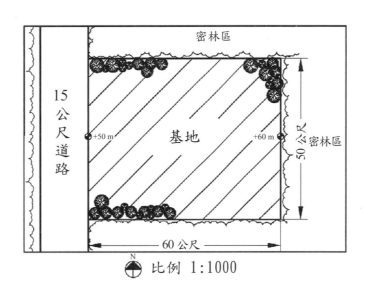

比例 1:1000

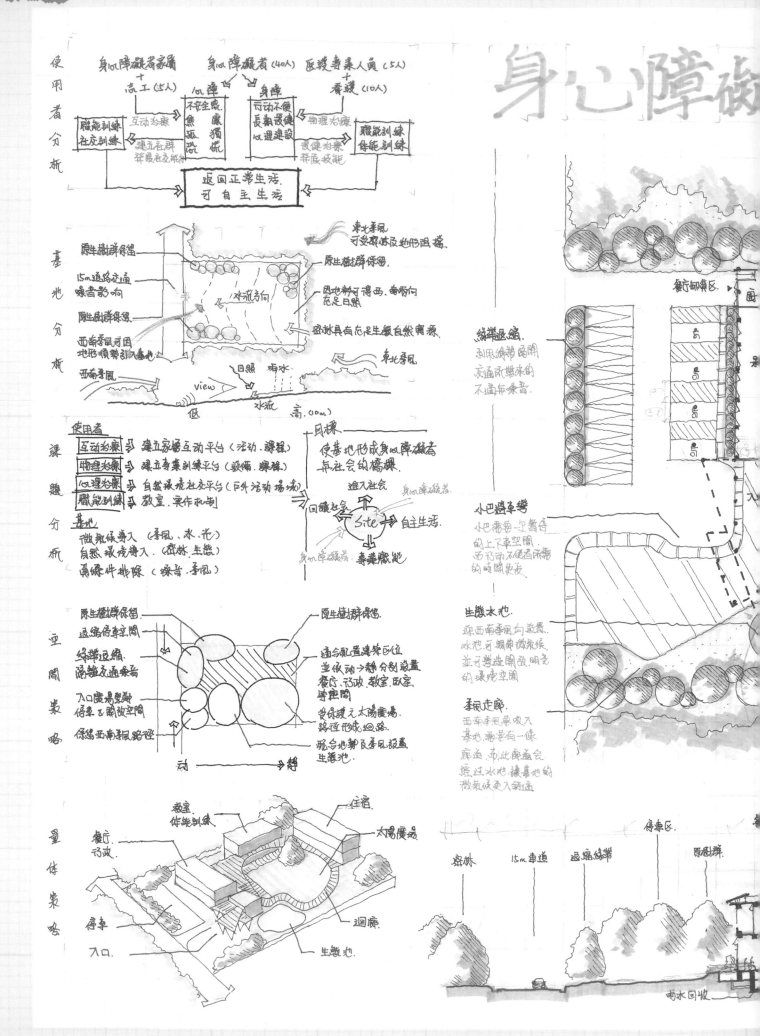

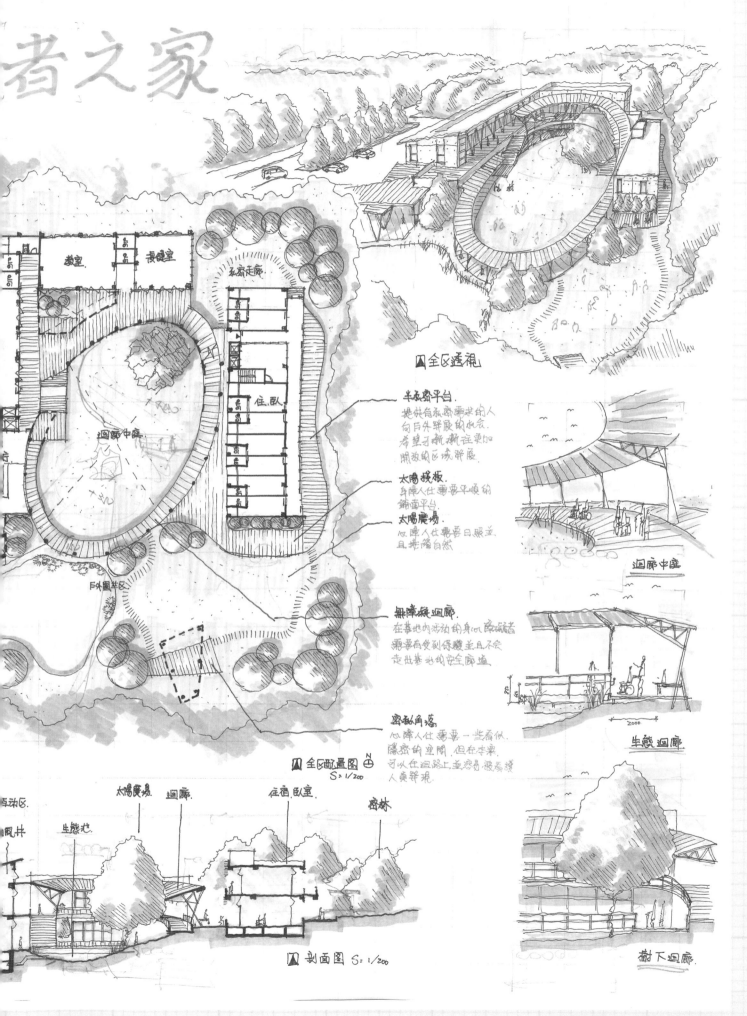

者之家

教室. 復健室.

私家走廊.

住. 卧.

回廊中庭.

卧風半區.

囚 全區透視

半永密平台.
提供有需要需求的人
向戶外舒展的機會.
希望引誘較注更加
開放的區域舒展.

太陽機板.
身障人仕需要平順的
鋪設平台.

太陽廣場.
心障人仕需要日照並
且接觸自然.

無障礙迴廊.
在基地內活動的身心障礙者
需要有受到保護並且不會
走出基地的安全廊道.

密林角落.
心障人仕需要一些看似
隱密的空間，但在本案
可以在迴路上並容易被需要
人員發現.

囚 全區配置圖
S=1/200

迴廊中庭

生態 迴廊

2000

馬動區
生態地 太陽廣場. 迴廊. 住宿 卧室 密林
風井

囚 剖面圖 S=1/200

樹下迴廊.

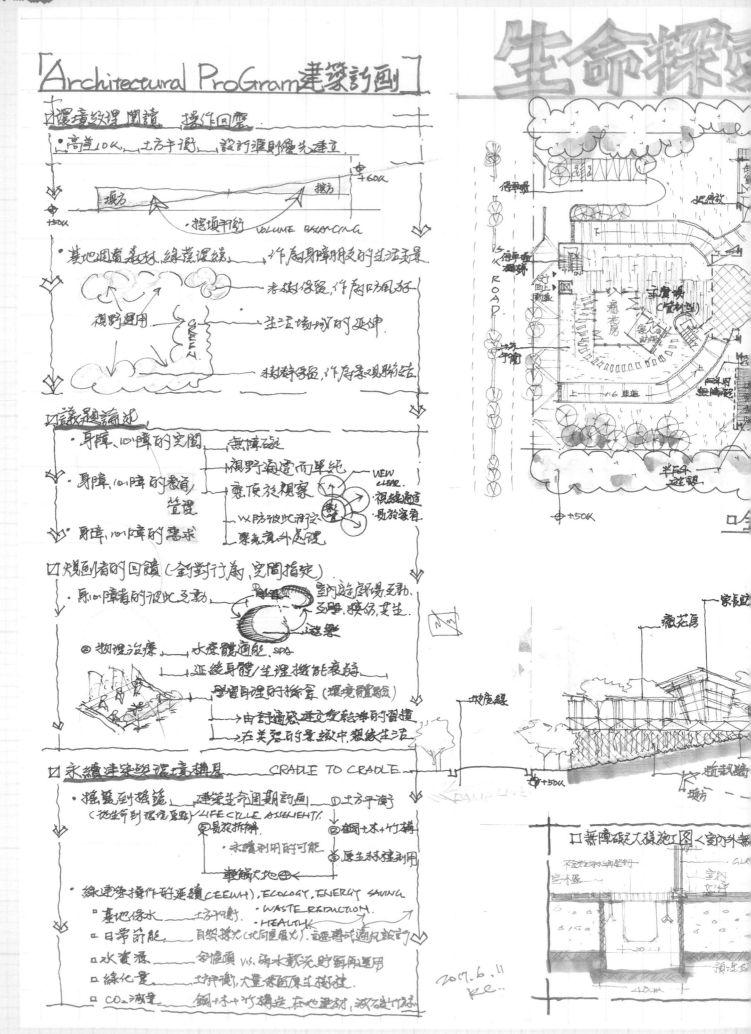

生命探

「Architectural ProGram 建築計劃」

□ 環境紋理 閱讀　操作回應

・高差 10K，土方平衡，設計準則優先建立

VOLUME BALANCING
・填方　挖方　・挖填平衡

・基地周邊森林，綠蔭連續　　作為身障朋友的生活遠景
視野通用　GREEN　老樹保留，作為防風林
生活場域的延伸
林群保留，作為景觀聯結

□ 功能議題論述

・身障、心障的空間　　無障礙
・身障、心障的教育/管設　　視野通透而單純　VIEW CLEAR
意頂於視覺　視線通道 易於查看
以防彼此游移　聚氣室外處理
・身障、心障的需求

□ 規劃者的回饋（針對行為，空間指定）

・身心障者的彼此互動　　室內遊劇場，互動
互學，撲倒，衛生．
遠響
物理治療　水療體適能．SPA
延緩身體/生理機能衰弱
學習身理的探索（環境體驗）
→由游過感建立變輕鬆的習慣
→在美習的景緻中想像生活

□ 永續建築與環境構思　　CRADLE TO CRADLE

・搖籃到搖籃　建築生命週期計圖　□ 土方平衡
（從生到環境原點）LIFE CYCLE ASSESMENT　鋼土木+竹構
易於拆解　　・永續利用的可能　原生林種利用
重編大地　　
・綠建築操作的延續（CEEWH）．ECOLOGY．ENERGY SAVING
□ 基地綠水　　土方平衡　・WASTE REDUCTION．
□ 日常節能　　自然採光（北向垂頂光），誘導式通風設計 ・HEALTH
□ 水資源　　省水龍頭 vs．雨水灌溉貯蓄再運用
□ 綠化量　　土方平衡，大量覆蓋面原生種植．
□ CO₂ 減量　　鋼+木+竹構造 在地建材，減碳運作

2017.6.11

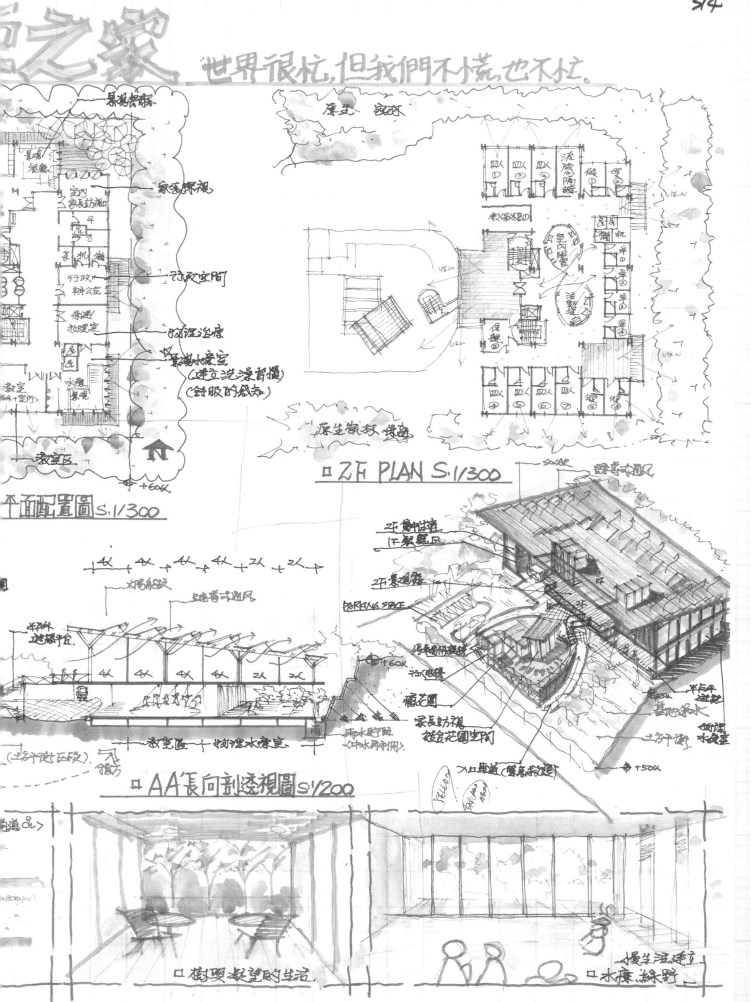

世界很忙，但我們不忙，也不忙。

□ 2F PLAN S:1/300

平面配置圖 S:1/300

□ AA'長向剖透視圖 S:1/200

□ 樹興凝望的生活

□ 水療·綠野

100年公務人員高等考試三級考試試題　代號：34980　全一張（正面）

類　　科：建築工程
科　　目：建築設計
考試時間：6 小時　座號：＿＿＿＿＿＿

※注意：㈠可以使用電子計算器。
㈡不必抄題，作答時請將試題題號及答案依照順序寫在試卷上，於本試題上作答者，不予計分。

一、設計題目：遊客服務中心附設停車場設計

二、設計概述：

中部某一具傳統文化地方色彩鮮明之市鎮，由於遊客絡繹不絕，且政府亦已開放陸客自由行，地方政府為創造文化創意產業經濟價值，並期待能與地方文化及觀光旅遊結合，因此必須改善地方環境品質，加強遊客服務，藉以吸引更多觀光遊客，一方面達到文化推廣與教育功能；另一方面期能創造觀光經濟效益。

然而由於近年來氣候變遷異常現象頻仍，政府在永續發展與節能減碳的政策訴求下，建築界在環境規劃設計上必須有所因應。在國際上，去年的世界博覽會以「和諧城市（Harmony-City）」為主軸之環境訴求，最為明確而廣泛；而在臺灣，則以1999 年正式推出的綠建築指標為代表，至今已有十餘年，成效有目共睹。

今地方政府欲新建一地方性遊客服務中心附設收費停車場，設計主軸以文化、生態、教育為主要訴求，今擬邀請具傳統文化素養且有前瞻思維的建築專業人員進行設計。

三、基地概述：

㈠基地條件（詳附圖 1 示意圖）：本基地位於市鎮範圍內，基地平坦；東西兩向臨住宅區、南向臨商業區，商業區南側為一傳統古街行人徒步區；北向臨已開發之生態公園。
㈡基地範圍（參考附圖 2 所示）：長 128 公尺，寬 68 公尺，面積 8704 平方公尺（含截角）；基地含建築用地：長 38 公尺，寬 68 公尺，建蔽率 50%，容積率150%；停車場用地：長 90 公尺，寬 68 公尺。

四、設計要求：

㈠文化面：設計須考慮傳統媽祖宗教文化意涵。
㈡生態面：以臺灣綠建築九大評估指標內容為主，將適合應用於本基地之綠建築手法融入於建築物之室內、外設計，並請於設計說明中以簡圖文字說明之。
㈢教育面：設計須富有教育意義，請分別在文化層面及生態綠建築層面表達之。
㈣其他：需考慮弱勢及優質的人行空間環境。

五、空間需求：

㈠大廳：含門廳、資訊站、文宣品置放區、休息等候區、簡易飲料販賣機 2 部。
㈡簡報室兼會議室：供 20 人使用。
㈢文化走廊：文化類展示牆面及廊道（室內室外均可）面積視需要自訂。
㈣視聽教室：供 30 人使用。
㈤室內開放式小劇場：約 20 人使用，供地方文史或生態相關議題解說、表演、講故事…等之用。
㈥辦公室：供文化局人員使用，含主管共 5 人。
㈦咖啡廳暨紀念品販賣室：咖啡廳供 12 人同時使用，不提供餐點。
㈧管理員室。
㈨廁所：職員廁所、哺乳室、公共廁所（須由戶外可直接進入）、戶外洗手台。
㈩仿古三輪車服務：本案設有收費之仿古車夫服務，繞行附近數個傳統廟宇及景點間，提供 2 人座三輪車 5 部。
(十一)自行車休息站：可同時停放單車 20 輛。
(十二)室外停車場：汽車 120 部；機車 30 輛。
(十三)室外生態性庭園景觀。
(十四)其他需要之附屬設施。

（請接背面）

100年公務人員高等考試三級考試試題　　代號：34980　　全一張（背面）

類　　科：建築工程
科　　目：建築設計

六、圖說要求：
㈠配置圖：含戶外景觀設計，比例 1/400。（30 分）
㈡各層平面圖：比例 1/200。（30 分）
㈢立面圖：二個面向，比例 1/200；本項立面圖得以透視圖替代表達之。（10 分）
㈣剖面圖：長向剖面一處，比例 1/200。（10 分）
㈤設計說明：請以簡圖及文字表達。（20 分）

七、基地示意圖：

（附圖 1：基地位置示意圖）

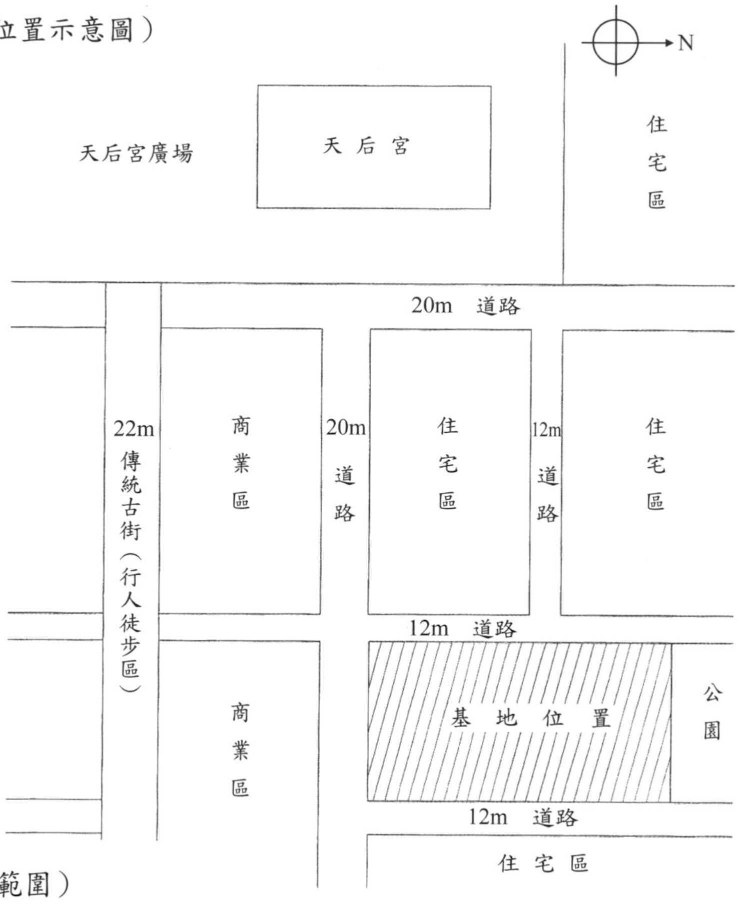

（附圖 2：基地範圍）

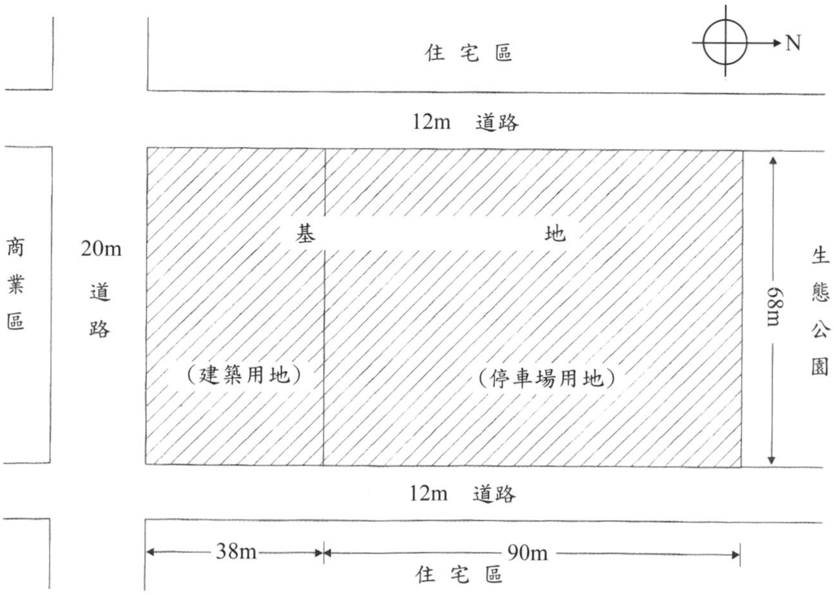

詹績 遊客服務中心附設停

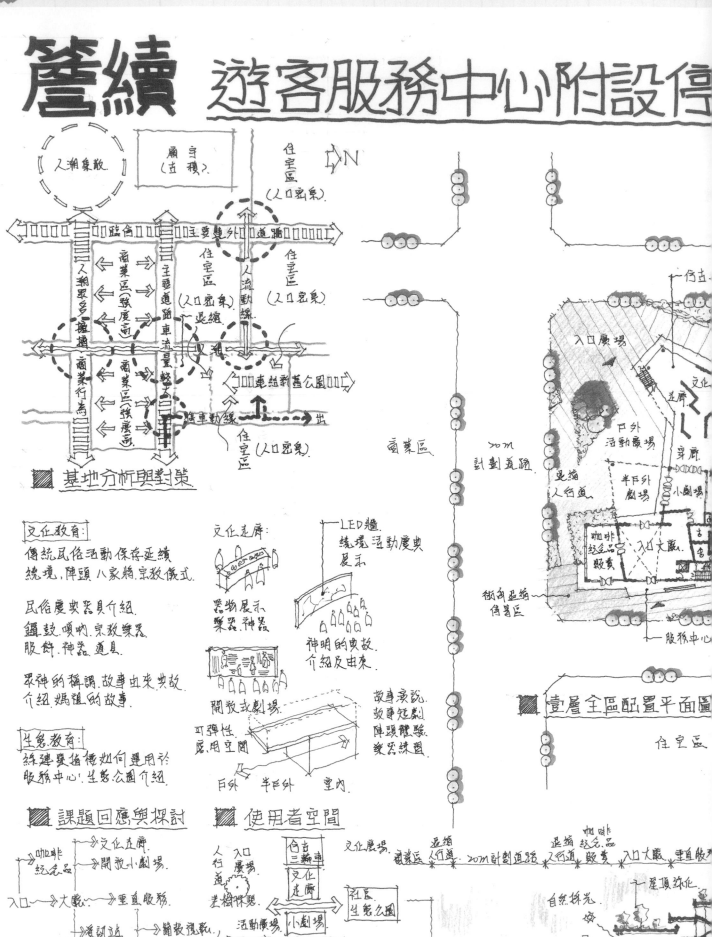

基地分析與對策

文化教育:
傳統民俗活動保存延續
繞境、陣頭、八家將、宗教儀式

民俗慶典器具介紹.
鑼鼓、嗩吶、宗教樂器
服飾、神器、道具.

眾神的稱謂、故事由來與故
介紹、媽祖的故事.

生態教育:
綠建築指標如何運用於
服務中心、生態公園介紹.

課題回應與探討

使用者空間

空間組織架構 **使用分區配置**

壹層全區配置平面圖

車場

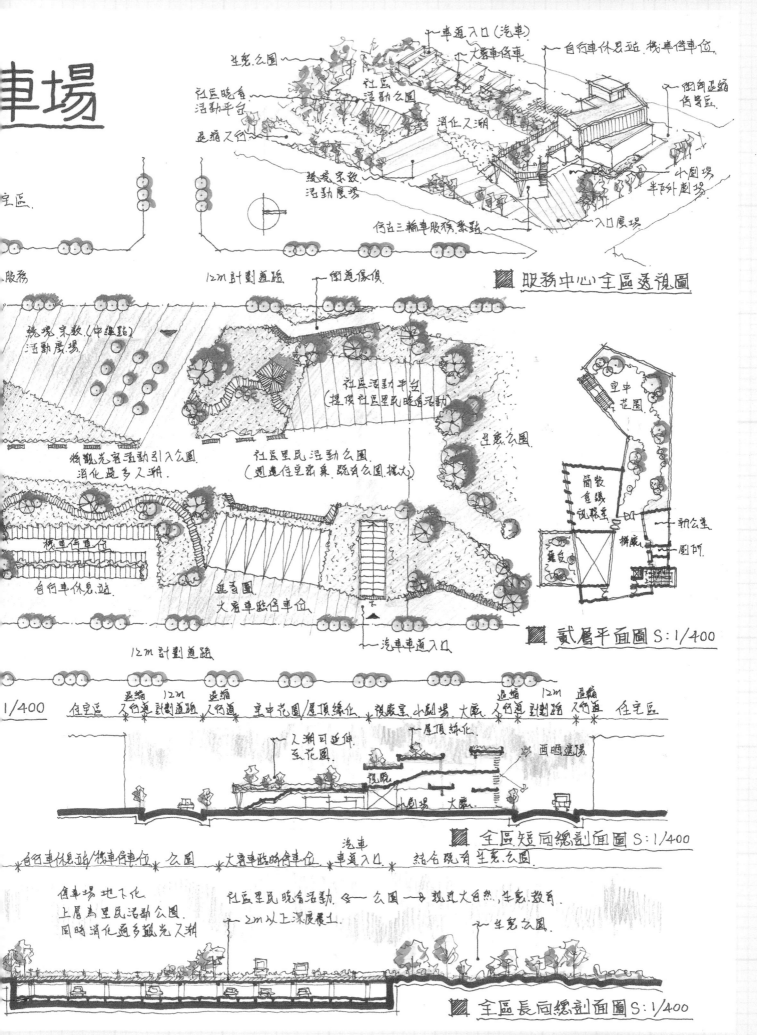

服務中心全區透視圖

貳層平面圖 S：1/400

全區短向總剖面圖 S：1/400

全區長向總剖面圖 S：1/400

基地週遭環境分析

一 尋根之旅

天后宮廣場 ← 天后宮

傳統街屋

傳統街屋　住宅區　住宅區

20米道路

街屋　　生態公園

自行車道

← 傳統木雕老街

動
靜
導引人潮流動
12米道路

人潮

動　　靜　　動

12米道路

退縮人行道建築

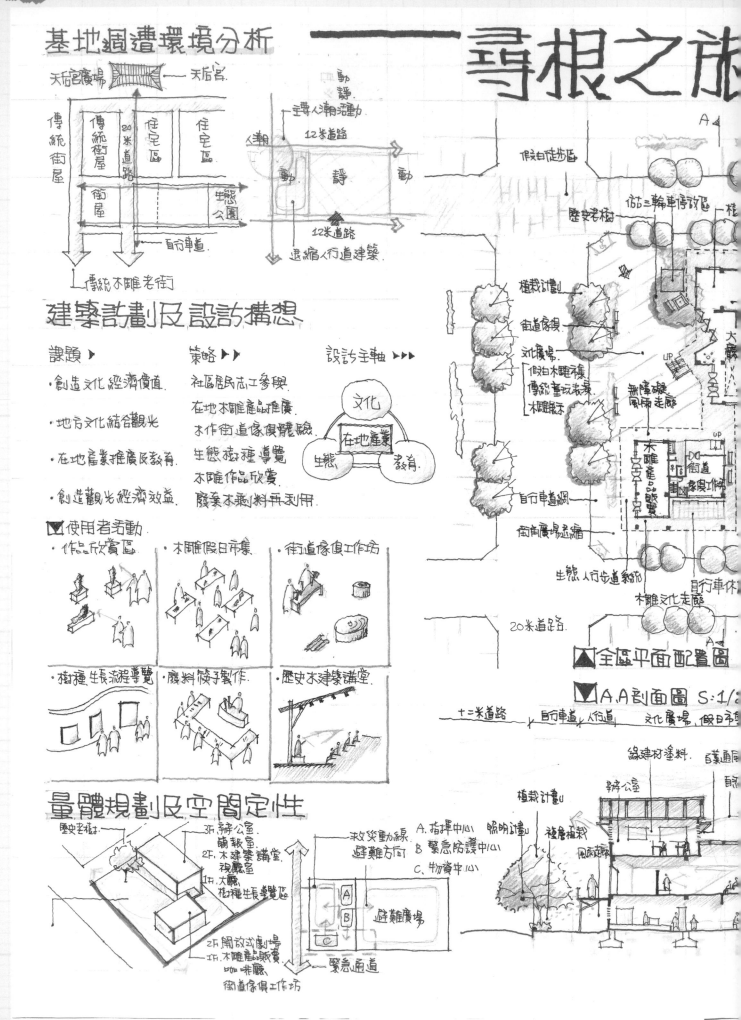

假日徒步區

歷安老樹

仿古三輪車停放區

植栽計劃

街道家俱

文化廣場

假日木雕市集
傳統童玩表演
木雕展示

自行車道網

街角廣場退縮

生態人行步道系統

木雕文化走廊

20米道路

建築計劃及設計構想

課題 ▶ 　　　策略 ▶▶ 　　　設計主軸 ▶▶▶

· 創造文化經濟價值. 　　社區居民志工參與.

· 地方文化結合觀光. 　　在地木雕產品推廣.

· 在地產業推廣及教育. 　木作街道家俱體驗.

· 創造觀光經濟效益. 　　生態樹種導覽.
　　　　　　　　　　　　木雕作品欣賞.
　　　　　　　　　　　　廢棄木剩料再利用.

文化
在地產業
生態　　教育

▼使用者活動

· 作品欣賞區. 　· 木雕假日市集. 　· 街道家俱工作坊.

· 樹種生長流程導覽. 　· 廢料筷子製作. 　· 歷史木建築講堂.

▲全區平面配置圖

▼A.A剖面圖 S:1/

十二米道路　　自行車道　人行道　　文化廣場. 假日市集

綠建材塗料

植栽計畫

辦公室

複層植栽

量體規劃及空間定性

歷史老樹

3F 辦公室. 蘭教室.
2F 木建築講堂. 視聽室.
大廳. 樹種生長導覽區

2F 開放式劇場
1F 木雕藝廊展. 咖啡廳. 街道家俱工作坊

救災動線
避難方向

A. 指揮中心
B. 緊急防護中心
C. 物資中心

避難廣場

緊急通道

一個體驗動手、教育的
木雕老街遊客中心

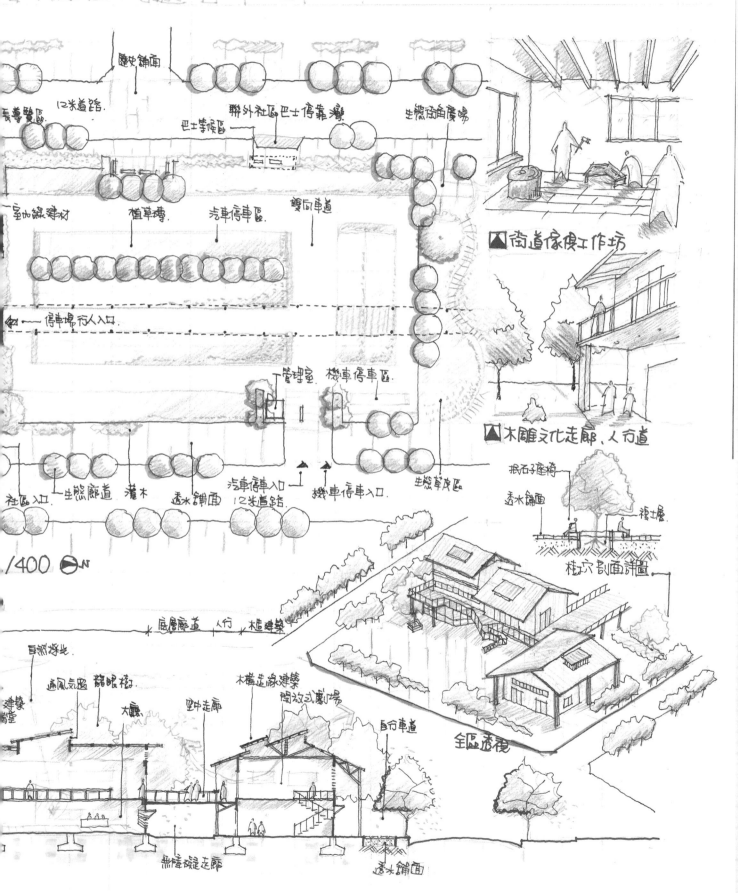

歷史鋪面
12米道路
聯外社區巴士停靠灣
生態鋪面廣場
長草叢區
巴士等候區
室內綠建材
植草磚
汽車停車區
雙向車道
街道家俱工作坊

停車場行人入口

管理室
機車停車區

木雕文化走廊、人行道

抵石子座椅
透水鋪面
複土層

社區入口
生態廊道
灌木
透水鋪面
汽車停車入口
12米道路
機車停車入口
生態草皮區
樁穴剖面詳圖

1/400 N

底層廊道　人行　樁建築

自然採光
通風氣窗
龍眼樹
大廳
空中走廊
木構造綠建築
開放式劇場
自行車道
全區透視

無障礙走廊
透水鋪面

航向媽祖之光 遊客服

12m 道路

■ 情境發想示意

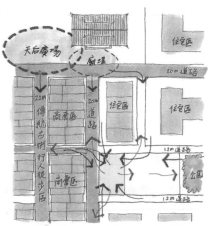

天后廣場：看戲、信仰、統喚、慶典
傳統古街：亭仔腳、香鋪、餅鋪、小吃
　　　　　工藝老鋪 (木雕、彩繪)
生態公園：植物多樣性、透水鋪面
　　　　　自然草坡、生態小溪

慶典活動　　古街遊逛　　親近自然

■ 空間解讀

• 人潮最少處，設置停車出入口
　以減少對環境之衝擊
• 延續公園之綠化，增加都市
　主自然休憩景觀

■ 開放空間構想

文化面
以朝向天后宮之
文化廣場，故事
連活動使用

教育面 戶外展示廊道 + 室內
教育空間，滿足知
識慾望

環保面
自行車租界
舊船減坡

生態面
將停車置於地下
把自然開放出來

■ 設計理念

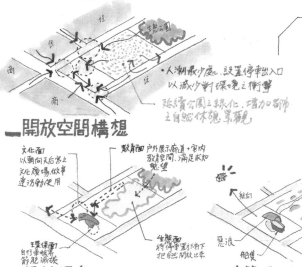

■ 建築造型意像

商業區 → 天后宮 → 遊活中心 → 停車場生態綠化 → 公園

■ 都市尺度示意

■ 1F平面圖

12m 道路

20m 道路

街角廣場　　三輪車廣場　　串連廊道　　端景廣

涼爽休憩
廣場

戶外故事廣場

大廳

通氣採光口

文化走廊

咖啡廳

開放式
劇場

水池

自行車停放

簡報室

辦公室

IN 停車場

B

A

A'

B'

帶狀式開放空間

■ 2F平面圖

VIEW
VIEW
VIEW
VIEW

觀景平台
串戶外展示空間

室內
觀景區
展示空間

屋頂花園

屋頂綠化

視聽教室

12m 道路

■ 從戶外觀看劇

■ A-A'剖面圖

屋頂綠化

20m
道路

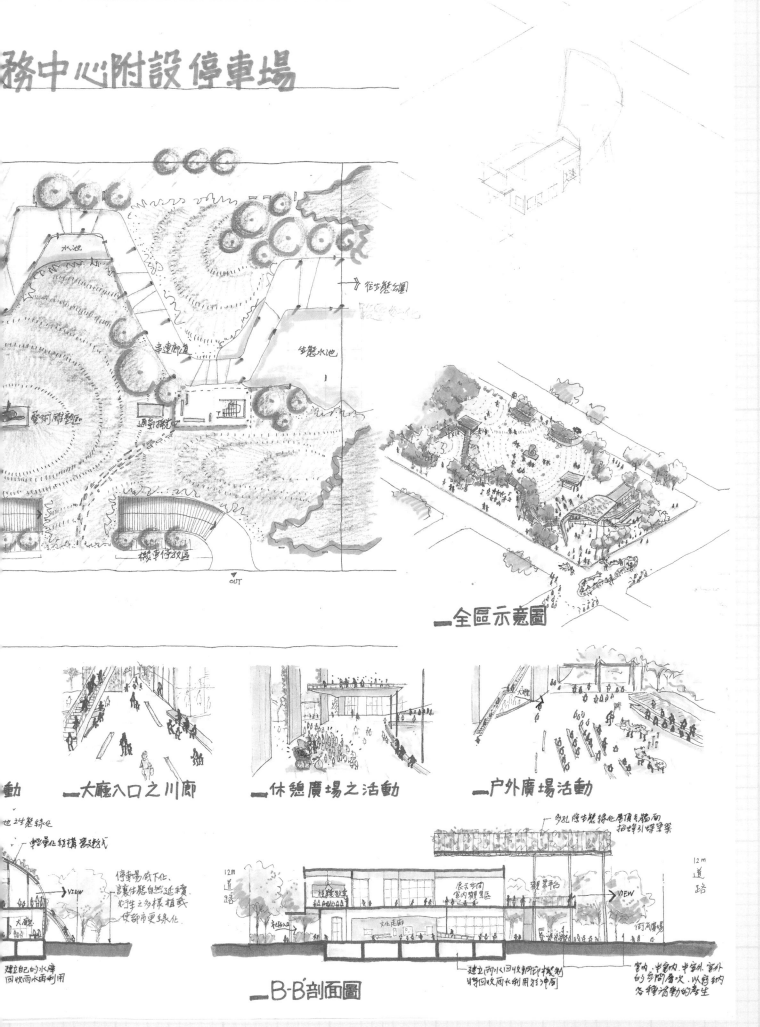

務中心附設停車場

水池

作步態綱圍

步態水池

藝術雕塑區

通氣採光

車連廊道

機車停放區

OUT

全區示意圖

大廳入口之川廊

休憩廣場之活動

戶外廣場活動

B-B'剖面圖

12m 道路

12m 道路

設計目標与構想

文化面

以遊憩中心為核心出發，与週遭歷史景点連接，並設置完整歷史文化展覽。

生態面

利用綠建築手法並以屋頂綠化方式設置於停車場上方連接生態公園，綠化廊道。

教育面

以遊戲方式結合文化与生態教育，以寓教於樂為核心。

友善面

以無障礙方式設計，並以創造許多開放空間提供居民使用。

基地環境分析

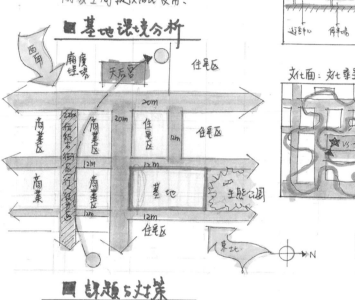

教育面：寓教於樂
Game

生態面 屋頂綠化

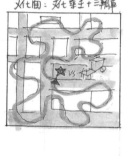

文化面：文化學習 + 三輪車

課題与对策

(A)
課題：傳統古街區大量人潮聚集，車入。
对策：設置大平台休憩平台与街角廣場

課題：節慶時人潮多，休憩地方不足。
对策：創造許多可兒公園休憩區

課題：日照与季風的引入与阻擋。
对策：以童休夏場配置引入日光和室風

課題：生態公園周大量停車阻斷。
对策：設置架高平台，連接生態公園

課題：車道入口与車流量。
对策：設置於車流人流較少之道路側

課題：主題式活動廣場，吸引人？
对策：以文化為主題，半戶外提供休憩、活動

使用者分析与定位

使用者	服務項目	空間場域
遊客(客客)	導覽 解說	文化走廊
	休憩 散步	活動大廣場
	景夫相間資訊	文化服務中心
	三輪車券票與連結	文化遊戲區
	相關商品購買	文化咖啡廳
	生態真体驗	生態廊道
社區居民	休憩 散步	休憩大草坪
	運動 聚會	活動大廣場

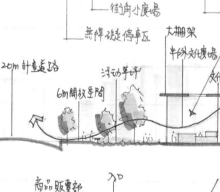

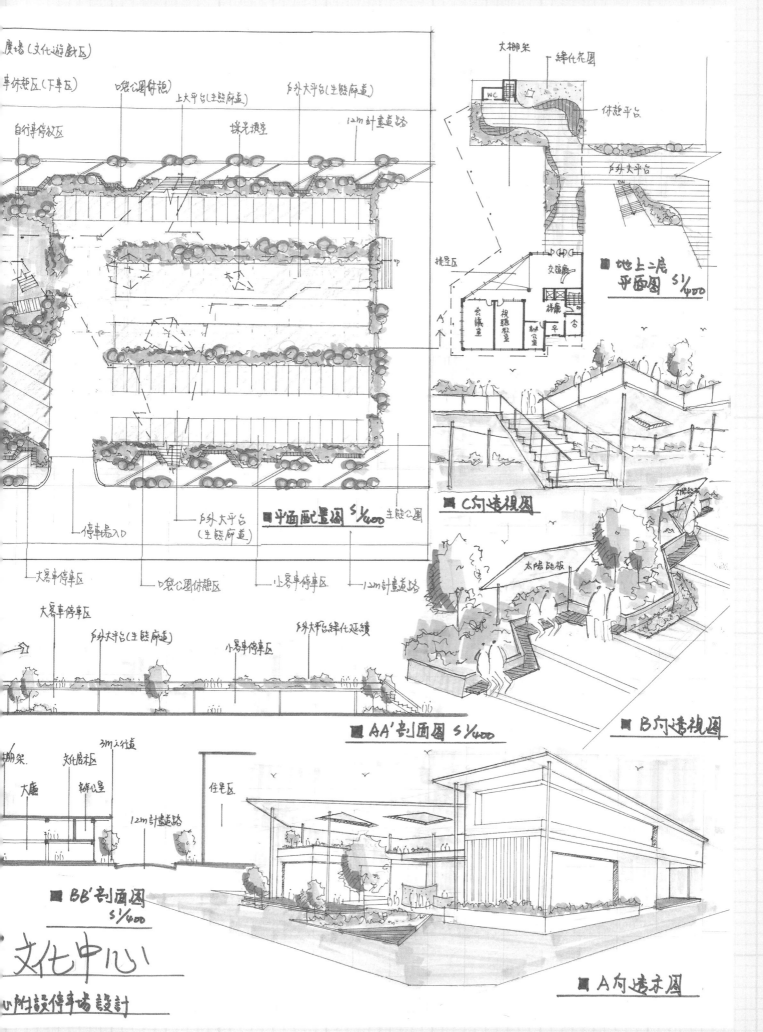

廣場（文化遊戲區）

車休想區（下車區）

口袋公園休想區

上大平台（生態廊道）

戶外大平台（生態廊道）

自行車停放區

採光攝空

12m計畫道路

大棚架

綠化花園

休想平台

戶外大平台

DN

挑空區

交通廊

会議室

視聽教室

展覽室

平

地上二层 平面图 S1/400

C向透視圖

停車場入口

戶外大平台（生態廊道）

口袋公園休想區

小客車停車區

12m計畫道路

生態公園

平面配置圖 S1/400

太陽能板

大客車停車區

太陽能板

B向透視圖

大客車停車

戶外大平台（生態廊道）

小客車停車區

戶外大平台綠化延續

AA'剖面圖 S1/400

棚架

文化展板

辦公室

3m人行道

大廳

住宅區

12m計畫道路

BB'剖面圖
S1/400

文化中心

小附設停車場設計

A向透未圖

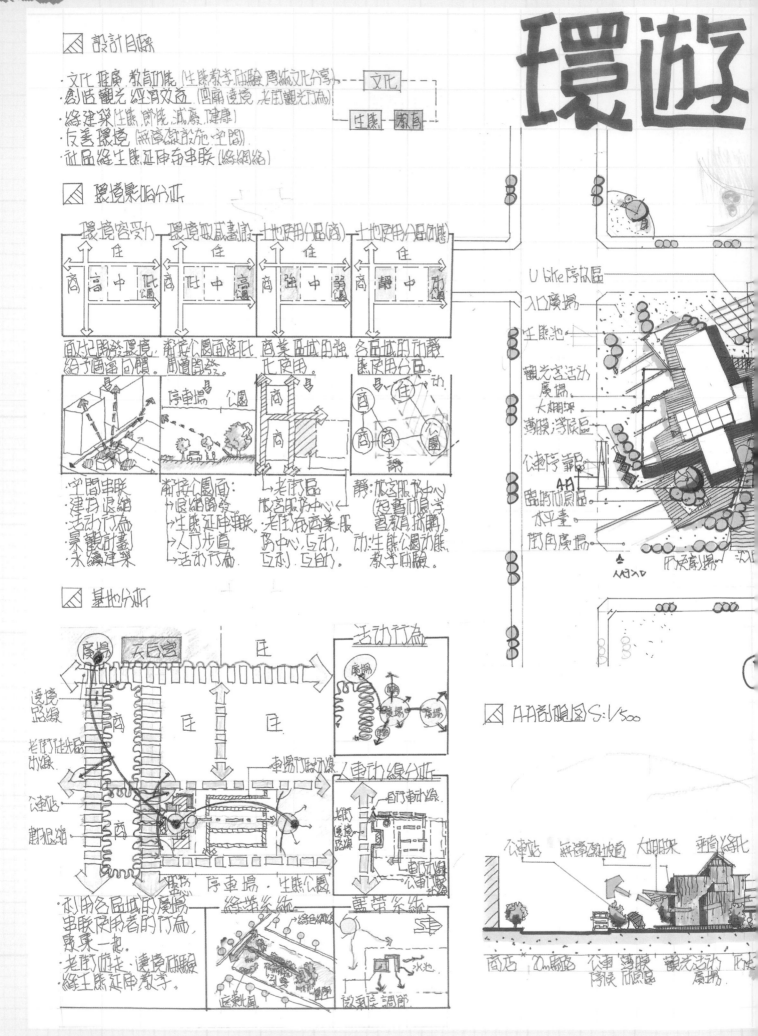

☒ 設計目標

·文化 推廣、教育功能 (生態教學研驗、傳統文化分享)
·創造觀光 經濟效益 (回饋遠境、老闆觀光行為)
·綠建築 (生態、節能、減廢、健康)
·友善環境 (無障礙設施、空間)
·社區綠生態延伸串聯 (綠網絡)

文化

生態 教育

☒ 環境影響分析

環境容受力	環境取感書版	土地使用(小區商)	土地使用(小區別動態)
住	住	住	住
商 高 中 低過	商 低 中 高過	商 強 中 弱過	商 靜 中 動過

面定開發環境 給予閉鎖回饋。	新定公園面路化 街道開發。	商業區域的強化使用。	各區域的動靜態使用台區。

·空間串聯
·建築退縮
·活動行為
·景觀計畫
·永續建築

→新接公園面:
→退縮開發。
→生態延伸串聯。
→人行步道。
→活動行為。

→老街區
→旅客服務中心。
→老住有商業服務中心、互動。

靜:旅客服務中心 (短書閉覽、遠教育採購)。
動:生態公園動態 教學研驗。

☒ 基地分析

遠境路線
老闆徒步動線
公車站
舖退縮

廣場 天巨宮 庄
商
商
庄 庄
車場行路動線
服 停車場·生態公園
·利用各區域的廣場 串聯使用者的行為, 聚集一起。
·老街遊走、遠境研驗 綠生態延伸教學。

活動行為
廣場 廣場 廣場

人車動線分析
自行車動線
公車站

經帶系統 藍帶系統
綠色網絡
水池
氣候調節

☒ 入口剖視圖 S:1/500

公車站 無障礙坡道 大棚架 車行綠化
商店 入口廣場 停車 薄膜 觀光活動 廣場

U bike停放區
入口廣場
生態池
觀光客活動 廣場
大棚架
薄膜 浮候區
公車停靠
臨時休憩區
木平臺
間角廣場
AA
人行入口

遊客服務中心附設停車場設計

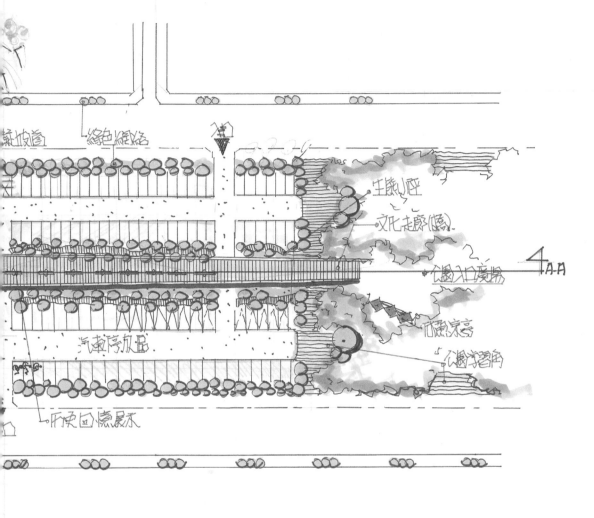

生態小徑
文化走廊(牆)

綠色網絡

4 AA

公園入口廣場

汽車停放區

生態涵管

公園學習角

歷史回憶展示

一F配置圖 S:1/500

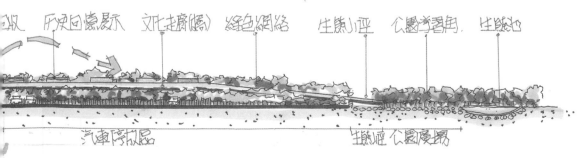

歷史回憶展示　文化走廊(牆)　綠色網絡　生態小徑　公園學習角　生態池

汽車停放區　　　　　　　　　　生態涵　公園廣場

剖立面圖 S=1/200.

作品提供／陳俊霖建築師

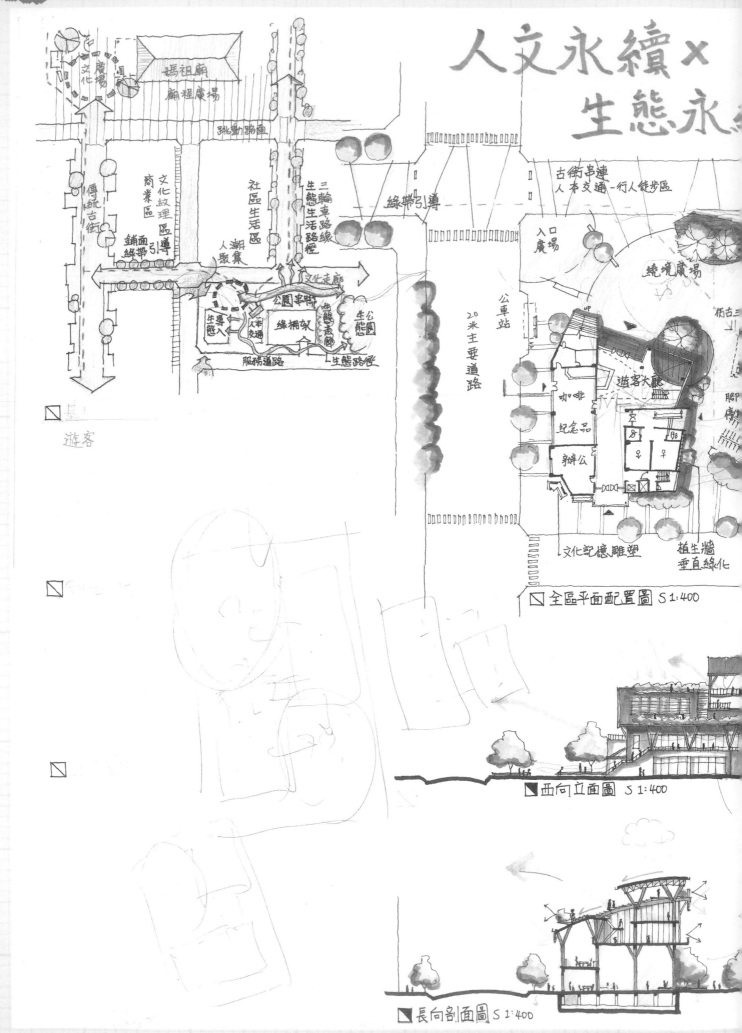

人文永續×
生態永續

媽祖廟
廟程廣場

跳動路線

傳統古街

文化廣場

文化紋理區導
商業區
鋪面綠帶引導

社區生活區
人聚集

三輪車路線
生態生活路徑

古街串連
人本交通-行人徒步區

綠帶引導

入口廣場

境境廣場

公車站

20米主要道路

遊客大廳

咖啡
紀念品

辦公

生導入
生態
公園串聯
人本交通
綠棚架
生態畫廊
生態公園
生態路徑

服務道路

文化記憶雕塑

植生牆
垂直綠化

□ 全區平面配置圖 S 1:400

遊客

□ 西向立面圖 S 1:400

□ 長向剖面圖 S 1:400

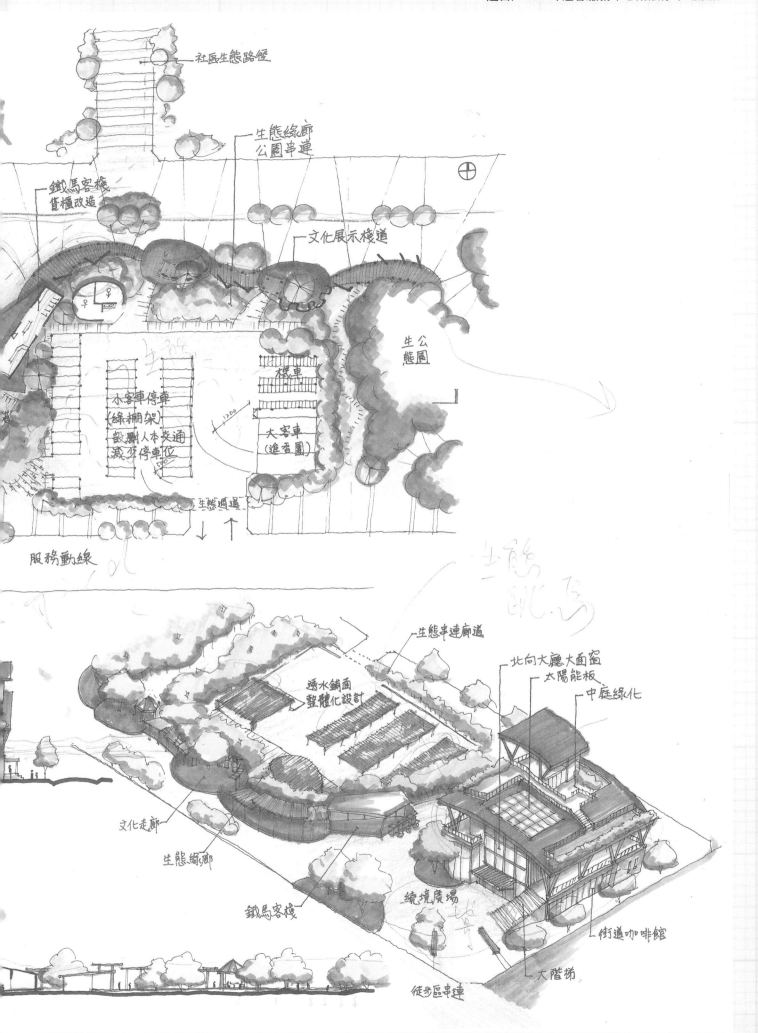

社區生態路徑

生態綠廊
公園串連

鐵馬客棧
貨櫃改造

文化展示棧道

生公
態園

小客車停車
(綠棚架)
鼓勵人本交通
減少停車位

棧車

大客車
(進香團)

生態過道

服務動線

生態串連廊道

透水鋪面
整體化設計

北向大廳大面窗
太陽能板
中庭綠化

文化走廊

生態綠廊

鐵馬客棧

環境廣場

街道咖啡館

大階梯

徒步區串連

文化綠廊 =都市樂活消遙遊=

▢基地分析：

天后宮廣場　天后宮　住宅區

廟埕舟商業區結美

商業區舟名人徒步區

商業區　商業區　住宅區

商業區　商業區　住宅區

住宅區

媽祖繞境人潮

公生態　公園

住宅區

1. 中部地區
2. 傳統文化色彩鮮明
3. 開放陸客自由行,此地具觀光商業之價值
"天后宮為在地居民之生活引精神寄託

- 廟宇舟商業區結美
- 商業區舟名人徒步區
- 媽祖繞境人潮
- 基地舟生態公園之呼應串連.(綠帶連結)
- 基地舟商業區之連結
- 基地舟住商區域之連結退縮
- 住宅區舟住宅區之連結
- 基地舟商業區之連結

▢課題：

1. 地方環境品圖的改善.
2. 加強遊客服務項目及品質.
3. 遊客服務中心附設停車場.
4. 保留文化商慶道宣揚.
5. 推廣文化、生態、教育.
6. 串連廟埕、遊客中心及生態公園形成商業文化生態鏈.

▢內涵：

1. 品質提升達成經濟發展成效.
2. 增加服務節美、讓人便利達成成為新的文化據美.
3. 充地文化休閒市場促進文化活動帶動地方經商活絡.
4. 提升文化教育,生態教育議題與社區,社居認同(製作文化看板區).

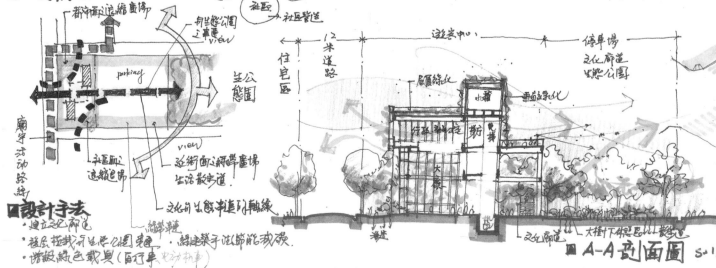

壹樓平面配置圖 S:1/400

三輪車服務轉化區
遊客入口
導覽人員處
遊客大廳
(透水舖面)
自行車停放
室內開放電影區
聖誕慶典廣場
室內劇場廣場
咖啡方
A 文化走廊
外加咖啡區
A

經濟活動
天后宮　教育
商業區　遊客中心　生態公園　生態教育
社區　社區營造

▢規劃構想：

都市意象縮重場
新生態公園之車連view

廟宇活動連結

parking

view

生公態園

生態園

住宅區

- 社區與經衙區之綠帶廣場連續連場
- 生活散步道
- 文化舟生態串連的軸線

▢設計手法

- 建立文化廊道
- 延長拉捷河生態圖意象.綠建築手法節能減碳.
- 接駁綠色載具(自行車,電動軌車)

文化廊道　生態公園

A-A 剖面圖 S:1/

住宅區
12米道路
遊客中心
立面綠化
小廟
人潮
停車場
文化廊道
生態公園
側面綠化
文化廊道
大樹下休息座位區

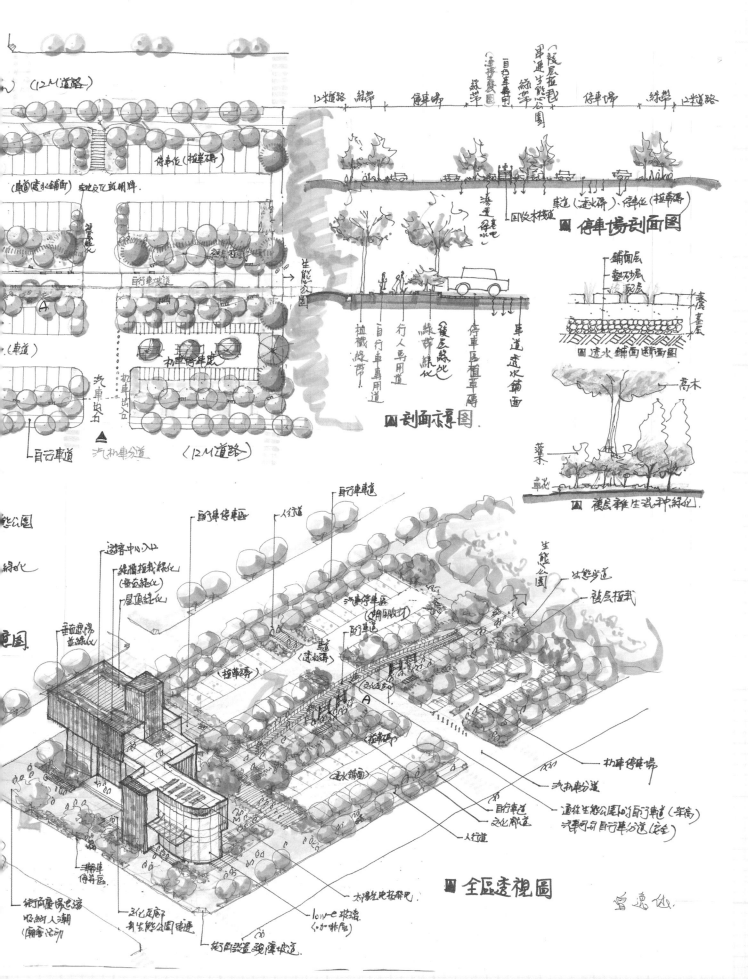

圖 停車場剖面圖

圖 剖面示意圖

圖 透水鋪面斷面圖

圖 複層耕生式中綠化

圖 全區透視圖

作品提供／曾逸仙建築師

繞境一 遊客服務中心附設作

■議題・內涵・對策與願景

議題	內涵	對策與願景
□利用傳統文化推廣創造文創產業及觀光產業的價值。 □利用建築物室內外空間達到生態、文化、弱勢等教育功能。	□地方市鎮的傳統媽祖宗教文化意涵為中心向週邊展觀光產業。 □媽祖宗教文化包含信仰、習俗、活動、生活、節慶、季節、地方節慶。 □教育行為包含知識傳達資訊、學習、改變過程。	□利用外部環境作串連宗教文化古街觀光、商業、住宅、公園等空間並作生態、文化、教育之文化廊道。 □建築物內外部創造文化教育及傳統文化、觀光等空間。 □延伸天后宮之空間作區域帶狀之特色文化帶，塑造區域文化特色之意象。

■基地環境涵構分析

□天后宮的宗教文化建築及相關空間。
□傳統古街的行人徒步區、周圍商業區具商業、文化、觀光的行為。
□基地南北區的住宅區為在地居民使用範圍
□基地東側生態公園供在地使用
□基地西側 20m 道路為主要道路。

■分區與動線計畫

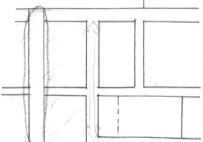

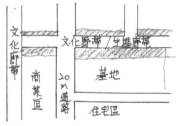

■量體配置與概念說明

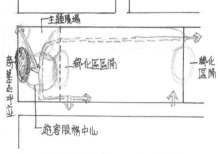

□主廣場為活動廣場，可作表演、活動、市集等空間。

※以傳統媽祖宗教意象為主，整合各向度之空間。

■永續建築計畫

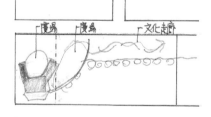

綠化減少西曬
自然採光
綠化量
生物多樣性
減少開挖棄土
結構模矩化、輕量化

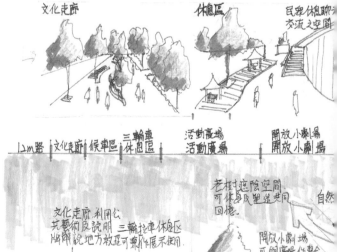

仿古三輪車亭
自行車休息站
活動廣場
小劇場
大廳
資訊站
下挖廣場
遊覽車區
咖啡廳暨紀念品商店
20m 道路
休息區
管理室
A
A'
12m 道路

■全區平面圖 5:1/400

文化走廊
休息區
民眾休憩聊天交流之空間

12m路 | 文化走廊 | 候車區 | 三輪車休息區 | 活動廣場 | 開放小劇場

老樹遮陰空間可休息及塑造共同回憶
自然

文化走廊利用公共藝術及說明三輪拉車休息區臨時說明地方教理可東作展示使用

開放小劇場可與廣場作結合

■A-A剖面圖 5:1/200

樹下平台

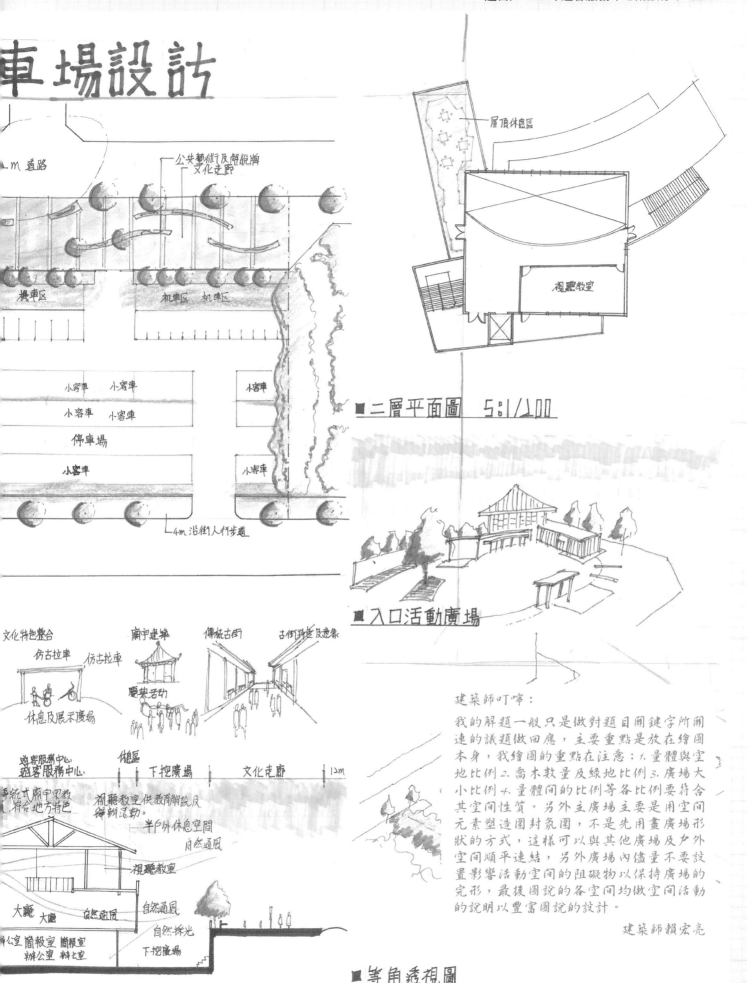

車場設計

m 道路

公共藝術及解說牌
文化走廊

機車區

机車区 机車区

小客車　小客車

小客車　小客車

停車場

小客車

小客車

小客車

4m 沿街人行步道

屋頂休息區

視聽教室

■二層平面圖　S:1/100

■入口活動廣場

文化特色整合

仿古拉車
仿古拉車

廟宇建築

傳統古街

古街特色及意象

休息及展示廣場

慶典活動

遊客服務中心
遊客服務中心

休息區

下挖廣場

文化走廊

12m

傳統式廟中見教
符合地方特色

視聽教室供教育解說展
舉辦活動

半戶外休息空間
自然通風

視聽教室

大廳
大廳

自然通風

自然通風

自然採光

下挖廣場

公室簡報室 簡報室
辦公室 辦公室

下挖廣場

建築師叮嚀：

我的解題一般只是做對題目關鍵字所關
連的議題做回應，主要重點是放在繪圖
本身，我繪圖的重點在注意：1.量體與空
地比例 2.喬木數量及綠地比例 3.廣場大
小比例 4.量體間的比例等各比例要符合
其空間性質。另外主廣場主要是用空間
元素塑造圍封氛圍，不是先用畫廣場形
狀的方式，這樣可以與其他廣場及戶外
空間順平連結，另外廣場內儘量不要設
置影響活動空間的阻礙物以保持廣場的
完形，最後圖說的各空間均做空間活動
的說明以豐富圖說的設計。

建築師賴宏亮

■等角透視圖

作品提供／賴宏亮建築師

377

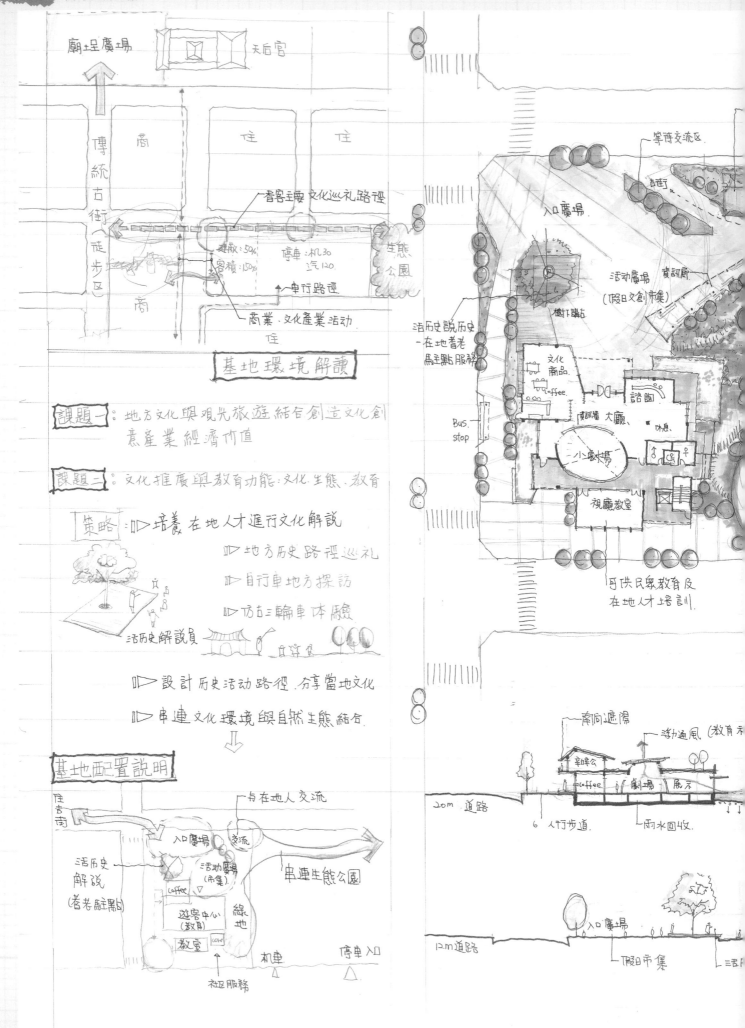

廟埕廣場

天后宮

傳統古街 徒步區

商 商 商

住 住 住

遊客主要文化巡礼路徑

生態公園

建蔽:50% 停車:机30 汽120
容積:150%

車行路徑

商業·文化產業活動

住

基地環境解讀

課題一:地方文化與观光旅遊結合創造文化創意產業經濟价值

課題二:文化推展與教育功能:文化·生態·教育

策略:⊩培養在地人才進行文化解說

⊩地方歷史路徑巡礼

⊩自行車地方探訪

⊩仿古三輪車体驗

活歷史解說員

⊩設計歷史活动路徑·分享當地文化

⊩串連文化環境與自然生態結合

基地配置說明

住古商

与在地人交流

三活歷史解說
(者老駐点)

入口廣場 交流

coffee

活动廣場 (市集)

串連生態公園

遊客中心 (教育)

綠地

教室 core

机車

停車入口

社区服務

等待交流区

入口廣場

活动廣場 資訊廊 (假日文創市集)

活歷史說歷史-在地者老為主点服務

樹下驛站

文化商品 coffee

諮詢

Bus stop

資訊廊 大廳

味屋

小劇場

視廳教室

可供民眾教育及在地人才培訓·

南向遮陽

動通風(教育

coffee 劇場 展示

20m 道路

6 人行步道·

雨水回收·

入口廣場

12m 道路

假日市集

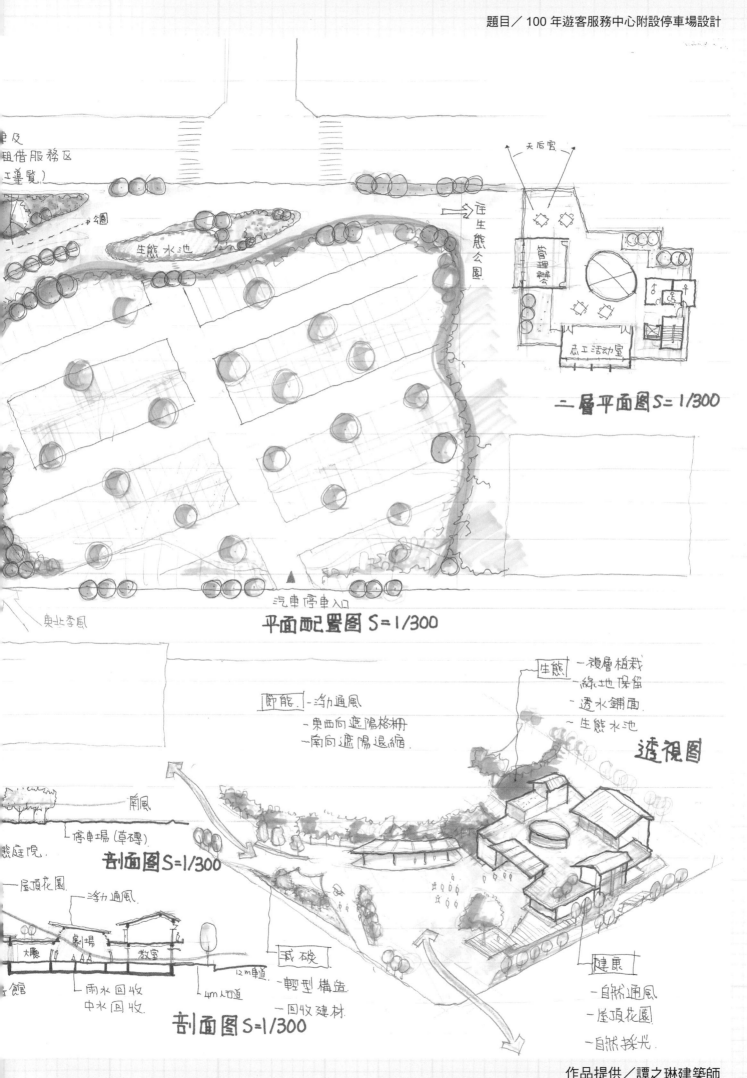

車及
租借服務區
（工逢覽）

生態水池

連生態公園

天后宮

管理辦公

志工活動室

二層平面圖 S=1/300

東北季風

汽車停車入口

平面配置圖 S=1/300

生態 — 複層植栽
— 綠地保留
— 透水鋪面
— 生態水池

節能 — 對流通風
— 東西向遮陽格柵
— 南向遮陽退縮

透視圖

南風

停車場（草磚）

態庭院

剖面圖 S=1/300

屋頂花園

對流通風

劇場

大廳

教室

館

雨水回收
中水回收

12m車道

4m人行道

載破

— 輕型構造
— 回收建材

剖面圖 S=1/300

建康

— 自然通風
— 屋頂花園
— 自然採光

作品提供／譚之琳建築師

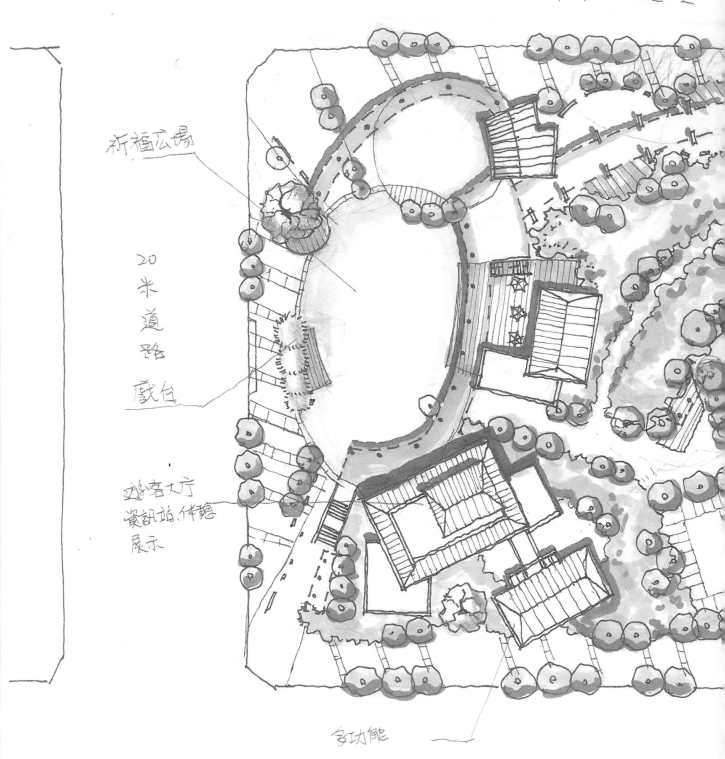

12米社区道路

祈福広場

20米道路

戲台

遊客大庁
資訊站、休憩
展示

多功能

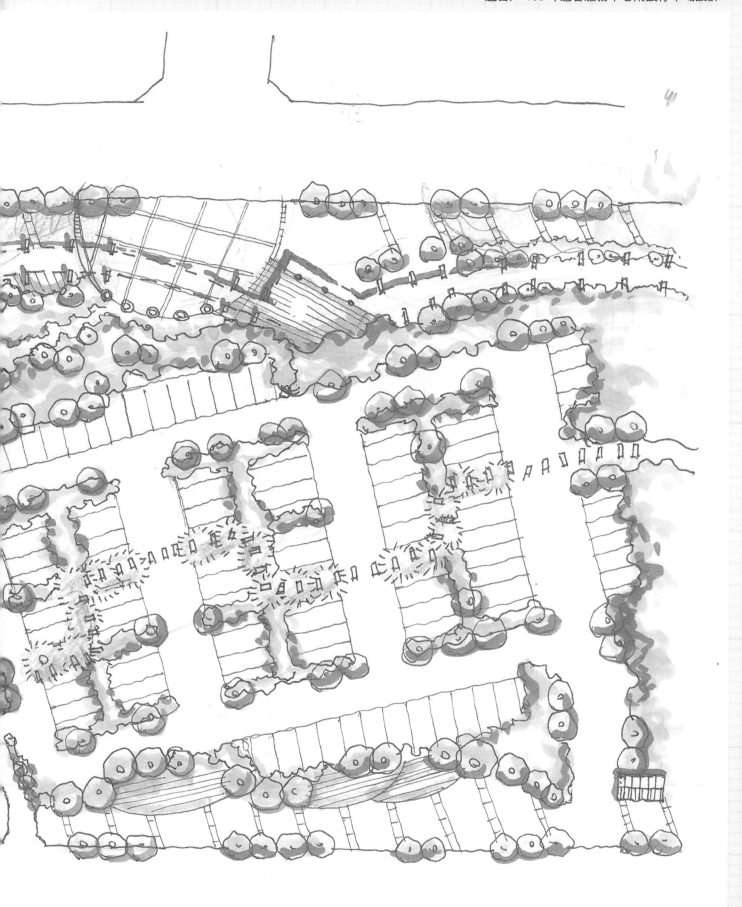

98 年公務人員高等考試三級考試試題

代號：34780　全一張
（正面）

類　　科：建築工程

科　　目：建築設計

考試時間：6 小時

座號：＿＿＿＿＿＿＿＿

※注意：㈠可以使用電子計算器。

　　　　㈡不必抄題，作答時請將試題題號及答案依照順序寫在試卷上，於本試題上作答者，不予計分。

一、設計題目：休假與訓練中心

二、設計概述：台灣某大型電子相關產業公司為公司員工設立休假中心，並同時作為其
　　　員工之訓練中心，特於台灣南部某溫泉勝地尋找到一塊湖邊風景優美的區域，建設
　　　此中心，以作為公司員工福利之用。

三、基地概述：乃一塊由南至北之緩坡地，西臨一片高約十五公尺高之喬木綠林，東臨
　　　一條已開闢之十米寬道路，此路之東側則為已開闢可供此公司休假與訓練中心各型
　　　車輛之停車場，北鄰湖邊之環湖步道，連接至此風景優美區域的相關設施。此基地
　　　東西寬四十五米，南北長一百五十米，坡度為 3 度。此區之最高開發強度為建蔽率
　　　30%，容積率50%。鄰道路側需退縮五米作為步道。

四、設計要求：

　　㈠此大型電子相關產業公司老板希望此建築將符合台灣現行之綠建築標章九大指標。

　　㈡此建築將兼顧休假與訓練之雙重功能。

　　㈢此建築將兼具美觀、實用與創意。

　　㈣此建築將與周遭環境融為一體，並善加運用周遭環境之特性。

五、空間需求：總樓地板面積為 3000 平方公尺。

　　㈠入口與大廳空間：以總樓地板面積之3%計之。

　　㈡管理部門空間：以總樓地板面積之7%計之，包括經理室、接待室、會議室、員工
　　　辦公室、儲藏室、檔案室、員工出入口、置物間等必要之管理空間。

　　㈢住宿部門空間：以總樓地板面積之40%計之，共提供40間日式住房，每房約30平
　　　方公尺，至少可住二至四人，內含溫泉浴池、浴廁、榻榻米室、觀景平台（可供
　　　泡茶、休閒之用）等。

　　㈣餐廳與會議室：以總樓地板面積之12%計之，一間可供一百人同時使用之自助式
　　　餐廳與其廚房、一間可容納 100 人之多媒體會議室、以及三間可容納 40 人之會
　　　議室（其間有彈性隔間可相互合併之）等。

　　㈤休閒娛樂空間：以總樓地板面積之8%計之，具特色之休閒娛樂功能自訂之。

　　㈥公共服務空間：以總樓地板面積之30%計之，包括樓梯間、電梯間、走廊、設備
　　　空間（各式各樣機房、供電、供水等）、公共廁所、以及認為此休假與訓練中心
　　　需要者皆可自行設定之。

　　㈦庭園景觀空間：自行設計有特色之庭園景觀，以與室內空間和基地外環境相呼應。

六、圖說要求：

　　㈠設計說明：含設計構想、綠建築設計手法、法規檢討等（20 分）

　　㈡總配置圖：含一樓平面及景觀設計，比例 1/600（20 分）

　　㈢各層平面圖：比例 1/200 或 1/300（30 分）

　　㈣主要立面圖：比例 1/200 或 1/300（10 分）

　　㈤主要剖面圖：比例 1/200 或 1/300（10 分）

　　㈥等側量體圖：比例自行決定（10 分）

（請接背面）

98 年公務人員高等考試三級考試試題

代號：34780　全一張

類　　科：建築工程
（背面）

科　　目：建築設計

七、基地圖：

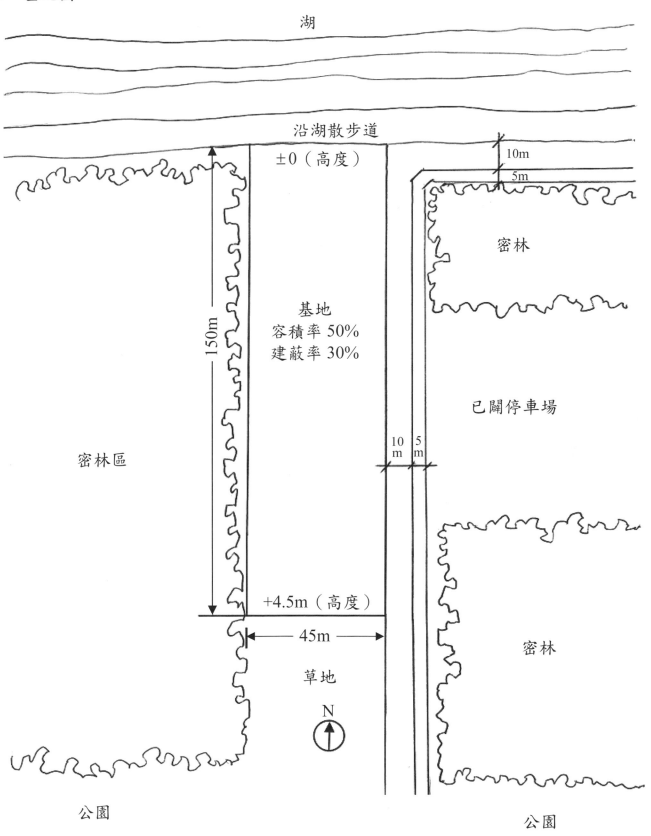

湖

沿湖散步道

±0（高度）

10m

5m

密林

基地
容積率 50%
建蔽率 30%

已闢停車場

150m

密林區

10
m

5
m

+4.5m（高度）

45m

密林

草地

N

公園

公園

（比例尺：1/1000）

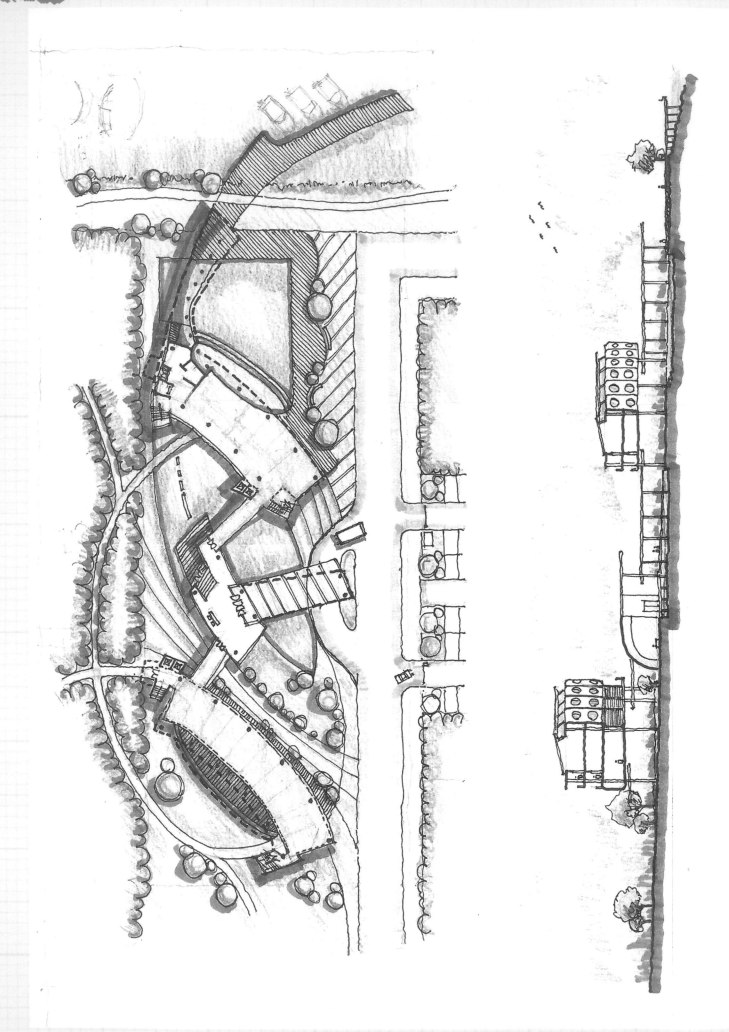

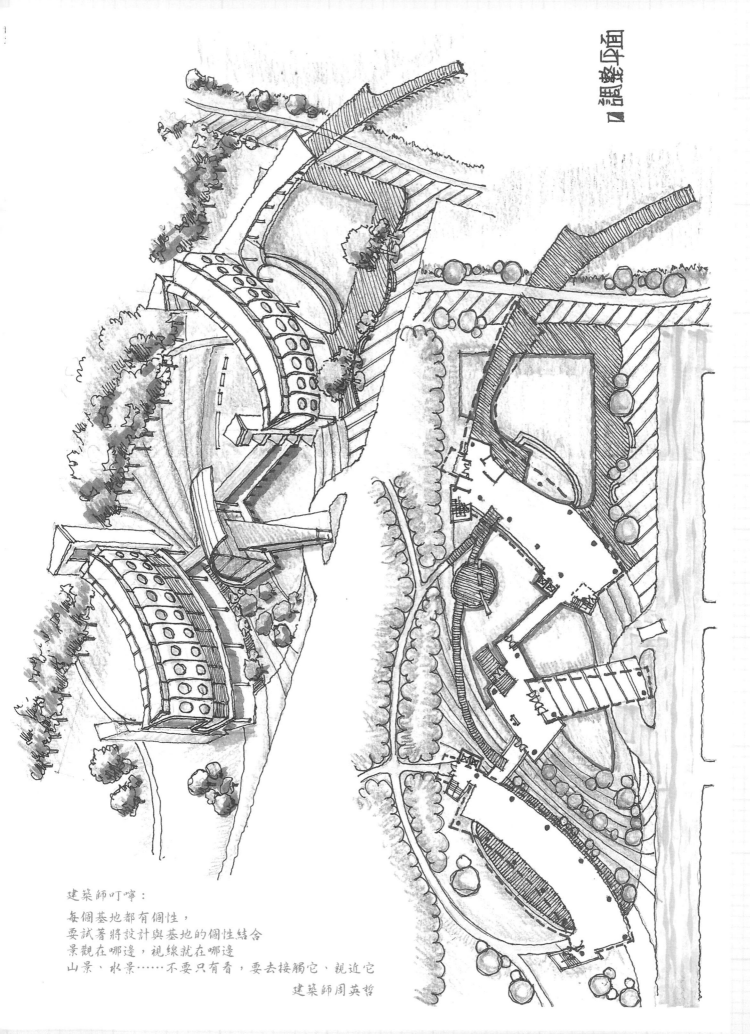

建築師叮嚀：

每個基地都有個性，
要試著將設計與基地的個性結合
景觀在哪邊，視線就在哪邊
山景、水景……不要只有看，要去接觸它、親近它
　　　　　建築師周英哲

97年公務人員高等考試三級考試試題

代號：34580　全一張（正面）

類　　科：建築工程
科　　目：建築設計
考試時間：6小時　　座號：＿＿＿＿＿＿

※注意：㈠可以使用電子計算器。
㈡不必抄題，作答時請將試題題號及答案依照順序寫在試卷上，於本試題上作答者，不予計分。

一、設計題目：再生能源展示館

二、設計概述：工業革命以來人類長期污染環境，破壞環境，所造成的自然環境變化，南極臭氧破洞，導致全球氣候變遷，台灣夏季的氣溫節節高昇，建築空調的使用時間增長，耗電隨之增加，火力發電所產生的二氧化碳也隨之增多，惡性循環下台灣地區氣候更加惡化，對台灣產生了海平面上升、農作物生產與生態的變化、降雨分布的不平衡、改變地區資源分布等影響，嚴重破壞了台灣的生態環境。節能減碳遂成為全民運動。有鑑於此，某地方政府擬興建再生能源展示館，宣導節能減碳的重要性及方法與技術。

三、基地概述：基地位於台灣中部某市都市計畫區內，建蔽率 50%，容積率 250%，地勢平坦，四周臨接道路及國小，位置適中，交通便利，有利展示館之經營，達到宣導效果（詳基地圖）。

四、設計要求：㈠最低二氧化碳排放，最高回收利用比率等最綠標準。
㈡最大限度利用再生能源（太陽能、風力）。
㈢最綠的建築構造。
㈣建築造型與節能技術的高度結合。
㈤具有一定的有機成長的特性。
㈥創新的設計思維。

五、空間需求：

㈠入口大廳、服務台	250 m^2
㈡簡報室	300 m^2
㈢第一展示廳	300 m^2
㈣第二展示廳	250 m^2
㈤第三展示廳	200 m^2
㈥書店	100 m^2
㈦販賣部、咖啡廳	100 m^2
㈧圖書室	200 m^2
㈨庫房	300 m^2
㈩宣導教室	150 m^2
(十一)行政辦公空間	
1. 館長及貴賓室	60 m^2
2. 館員辦公室	100 m^2
3. 會議室	60 m^2
4. 電腦室	60 m^2
5. 儲藏室	200 m^2

(十二)地下停車場、機房....等公共設施空間面積自訂。
(十三)樓梯、電梯、走廊、廁所...等公共服務空間，面積以總樓地板面積的35%為原則。

（請接背面）

97 年公務人員高等考試三級考試試題

代號：34580　全一張（背面）

類　　科：建築工程
科　　目：建築設計

六、圖說要求：

㈠節能設計構想說明。（20 分）
㈡總配置圖（含節能景觀設計）：比例 1/400。（30 分）
㈢各層平面圖：比例 1/200。（30 分）
㈣主要立面圖一處：比例 1/200。（10 分）
㈤主要剖面圖一處：比例 1/200。（10 分）

七、基地圖

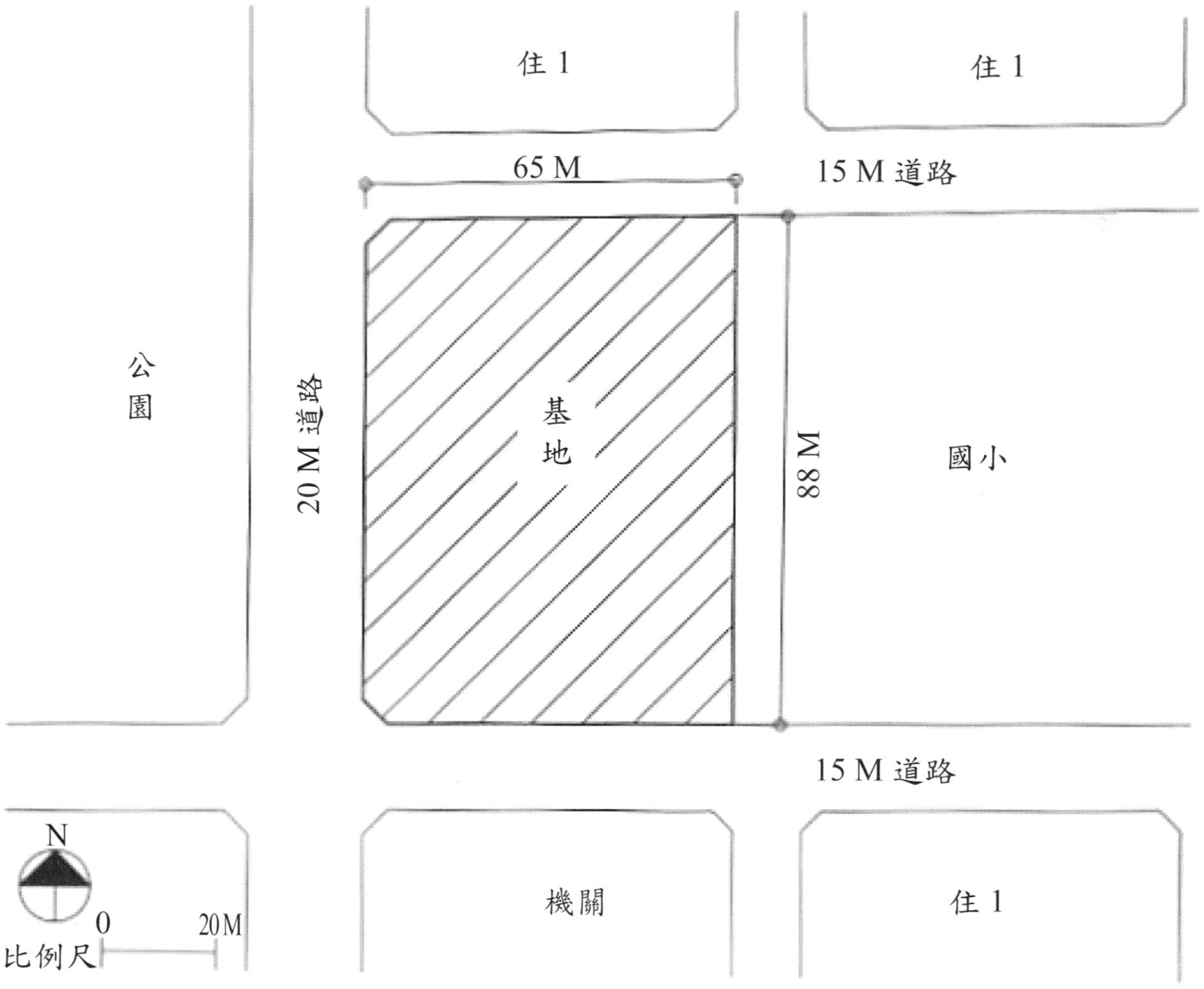

建築計劃與設計目標

議題▶

- 人類長期手求環境及破壞環境、
- 台灣夏季氣溫高昇,空調使用時間增長
- 台灣海平面上升農作物的變化、降雨不均

議題▶▶

- 全球氣候變遷,自然環境變化,多端、
- 發電廠產生二氧化碳增加、
- 現有地區資源分布改變、

核心計劃▶▶▶ 再生能源展示館 X 腳踏車
結合運動利用腳踏車的使用連到再生能源儲存能源

空間構想▶▶▶▶

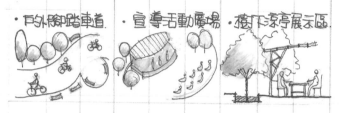

- 戶外腳踏車道 ・宣導活動廣場 ・樹下涼亭展示區、
- 室內儲能健身房 ・教學展示牆 ・手動發電休憩區

基地環境與配置策略

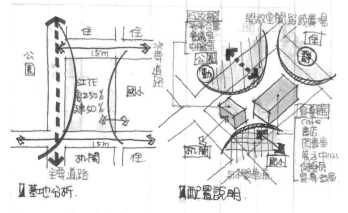

▪基地分析、   ▪配置說明、

綠建築構想計劃

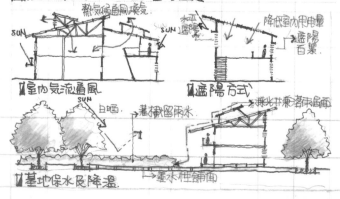

▪室內氣流通風   ▪遮陽方式
▪基地保水及降溫

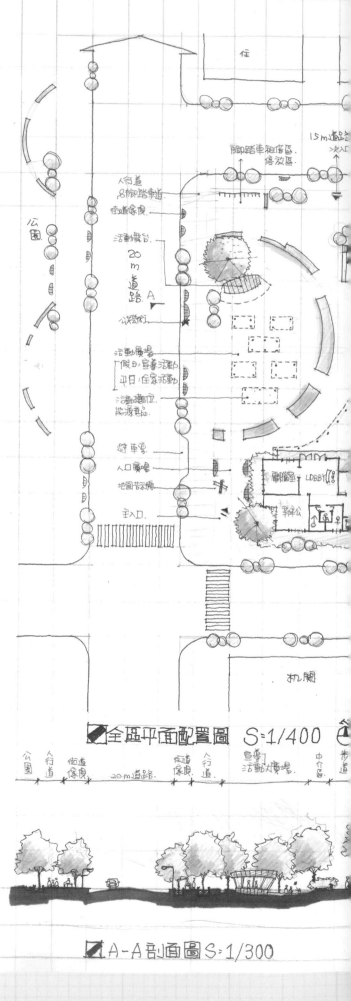

▪全區平面配置圖 S:1/400

▪A-A剖面圖 S:1/300

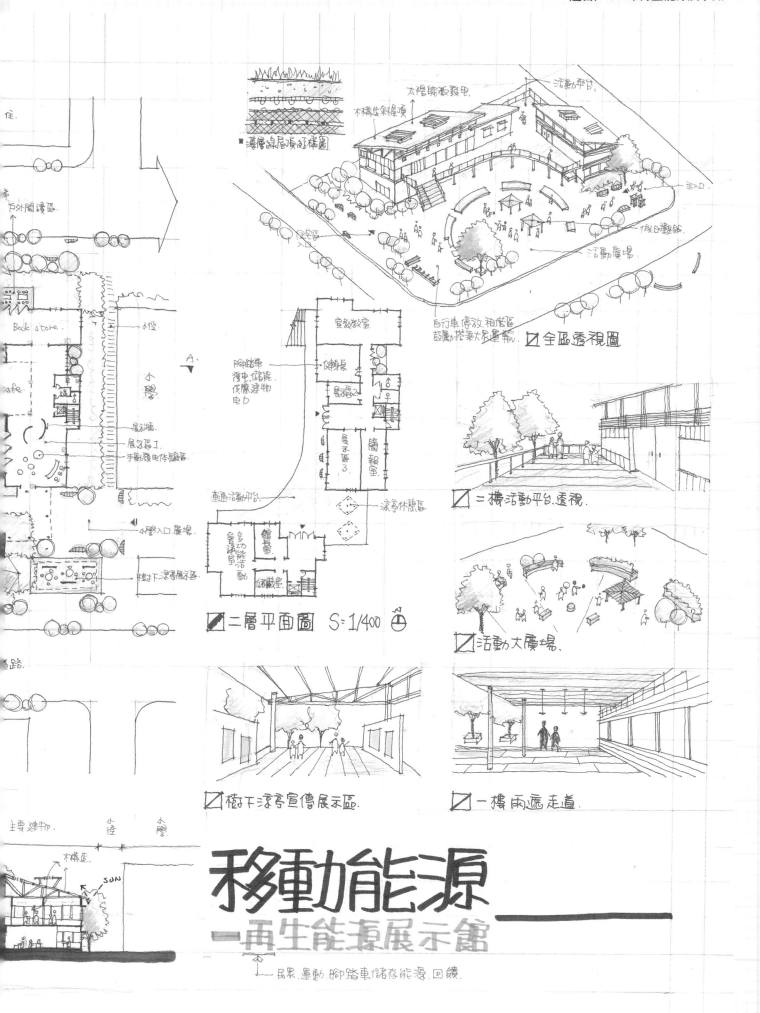

■ 海綿綠屋頂構造圖

太陽能板發電

木構造斜屋頂

活動平台

■ 全區透視圖

自行車停放.租借區
鼓勵搭乘大眾運輸

住宅區
入口

主入口

假日觀眾

活動廣場

宣教教室

腳踏車
發電.儲能
供應建物
電力

健身房

展示區2

儲能室

展示區3

A.

小廣場

Book store.

cafe.

展示區Ⅰ.
手動發電體驗區

假水塘

小廣場入口.廣場

樹下涼亭展示區

展示區

活動平台

涼亭休憩區

■ 二層平面圖 S=1/400

多功能
體驗活動

館書室

儲藏室

■ 二樓活動平台.透視.

■ 活動大廣場.

■ 樹下涼亭宣傳展示區.

■ 一樓兩邊走道.

主要建物. 小徑. 小徑

木構造

SUN

移動能源

一再生能源展示館一

一民眾.運動.腳踏車.儲存能源.回饋.

作品提供／李偉甄建築師

環境責任 再生能源展示館設計

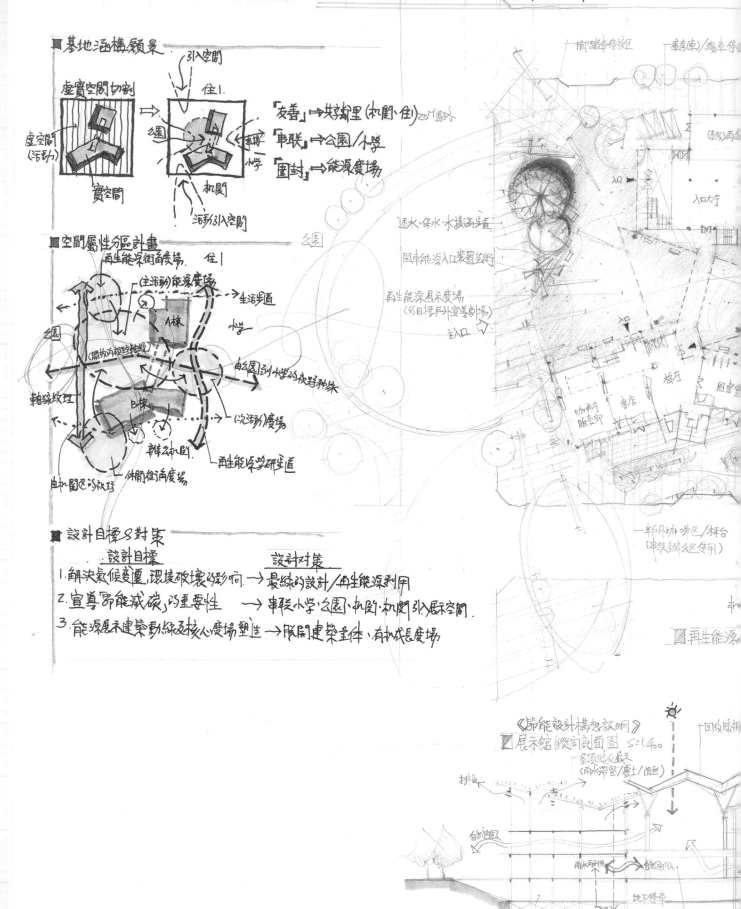

■ 基地涵構願景

虛實空間切割

引入空間

住1

「友善」→共享鄰里(机關.住)2011道路
「串聯」→公園/小學
「圍封」→能源廣場

虛空間(活動)
實空間
活動引入空間

■ 空間屬性分區計畫

再生能源街角廣場
(主活動)能源廣場
→生活步道

A棟
小學
由公園到小學的夜野郊探

(開放的硬質軸線)

B棟
(次活動)廣場
辦公机關
再生能源學習步道

軸線紋理
由机關區的救場
休閒街角廣場

■ 設計目標 8 對策

設計目標	設計对策
1.解決氣候變遷,環境破壞的影响	→最綠的設計/再生能源利用
2.宣導節能減碳的重要性	→串聯小學,公園,机關,机關引入展示空間
3.能源展示建築動線及核心廣場塑造	→服開建築量体,有机弧長廣場

《節能設計構想說明》

■ 展示館縱向剖面图 S:1/40。

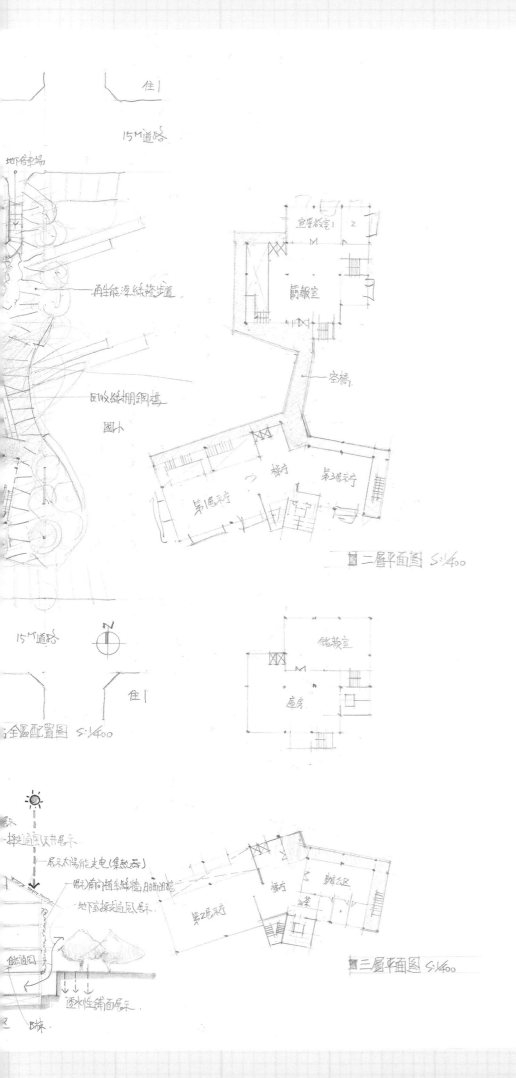

宣導教室1 Z

簡報室

空橋

第1層元廳   樣廳   第3層元廳

二層平面圖 S:1/400

15M道路

住1

儲藏室

庫房

全區配置圖 S:1/400

－採光通風天井展示

－屋頂太陽能發電(集熱器)

－(縣)南向植生綠牆 B面通氣

－地下室採光通風展示

能源風

透水性鋪面展示

辦公區

樣廳   業

第2層元廳

三層平面圖 S:1/400

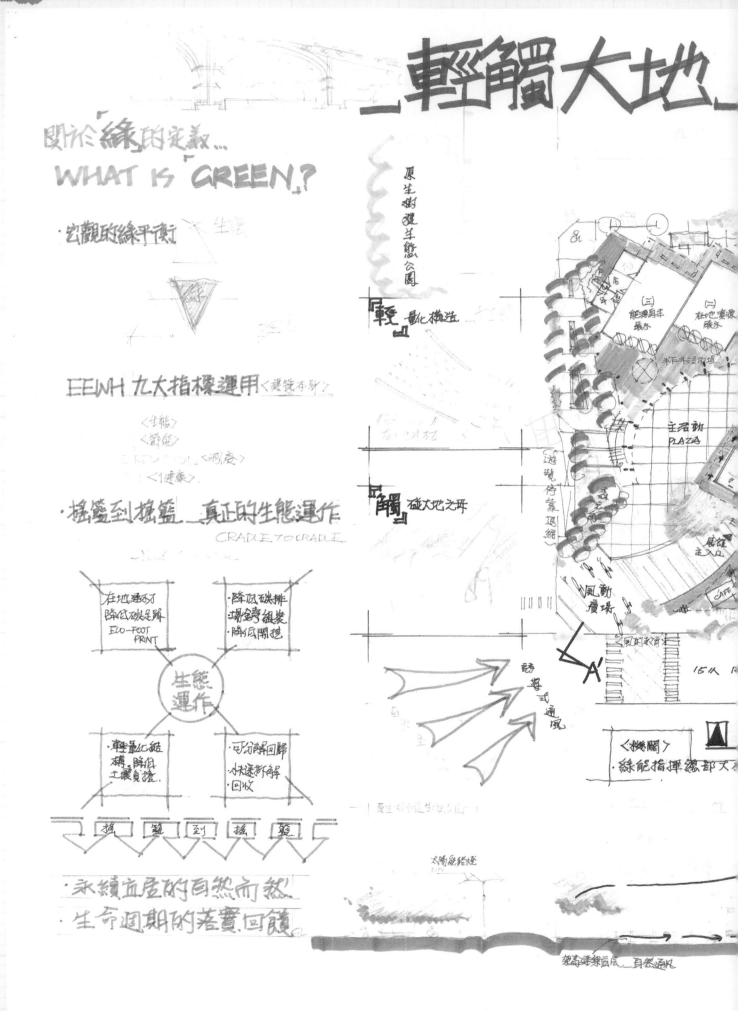

「輕觸大地」

關於「綠」的定義…
WHAT IS "GREEN"?

· 宏觀的綠平衡

EEWH 九大指標運用 〈建築本身〉

〈生態〉
〈節能〉
〈減廢〉
〈健康〉

· 搖籃到搖籃 真正的生態運作
   CRADLE TO CRADLE

生態運作

· 永續並層的自然而然
· 生命週期的落實回饋

原生樹種生態公園

「輕」量化構造

「觸」碰大地之再

〈機關〉
· 綠能指揮總部

生自然、永續利用的實踐可能.

日晷廣場
<光的教育>

鄰里入口

太陽能級

SOLAR
FAMILY

孟宗竹
竹構屋頂（輕量化設計）
（永續在地建材）

☒ 2層_平面圖 s: 1/300

區配置圖 s:1/400 ⌂

▽ AA´長向剖面透視圖 s: 1/300

入學考 & 特考

| 都 市 | 計 畫 | 敷 地 |

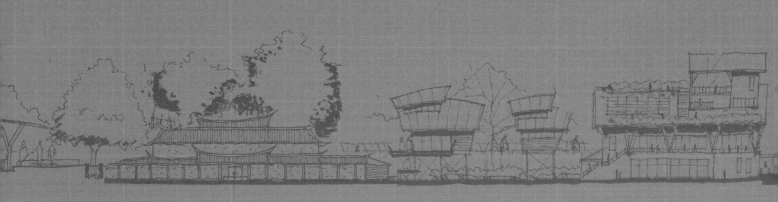

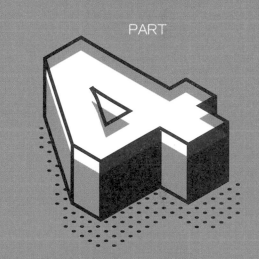

PART

4

編號：　230　　國立成功大學一〇一學年度碩士班招生考試試題　共 **4** 頁，第 **1** 頁

系所組別：　建築學系丙、丁組

考試科目：　建築設計　　　　　　　　　　　考試日期：0226，節次：1-4

題目：社區環境資訊暨教育中心（100%）

一、背景說明：

　　99 年「環境教育法」公布實施，規定機關、公營事業、學校的員工、教師、學生每年必須接受四小時之環境教育，內容可為課程、聽演講、參訪、體驗、實做等等。實施地點則是經過認證的環境教育中心或具有環境教育相當能力的社區。南部某社區環境教育資源豐富，從事社區營造已有成果，是著名之生態社區，亦是相當知名的生態旅遊地點。理事長等社區領導人士希望將社區中的一座廢棄房舍改建為社區的環境教育中心，準備將整個社區認證為合格的環境教育場所。

二、基地：

　　基地位於台南市鄉間的某社區中，地勢平坦。東側臨 4 米產業道路，南面臨 16 米鄉道。後方為興建於日本時代的國小，已有百年歷史。鄉道對面的教堂為世界級建築大師於 1960 年代之作品，經常有建築、文化界人士參觀。經鄉道向西行四百公尺，即可到達社區的中心地帶，此處某些建築還還保有清末、日據時代的風格。

　　基地內的廢棄房舍為某民間機構所屬，亦為為 1960 年左右之建物，該機構已承諾社區可無償借用，社區得改建之，唯改建經費需社區自行籌措。此即將成立之社區資訊教育中心，除供訪客與居民做環境教育使用以外，亦可作為居民日常聚會、活動之用。社區兒童並可運用此地作為課後學習之場所。

三、空間需求：

- 資訊及服務櫃臺：提供社區生態、人文環境以及旅遊資訊、諮詢等服務。

- 展示空間：展示地區生態環境、文物，當地人士作品等等。考慮長期、短期等不同形式之展示，所需空間形式可能不同。

- 小型表演之舞台或角落：提供音樂或脫口秀等小型藝文表演場所。

- 教室：2 間，作為教育訓練或會議之用。考慮彈性隔間與彈性使用。

- 資訊室（或角落）：備有書面及電子資料以供查詢，放置閱覽桌，書架，並備有電腦 4 台，提供查詢當地環境資訊及做為當地居民上網之用。

- 室內餐飲空間房：提供訪客或居民簡餐、飲料。座位約 40 席。可考慮戶外席位。

- 廚房：準備簡餐之小型廚房及其應有之儲貨場所。考慮卸貨之方便性。

- 廁所：具足夠間數，男女分設，供訪客及工作人員使用。

(背面仍有題目,請繼續作答)

- 腳踏車出租處：出租腳踏車給社區訪客。30 輛腳踏車停放、借還。

- 停車場：遊覽車 2 車位。小轎車 8 車位。機踏車 20 輛。

- 庭園：各式活動及休憩行為。

- 其他室內外必要空間。

- 建蔽率：40% 以下。容積率 100% 以下。盡量減小不必要之建蔽與容積，以符合生態原則。

四、設計要點：

- 本中心除原本加強磚造之房舍以外，可以依需求增建，形式不拘。原本房舍可改建，不可完全拆除，以舊建物再利用為原則。

- 本中心應盡量表現「生態建築」之意象，以符合本社區為「生態社區」意涵，以及從事「生態旅遊」之宗旨。。

- 考慮團體型態之聚會或討論行為：各種大小團體之聚會，可用包廂或座位區劃加以區隔。

- 建物之平面及造型應能反應台灣南部炎熱氣候特徵。

- 自然之通風採光為重要訴求，以減少不必要之能源消耗。

- 考慮無障礙空間之設置。

- 充分考慮戶外環境及景觀設計。戶外庭園使用應考慮南部天氣型態。

五、圖面要求（比例尺自訂）：頁 2

- 使用分析與設計構想說明（20%）

- 全區配置圖（包括景觀設計）（30%）

- 各層平面圖（25%）

- 重要立面（10%）

- 重要剖面，重要細部圖（10%）

- 其他有助於表達設計構想的之圖面（5%）

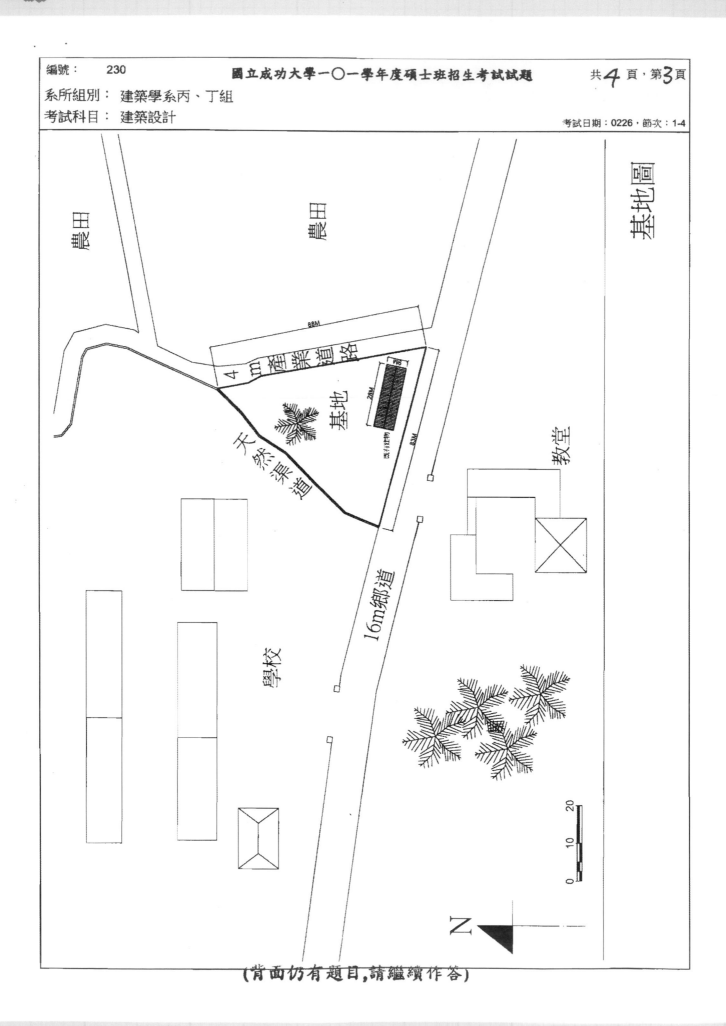

基地圖

農田

農田

4m產業道路

88M

8M

基地

20M

現有建物

83M

天然渠道

16m鄉道

學校

教堂

N

0 10 20

(背面仍有題目,請繼續作答)

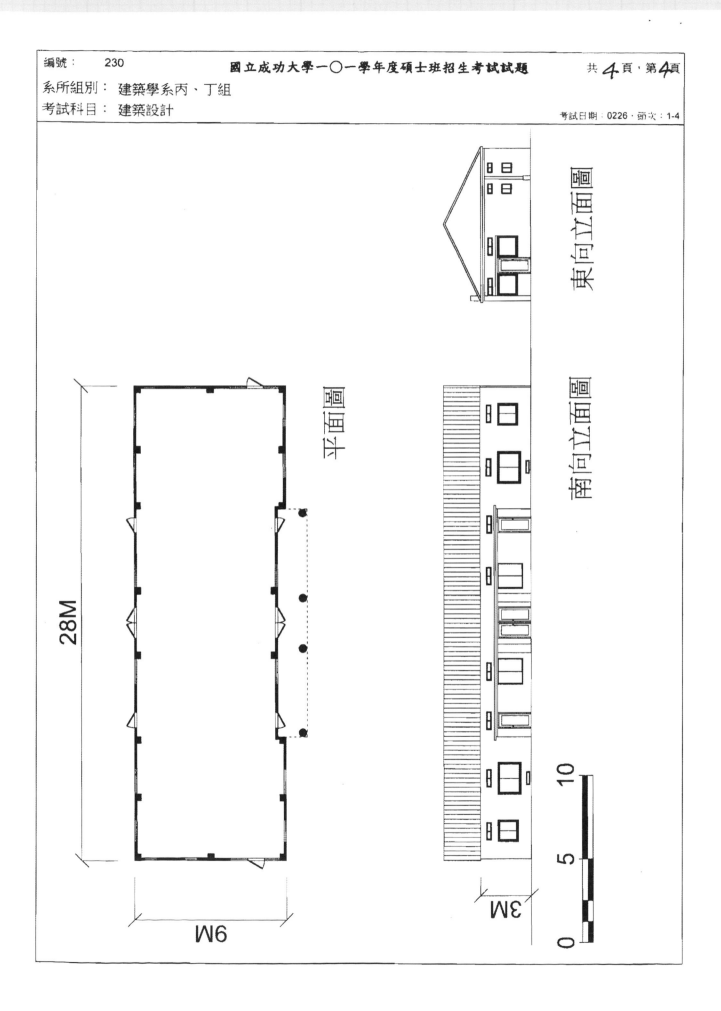

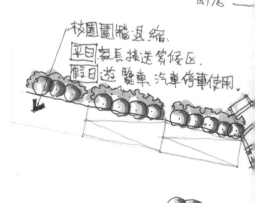

建築師叮嚀：

(1) 須注意新舊建築物量體的空間序列。

(2) 發展半戶外及戶外使用空間，優於過大的建築量體。

建築師林星岳

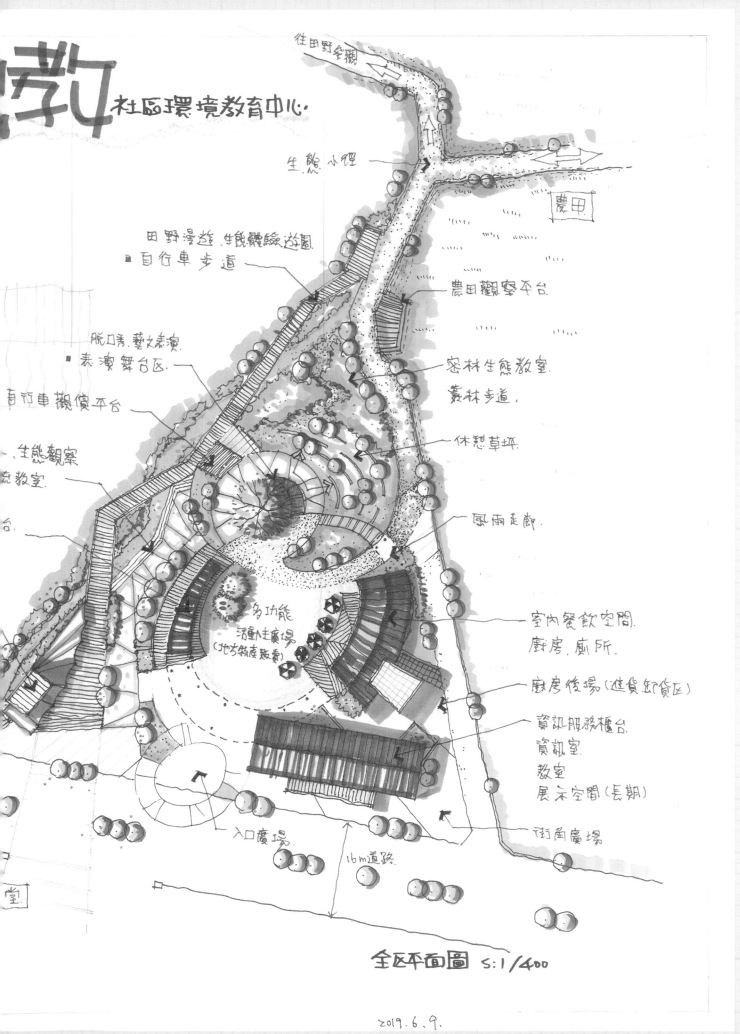

教 社區環境教育中心.

住田野参觀

生態小徑

農田

田野漫遊. 生態體驗遊園.
自行車步道

農田觀察平台.

脫口秀. 藝文表演.
表演舞台區.

自行車觀償平台

密林生態教室.
叢林步道.

休憩草坪.

生態觀察
流教室.

風雨走廊.

多功能
活動主廣場
(地方特產販售)

室內餐飲空間.
廚房. 廁所.

廚房後場(進貨卸貨區)

資訊服務櫃台.
資訊室.
教室
展示空間(長期)

入口廣場.

16m道路.

街角廣場

堂

全區平面圖 S:1/400

2019.6.9.

作品提供／林星岳建築師

341

編號：　　243	國立成功大學一〇〇學年度碩士班招生考試試題	共 3 頁，第 1 頁

系所組別：　建築學系丙、丁組
考試科目：　建築設計

考試日期：0220，節次：1-4

※ 考生請注意：本試題 ☑可　□不可　使用計算機

題目：台南市立兒童圖書館（100％）

題旨：兒童是國家未來的希望，日本在 2000 年成立第一所國際級的兒童專門圖書館，掀起國內外針對特定族群提供專門閱讀空間的廣泛討論。台南市為台灣的文化古城，在縣市合併之後，為展現文化復育的企圖心，擬將兒童圖書空間自原市立圖書館獨立，以兒童文化及親子互動為為設立目的，提供專門的場所與資源，孕育兒童深耕的文化素養，並兼具收藏、展示及表演、親子互動之功能性空間。

基地：基地位於 20M 寬開元路上，鄰近台南市中山公園內之台南市立圖書館，未來可沿開元路串連成藝文帶。基地為都市計畫之機關用地，總面積約 8,250 ㎡，建蔽率與容積率分別為 40％與 80％。周圍均為住宅區與商業區，基地西北側緊鄰鐵道。

空間需求：

- 親子閱覽區：1,000 ㎡，含開架式閱覽區及 150 人閱讀空間
- 書籍處理暫存區：200 ㎡
- 說故事及表演區：可容納 100 人之座位席及小舞台
- 特殊繪本展示區：100 ㎡
- 小朋友的藝術教室：可容納 30 位小朋友及家長
- 戶外遊戲區：自行設定
- 餐飲區：50 ㎡，提供簡易餐飲、也可與戶外空間結合
- 兒童書店：80 ㎡
- 行政辦公室：50 ㎡
- 卸貨區：可停放 2 輛貨車
- 停車場：可停放 25 輛讀者停車位、及 5 輛工作人員停車位
- 廁所及其他必要服務空間：自行設定

設計重點

- 基地鄰近鐵路、陸橋、住宅區，需考量基地本身與週邊環境的對應
- 主要使用者為兒童，應有活潑親切而且安全的空間特性
- 兒童的閱讀行為與成人不同，需考量小朋友朗讀或大人朗讀時彼此的干擾性
- 公眾使用建築物需考量無障礙空間及綠建築設計，請在設計構想中分別提出其設計對策

(背面仍有題目,請繼續作答)

編號： 243　　國立成功大學一○○學年度碩士班招生考試試題　　共 3 頁，第 2 頁

系所組別： 建築學系丙、丁組

考試科目： 建築設計　　　　　　　　　　　考試日期：0220，節次：1-4

※ 考生請注意：本試題 ☑可　□不可 使用計算機

圖面要求

- 設計構想及分析圖
- 全區配置圖（包含景觀設計）
- 各層平面圖
- 重要立面圖及剖面圖
- 重要細部圖
- 其他有利於表達設計構想之圖面，如透視圖
- 版面安排及比例自訂

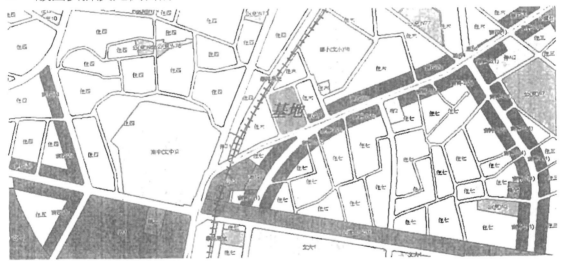

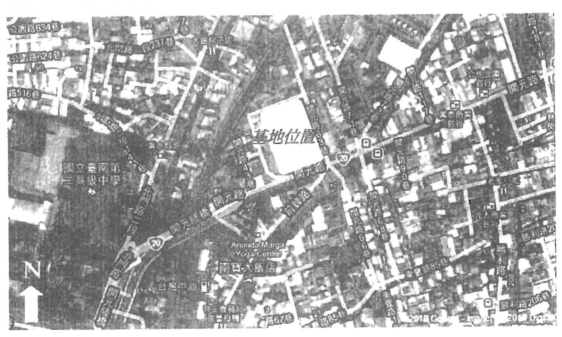

編號：　　243

國立成功大學一○○學年度碩士班招生考試試題

共 **3** 頁，第 **3** 頁

系所組別：　建築學系丙、丁組
考試科目：　建築設計

考試日期：0220，節次：1-4

※ 考生請注意：本試題 ☑可　□不可 使用計算機

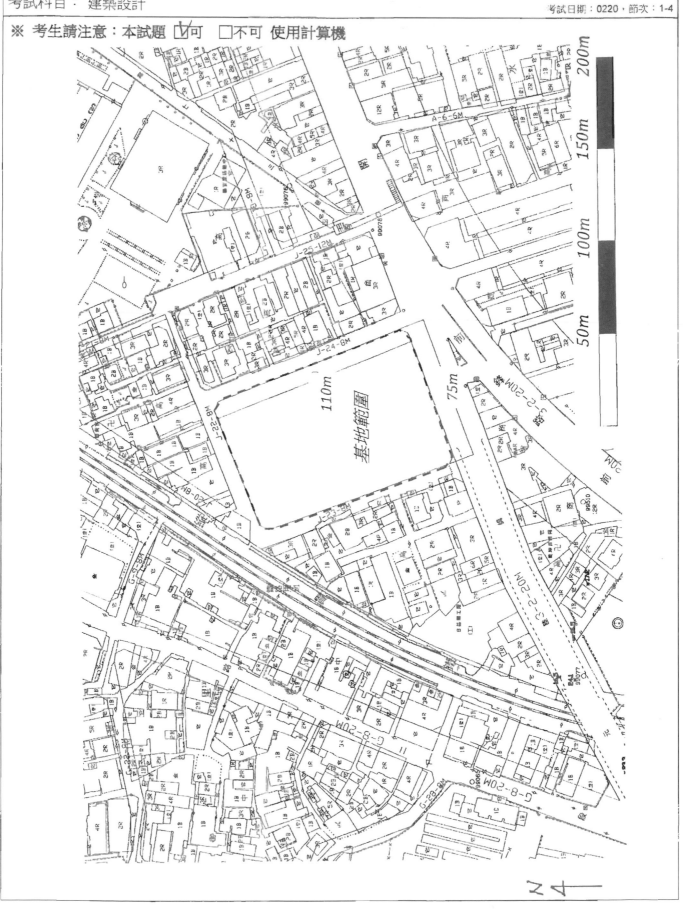

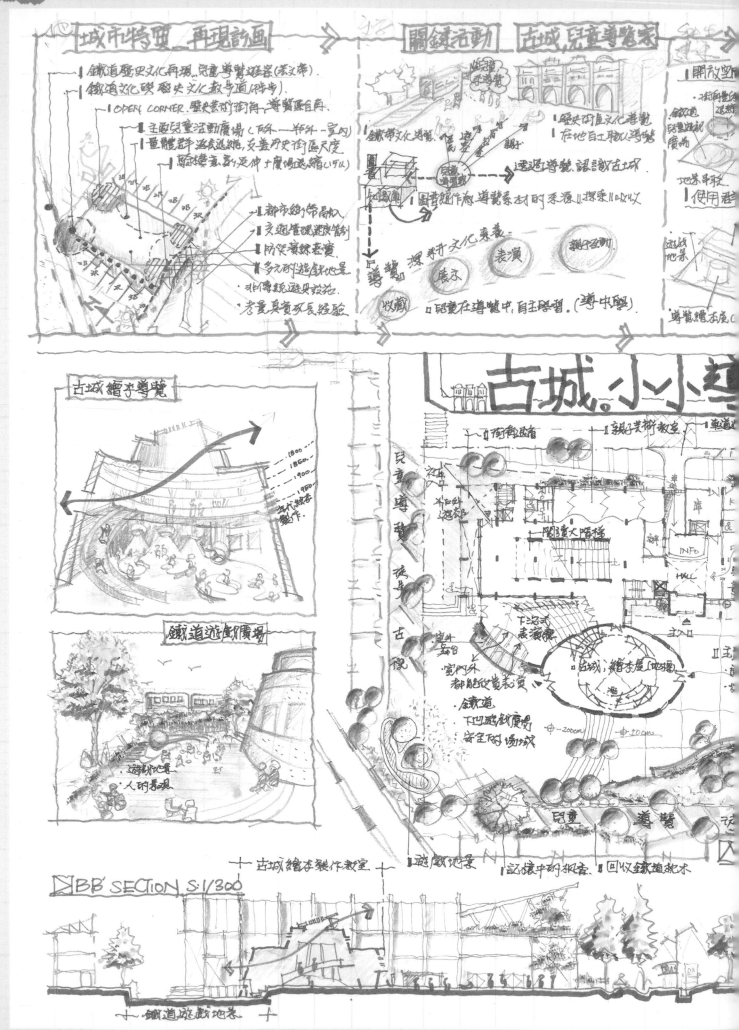

■基地分析：

火車鐵道(吵雜)
基地看煙火景緻.

(住)(住)(住)(住)(住)(住)(住)
(文中)
西南季風

鐵道　東北季風

社區政入口活動場場域 (夠少/放些縮減場域)
基地的安心動路徑 (穿過區巷)
新住區之連結 (住民客串使用)
人流動路徑 (連結商業帶)
商業文藝帶
串連商業活動
帶動經濟活絡
母商業帶之串連
基於台南古城氣候炎熱

陸橋起始美(吵雜)
陸橋下串連 使之義營連貫

■課題目標：
1. 打造一座遊中學.樂中學的閱讀環境.
2. 兒童文化及親子互動可活動空間.
3. 因應氣候環境.及人文需求.考量綠建築
   設計及無障礙設施.
4. 創造特色圖書館可閱讀境軌.

■設計策略：
1. 基地環境臨煙鐵軌及陸橋.面寬退縮.直拉接
   減少噪音影響.採取玻璃隔音.
2. 成人所兒童閱讀型式不同.靜.動分區.
3. 塑造戶外活動環境.沙坑遊戲區.
4. 樹屋閱讀區.訂定使用規則開放使用.
5. 12生肖活動平台.→識記生肖及遊戲.
6. 室內空間使用題色沽淨之設計.
   自由可供閱擺設.
7. 大樹下平台展演.成故事區.
   創造多構讀書角落於戶外.室內.
8. 廊廳.書店可商業之藝區串連.使之延伸拓展.

■配置計畫：

建物退縮減少吵雜
增設樹師帶閱讀環境.點活動廣場
迎接生活廣場

小徑漫故事
E
(大樹下活動
展演 故事平台)

P外廣場
動兒童
靜成人
城

沙坑區
F

12生肖圖樣於平台活動區.

(閱讀空間)

平緩坡遊戲區G

(住宅區)(商)

戶火車通過(吵雜)
兒童P外表演
遊戲

樹屋
沙坑遊戲地
諸設故事表演區

親子志動件
意區

8M道路

入口導樹

美術教室

特別繪本
民本區

社區居民活動
長之藝文志動廣場

(住宅區)

陸橋

(商業區)

陸橋
退縮
圖書館
■建物退縮.避開陸橋車量的吵雜

樹屋下
活動
■樹屋高處看煙火景緻
■樹區定訂使用規則.閱讀書本量多寡使用
培養閱讀之習慣

壹樓全區

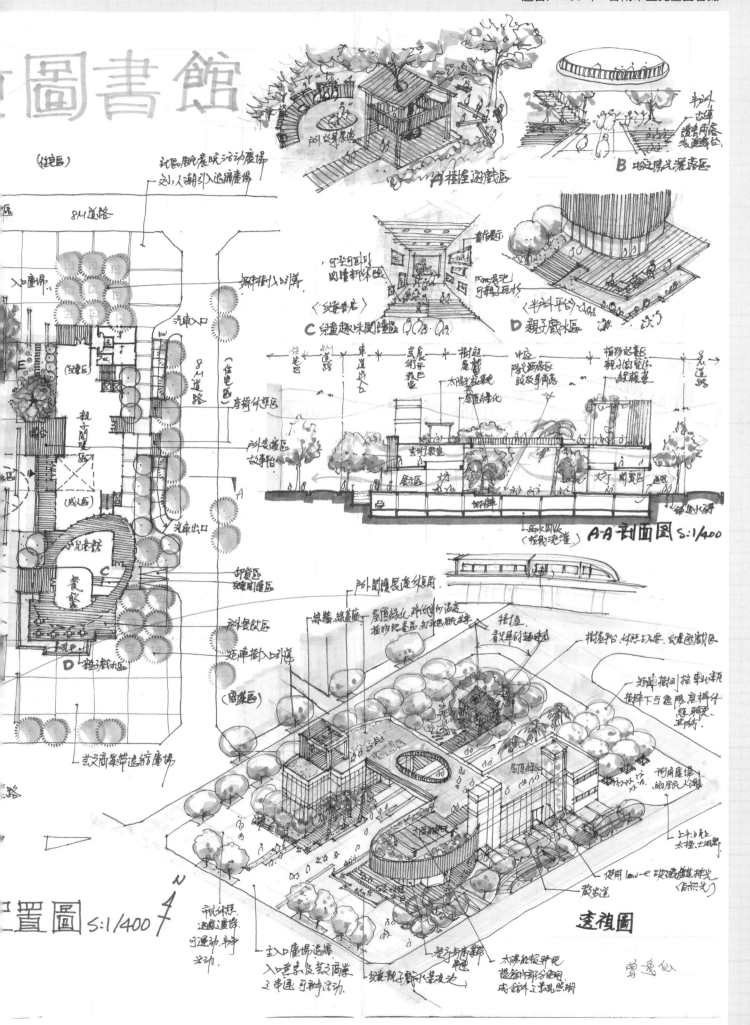

圖書館

（住宅區）

托圈，親廣映活動廣場
引入人潮引進縮廣場

8M道路

入口廣場

〈住宅區〉
8M道路

汽車入口

（建區）

親子閱覽區

（成人區）

兒童館

餐廳

汽車出口

藝之商業帶退縮廣場

綠化改以引導

〈兒童趣味閱讀區〉
C 兒童趣味閱讀區

A 握捏遊戲區

B 地之陽光灌溉區

報告展示

〈半料平台〉
D 親子戲水區

AA 剖面圖 S:1/400

室外閱讀展道休用

遠視圖

曾逸仙

置圖 S:1/400

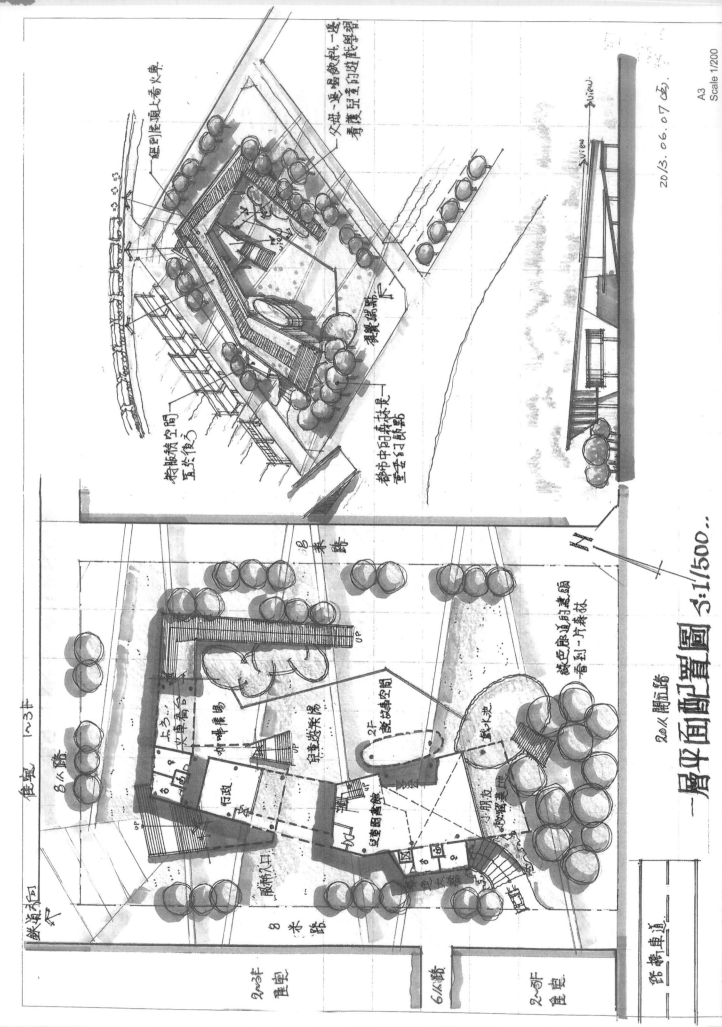

一層平面配置實圖 S:1/500..

7.區內毗鄰區外側土地，除已劃設深度 20 公尺以上之生態綠地，或面臨具隔離功能之海、湖、河等公
　共水域，或山林、公園等永久性公共綠地、空地者外，均應退縮建築 10 公尺以上，以維環境品質。

三、題目內容

　　某民間企業為響應政府促進城鄉均衡發展，改善生活圈環境品質、並提升其企業競爭力，擬在南部某縣
治所在地投資開發乙處工商綜合區，企業主管單位早已在市郊交通方便地點尋得一處佔地約 10 公頃但被台
糖鐵路貫穿之具有高度挑戰性之基地（如附圖），因此雖已委託規劃單位根據政府公告之規範完成土地使用
分區設計（各分區土地大小如附表），但因基地被鐵道分隔不符上述「基地土地形狀應完整連接，連接部分
最小寬度不得少於 30 公尺」之規定，故迄未完成土地地目變更程序；亦即，尚不符建照申請要件。因此擬
公開徵求設計圖樣，以解決上述困境並藉以選擇優良之空間設計案；為達集思廣益的效果，徵圖主辦單位僅
條列基本條件於下，所需空間細節由競圖參予者自行研擬。

1.最大容積率400%，最大建蔽率50%，永久性生態綠地及開放空間不得列入空地比計算。
2.建築基地應留設公共開放空間，作為公共人行專用步道使用，除每隔六公尺種植一棵行道樹外，並整
　體規劃照明設施且不得設置有礙通行設施物。
3.為維護顧客之安全與方便性，道路系統採人車分道，以提供行人安逸的步行設施。
4.配合建築物基本量體，強調水平線條。但須避免過於剛硬單調之牆面。
5.色調以低彩度色彩系統之材質為主，並力求統一，期達到整體之配合和諧，而非個別突出之表現。
6.建築物屋頂附加設施，如各種空調視訊及機械設施等，應自女兒牆或簷口退縮設置，且配合建築物造
　型予以景觀美化處理。
7.建築物廣告招牌之高度不得超過二層之窗台，且其面積不得大於地面層正面總面積之八分之一。
8.購物中心分區內土地及建築物之使用組別如下：
　a.日常用品業：包括飲食成品、日用百貨、糧食、水果等。
　b.零售市場：包括便利商店、超級市場等。
　c.一般零售業：包括化妝美容用品及清潔器材、日用百貨、古玩、藝品、地毯、鮮花、禮品、鐘錶、
　　眼鏡、照相器材、珠寶、首飾、皮件及皮箱、茶葉及茶具、集郵、錢幣、瓷器、陶器、搪器、樂器
　　、手工藝品、玩具等。
　d.餐飲業：包括餐廳、咖啡館、酒店、茶藝館等。
　e.百貨公司業。
　f.日常服務業：包括洗衣、理髮、美容等。
　g.娛樂服務業：包括戲院、劇院、電影院、歌廳、夜總會、俱樂部、兒童樂園、電動玩具店、錄影帶
　　節目帶播映業及視聽歌唱業、舞場等。
　h.健身服務業：包括健身房、韻律房、室內射擊練習場（非屬槍砲彈藥刀械管制條例規定之械彈且不
　　具殺傷力者）、保齡球館、撞球房、溜冰場、游泳池、營業性浴室（含三溫暖）等。
　i.展覽交易設施。

四、要求答案與圖面

　共分兩部分如下：
1. 整合被台糖鐵道分割之兩塊基地（佔30%）。
　a.該鐵道近年使用頻率雖不高，製糖工業前景雖也不看好，惟該鐵道在最近的將來並無拆除計畫，何
　　況有一天說不定會變成文化資產，永久加以保存，作為台糖光榮歷史的見證。
　b.圖面表示法不限制，作者可盡量以最適當的方式表達清楚全部構想。
2.購物中心設計（佔70%）。
　包括可完整表達擬引進業種之配置（1/1000～1/500）、平面（1/200～1/300）、立面（1/200～1/300）
　　、剖面及構想等。

717

(88)學年度 國立成功大學
碩士班招生考試 建築研究所系建築設計 二、 試題 共3頁 第3頁

土地使用分區	面積（公頃）	百分比（%）
工商服務及展覽分區	1.0248	10%
購物中心分區	3.904	39.8%
必要性服務設施（包括污水處理場、垃圾處理場、調節池及停車場等）	1.9906	20.3%
生態綠地 I	1.7392	17.6%
生態綠地 II	1.2	12.3%
共 計	9.8586（公頃）	100%

基地區位圖

N S: 1/3000

高速公路

25 M 寬道路

生態綠地 I

工商服務及展覽分區

25 M 寬道路

購物中心分區

必要性服務設施

生態綠地 II

基地土地使用分區圖

基地環境分析：

空間層級策略：

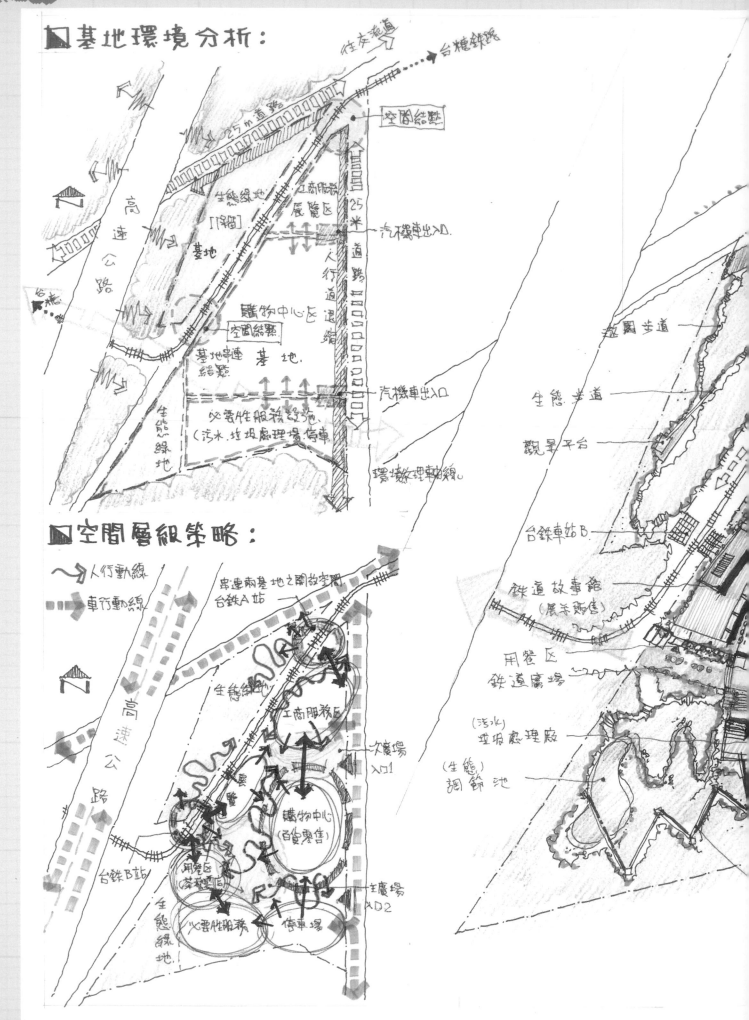

建築師叮嚀：

(1) 思考力用鐵道在基地內的使用性。

(2) 較負面的題目（人為工商開發），以正向友善的回答
（汙水處理之生態步道）。

(3) 在有限的基地形體下，廣場主次的型塑應更為明確。

建築師林星岳

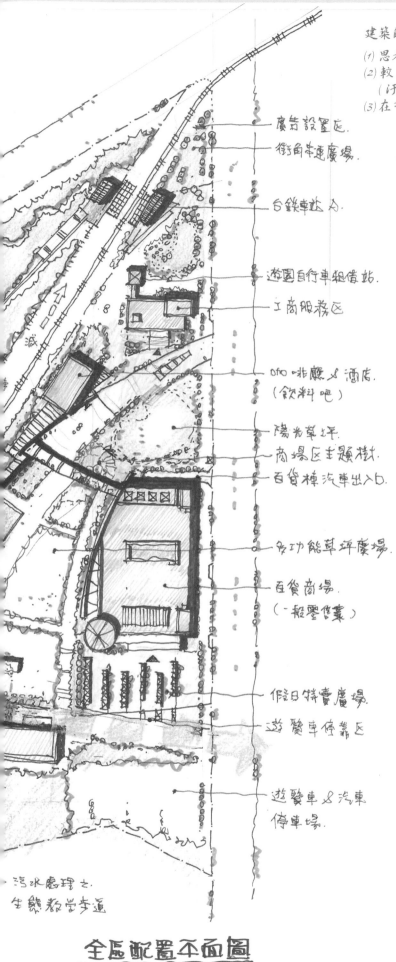

— 廣告設置區.

— 街角串連廣場.

— 台鐵車站 5.

— 遊園自行車租借站.

— 工商服務區

— DFO 咖啡廳 & 酒店.
（飲料吧）

— 陽光草坪.

— 商場區主題樹.

— 百貨棟汽車出入口.

— 多功能草坪廣場.

— 百貨商場.
（一般賣場業）

— 假日特賣廣場.

— 遊覽車停靠區.

— 遊覽車 & 汽車
停車場.

污水處理之.
生態教學步道

全區配置平面圖
S: 1/1500

key:

1. A. B 基地の聯結？
（共同弧形…）

2. 開放空間の圍封.
（主. 次廣場…）
（入口廣場）↓

3. 百貨棟量體退縮.

2019. 3. 31

生態公園

25米道路

生態池

密林防噪音

鐵道廣場

高速公路

鐵馬客棧

10F

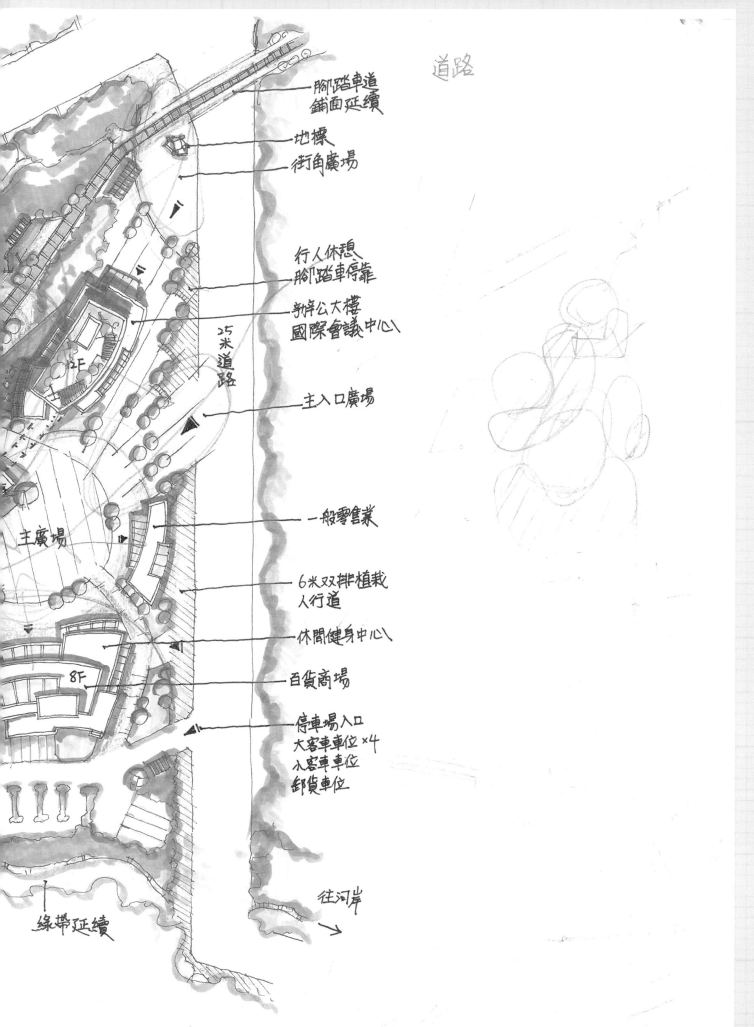

道路

腳踏車道
鋪面延續

地標
街角廣場

行人休憩
腳踏車停靠

辦公大樓
國際會議中心

主入口廣場

一般零售業

6米双排植栽
人行道

休閒健身中心

百貨商場

停車場入口
大客車車位×4
小客車車位
卸貨車位

25米道路

12F

主廣場

8F

綠帶延續

往河岸

作品提供／陳偉志建築師

■ 設計目標與構想

促進城鄉發展：串連鐵道文化與地方生活圈.
促進地方文化營造.展現在地
之城鄉風貌.

改善生活圈品質：生態綠網系統之串連與延續.
社區居民.休閒活動空間之創造
與社區環境改造

提升企業競爭力：整体產業活絡.凝聚地方產業文
化、促進觀光,提升產業創造力.
連結在地文化與相關產業
▷附 鐵道文化園區

■ 基地環境解讀

■ 活動引入 - 開放空間串連計劃

入口地標
(以火車.地別情感連結)

街角入口廣場

迎賓展示廊
(引導人群)

展示中心
•鐵道文化展示 即地方特色
•糖業文化展示

休憩平台
(街頭表演)

原生种櫻花樹

入口廣場

展覽廣場

鐵道文化廣場
(大型文藝活動
都市防災)

美食
3F

櫻花
舞台

美食
廣場

購物中心
10F

娛樂
8F

停車入口

服務設施

工作
準備區

密林區間

生態綠網連繫)

展示廊.引導人群

文化歸屬感創造

文化休閒帶 ｜ 都市 展覽帶 ｜ 入口(產業精神) ｜ 25m道

47

淡江大學九十一學年度碩士班招生考試試題

系別：建築學系　　　　　　科目：建築設計　　　　69-1

准帶項目請打「○」否則打「×」	
計算機	字典

本試題共 1/4 頁

本試題雙面印製

本科目為建築系碩士班各組考生必考，每位考生只需選答一題！

第一題： 圖書館、資訊文化

「圖書館」是一座大學校園中的重要空間，往往佔據核心的位置。許多學校以軸線配置所呈現的視覺焦點來強化，主要在於其作為「知識殿堂」的象徵作用。

但在資訊時代，「非書」資料（光碟、錄影帶、www、、）增加，而接近知識的方式更是產生巨大的改變，圖書館不再是接近龐大知識的唯一方式，藉由網路的連結可以取得更多的知識。接近知識的方式改變，個人與集體的生活世界也產生持續的改變，例如個人主義的深化，學生的校園生活路徑不同以往；又如淡江排課策略，密集使用教室，已經打破中午吃飯睡午覺的習慣；進一步深化24小時校園生活。

回應資訊時代的象徵作用，其所相對應的建築形態與建築計畫書如何寫作？

提示：

（一） 有關圖書館建築需要如何重新思考（可以從不同層次回答，建築師或是經營者或是學生的角度；在校園空間中所扮演的角色；人與書/資訊的關係；建築形態、、）？請試著以圖繪與文字並行的方式，說明之！

（二） 有哪些空間形式會與目前習慣的圖書館使用經驗不同。所謂「空間形式」是指人類行為與環境互動的結果，在新的生活計畫與路徑的架構下，呈現在空間情境上，請試著以圖繪與文字並行的方式描繪新的校園圖書館空間，說明之！

要求

此一題目關注於一種新的建築形態的探索，請積極地考慮提案策略與「表現性」

此一題目不提供真實基地，也就是說此一題目關注於建築形態的討論；如果妳/你真的需要一塊真實基地，請適度地自行說明之！

◀ 注意背面有試題 ▶

淡江大學九十一學年度碩士班招生考試試題

49-2

別：建築學系　　　　　科目：建　築　設　計

准帶項目請打「○」否則打「×」	
計算機	字典

本試題共

第二題：都市社區生態防災館規劃設計

一、規劃宗旨與目標

　　近幾年，社區永續發展的概念與生態環境保護的議題興起，提供社區民眾追求健康與清淨的空間，以及維護自然和人文生態環境，確保社區永續發展的主張；而永續主張則要落實與建構空間的品質，除了具備舒適、方便的特質，提供社區一個平時可以研討、演練生態與防災課程的研習空間，災害發生時又可成為救災指揮與應變場所，將是必要的條件，也是今後朝向永續發展的重要方向。而本計劃所提 '社區生態防災館' 的規劃，建造將不只是社區實踐永續願景的原動力，也是都市整體發展的實驗指標，因此本方案不只是硬體的建造，如何透過社區學習的過程強化社區民眾具備認知與實作的能力，也是重要的課題。

(一.)平日永續社區的學習坊

藉由生態屋之營造與示範，落實環境保護與空間綠化，將生態與防災融入於社區日常生活中：

(1). 綠建築構造/空間型態的展示：促進綠建築的認知及普及。

(2). 社區生態/綠化環境議題的學習場所，提供相關的課程與教室。

(3). 社區資源回收再利用的場所：資源回收、廚餘化肥、落葉堆肥的實踐。

(4). 社區學習研討空間的創造：社區講座、媽媽教室、以及創意工作坊。

(5). 社區安全防災學習的推動：社區防救災工作坊，防救災組織的建立與演練、
　　緊急物資、設備的儲藏管理。

(二.)災時社區應變救災的據點

整合周邊公共設施與開放空間，提供災害緊急應變場所與功能：

(1). 提供災時緊急指揮、應變、調度的空間。

(2). 民眾緊急集合避難以及收容災民的空間，提供基本的物資（糧食、水、電）。

(3). 做為社區災時救濟物資集結與發放的場所。

(4). 提供防災與救災的相關資訊，告示功能。

淡江大學九十一學年度碩士班招生考試試題

49-3

系別：建築學系　　　　　科目：建 築 設 計

准帶項目請打「○」否則打「×」	
計算機	字典

本試題共 3/4 頁

二、空間與功能的想像（尚待設計者的確認）

(1).空間功能	活動與事務經營內容	備註
社區營造中心	組織、營造、社區活動	
防災據點(平時/災時)	社區防災+社區巡守隊(社區防災小組)	
環保教室/資源再利用教室		
生態教室	社區生態	
綠化教室	綠化環境/管理：公園 (公)、巷道(共)、陽台等(私)	
有機教室/網路社區	社區網路/軟體資訊建構	
資源再利用中心	廚餘回收/資源回收	

(2).後續經營/工作項目
資源回收
廚餘再利用
共同購買
雙溪生態復育
綠化環境/管理

三、設置基地所在

（一）環境概述（如圖面）

（二）用地取得與法規條件

都市計劃用地	公園用地
用地面積	約 1300 平方公尺
適用法令	公園多目標使用
允建面積	建蔽率 15% ，容積率 60% （不以將容積用完為唯一目標）

四、圖面要求

（一）在以上所提供的資訊下，重新確認自己的 建築計畫書 （基本的條件需要確實遵守，如法規等等）。

（二）設計提案：配置、各樓層平面圖、剖面圖、立面圖（以上為必要圖面）、構造示意圖、、。

（三）有助於空間品質溝通的圖面，如透視圖。

（四）整體圖面的表現性。

（以上二題，均完成於 2 張 A1 圖面中，草圖歡迎交回以最為參考，祝好運！）

◀注意背面尚有試題▶

淡江大學九十一學年度碩士班招生考試試題

系別：建築學系　　　　　　　　　科目：建 築 設 計

准帶項目請打「○」否則打「x」	
計算機	字典

本試題共 4 頁

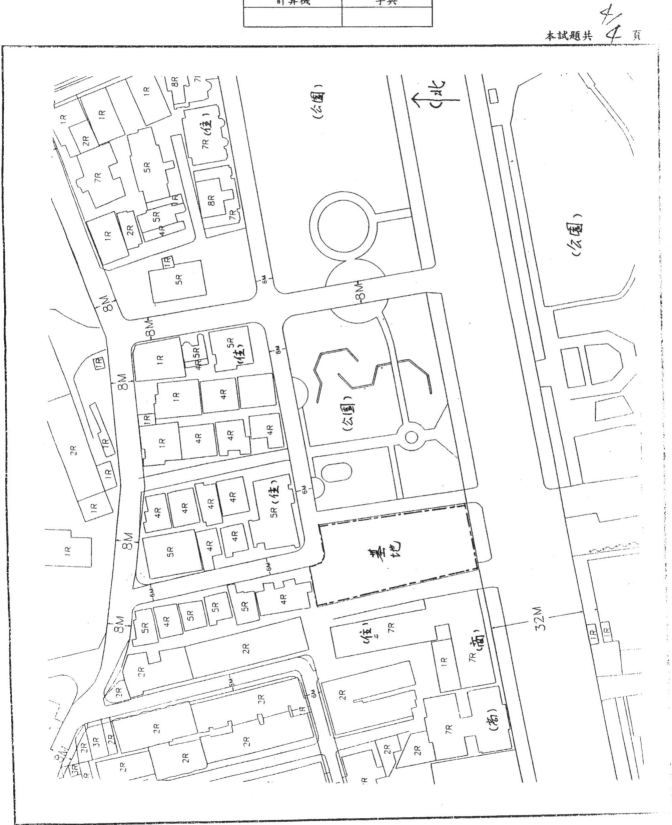

社區綠廚房

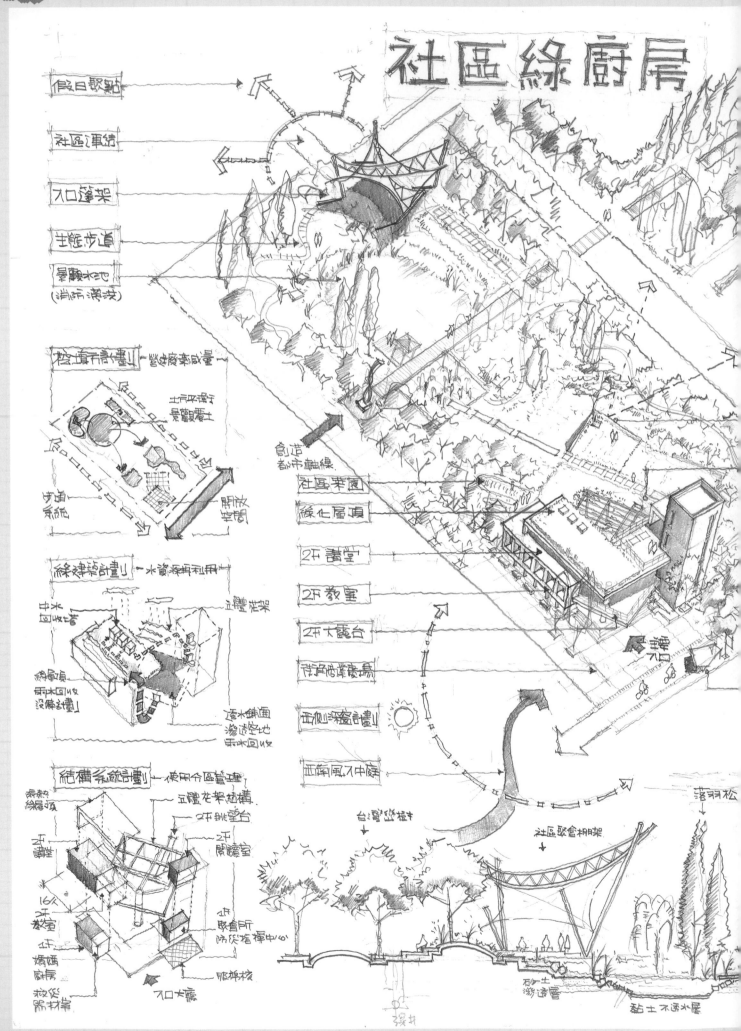

假日聚點

社區連結

入口蓬架

生態步道

景觀水池
(消防滲洗)

掩埋計畫 → 營建廢棄減量
　　　　　　土方平整　景觀養土

步道系統　　　　　　　開放空間

綠建築計畫 → 水資源再利用
　　　　　　　　　　　立體花架
木料回收
中水　　　　　　　綠屋頂
　　　　　　　　　雨水回收
　　　　　　　　　設備計畫
透水鋪面
滲透空地
雨水回收

結構系統計畫 → 使用分區管理
　　　　　　　　立體花架結構
　　　　　　　　2F挑空台
病熱　　　　　　2F閱讀室
綠屋頂
2F閱覽室
16人
平　　　　　　　1F
教室　　　　　　聚會所
　　　　　　　　防災指揮中心
1F
媽媽
廚房　　　　　　服務核
救災
器材　　　　　入口大廳

創造
都市軸線

社區菜園
綠化屋頂
2F講堂
2F教室
2F露台
社區商業廣場
西側日照計畫
西南風入中庭

台灣原生樹　　社區聚會棚架　落羽松

砂土滲透層　黏土不透水層

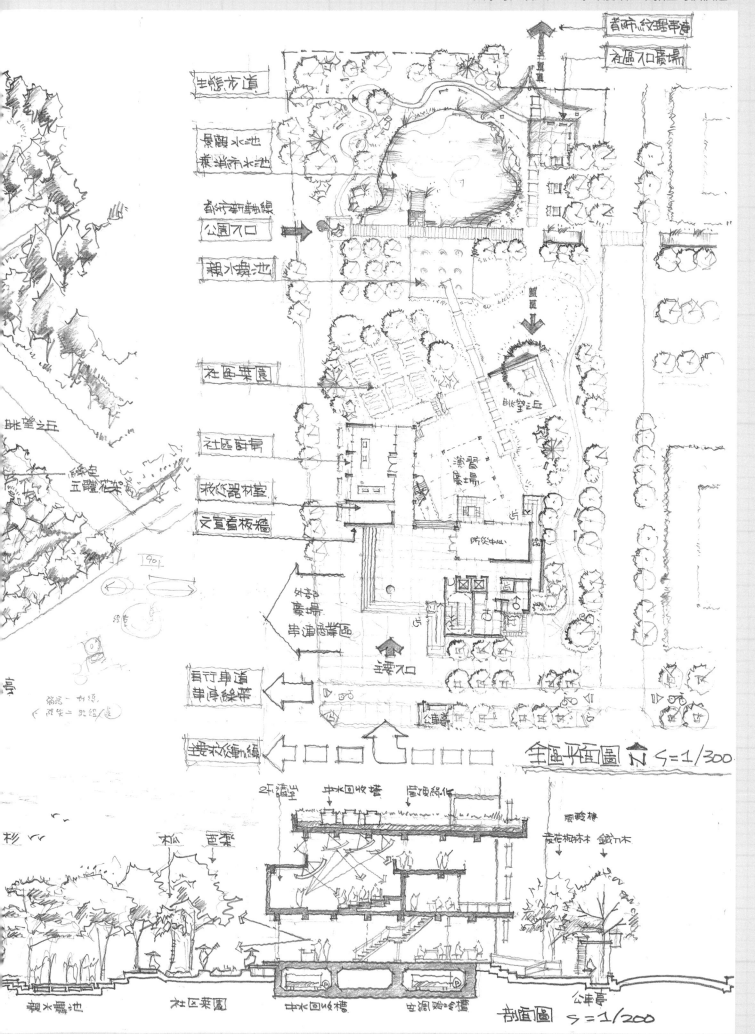

作品提供／黃俊毅建築師

106年特種考試地方政府公務人員考試試題　　代號：33080　　全一張（正面）

等　　別：三等考試
類　　科：建築工程
科　　目：建築設計
考試時間：6小時　　　　　　　　　　座號：＿＿＿＿＿＿＿＿＿＿

※注意：㈠可以使用電子計算器。
　　　　㈡不必抄題，作答時請將試題題號及答案依照順序寫在試卷上，於本試題上作答者，不予計分。
　　　　㈢本科目得以本國文字或英文作答。

一、題目：特色書店設計

二、設計概述：
　　書店是臺灣建築的新地景—臺灣大街小巷的特色書店，記錄著它們存在的特殊氣息和面對知識的生命力；某書店店長曾將開書店的這些人稱為「勇敢的時代釘子」，是在面對數位時代衝擊下「紙本已死」的捍衛和倔強行為。特色書店是一種非連鎖、獨立經營的中小規模書店，它是「實體」的書店，除了賣書之外也會經營藝文活動、讀書會、座談會、展演、文化等另類活動，它不只是賣書，更強調人與書之間的關係及文化的再造。本案為某大學教授退休後規劃經營的特色書店，希望打造一個幸福的鄰里角落，「自家轉角的街口有一個美麗的書店」，臺灣人希冀的夢想。

三、基地概述：（詳基地圖）
　　基地位於都市某都市計畫區內，西臨 12 公尺道路，北臨 16 公尺道路。其法定建蔽率 50%，容積率 170%，依都市計畫規定，臨道路須留設 4 公尺人行道，建築物最高高度比 1.5。

四、設計原則：
　　1.空間的配置及關係須合理，各空間面積可以在±10%以內調整。
　　2.設計建築需符合綠建築的精神。
　　3.建築造型需有創新性，符合「特色」性格及「文化」特質。

五、空間需求：
　　1.陳列及展售區：實體書、雜誌、有聲出版品等需求空間 450 m²。
　　2.多功能空間：可經營藝文活動、讀書會、座談會、展演、文化等活動之彈性空間 150 m²。
　　3.咖啡輕食區：需有咖啡吧檯料理區及休憩區 150 m²。
　　4.小型辦公室一間：主管及 2 名員工 40 m²。
　　5.附屬空間：廁所、機房、停車及其他法定空間自訂。
　　6.戶外庭園、彈性活動及休憩空間。

六、圖說要求：
　　㈠設計說明：設計構想與分析。（15 分）
　　㈡配置圖：含地面層平面圖。（40 分）
　　㈢各樓層平面圖。（20 分）
　　㈣主要立面圖至少二面，得以透視圖替代。（15 分）
　　㈤主要剖面圖至少一向。（10 分）

（請接背面）

106年特種考試地方政府公務人員考試試題　　代號：33080　　全一張（背面）

等　　別：三等考試
類　　科：建築工程
科　　目：建築設計

七、基地示意圖：

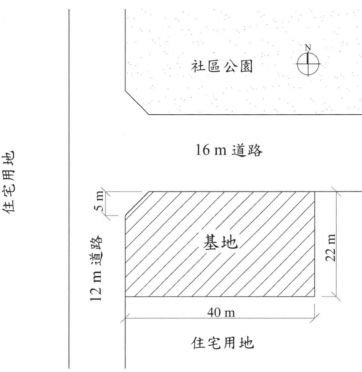

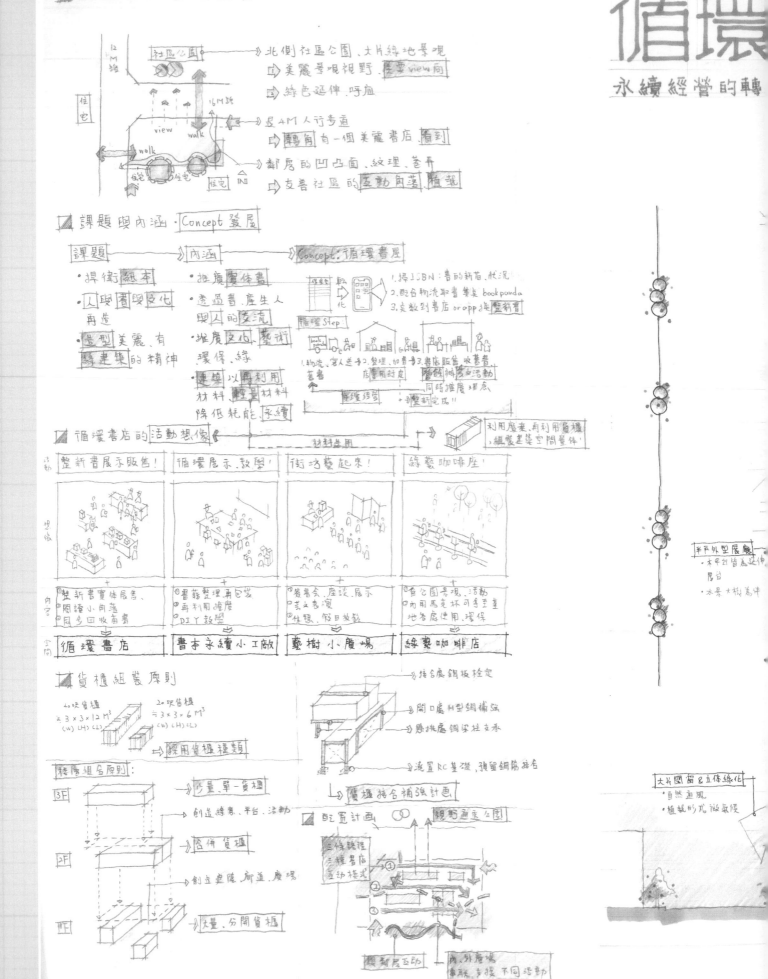

貨櫃書屋

書店 & 藝文中心

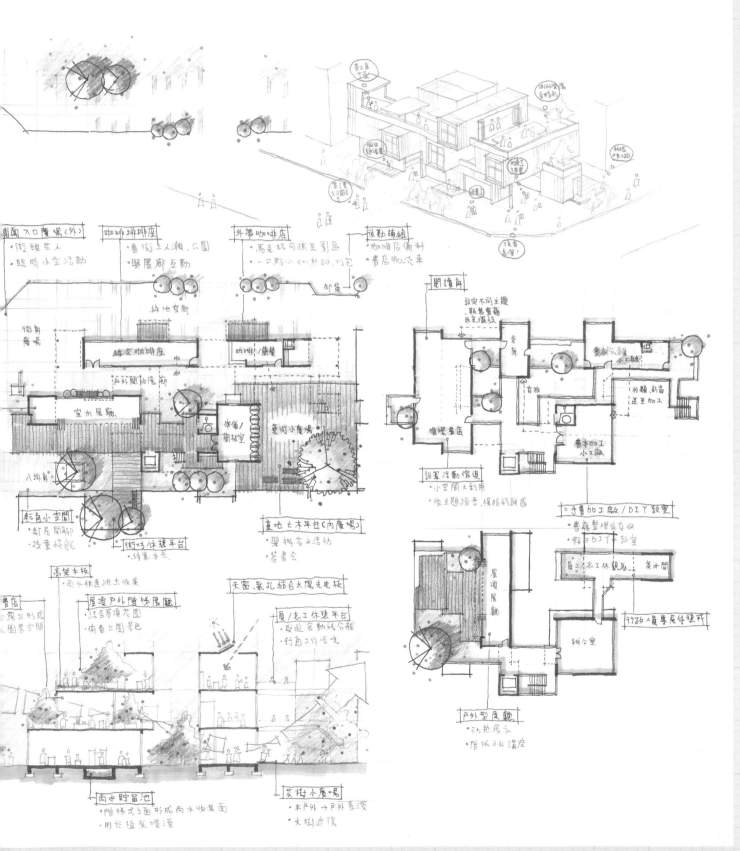

102年特種考試地方政府公務人員考試試題　　　　代號：33480　全一張（正面）

等　　別：三等考試
類　　科：建築工程
科　　目：建築設計
考試時間：6 小時　　　　　　　　　　　　　　　　座號：＿＿＿＿＿＿＿

※注意：㈠禁止使用電子計算器。
　　　　㈡不必抄題，作答時請將試題題號及答案依照順序寫在試卷上，於本試題上作答者，不予計分。

一、設計題目：庇護商店

二、設計概述：

　　　某社會福利機構為了提供身心障礙者庇護性就業機會，擬於市區設置一家庇護性商店（以下稱庇護商店），販售其庇護工廠所生產的烘培食品及有機生鮮蔬果，並經營咖啡座（基地如附圖）。依據行政院勞工委員會臺灣地區身心障礙者勞動狀況調查「身心障礙者的就業困難與障礙分析」結果顯示，身心障礙者最需要的協助項目是創造工作機會、改善就業環境和減少就業限制。

　　　庇護商店除了是與真實環境相似的實體店面外，亦是促進學習效果的訓練場所，也可作為發展職業適性及職業性向的地方。每位身心障礙者進入庇護商店工作的共同目標就是學會技能，期待將來能為家庭及社會貢獻一己之力。

三、基地概述：

　　　基地位於某鄉鎮市區，基地兩面臨路，主要道路面寬 15 m，次要道路面寬 6 m，屬都市計畫商業區，法定建蔽率為80%，法定容積率為240%，依都市設計規定面臨15 m 道路須退縮 5 m 建築。

四、設計需求：

　　㈠建築物規劃為兩層建築物，並設置客貨兩用電梯。
　　㈡除法定停車位外，另設置無障礙汽車停車位一個，無障礙機車停車位二個供員工使用。
　　㈢須提供身心障礙者安全工作與學習環境。
　　㈣整棟建築物設計須符合建築技術規則「無障礙建築物」規定。
　　㈤於庇護商店工作者可依其失能狀態分別於販售區、簡單加工區以及分裝區工作。

五、空間需求：

　　㈠前廳
　　㈡販售區（含咖啡吧台、座椅）200 m²
　　㈢店長辦公室 25 m²
　　㈣員工廚房 20 m²
　　㈤作業區（含分裝區、簡單加工區，可分開設置）100 m²
　　㈥倉儲區 30 m²
　　㈦教室兼會議室 100 m²
　　㈧輔導員辦公室 25 m²
　　㈨員工休息室 25 m²
　　㈩附屬空間：茶水間、廁所、浴室、停車場

（請接背面）

102年特種考試地方政府公務人員考試試題　　代號：33480 全一張（背面）

　等　　別：三等考試
　類　　科：建築工程
　科　　目：建築設計

六、圖說要求：
　㈠設計說明：設計構想與分析（15 分）
　㈡配置圖：含地面層平面圖（40 分）
　㈢各層樓平面圖（25 分）
　㈣主要立面圖至少二面：本項立面圖得以透視圖替代（10 分）
　㈤主要剖面圖（10 分）

七、基地圖：

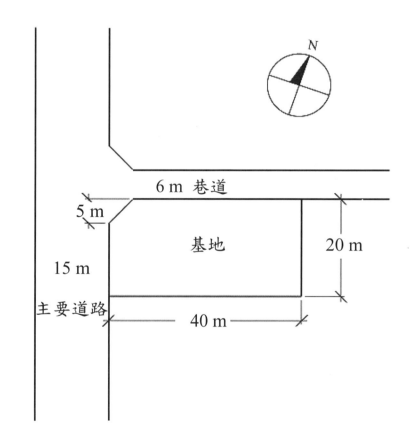

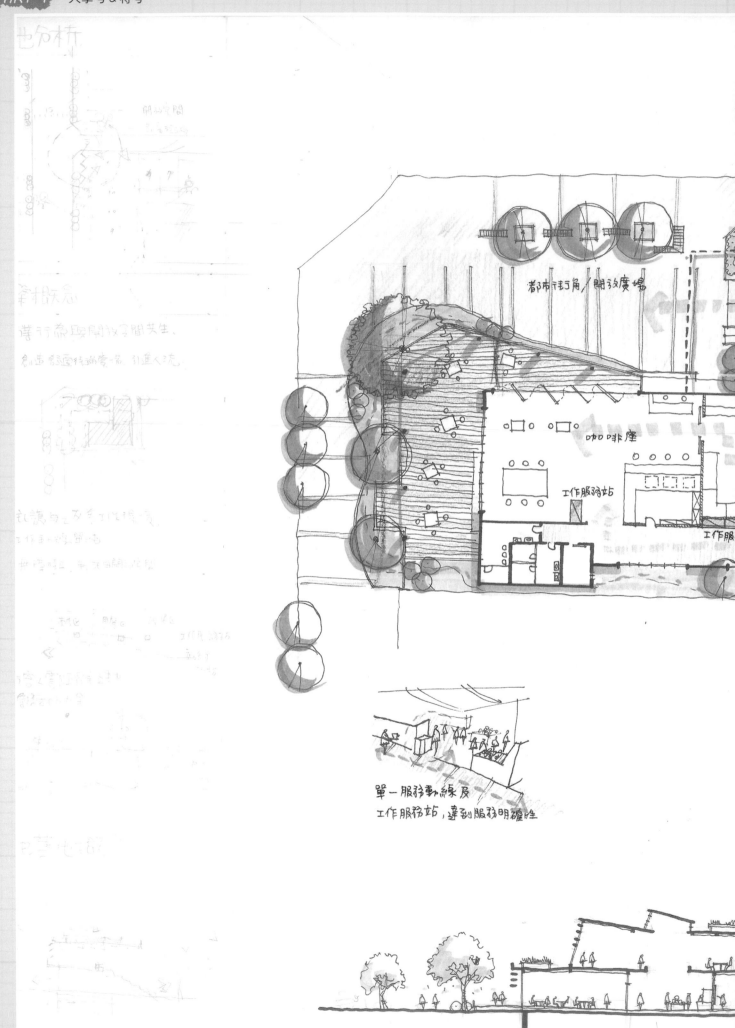

都市街角／開放廣場

咖啡座

工作服務站

工作服務

單一服務動線及
工作服務站，達到服務明確性

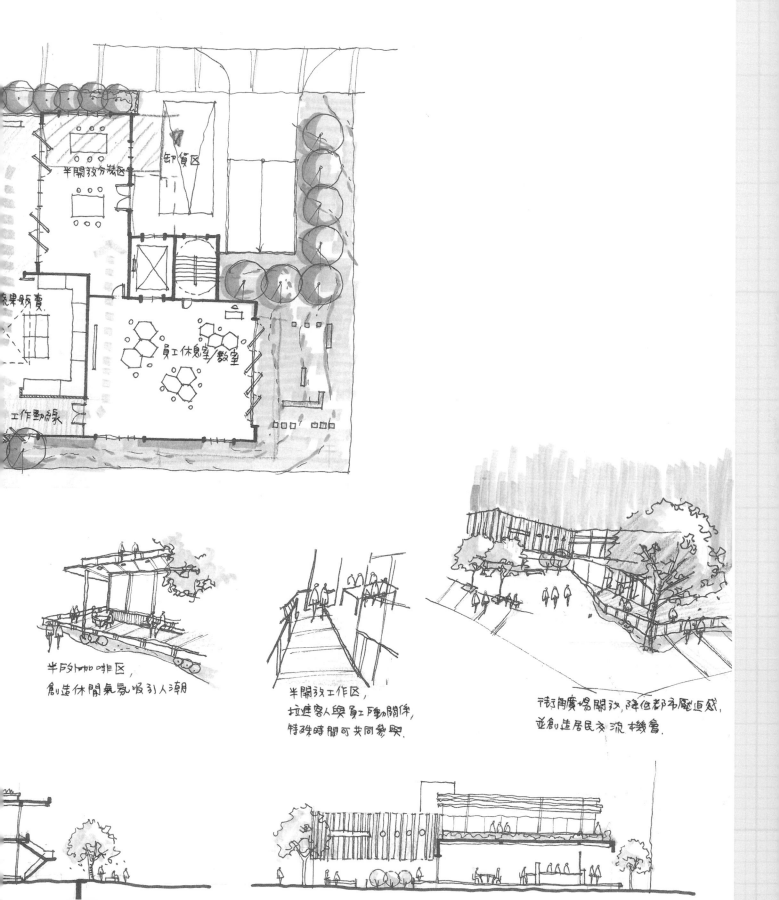

卸貨区

半開放分裝区

蔬果販賣

員工休息室/教室

工作動線

半戶外咖啡区,
創造休閒氣氛吸引人潮

半開放工作区,
拉進客人與員工間的關係,
特殊時間可共同參與.

街角廣場開放,降低都市壓迫感,
並創造居民交流機會.

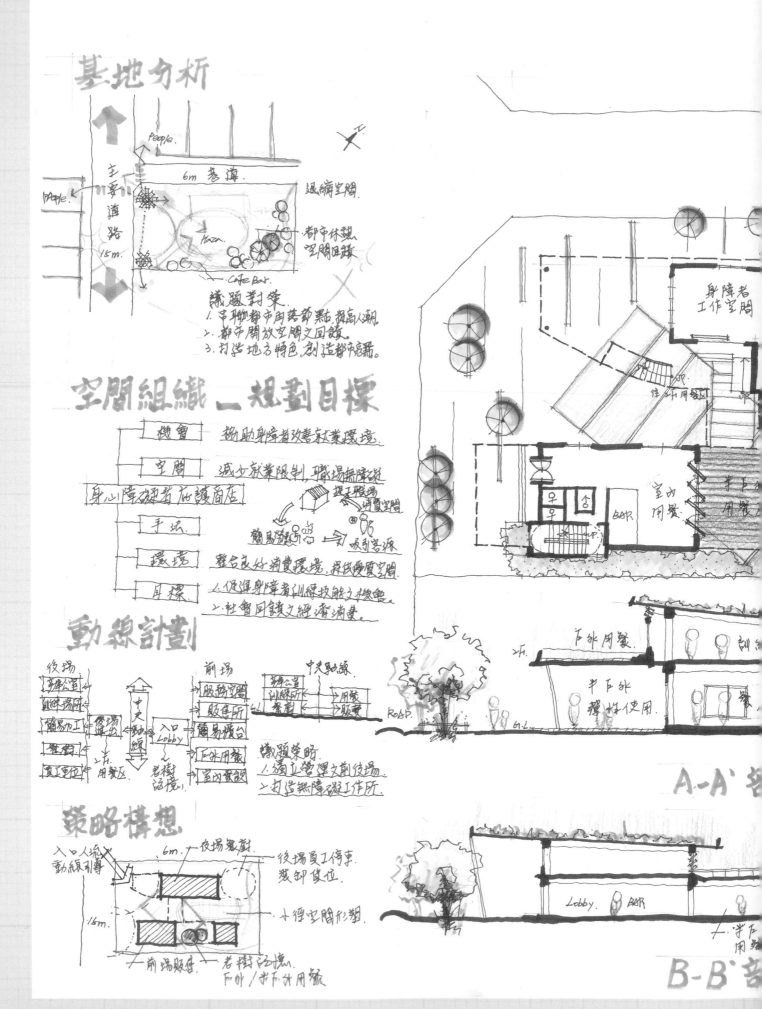

基地分析

6m 步道
主要道路
People
People
退縮空間
都市休閒空間回饋
15m
Plaza
Cafe Bar

議題對策
1. 串聯都市街廓節點，拉高人潮。
2. 都市開放空間之回饋。
3. 打造地方特色，創造都市亮點。

空間組織 一 規劃目標

機會	協助身障者改善就業環境。
空間	減少就業限制，職場無障礙。
手法	
環境	整合良好消費環境，提供優質空間。
目標	1. 促進身障者訓練技能之機會。 2. 社會回饋之經濟消費。

身心障礙者庇護商店

提升職場消費空間
簡易遊憩場 → 吸引客源

動線計劃

後場
辦公室
訓練場所
簡易加工
整備
員工車位

前場
服務空間
販售所
簡易櫃台
下水用餐
室內餐飲

中央動線
辦公室
訓練場所
餐飲
用餐
販售

入口 Lobby
老樹環境

議題策略
1. 獨立管理之前後場。
2. 打造無障礙工作所。

策略構想

入口人流動線引導
6m
後場景觀
16m
前場販售
老樹環境
下水/半下水用餐

後場員工停車、裝卸貨位
小徑空間形塑

身障者工作空間
住宿用餐區
室內用餐
半下水用餐
BAR

下水用餐
半下水
彈性使用
訓練
Food.
G.L.
A-A'

Lobby. BAR
半下水用餐
B-B'

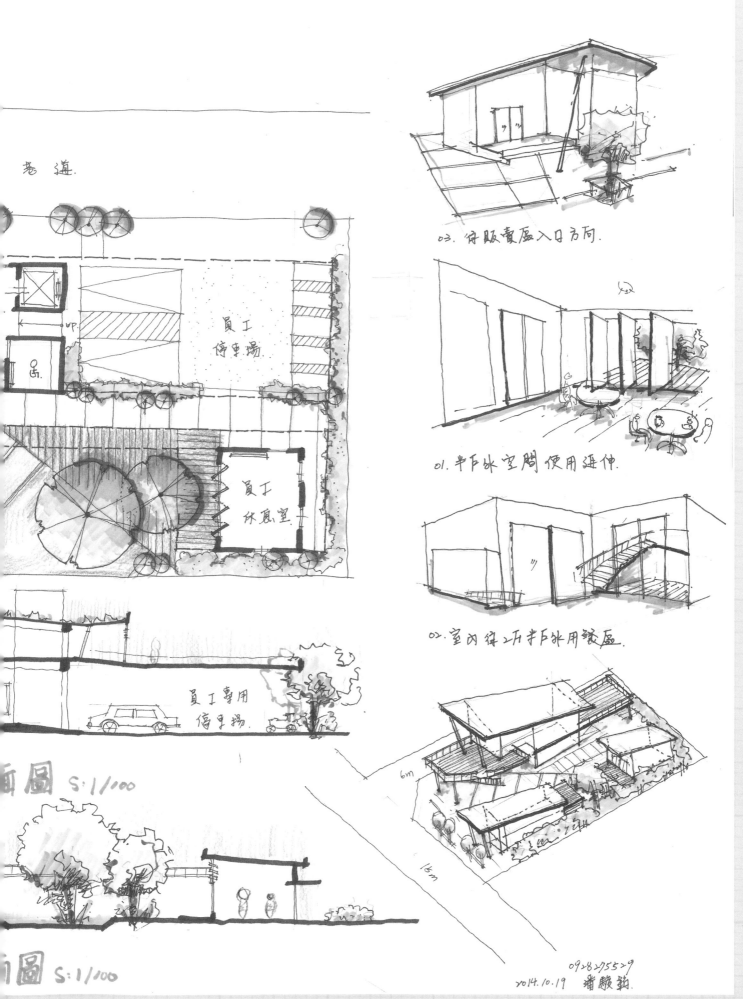

老 進.

員工
停車場.

員工
休息室

員工專用
停車場.

面圖 S:1/100

面圖 S:1/100

03. 待販賣區入口方向.

01. 半戶外空間 使用延伸.

02. 室內待二层半戶外用段區.

6m

18m

0928275529
2014.10.19 潘駿銘.

101年特種考試地方政府公務人員考試試題　　代號：33680　　全一張（正面）

等　　別：三等考試
類　　科：建築工程
科　　目：建築設計
考試時間：6小時　　　　　　　　　　　座號：＿＿＿＿＿＿＿＿

※注意：㈠可以使用電子計算器。
　　　　㈡不必抄題，作答時請將試題題號及答案依照順序寫在試卷上，於本試題上作答者，不予計分。

一、題目：設計產學合作中心

二、設計概述：

　　　近年來，我國學生屢屢在國際設計大賽中得獎，創下許多佳績，但設計作品得獎後，卻未必能成功商品化，多數得獎作品就此消失，無疾而終，十分可惜。某大學設計學院（包含產品設計、傳達設計、數位媒體設計及空間設計等系所），有鑑於此，擬於市區某處興建一棟「設計產學合作中心」，藉此提供多樣設計資訊及學術交流；落實設計專業技能之培養及學以致用的機會；展示學生設計創作作品；有效整合校外資源；強化設計科系的形象以及凝聚學生及校友的向心力。期能達到加強與產業合作，建立協同成長關係，使學生設計理論與實務能有效整合，增進設計作品產品化的機會。

三、基地概述：（詳基地圖）
　　㈠基地位置：基地位於某市都市計畫區內，東臨25公尺主要道路，南面及西面臨6公尺巷道，北臨15公尺道路。
　　㈡土地使用：建蔽率50%，容積率150%。
　　㈢氣溫：最熱月平均溫度：35.7℃；最冷月平均溫度：7.9℃。
　　㈣主導風向：夏季南風，冬季北風。
　　㈤地質土質概述：GL±0至-3.50m為一般土層；-3.50至-11.61m為卵礫石層。

四、設計要求：
　　㈠設計符合智慧綠建築及無障礙設施設計規範
　　㈡建築造型具創新性
　　㈢空間的配置及關係須合理
　　㈣各空間面積可以在±10%以內調整
　　㈤剖面圖中柱、梁、版須標示清楚

（請接背面）

101年特種考試地方政府公務人員考試試題　　　代號：33680　　全一張（背面）

等　　別：三等考試
類　　科：建築工程
科　　目：建築設計

五、空間要求：
　　㈠大廳兼展示區（150m^2）
　　㈡實習商店（100m^2）
　　㈢辦公室（包括主任1人、職工4人、會客室1間、會議室1間）（150m^2）
　　㈣視聽室（150m^2）
　　㈤教師研究室8間（每間25m^2）
　　㈥進駐設計工坊4間（每間50m^2）
　　㈦資料圖書室（100m^2）
　　㈧討論室2間（每間40m^2）
　　㈨工廠（100m^2）
　　㈩地下停車場、機房、儲藏室、梯間、走廊、廁所、及其他公共空間，面積依法規
　　　自訂之。

六、圖說要求：
　　㈠圖面：
　　　1.總配置圖（包括景觀設計）：比例 1/400（30 分）
　　　2.各層平面圖：比例 1/200（20 分）
　　　3.主要立面圖一處：比例 1/200（10 分）
　　　4.主要剖面圖一處：比例 1/200（10 分）
　　㈡法規檢討：
　　　包括建蔽率、容積率、逃生步行距離、防火區劃、無障礙空間、停車位等。（30 分）

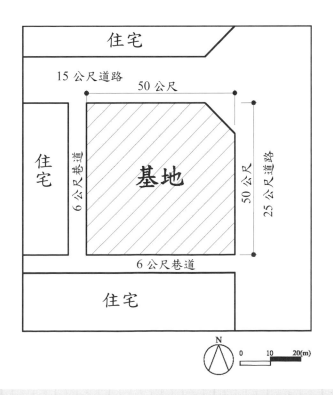

園創 設計產學合作中心

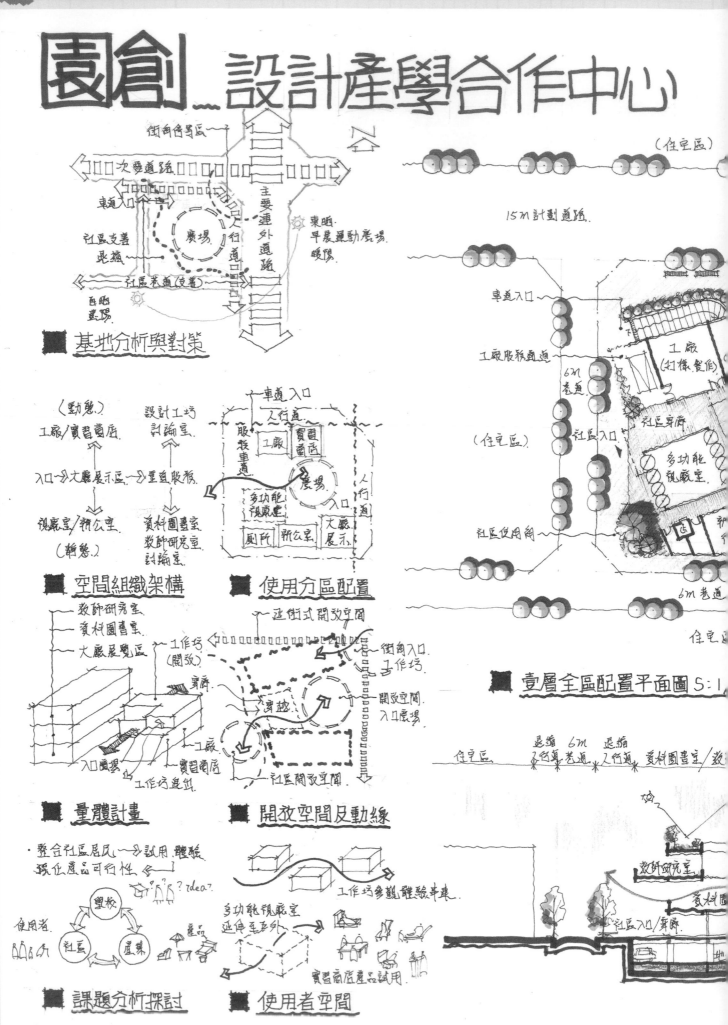

■ 基地分析與對策

■ 空間組織架構　　■ 使用分區配置

■ 壹層全區配置平面圖 S:1

■ 量體計畫　　■ 開放空間及動線

■ 課題分析探討　　■ 使用者空間

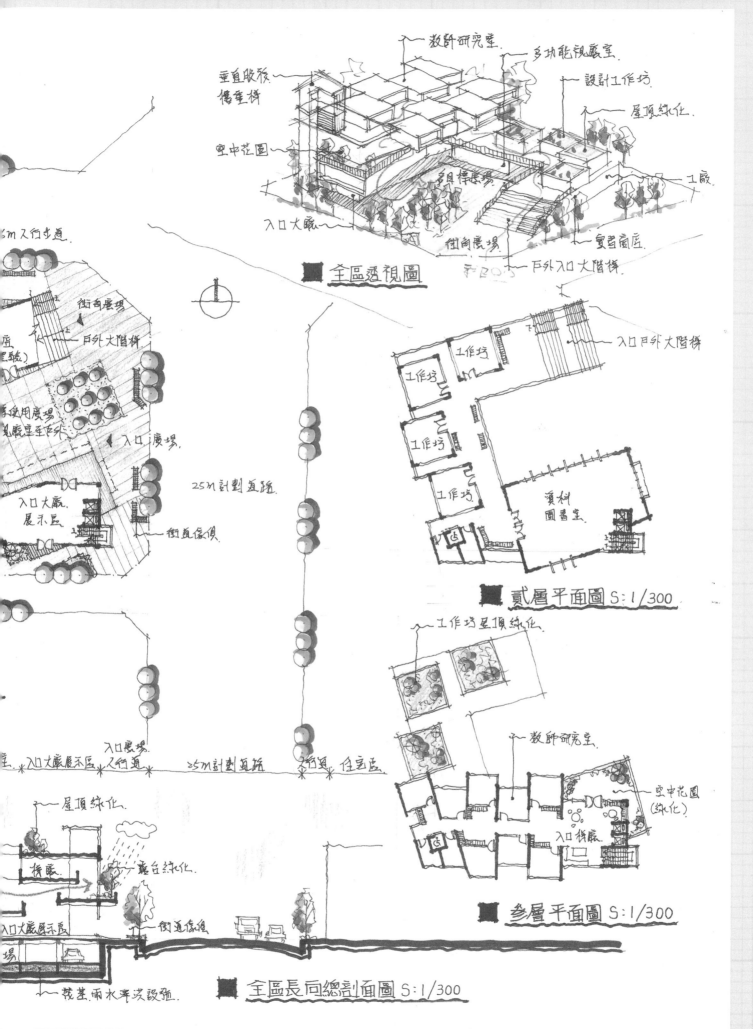

教師研究室

多功能視聽室

設計工作坊

垂直服務
傳垂梯

屋頂綠化

空中花園

工廠

入口大廳

停車場

街角廣場

實習商店

戶外入口大階梯

■ 全區透視圖

5m人行步道

街角廣場
戶外大階梯

入口廣場

25m計劃道路

入口大廳
展示區

街道傢俱

入口大廳展示區

入口廣場
人行道

25m計劃道路

住宅區

屋頂綠化

展廳

露台綠化

入口大廳展示區
場

街道傢俱

基地雨水撲浸設施

■ 全區長向總剖面圖 S:1/300

工作坊

工作坊

工作坊

工作坊

入口戶外大階梯

資料
圖書室

■ 貳層平面圖 S:1/300

工作坊屋頂綠化

教師研究室

空中花園
(綠化)

入口樓廳

■ 參層平面圖 S:1/300

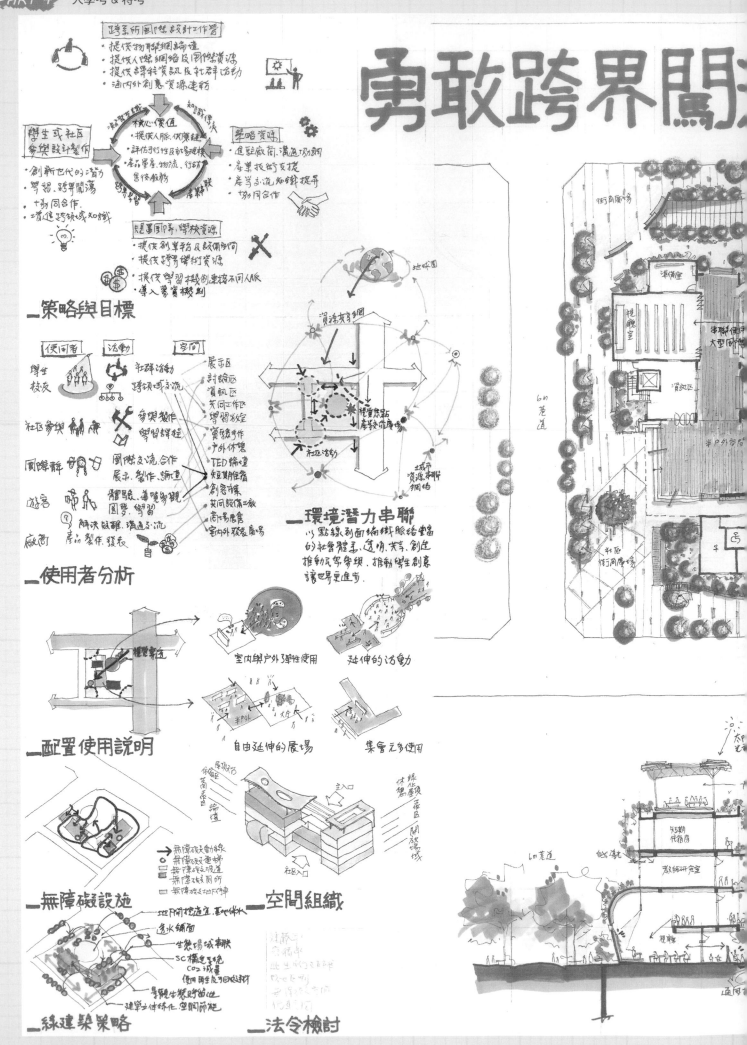

勇敢跨界闖

_策略與目標

_使用者分析

_配置使用說明

_無障礙設施

_綠建築策略

_空間組織

_法令檢討

_環境潛力串聯

作品提供／施秀娥建築師

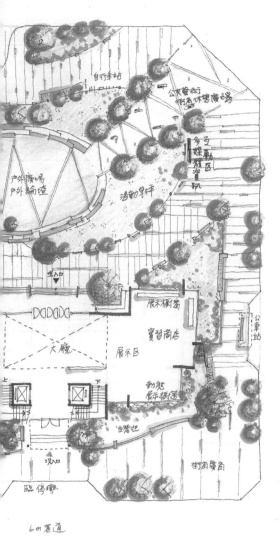

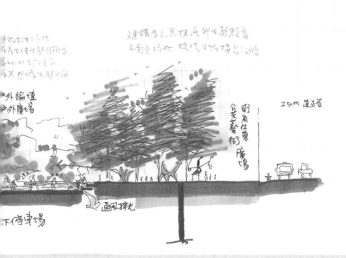

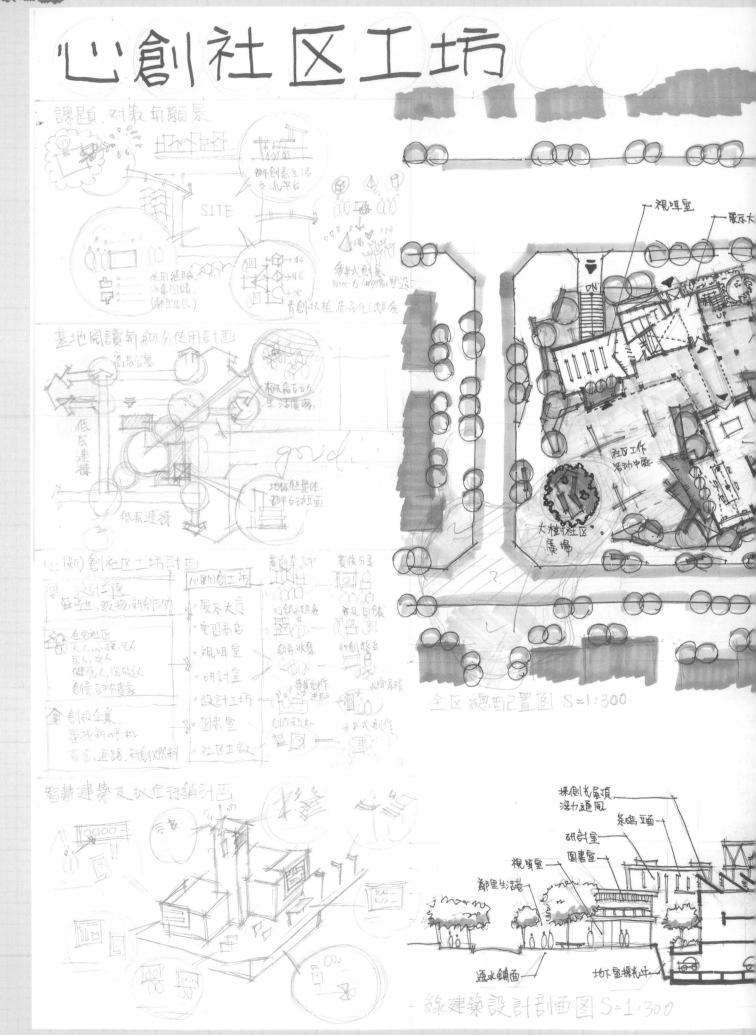

心創社区工坊

課題、对象与願景

基地閱讀氛圍分析使用計画

心(新)創社区工坊計画

智慧建築及就位行銷計画

全区總配置图 S=1:300

綠建築設計剖面图 S=1:300

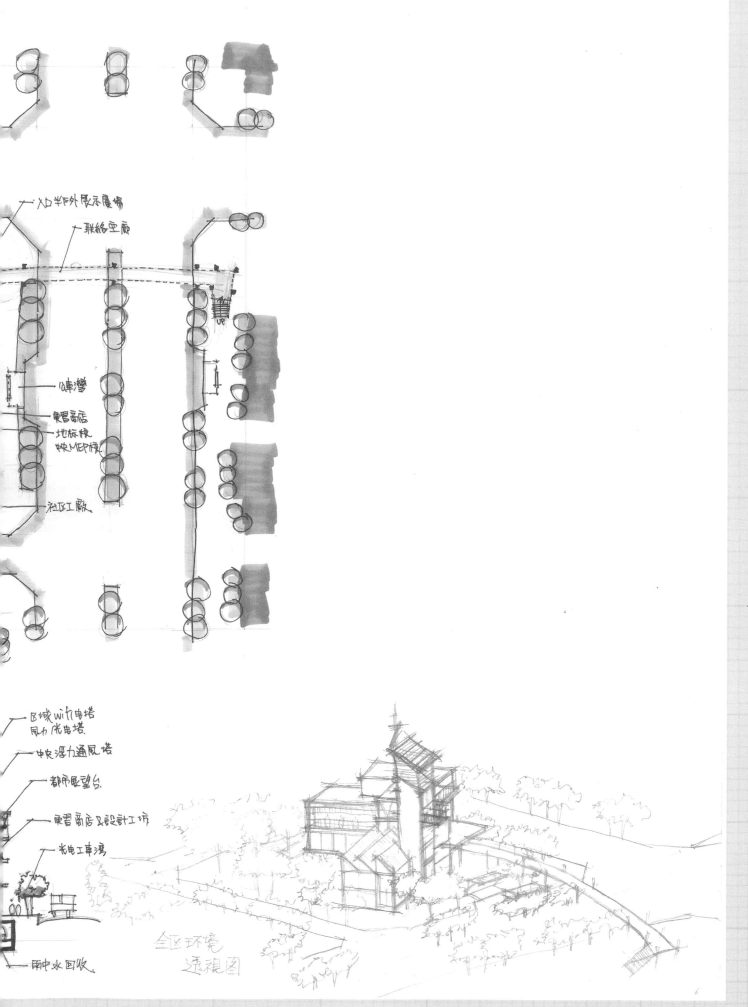

入口半戶外展示廣場
聯絡空廊

轉灣
東習商店
地标塔
與MEP核

社區工廠

區域wifi电塔
風力发电塔.
與浮力通風塔
都市眺望台.
東習商店及設計工坊
充电工車灣
雨中水回收.

全区环境
透視图

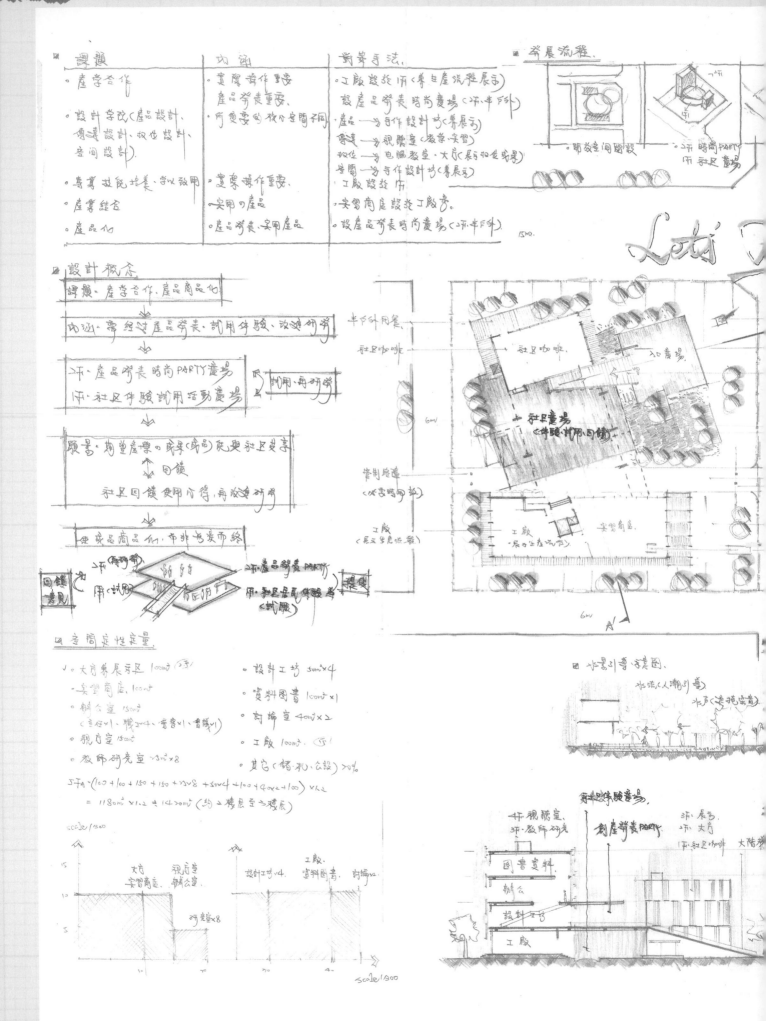

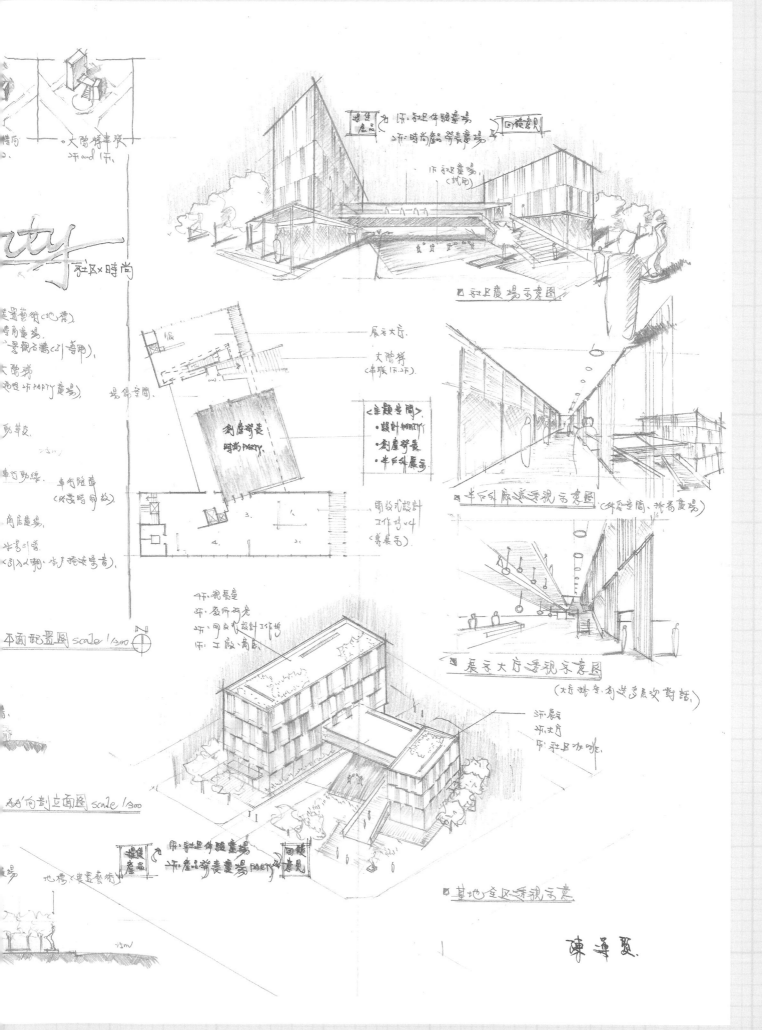

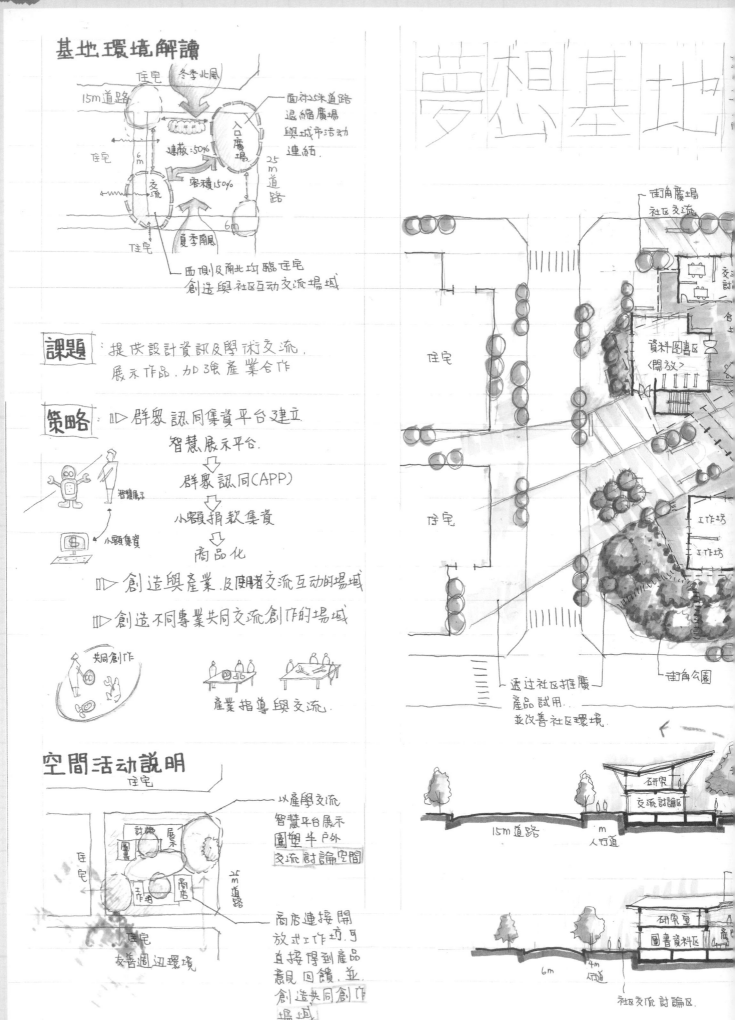

基地環境解讀

夢想基地

課題：提供設計資訊及學術交流，
展示作品，加強產業合作

策略：
Ⅰ▷ 群眾認同集資平台建立．
智慧展示平台．
群眾認同(APP)
小額捐款集資
商品化

Ⅱ▷ 創造與產業．及使用者交流互動的場域

Ⅲ▷ 創造不同專業共同交流創作的場域

產業指導與交流．

空間活動說明

以產學交流
智慧平台展示
圍塑半戶外
交流討論空間

商店連接開
放式工作坊，可
直接得到產品
意見回饋，並
創造共同創作
場域

友善週邊環境

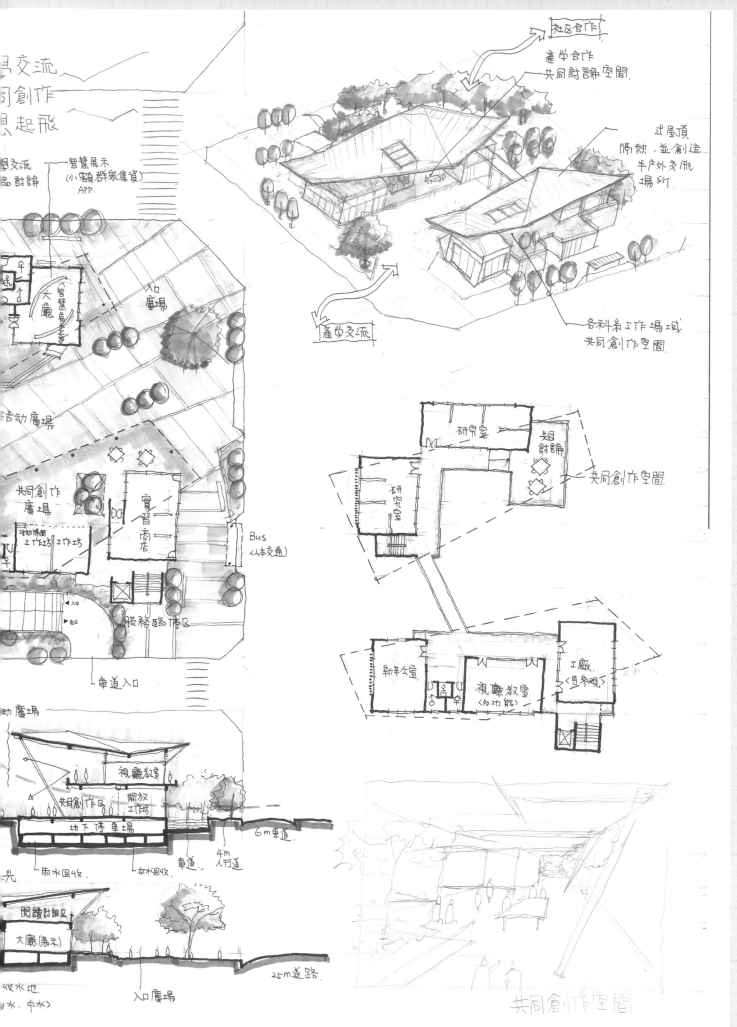

社區合作

產學合作
共同討論空間.

式屋頂
隔熱、並創造
半戶外交流
場所.

思交流
同創作
想起飛

思交流
品討論

智慧展示
(小額群眾集資)
APP.

大廳

入口
廣場

各科系工作場域
共同創作空間.

產學交流

活動廣場

研究室

組
討論

共同創作空間.

研究室

共同創作
廣場

實習商店

勤平學間
工作坊 工作坊

Bus
〈人本交通〉

勤平公室

視廳教室
(多功能)

工廠
〈可參觀〉

服務臨時區

入口
出口

車道入口

視廳教室

開放
工作坊

共同創作區

地下停車場

6m車道.

雨水回收.

車道

4m
人行道

中水回收

閱讀討論區

大廳(展示)

收水池

共同創作空間.

25m道路.

入口廣場

99年公務人員特種考試警察人員考試及 99年特種考試交通事業鐵路人員考試試題

代號：50880　　全一張（正面）

等　　別：高員三級
類　　科：建築工程
科　　目：建築設計
考試時間：6 小時

座號：＿＿＿＿＿＿

※注意：(一)可以使用電子計算器。
　　　　(二)不必抄題，作答時請將試題題號及答案依照順序寫在試卷上，於本試題上作答者，不予計分。

一、題目：環境教育中心設計

二、題旨：

今有南部某縣轄市（生態環境自然條件良好，鐵公路交通便利），為提供民眾對環境保護、節能減碳之認識，並能提升舒適健康之生活品質，擬設計興建一合乎自然生態之「環境教育中心」，提供民眾環境教育訓練之用。此「環境教育中心」擬委由民間自主之 NPO（非營利組織）團體長期營運管理。此教育中心之設計興建與營運管理，期能充分考慮資源循環再利用之材料與設備系統，並能考慮自然、陽光、空氣、水之巧妙利用，期能達到環境和諧、共生共榮之永續健康的示範教育目的。

三、空間需求：空間量自訂，請依相關法令自行調整建蔽率、容積率、建築高度。
　　(一)入口大廳
　　(二)簡報多功能視聽室（導覽解說等用途，30人用）
　　(三)展示室 2 間（展示當地自然生態及綠色能源、資源循環等）
　　(四)教室 2 間（每間 30 人用）
　　(五)講師休息室 1 間（8 人用）
　　(六)會議室 1 間（20 人用）
　　(七)管理辦公室附休息室（8 人用）
　　(八)儲藏室 1 間
　　(九)咖啡廳附戶外茶座（30 人用）
　　(十)自然生態庭園
　　(土)其他必要附屬空間及設施
　　(土)停車空間

四、問題及圖面要求：圖面比例尺自訂。
　　(一)主題創意及設計之說明（20 分）
　　(二)配置圖與庭園平面圖（20 分）
　　(三)一樓平面圖（附家具配置）及其他樓層平面圖（若有其他樓層）（20 分）
　　(四)剖面圖（說明構造系統及陽光、空氣、水等條件之利用）（20 分）
　　(五)立面圖及透視圖（20 分）

（請接背面）

99年公務人員特種考試警察人員考試及
99年特種考試交通事業鐵路人員考試試題

代號：50880　　全一張
（背面）

等　　別：高員三級
類　　科：建築工程
科　　目：建築設計

五、基地圖

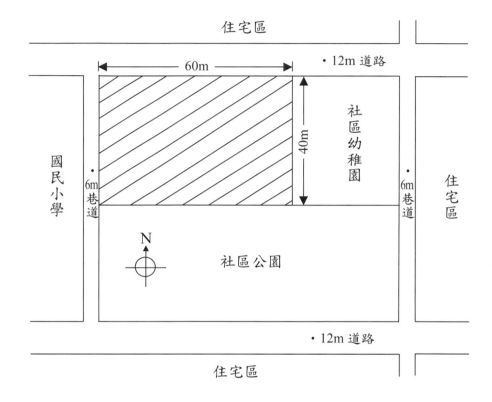

環境教育中心

【99年台錄】

基地分析 & 環境探索：

社區通學步道 →

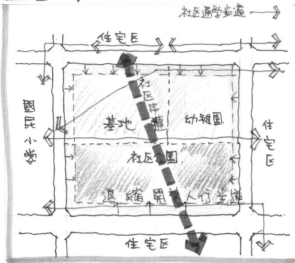

設計目標 & 因應對策：

■ 類型之關係：

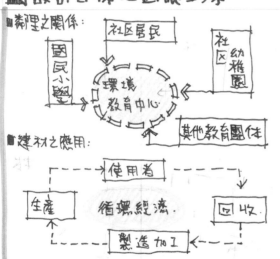

社區居民 → 環境教育中心 ← 社區幼稚園

國民小學 ← → 其他教育團體

■ 建材之應用：

使用者 → 回收 → 製造加工 ← 生產 → 循環經濟

建築量體 & 空間層級：

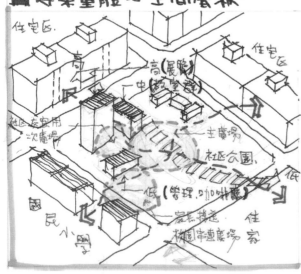

開放空間探討：

■ 社區晨操廣場

開放空間供社區居民分時共用，改善鄰里，創造社區認同。

■ 社區農園

藉由種菜活動，促進居民情感。

■ 生態滯洪池

將社區公園提升到防災性能，創造誘蝶昆蟲生活環境。

■ 社區環境教育

結合社區幼稚園、國民小學，創造出教育生活圈範圍。

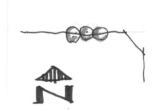

國民小學

社區晨

N

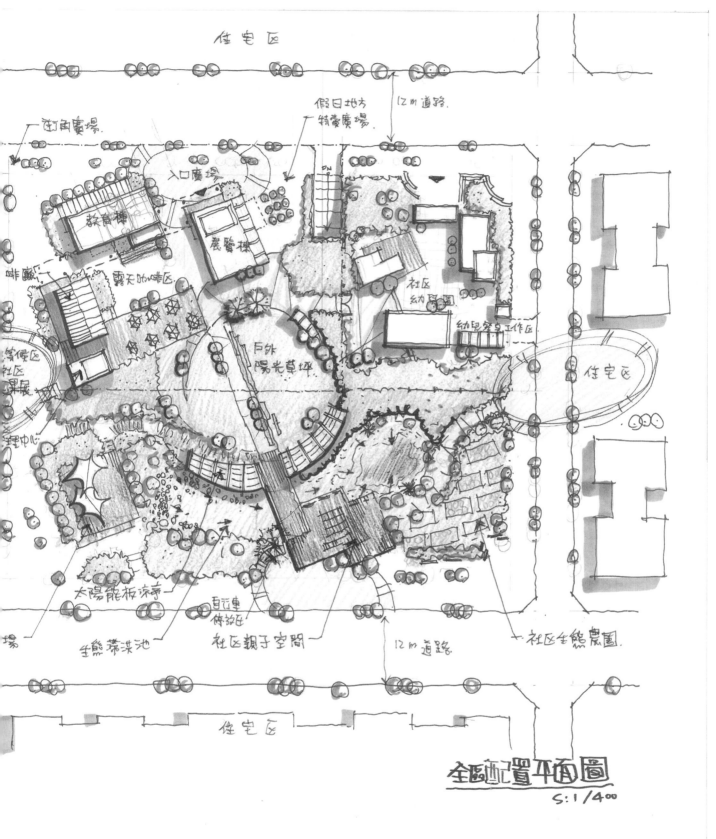

全區配置平面圖
S:1/400

建築師叮嚀：
(1)軸線強化空間使用的豐富性。
(2)生態池嘗試滯洪、生態教育及鄰里活動串聯。
　　　　　　　建築師 林星岳

key:
1. 建築量體尺度再確認.
2. 基地四周街廓、街道家俱須完成)
　　　　　　　　　　　　　(完整)
　　Ex:座椅、公車亭、自行車架.

2019.4.28

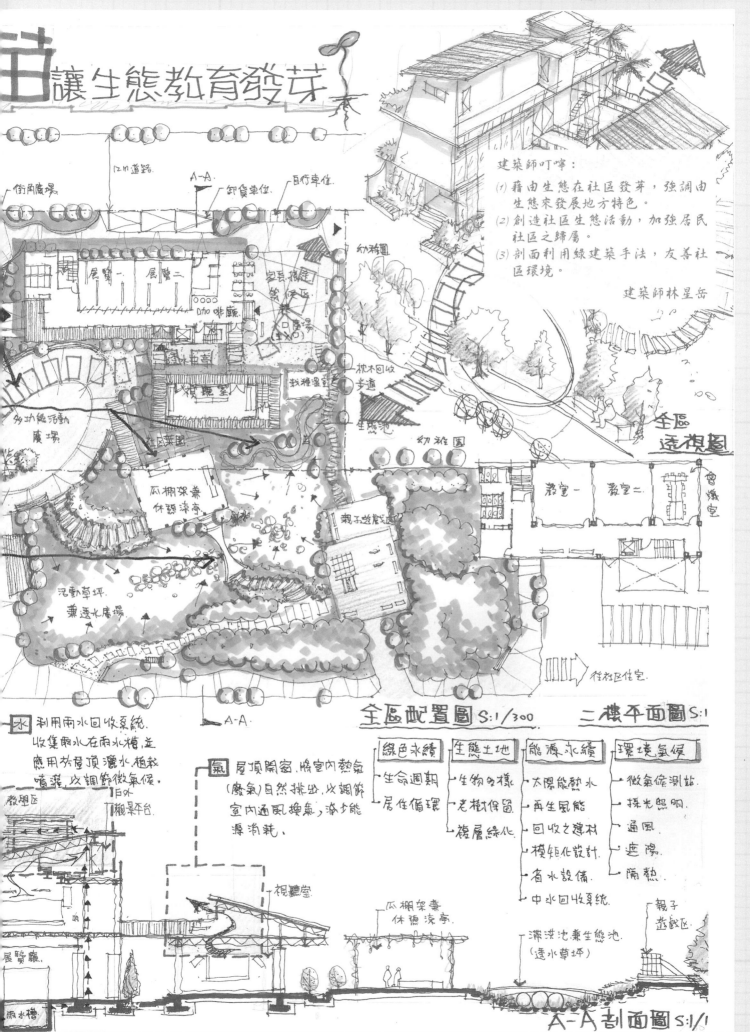

讓生態教育發芽

建築師叮嚀：
(1) 藉由生態在社區發芽，強調由生態來發展地方特色。
(2) 創造社區生態活動，加強居民社區之歸屬。
(3) 剖面利用綠建築手法，友善社區環境。

建築師林星岳

全區透視圖

街閱廣場
12m道路.
A-A
卸貨車位.
自行車位.
幼稚園

展覽一　展覽二
家長接送等候區
Dino咖啡廳
入口廣場(生入)

多功能活動廣場
社區菜園
娛樂室
枕木回收
步道
生態池

瓜棚架兼休憩涼亭
幼稚園

親子遊戲區

活動草坪
兼透水廣場

教室一　教室二　會議室

往社區住宅.

全區配置圖 S:1/300
二樓平面圖 S:1

水　利用雨水回收系統.收集雨水在雨水槽.並應用於屋頂灑水.植栽噴灑.以調節微氣候.

氣　屋頂開窗.將室內熱氣(廢氣)自然排出.以調節室內通風換氣.減少能源消耗.

戶外教學區
觀景平台
視聽室
瓜棚架兼休憩涼亭.
親子遊戲區

綠色永續	生態土地	能源永續	環境氣候
生命週期	生物多樣	太陽能熱水	微氣候測站
居住循環	老樹保留	再生風能	採光照明
	複層綠化	回收之建材	通風
		模矩化設計	遮陽
		省水設備	隔熱
		中水回收系統	
		滯洪池兼生態池(透水草坪)	

展覽廳.
雨水槽

A-A 剖面圖 S:1/1

作品提供／林星岳建築師

放課後的自然教[室]

基地分析

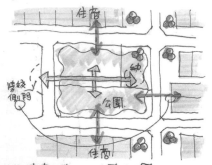

住商　幼　公園　住商

學校側門

1. 串連小學, 幼稚園 和公園.
2. 社區綠色品質提升; 融合周邊紋理.

建築計畫

1. 提供最小建築量體,
   與周遭小學, 公園實際使用.

國小 ⟷ 公園生態 ⟷ 公園

2. 注入社造理想, 與NPO共同發展.

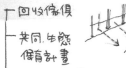

— 回收傢俱
— 共同生態保育計畫
— NPO=社區義工+知識資源+社群推廣

知識傳遞　　　　　網路推廣

3. 迂迴動線, 降低生態擾動

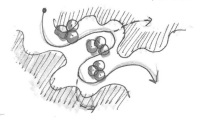

綠建築手法

回填沃土

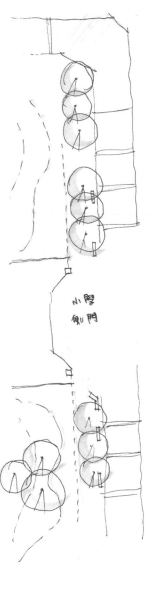

小學側門

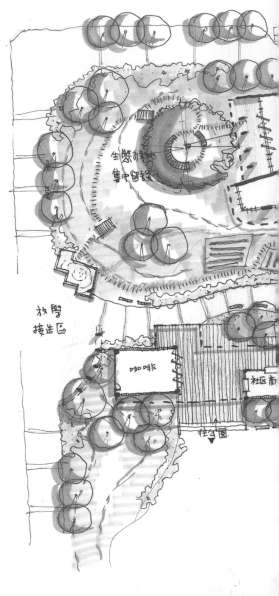

生態綠地集中留設

放學接送區

非咖啡

社區商

往公園

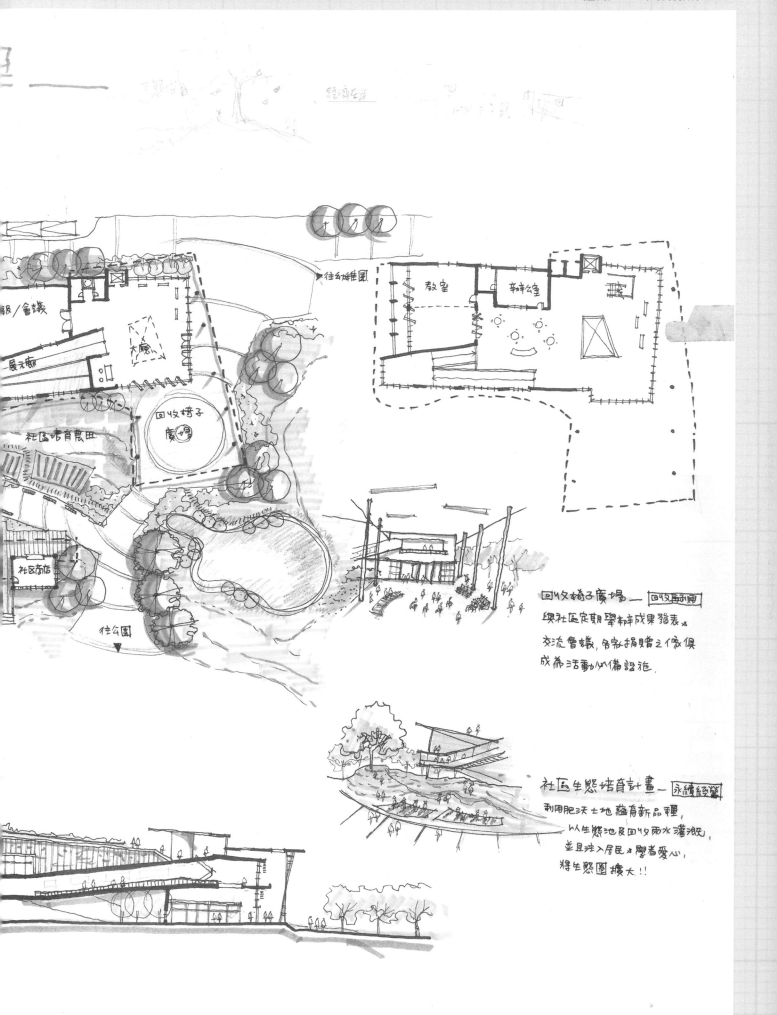

級/會議

展示廳

大廳

社區培育農田

回收椅子
廣場

社區商店

往公園

往幼稚園

教室　辦公室

回收椅子廣場 — 回收再利用
與社區定期舉辦成果發表及
交流會議，各家捐贈之傢俱
成為活動以備設施。

社區生態培育計畫 — 永續經營
利用肥沃土地孕育新品種，
以生態池及回收雨水灌溉，
並且注入居民及學者愛心，
將生態圈擴大!!

作品提供／林詩恬建築師

放假後的社區

勞作課

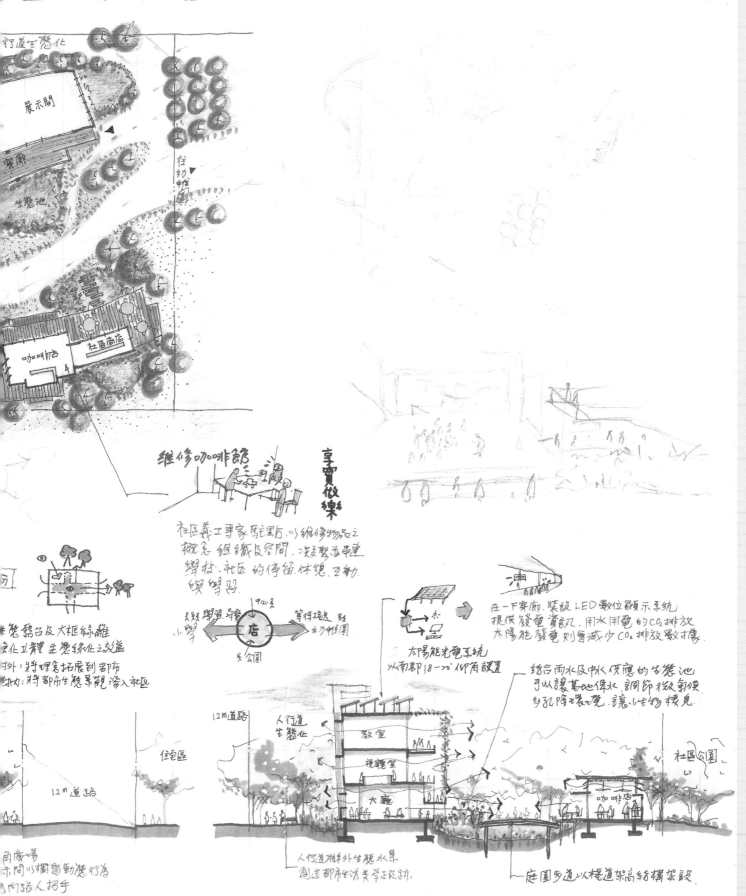

發展概念
- 民眾參與的勞作實踐
- 由生活中取材. 堆肥
- 舊傢俱再利用或改造. 或轉移.
- 維修器物的知識及學習交流

行道生態化

展示間

展廊

生態池

臺區

咖啡館　社區商店

維修咖啡館

享賣做樂

社區義工專家居民聚.以維修物品之
概念 組織及空間. 激發聚落輕
學校. 社區 的傳留. 休憩. 互動.
與學習.

在一下穿廊. 裝設 LED 數位顯示系統
提供發電資訊. 用水用電的 CO_2 排放
太陽能發電則會減少 CO_2 排放數.

太陽能光電系統
以南部18～20° 仰角設置

結合雨水及中水供應的生態池
予以讓基地保水. 調節微氣候
多孔降環境. 讓小生物棲息.

生態露台及大框綠離
變化立體 生態綠化之效益
對外:將理念拓展到都市
對內:將都市生態景觀滲入社區

學習導覽
小學　　店　　等待境送
　　　　大公園　　　幼兒社區園

12m道路

住宅區

12m道路

人行道生態化

教室

視聽室

大廳

社區公園

咖啡店

人行道既外生態水景
開造都市生活美學之從動.

庭園步道以棧道架高結構架設

作品提供／施秀娥建築師

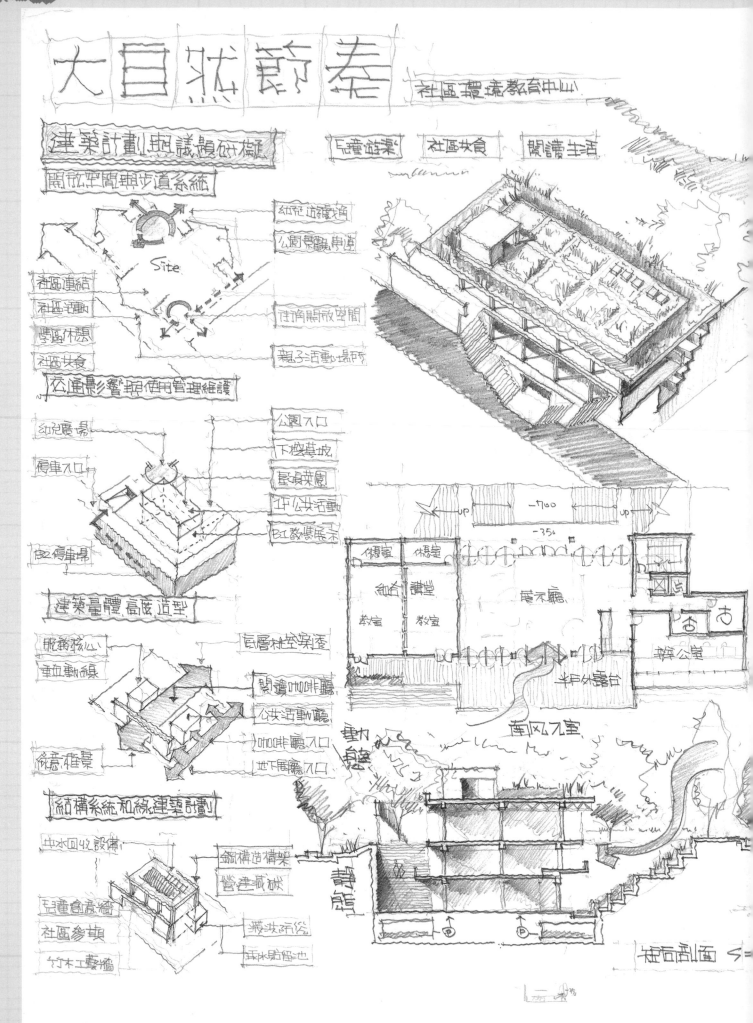

大自然節奏

社區環境教育中心

建築計劃議題研擬

兒童遊樂　社區共食　閱讀生活

開放空間與步道系統

Site

社區連結
社區活動
學區休憩
社區共食

- 幼兒遊樂步道
- 公園景觀步道
- 住商開放空間
- 親子活動場所

交通影響與使用管理維護

幼兒廣場
停車入口
B2停車場

- 公園入口
- 下挖基地
- 屋頂菜園
- 1F公共活動
- B1教學展示

建築量體高低造型

服務核心
垂直動線

俯瞰植栽穿透
閱讀咖啡廳
公共活動廳
咖啡廳入口
地下展廳入口

借景框景

結構系統和綠建築計劃

中水回收設備
屋頂魚菜園
社區參與
竹木工藝牆

鋼構造構架
營建減碳
雜汙所染
雨水貯留池

社團室　休憩室
綜合講堂
教室　教室
展示廳
辦公室
半戶外露台
戶外水室

UP　-700　-350　UP

動線

橫向剖面 S=

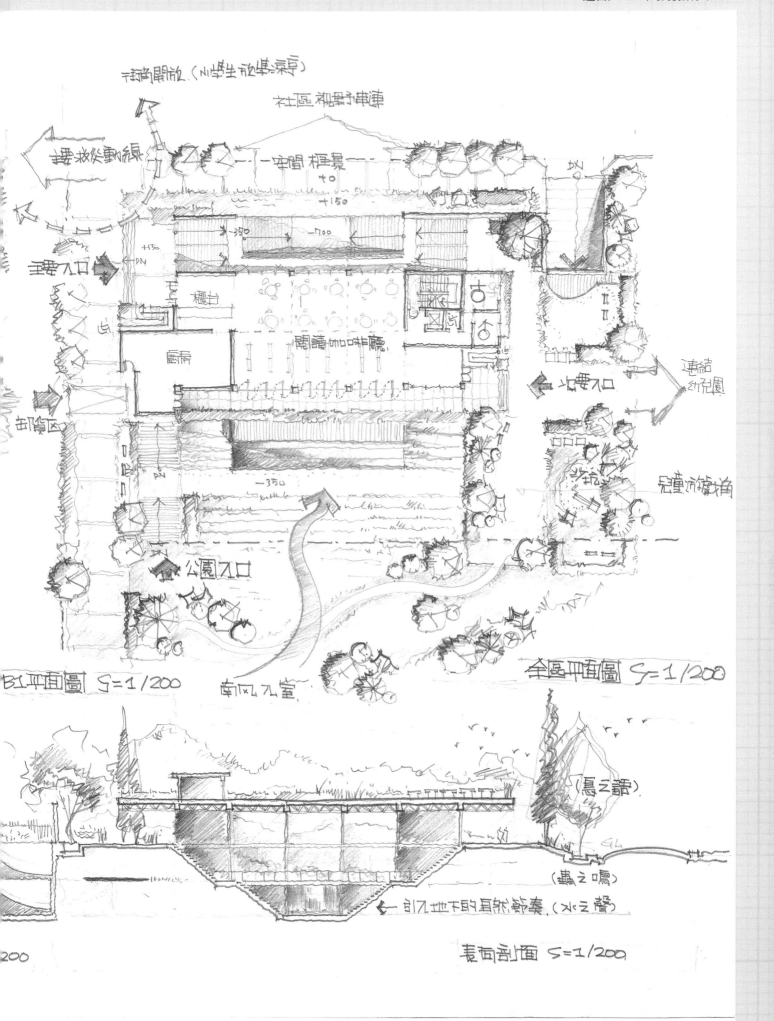

全面開放（以學生放集～尋）

社區～連結

空間框景

疏散路線

主要入口

北要入口

連結幼兒園

郵區

兒童遊憩～

公園入口

南風之室

B1平面圖 S=1/200

全區平面圖 S=1/200

（鳥之語）

（蟲之鳴）

引入地下的自然節奏（水之聲）

表面剖面 S=1/200

□ 基地環境探索 ⇨ 都市空間回應

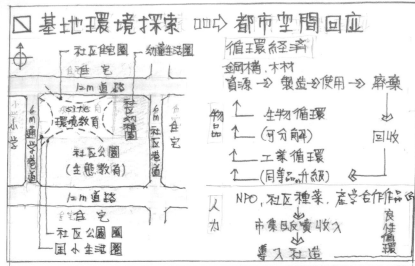

循環經濟

鋼構・木材

資源 ⇨ 製造 ⇨ 使用 ⇨ 廢棄

物品 → 生物循環
　　 → (可分解) → 回收
　　 → 工業循環
　　 → (同等品升級) ⇦

人力 → NPO, 社區種菜, 產學合作作品 → 良性循環
　　市集販賣收入
　　導入社造

□ 設計課題與對策 ⇨ 社區空間回應

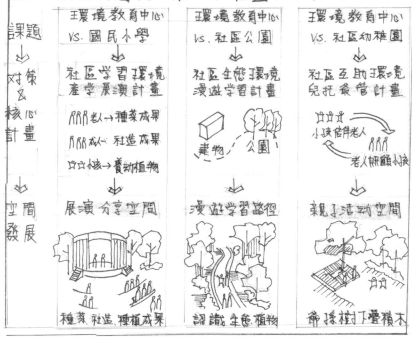

課題	環境教育中心 VS. 國民小學	環境教育中心 VS. 社區公園	環境教育中心 VS. 社區幼稚園
對策 & 核心計畫	社區學習環境 產學展演計畫	社區生態環境 漫遊學習計畫	社區互助環境 兒托養管計畫
	老人→種菜成果 成人→社造成果 小孩→養動植物	建物 / 公園	小孩陪伴老人 老人照顧小孩
空間發展	展演分享空間	漫遊學習路徑	親子活動空間
	種菜社造種植成果	認識生態植物	爺孫樹下疊積木

□ 空間配置計畫 ⇨ 基地空間回應

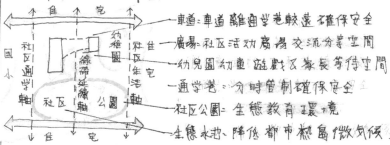

── 車道：車道離通學巷較遠 確保安全
── 廣場：社區活動廣場 交流分享空間
── 幼兒園 幼童 遊戲 & 家長等待空間
── 通學巷：分時管制確保安全
── 社區公園：生態教育環境
── 生態水池：降低都市熱島微氣候

□ 使用者分析

使用者	活動行為	活動場域
小孩	1.養動植物 2.戶外學習	1.社區農園 2.親子活動空間
成人	1.經驗分享 2.社造作為	1.展演空間 2.視廳教室
老人	1.陪小孩 2.交誼	1.親子活動空間 2.社區農園

□ 量體配置計畫

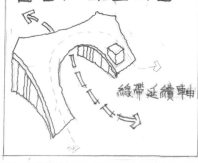

綠帶延續軸

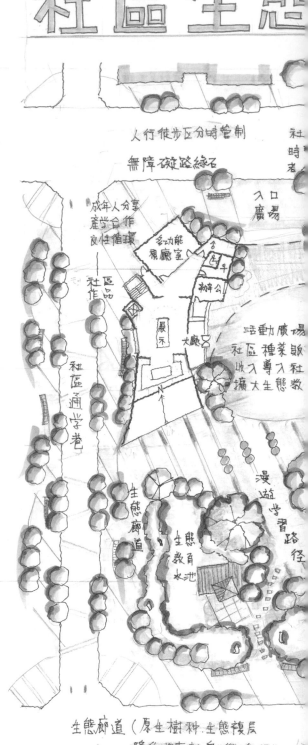

社區生態

人行徒步區分時管制

無障礙路綠石

生態廊道 (原生樹種 生態複層 降低都市熱島微氣候)

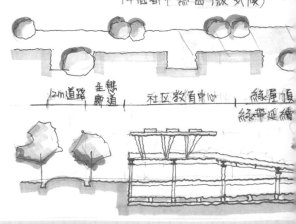

12m道路 生態廊道 社區教育中心 綠屋頂 綠帶延續

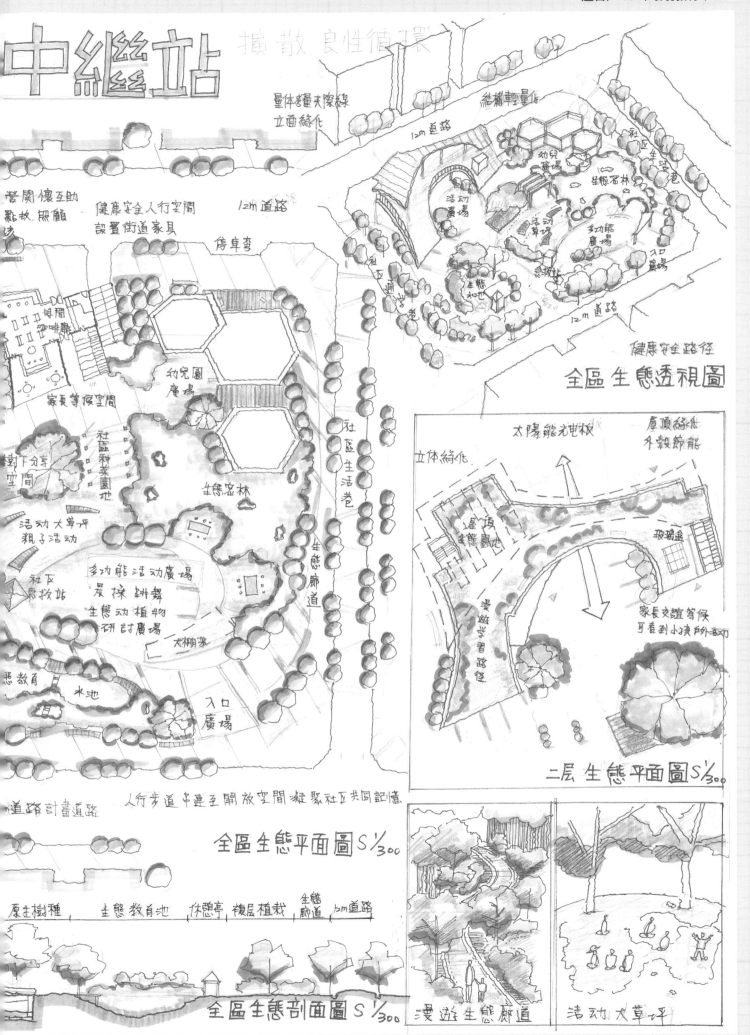

中繼站

擴散 良性循環

量体考量天際線
立面綠化

總構輕量化

12m道路

12m道路

營閒 懷互助
點故 照顧珍

健康安全人行空間
設置街道家具

候車亭

全區生態透視圖
健康安全路徑

幼兒園廣場

家長等候空間

社區種菜園地

生態密林

社區生活巷

樹下分享空間

活动大草坪
親子活动

多功能活动廣場
晨操 耕舞
生態动植物
研討廣場

大棚架

社區急救站

生態廊道

悲教育

水池

入口廣場

道路 計畫道路

人行步道串連至開放空間凝聚社區共同記憶

全區生態平面圖 S⅟300

原生樹種 生態教育池 休憩亭 複層植栽 生態廊道 2m道路

全區生態剖面圖 S⅟300

太陽能光电板

屋頂綠化
外殼節能

立体綠化

屋頂生態園地

漫遊步習路徑

玫瑰園

家長交誼等候
可看到小孩戶外活动

二层生態平面圖 S⅟300

漫遊生態廊道

活动大草坪

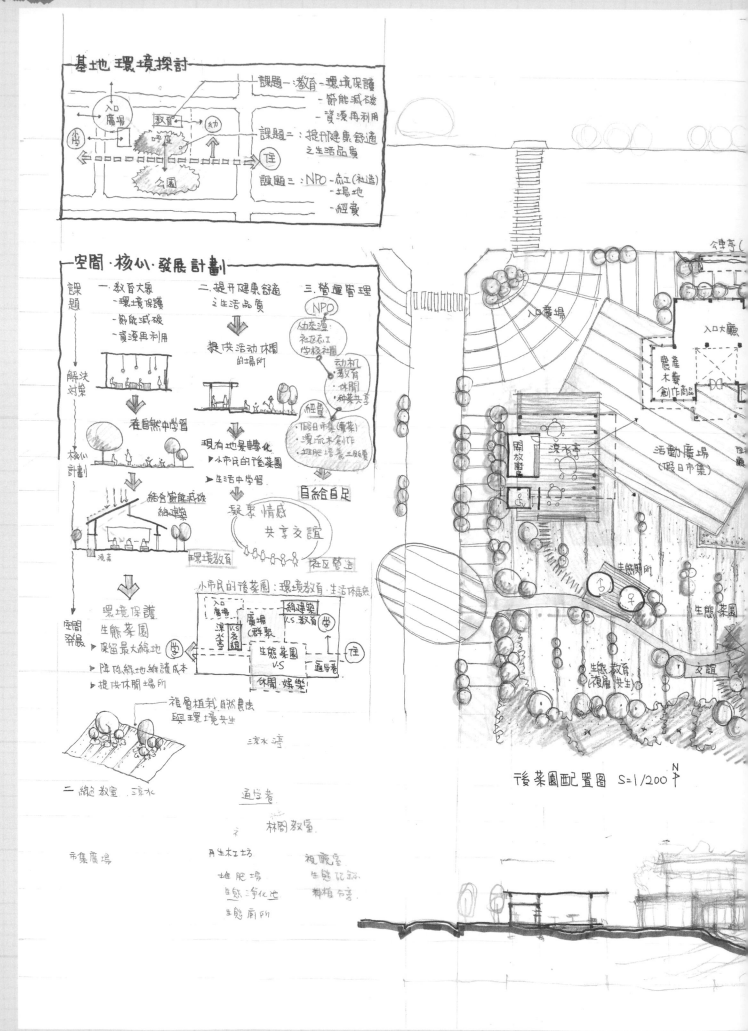

小市民ㄟ後菜園

作品集建築師介紹

王裕程建築師

- 服務單位：三大聯合建築師事務所
- 聯繫方式：手機 0935321415
  LINE：chadwang0725
  EMAIL：chadwang0725@gmail.com

想要對考生說的話：

設定目標，只要一步一步前進，不要放棄，必定會達到。

吳明家建築師

- 服務單位：吳明家建築師事務所
- 聯繫方式：手機：0919-269-560
  LINE：minggawu
  EMAIL：mcwu.arch@msa.hinet.net

想要對考生說的話：

考試是一個艱辛的過程，要不斷的大量練習與堅持，我認為心態跟目標很重要，定下來就去做，壓縮自己做到最好，既然決定付出就要有收穫，絕不要有半斤八兩的心態；在考試期間，我常常對自己說的一句話就是：「努力不一定會過，不努力一定不會過。」，這句話送給所有正在努力往建築師道路邁進的大家，加油！一起往前衝吧！

李偉甄建築師

- EMAIL：peggy1991719@hotmail.com

想要對考生說的話

活動帶入空間，空間置入活動；作為建築師，我們將個人的觀察，轉換為空間形式。

周英哲建築師

- 服務單位：周英哲建築師事務所
- 聯繫方式：手機：0937322849
  LINE：greatpig0805
  Email：pig0805.chou@gmail.com

想要對考生說的話：

做設計很有趣，也很艱辛。自視甚高而眼高手低的人很多，但要有精彩而成熟的設計，要堅持蹲馬步、沉潛下功夫。
「你必須很努力，才能看起來毫不費力。」不要迷惑於表相，堅持思考、批判、練習、持續累積實力，過程不會只是過程，會是你的豐碩的成果。

林文凱建築師

- 服務單位：林文凱建築師事務所
  （建築 ・ 室設 ・ 旅創）
- 聯繫方式 :LINE：kaikenlin1979
  EMAIL：delos_ken@kimo.com

想要對考生說的話：

先對話再擬定計畫，最後才做設計。
雖然設計有 N 個答案，但在不清楚要解決什麼問題之前，千萬不要一廂情願的埋入自以為是的創意發想世界。

林冠宇建築師

- 服務單位：王山頌建築師事務所
- 聯繫方式：
  EMAIL:spartaucslin896@gmail.com

想要對考生說的話：

準備建築師考試是需要長期抗戰的，本人也是經過四年的時間準備，畫過 50 幾張圖，才逐漸了解設計考的重點，因次除了外面的各種補習課程外，最好能組一個讀書會彼此督促，互相討論圖面及觀點，這樣才會進步的快喔！最後當畫工到達一個程度後，要多留意時事、多閱讀及多看電影才會有新的想法住入圖面，切勿閉門造車。

張育愷建築師

- 服務單位：金以容 林弘壹 朱弘楠 建築師事務所
- 聯繫方式：LINE：collbernie

想要對考生說的話：

建築計畫的邏輯性很重要，是要引導讀圖者順著自己的建築計畫的思路及分析，了解整個案子設計的脈絡。
不管是都市設計、建築設計還是景觀設計，在圖面上的每一筆一劃都是有其原因，都是經過縝密的建築計畫所延續。
在快速設計的過程中，要不斷的反思設計原因及延續建築計畫的脈絡，才能讓本身的設計更有立足點，更能讓讀圖者的認同。

張勝朝建築師

- 服務單位：
  富泰集團董事長 / 台北市開業建築師
  台灣大學碩士 / 淡江大學建築學士
  / 中華民國危老重建協會創會理事長
  / 中華都市更新全國總會顧問
- 專業：
  / 建地買賣、整合
  / 道路地容積移轉買賣、專業服務
  / 建設、營造、設計、危老重建一條龍服務
- 聯繫方式：
  手機：0910-195333

想要對考生說的話：

準備考試過程很辛苦而且是一生中建築學習最幸福時光
建築行旅及看展覽是很好給考生極佳的學習模式
◎建築行旅
考場上要能勝出，探討議題要能「廣」且「深」
「地域性風土樣貌」與「地域性紋理」探討
要能展現出來，讓你建築計畫獲得高分
/ 在地風土
/ 環境紋理
/ 巷弄串連
/ 人文聚集留白空間廣場
（建築計畫、景觀樣貌、歷史紋理……）
宜蘭是很好學習考試場域，黃聲遠建築師很多的
在地案例，基地大小與環境氛圍與考試很像
很值得去走走旅行、推敲每一個作品學習

◎看建築展覽
看展是考試學習捷徑
/ 學習建築計畫
/ 學習設計發想
/ 學習表現手法
/ 學習環境處理
/ 學習文字說明

莊雲竹建築師

- 服務單位：建築師事務所 / 中國文化大學海青班講師—景觀室內設計科講師
- 聯繫方式：
  MAIL：yyyyyyyun@gmail.com(7 個 y)

想要對考生說的話：

了解自己，建立信心，了解考試，各個擊破。
從建築計畫面的思考著手，多參考紀錄他人的計畫流程內容，並建立自己的一套 SOP 計畫擬定方式，寫出吸引人的故事，將計畫套用使每個人有更好的環境生活。
最後提醒案例分析的重要性，多臨摹自己還不擅長的圖說，重複重複再重複的練習，才能熟能生巧的延伸發展。
撐過去就是你的，祝大家金榜題名，加油。

許哲瑋建築師

- 服務單位：利嘉建築師事務所
- EMAIL：lemelj04@gmail.com

想要對考生說的話：

準備想法（計畫）很重要，作業抄多了就會整理出自己的一套東西，準備好了就剩下怎麼落實（畫出來）了，堅持下去最後就會是你的！

陳永益建築師

- 服務單位：晨曦設計工作室
- 聯繫方式：sogoeric2001@gmail.com

想要對考生說的話：

「努力考試」是為了早點不用考試

陳宗佑建築師

- 服務單位：大陸建設專案一部
- 聯繫方式：手機：0921988139
  EMAIL：jon720810@yahoo.com.tw

想要對考生說的話：

設計的過程，是一場自我進化的思辨，愈惱人的愈會是決勝關鍵！！

作品集建築師介紹

陳玠妤建築師

- 服務單位：陳玠妤建築師事務所
- 聯繫方式：手機：0937-248-330
  LINE：bebechen0102
  EMAIL：jieyuchen0102@gmail.com

想要對考生說的話：

面對設計：

做好設計前學會過生活，對面不同課題由使用者、活動出發，讓設計豐富具想像力使圖面豐富，如此更易脫盈而出。

面對考試：

發現問題而後誠實面對問題、提出自我觀點解決問題，面對其他科目也亦如此，縱使過程辛苦，但請相信自己、永不放棄！

陳禹秀建築師

- 服務單位：群建築師事務所
- 聯繫方式：show006100@gmail.com

想要對考生說的話：

考試的過程很痛苦，認真面對的話時間就會過得很快，而且收獲也會很多！

陳軒緯建築師

- 服務單位：澄涵國際／夢不落教育事業股份有限公司
- 聯繫方式手機：0939825121
  LINE：rian.chen
  EMAIL：rianchen13@gmail.com

想要對考生說的話：

念念不忘，必有迴響。

曾逸仙建築師

- 服務單位：曾逸仙建築師事務所
- 聯繫方式 :tsengih.arch@gmail.com

想要對考生說的話：

對於考試而言，除了勤於練習外，需要多加思考，更要讀懂題目，回應題目上的需求，創造加一及留白的空間，且呼應周遭環境，將自己置身於該環境中，從情境中營造場景及氛圍，感覺對了，目標就近了。加油！

黃國華建築師

- 服務單位：群域建築師事務所
- 聯繫方式：手機：0939-611-398
  EMAIL：peterdog19@gmail.com.tw

想要對考生說的話：

藉由建築師考試，重新認識建築，主動學習享受學習，考試只是其中的一道關卡，未來的路還很長，大家加油！

廖文瑜建築師

- 服務單位：九典聯合建築師事務所
  擅長使用創意設計建築，融合在地人文、材料與科技結合，並使用 BIM 執行專案，有效控管時間與成本
- 聯繫方式：EMAIL：sofia0328@gmail.com

想要對考生說的話：

建築專業是一段冗長的訓練過程，廣泛而專精的持續累積還得要看得夠多、經歷的夠多，考試只是個測驗這些累積的關卡。累積、累積在累積，時間到了自然就過了。

潘駿銘建築師

- 服務單位：吳旗清建築師事務所
- 聯繫方式：
  EMAIL：Q1632412410@hotmail.com

想要對考生說的話：

實務學習以及考試準備並進，可有效提高準備效率，預先讓自己成為建築師調整好心態，當有一天真正成為建築師的時候，將不負國家授予你這張執照所應有的專業表現以及社會責任，共勉之。

賴宏亮建築師

- 服務單位：劉漢卿建築師事務所
- 聯繫方式：手機：0935941331

想要對考生說的話：

建議考生隨時保持準備考試的動力及執行力，在以及格為前題下儘量去蒐集提升自我考試能力的資料，還有必須思考如何讓自己及格的方式。對於及格的圖說，我的理解是一張具備掌握好各種比例的表現法、圖紙要滿且豐富、解題解對（沒犯大錯）等三個原則。另外建議各考生去臨摹圖說是要從練習中學習如何畫好一張圖，之後疊加各次臨摹的心得與經驗，整合出一套繪圖邏輯，最終思考如何超越現有程度的方式。

謝文魁建築師

- 服務單位：建設公司／建築設計顧問
- 聯繫方式：E-Mail：kt88.tw@gmail.com

想要對考生說的話：

建築設計一是個很簡單又蠻複雜的事情，完全端看您是如何進行這件事情，現在建築設計已經不是天才的專利，可經由多方見學並找對教練進行學習設計。當您已到達形而上的心境時，您就會發覺，建築設計是一件很簡單的事情！

羅央新建築師

- 服務單位：大聖建築師事務所
  連續兩年大小設計考試及格
  106 年大設計 80 分
- 聯繫方式：Line ID：0937110239

想要對考生說的話：

山不在高，有仙則名；水不在深，有龍則靈
圖不在美，可閱則優；圖不在多，對圖則過
不會透視絕對可以過關及拿高分
建築計畫是因為
建築設計是所以
背面像大師正面如畫詩

譚之琳建築師

- 服務單位：榮工工程／喆禾裝修工程公司／
  元成資訊（BIM）
- 聯繫方式：
  個人 EMAIL：arin0925@hotmail.com
  喆禾 EMAIL：yuga@mail2000.com.tw
  元成 EAMIL；ycii@anyday.com.tw

想要對考生說的話：

瘋狂的畫吧～像手快斷掉一樣
用力地思考吧～像腦袋快燒掉一樣
惴惴的不安吧～像心臟快跳出來一樣
放肆的大笑吧～像成績公布一樣
自由的追夢吧～像雛鳥離巢一樣
祝福每個考生都能找到屬於自己的天空～
Arin Tan

陳又伊建築師

- 服務單位：桃園市政府
- 聯繫方式 :EMAIL：yuichen@hotmail.com.tw

"NEVERLAND Kindergarten"

2f

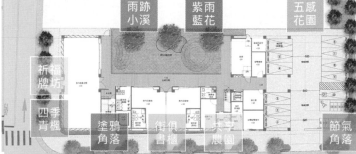

Sidewalk Furniture - Sidewalk Book Shelf

雨跡小溪　　紫雨藍花　　五感花園

祈福牌坊

四季青楓

塗鴉角落　　街俱書櫃　　共享農園　　節氣角落

and the road creates a safe boundary, making the area a playground for children.

Sense of sights : Creating wishing arch with the color changing Green Maple.

Sense of smells : Scented Jasmine orange surrounding the site, muiltiply children's growing experiences

Sense of touches : During rain season grassed waterways provide collecting experience with multiple species.

Sense of hearing : Scented Jasmine orange draw in birds and insects, giving children melody of the nature

Formosan Ash

Green Maple

Jacaranda mimosifolia

Program、Design Concept and Ideas – Tree House

樹屋上視圖　樹屋正向立面圖

樹屋右向立面圖　　樹屋左向立面圖

Sidewalk Furniture

Elevation setback area, set a landscape book shelf, making the sidewalk a stop by area for learning and playing. Encourage community to donate second handed books to the shelves also build children's habit of learning at anytime at any places.

Wishing Arch

At the entrance of the Kindergarten set a community paint-wishing arch. Wishing good growthe and encourage children have confidence, enjoy observing the environment and be kind to one another.

"敢夢、追夢、築夢 的一場流動盛宴"

Creating a dream Neverland for life is a movable feast.

一群懷抱夢想的建築師打造的「NEVERLAND 夢不落幼兒園」，希望能夠在孩子心中埋下一個夢想的種子，在未來面對生活與環境真實的考驗時，能不忘初衷地保有孩同時代，勇於造夢、追夢、築夢的純真自我。

Having organic interactions, to inspire, learn and love each others. By naming 「NEVERLAND Kindergarten」, we hope to plant a seed of dreams inside our new generations, in the future when the tasks of our crucial life come, they can still remember the one who once create, chase and built their dreams.

來到三層樓，是大班的孩子們已經準備展翅飛翔之際，悠遊在藍天白雲及盡情探索學習的天空中。

Finally during their last year at the third floor of Neverland ; they will gain enough height, up to the sky. And are now ready to fly.

"天空教室"
Sky Patheon Studio

啟發於羅馬萬神殿的天窗設計，盼孩子體會在浩瀚的自然法則與知識面前，懷抱好奇探索。

"在都會裡學習擁抱自然"
Study Fields for Sensory Enhancement

鼠尾草
Medicinal Sage

生態小躂遊

於戶外遊戲區設置生態草溝，雨季來臨時可產生的一條捕捉雨落痕跡的小河流，兩側以春不老、七里香來產生景觀的連續性，同時讓孩童體驗採收鼠尾草泡茶益生的樂趣。

By the creation of the Eco grassed waterway, it found a temporarily river for the children to experience the surroundings and the living creatures.

雨水草溝

"雨跡小溪"
Rain trail stream

觸覺教育的體現
Sense of touches

輕觸大地 與自然同遊

繪本劇場除了是存放繪本的故事屋，也是讓孩子們在這演出的劇場。在這裡，希望孩子能透過繪本閱讀、玩樂與學習外，也可透過表演繪本中的故事，學習與其人的溝通與合作。

Theater room are not only for keeping picture books, but children can also perform here. Besides, learning through going through the picture books, by performing them, they can learn to work as a group and practice their social skills.

"繪本劇場"
Coloring story theater

延伸學習邊界 開拓孩子視野

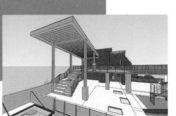

"空中學院之樹"
Sky Teatro Performance

二樓的階梯劇場希望能培育孩子的閱讀及學院氣息，讓孩子在知識的大樹中成長，結合樹屋空間，培育孩子的閱讀角落。

To grow is to learn, they climb the steps arriving at the second floor : the knowledge they had already acquired allows them to see further. they are now on the top of the trees.

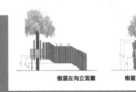

樹屋左向立面圖　樹屋背向立面圖

透過社區的居民捐贈二手書籍，隨時隨地都能寓教於樂，隨手拾起一本舊繪本，為孩童帶來新的想像視野。

Educations are in the fun, kids can pick up any of the second handed book, and start learning anytime.

"街俱書櫥"
Sidewalk furniture

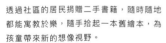

"共享農園"
Sharing plants corner

希望小朋友在過程中學習認養植栽的責任感，認識自然的過程中，學會保護且尊重滋養我們的大地之母。

Children can learn about responsibility, protect the mother nature during taking care of the plants.

"親子露營之夜"
Camping Night

當夕陽落下時，白天的遊戲空間成為露營的場地，晚間的活動便開始了，大朋友小朋友共同編織更多美好難忘的回憶。

Daytime playground transform into a camping area after sunset, the night is young, everyone creating unforgottable memories.

獨家贊助：夢不落教育事業執行董事 - 陳軒緯建築師

圖會作品集-B

建築師考試－都市設計及敷地計畫題解

編 著 者：陳運賢

作 品 提 供：林星岳、南榮華、李柏毅、陳軒緯
　　　　　　吳明家、林文凱、施秀娥、張勝朝
　　　　　　陳偉志、詹和昇、廖文瑜、劉家佑
　　　　　　羅央新、譚之琳、林惠儀、李偉甄
　　　　　　王志揚、林冠宇、陳宗佑、周英哲
　　　　　　陳又伊、李政瑩、林詩恬、許哲瑋
　　　　　　張育愷、陳永益、謝文魁、黃俊毅
　　　　　　郭子文、陳俊霖、莊雲竹、張繼賢
　　　　　　陳玠妤、王裕程、黃國華、潘駿銘
　　　　　　賴宏亮、林彥興、曾逸仙、陳禹秀

出 版 者： 陳運賢
地　　址： 100臺北市中正區林森南路122號
電　　話： 02-23582823
電子信箱： Karchdrawing@gmail.com
初版一刷： 2023年1月
定　　價： 新台幣2600元
I S B N： 978-626-01-0931-8

印刷承製： 中茂分色製版印刷股份有限公司
地　　址： 新北市中和區立德街26巷17弄5號3樓
電　　話： 02-22252627
傳　　真： 02-22252446

國家圖書館出版品預行編目(CIP) 資料

大圖會作品集. B, 建築師考試 - 建築計畫及建築設計題解 / 陳運賢 編著. -- 臺北市：陳運賢,
2023.01　面；　公分
ISBN 978-626-01-0931-8 (精裝) 1.CST: 都市計畫 2.CST: 敷地計畫　　445.1　111021954